21世纪高等教育建筑环境与能源应用工程系列教材

建筑环境与能源应用工程专业毕业设计指导

徐新华　于靖华　王飞飞
刚文杰　沈国民　王劲柏　编著

机械工业出版社

本书结合暖通空调工程设计最新相关标准、规范以及建筑环境与能源应用工程专业毕业设计的要求等编写，满足建筑环境与能源应用工程专业本科学生“快餐式”毕业设计的需求，指导本科学生在短时间内完成毕业设计。

本书介绍了完整的空调设计步骤和设计内容，设计步骤按章序编写，并介绍了设备安装、使用与维护等相关知识，拓宽学生的知识面及理论联系实际的能力。书中引入了负荷模拟软件以及气流组织模拟软件等先进的模拟软件计算方法，可针对不同的学生进行不同要求的训练。并提供了完整的设计案例，包括设计说明和设计范例。

本书可作为高等院校建筑环境与能源应用工程专业毕业设计指导用书，也可供暖通空调工程技术人员参考。

图书在版编目（CIP）数据

建筑环境与能源应用工程专业毕业设计指导/徐新华等编著. —北京：机械工业出版社，2020.1

21世纪高等教育建筑环境与能源应用工程系列教材

ISBN 978-7-111-64381-4

Ⅰ.①建… Ⅱ.①徐… Ⅲ.①建筑工程—环境管理—毕业设计—高等学校—教学参考资料 Ⅳ.①TU-023

中国版本图书馆CIP数据核字（2019）第293730号

机械工业出版社（北京市百万庄大街22号 邮政编码100037）
策划编辑：刘 涛 责任编辑：刘 涛 高凤春 臧程程
责任校对：刘志文 封面设计：陈 沛
责任印制：孙 炜
保定市中画美凯印刷有限公司印刷
2020年2月第1版第1次印刷
184mm×260mm · 20.5印张 · 531千字
标准书号：ISBN 978-7-111-64381-4
定价：53.80元

电话服务	网络服务
客服电话：010-88361066	机 工 官 网：www.cmpbook.com
010-88379833	机 工 官 博：weibo.com/cmp1952
010-68326294	金 书 网：www.golden-book.com
封底无防伪标均为盗版	机工教育服务网：www.cmpedu.com

前 言

高等院校工科专业的毕业设计是本科教学计划的重要组成部分，是学生在校期间十分重要的综合性实践教学环节，是对学生学习与实践成果的全面总结，要求学生综合运用所学的基础理论、专业知识及实践技能，对实际工程案例进行设计，使学生的独立工作能力、分析和解决问题的能力在工程实践中得到训练。

建筑环境与能源应用工程专业的学生毕业后从事空调工程、供热工程、城市燃气工程、建筑节能、通风与净化、建筑智能化等的研究、设计、系统安装调试、系统能效评估和运行管理等方面的工作，因此本专业的毕业设计尤为重要。通过毕业设计，学生能够系统化本专业的基本理论和基本知识，获得工程师工程技术应用能力的基本训练，在社会上成为具有创新精神的高级工程技术应用人才。

建筑环境与能源应用工程专业的毕业设计是学生第一次系统性地进行实际工程设计，对于学生来讲具有一定的难度，是一次挑战。一方面，毕业设计时间短，往往仅有三到四个月的时间，同时一些学生忙于求职或社会服务等活动而使得有效的毕业设计时间更短，精力非常有限；另一方面，在设计过程中，学生对设计内容、设计步骤与设计方法等缺少系统性的认知，对需要查阅的规范、标准、手册、图册、设备选型等不常接触的资料不熟悉或难以查找，导致学生在最初的一段时间大多处于不知所措甚至茫然的状态，而正式着手设计时又往往容易陷入细枝末节，忽视重要环节。因此，迫切需求一本好的、有针对性的指导建筑环境与能源应用工程毕业设计的书籍。

本书作者结合教学过程与实际工程实践中积累的经验知识，从实用出发，将毕业设计（空调部分）的完整步骤、设计内容、设计方法、设计相关标准规范资料、手册资料及设备选型资料等集结于册，数据、图表清晰，所收录的相关标准、规范皆为最新版本，内容充实，条理清楚，可在短时间内实现本科毕业生的“快餐式”毕业设计。相信本书对广大学子的毕业设计会有很好的指导作用。

毕业设计是对学生综合素质与工程实践能力培养效果的全面检验，希望建筑环境与能源应用工程专业的同学们在这本书的指导下，顺利完成高质量的毕业设计，全面提高自身的专业素质，增强专业自信，为将来就业和深造打下坚实的基础。

本书由华中科技大学徐新华担任主编，并承担了第 13、14 章的编写工作及全书的编稿工作；第 1 章由华中科技大学王劲柏编写；第 2~5 章由华中科技大学于靖华编写；第 6~8

章由华中科技大学王飞飞编写；第9章、第11章和第12章由华中科技大学刚文杰编写；第10章由华中科技大学沈国民编写。

在本书的编写过程中参阅了大量文献资料，在此谨向参考文献的作者表示真诚的敬意和由衷的感谢。本书编写者水平有限，书中难免有疏漏和不足之处，敬请广大读者批评指正。

编　者

目录

第1章 设计规范及室内外设计参数

1

1.1 设计规范及设计依据

空调工程设计涉及的规范、标准、手册很多，本科生空调工程毕业设计时间短，难以查阅大量的规范、标准。下面仅列出主要的规范与标准：

1）《民用建筑供暖通风与空气调节设计规范》（GB 50736—2012）。

2）《公共建筑节能设计标准》（GB 50189—2015）。

3）《民用建筑热工设计规范》（GB 50176—2016）。

4）《建筑设计防火规范》2018 年版（GB 50016—2014）。

5）《电影院建筑设计规范》（JGJ 58—2008）。

6）《剧场建筑设计规范》（JGJ 57—2016）。

7）《锅炉房设计规范》（GB 50041—2008）。

8）《暖通空调制图标准》（GB/T 50144—2010）。

9）《供暖通风与空气调节术语标准》（GB/T 50155—2015）。

10）湖北省《低能耗居住建筑节能设计标准》（DB42/T 559—2013）。

在设计工程中还需要查阅相关手册，主要有：

1）《实用供热空调设计手册》第 2 版，2008。

2）《空气调节设计手册》第 3 版，2017。

上述规范、标准及手册的制定或编写会根据实际情况的变化不断修订，具体应用时应采用最新公布的版本。除了国家标准外，有的地区结合本地区的气候特点及相关政策（如能源政策）也制定了相应的地方标准，在进行工程设计时要遵守地方标准。

空调设计需要建筑专业提供建筑平面图、立面图及主要的剖面图。与本专业相关的内容还包括水、电、气、燃料等能源资源的供应情况，建设单位提出的使用方面的要求、建设标准、建议等。

涉及空调负荷计算的基础资料主要包括建筑围护结构的构造尺寸、建筑材料及其热工特性、照明负荷及使用情况、空调房间人员数量及活动情况、设备散热量、同时使用情况等。这些资料一般由建设方及其他专业提供。当不能明确提供时，可通过查阅相关标准与手册获取这些参数。

1.2 气候分区及建筑热工的相关要求

在进行空调工程设计时，需要明确建筑的等级类型及所处的气候区。气候区的划分直接涉及建筑围护结构的热工参数选取。《公共建筑节能设计标准》（GB 50189—2015）给出了公共建筑的类别划分及气候区划分。

单栋建筑面积大于300m^{2}的公共建筑，或单栋建筑面积小于或等于300m^{2}但总建筑面积大于1000m^{2}的建筑群，应为甲类公共建筑。单栋建筑面积小于或等于300m^{2}的公共建筑，应为乙类公共建筑。

表1-1所示为代表城市的建筑热工设计气候分区。根据设计地点查阅该表可以找到设计建筑对应的气候分区。

表1-1 代表城市的建筑热工设计气候分区

气候分区及气候子区		代表城市
严寒地区	严寒A区	博克图、伊春、呼玛、海拉尔、满洲里、阿尔山、玛多、黑河、嫩江、海伦、齐齐哈尔、富锦、哈尔滨、牡丹江、大庆、安达
	严寒B区	佳木斯、二连浩特、多伦、大柴旦、阿勒泰、那曲
	严寒C区	长春、通化、延吉、通辽、四平、抚顺、阜新、沈阳、本溪、鞍山、呼和浩特、包头、鄂尔多斯、赤峰、额济纳旗、大同、乌鲁木齐、克拉玛依、酒泉、西宁、日喀则、甘孜、康定
寒冷地区	寒冷A区	丹东、大连、张家口、承德、唐山、青岛、洛阳、太原、阳泉、晋城、天水、榆林、延安、宝鸡、银川、平凉、兰州、喀什、伊宁、阿坝、拉萨
	寒冷B区	林芝、北京、天津、石家庄、保定、邢台、济南、德州、兖州、郑州、安阳、徐州、运城、西安、咸阳、吐鲁番、库尔勒、哈密
夏热冬冷地区	夏热冬冷A区	南京、蚌埠、盐城、南通、合肥、安庆、九江、武汉、黄石、岳阳、汉中、安康、上海、杭州、宁波、温州、宜昌、长沙、南昌、株洲、永州
	夏热冬冷B区	赣州、韶关、桂林、重庆、达县、万州、涪陵、南充、宜宾、成都、遵义、凯里、绵阳、南平
夏热冬暖地区	夏热冬暖A区	福州、莆田、龙岩、柳州、贺州、泉州、汕头、南宁、北海、梅州、兴宁、英德、河池、厦门、广州、深圳、湛江、梧州
	夏热冬暖B区	海口、三亚
温和地区	温和A区	昆明、贵阳、丽江、会泽、腾冲、保山、大理、楚雄、曲靖、泸西、屏边、广南、兴义、独山
	温和B区	瑞丽、耿马、临沧、澜沧、思茅、江城、蒙自

《公共建筑节能设计标准》也给出了全国各个气候区的甲类公共建筑围护结构热工性能限值。表1-2所示为寒冷地区甲类公共建筑围护结构热工性能限值，表1-3所示为夏热冬冷地区甲类公共建筑围护结构热工性能限值，表1-4所示为夏热冬暖地区甲类公共建筑围护结构热工性能限值。表中出现的部分专业词汇，解释如下：

（1）体形系数 体形系数是指建筑物与室外大气接触的外表面积（不包括地面、不供暖楼梯间内墙和户门面积）与其所包围的体积的比值

（2）窗墙面积比 窗墙面积比是指建筑某一立面的窗户洞口面积与该立面的总面积的比值。

表 1-2　寒冷地区甲类公共建筑围护结构热工性能限值

围护结构部位		体形系数≤0.30		0.30<体形系数≤0.50	
		传热系数 K/[W/(m^2·K)]	太阳得热系数 SHGC（东、南、西向/北向）	传热系数 K/[W/(m^2·K)]	太阳得热系数 SHGC（东、南、西向/北向）
屋面		≤0.45	—	≤0.40	—
外墙（包括非透光幕墙）		≤0.50	—	≤0.45	—
底面接触室外空气的架空或外挑楼板		≤0.50	—	≤0.45	—
地下车库与供暖房间之间的楼板		≤1.0	—	≤1.0	—
非供暖楼梯间与供暖房间之间的隔墙		≤1.5	—	≤1.5	—
单一立面外窗（包括透光幕墙）	窗墙面积比≤0.20	≤3.0	—	≤2.8	—
	0.20<窗墙面积比≤0.30	≤2.7	≤0.52/—	≤2.5	≤0.52/—
	0.30<窗墙面积比≤0.40	≤2.4	≤0.48/—	≤2.2	≤0.48/—
	0.40<窗墙面积比≤0.50	≤2.2	≤0.43/—	≤1.9	≤0.43/—
	0.50<窗墙面积比≤0.60	≤2.0	≤0.40/—	≤1.7	≤0.40/—
	0.60<窗墙面积比≤0.70	≤1.9	≤0.35/0.60	≤1.7	≤0.35/0.60
	0.70<窗墙面积比≤0.80	≤1.6	≤0.35/0.52	≤1.5	≤0.35/0.52
	窗墙面积比>0.80	≤1.5	≤0.35/0.52	≤1.4	≤0.30/0.52
	屋顶透光部分（屋顶透光部分面积≤20%）	≤2.4	≤0.44	≤2.4	≤0.35

围护结构部位	保温材料层热阻 R/[(m^2·K)/W]
周边地面	≥0.60
供暖、空调地下室外墙（与土壤接触的墙）	≥0.60
变形缝（两侧墙内保温时）	≥0.90

表 1-3　夏热冬冷地区甲类公共建筑围护结构热工性能限值

围护结构部位		传热系数 K/[W/(m^2·K)]	太阳得热系数 SHGC（东、南、西向/北向）
屋面	围护结构热惰性指标 D≤2.5	≤0.40	—
	围护结构热惰性指标 D>2.5	≤0.50	
外墙（包括非透光幕墙）	围护结构热惰性指标 D≤2.5	≤0.60	—
	围护结构热惰性指标 D>2.5	≤0.80	
底面接触室外空气的架空或外挑楼板		≤0.70	—
单一立面外窗（包括透光幕墙）	窗墙面积比≤0.20	≤3.5	—
	0.20<窗墙面积比≤0.30	≤3.0	≤0.44/0.48
	0.30<窗墙面积比≤0.40	≤2.6	≤0.40/0.44
	0.40<窗墙面积比≤0.50	≤2.4	≤0.35/0.40
	0.50<窗墙面积比≤0.60	≤2.2	≤0.35/0.40
	0.60<窗墙面积比≤0.70	≤2.2	≤0.30/0.35
	0.70<窗墙面积比≤0.80	≤2.0	≤0.26/0.35
	窗墙面积比>0.80	≤1.8	≤0.24/0.30
屋顶透明部分（屋顶透明部分面积≤20%）		≤2.6	≤0.30

表 1-4 夏热冬暖地区甲类公共建筑围护结构热工性能限值

围护结构部位		传热系数 $K/[W/(m^2 \cdot K)]$	太阳得热系数 SHGC（东、南、西向/北向）
屋面	围护结构热惰性指标 $D \leqslant 2.5$	≤0.50	—
	围护结构热惰性指标 $D > 2.5$	≤0.80	
外墙（包括非透光幕墙）	围护结构热惰性指标 $D \leqslant 2.5$	≤0.80	—
	围护结构热惰性指标 $D > 2.5$	≤1.5	
底面接触室外空气的架空或外挑楼板		≤1.5	—
单一立面外窗（包括透光幕墙）	窗墙面积比≤0.20	≤5.2	≤0.52/—
	0.20<窗墙面积比≤0.30	≤4.0	≤0.44/0.52
	0.30<窗墙面积比≤0.40	≤3.0	≤0.35/0.44
	0.40<窗墙面积比≤0.50	≤2.7	≤0.35/0.40
	0.50<窗墙面积比≤0.60	≤2.5	≤0.26/0.35
	0.60<窗墙面积比≤0.70	≤2.5	≤0.24/0.30
	0.70<窗墙面积比≤0.80	≤2.5	≤0.22/0.26
	窗墙面积比>0.80	≤2.0	≤0.18/0.26
屋顶透明部分（屋顶透明部分面积≤20%）		≤3.0	≤0.30

根据上述气候区的划分及各气候区建筑热工限值，确定围护结构的传热系数及遮阳系数等参数，可以进一步查阅《实用供热空调设计手册》（第 2 版（上册））P244250，找到与上述墙体热惰性指标、延迟时间、传热系数相匹配的墙体构造。这些墙体构造信息是进行建筑动态负荷计算的基础资料。

当建筑围护结构的体形系数、窗墙面积比或热工参数不符合上表要求时，需要进行围护结构热工性能的权衡判断。《公共建筑节能设计标准》（GB 50189—2015）进一步规定了权衡判断的要求与流程。

对于建筑空调工程的设计，除要满足国家的相关规范、标准要求外，还需要满足地方的相关标准。如进行武汉地区住宅建筑设计时，不但要满足国家标准《夏热冬冷地区居住建筑节能设计标准》（JGJ 134—2010），还需满足地方标准湖北省《低能耗居住建筑节能设计标准》（DB42/T 559—2013）。

1.3 室内设计计算参数

室内外设计计算参数是暖通空调工程设计最基本的依据之一。法定设计计算参数分室内计算参数与室外计算参数。它们以“规范”和“标准”形式由政府职能部门通过行政手段强制执行。室内外计算参数基本上指的是室内外气象参数。

《民用建筑供暖通风与空气调节设计规范》（GB 50736—2012）规定，供暖室内设计温度需要满足：

1）严寒和寒冷地区主要房间应采用18~24℃。

2）夏热冬冷地区主要房间宜采用16~22℃。

3）设置值班供暖房间不应低于5℃。

《民用建筑供暖通风与空气调节设计规范》同时也规定了人员长期逗留区域空调室内设计参数应符合表1-5中的规定。人员短期逗留区域空调供冷工况室内设计参数宜比长期逗留区域提高1~2℃，供热工况宜降低1~2℃。短期逗留区域供冷工况风速不宜大于0.5m/s，供热工况风速不宜大于0.3m/s。辐射供暖室内设计温度宜降低2℃；辐射供冷室内设计温度宜提高0.5~1.5℃。

对于工艺性空调，室内设计温度、相对湿度及其允许波动范围应根据工艺需要及健康要求确定。人员活动区的风速，供热工况时，不宜大于0.3m/s；供冷工况时，宜采用0.2~0.5m/s。

表1-5　人员长期逗留区域空调室内设计参数

类别	舒适度等级	温度/℃	相对湿度（%）	风速/(m/s)
供热工况	Ⅰ级	22~24	≥30	0.2
	Ⅱ级	18~22	—	0.2
供冷工况	Ⅰ级	24~26	40~60	0.25
	Ⅱ级	26~28	≤70	0.3

注：1. Ⅰ级舒适度较高，Ⅱ级舒适度一般。
2. 舒适度等级划分按表1-6确定。

热舒适度等级划分应按表1-6采用。该等级划分是按照现行国家标准《热环境的人类工效学　通过计算PMV和PPD指数与局部热舒适准则对热舒适进行分析测定与解释》（GB/T 18049—2017）的有关规定执行，采用预计平均热感觉指数（PMV）和预计不满意者的百分数（PPD）进行评价。

表1-6　不同热舒适度等级对应的PMV、PPD值

舒适度等级	PMV	PPD
Ⅰ级	−0.5≤PMV≤0.5	≤10%
Ⅱ级	−1≤PMV<−0.5，0.5<PMV≤1	≤27%

《民用建筑供暖通风与空气调节设计规范》同时规定了不同用途建筑的设计最小新风量：

1）公共建筑主要房间每人所需最小新风量应符合表1-7中的规定。

表1-7　公共建筑主要房间每人所需最小新风量　[单位：$m^3/(h·人)$]

建筑房间类型	新风量
办公	30
客房	30
大堂、四季厅	10

2）设置新风系统的居住建筑和医院建筑，所需最小新风量宜按换气次数法确定。居住建筑换气次数宜符合表 1-8 中的规定，医院建筑换气次数宜符合表 1-9 中的规定。

表 1-8 居住建筑设计最小换气次数

人均居住面积 F_P	每小时换气次数
$F_P \leqslant 10m^2$	0.70
$10m^2 < F_P \leqslant 20m^2$	0.60
$20m^2 < F_P \leqslant 50m^2$	0.50
$F_P > 50m^2$	0.45

表 1-9 医院建筑设计最小换气次数

功能房间	每小时换气次数
门诊室	2
急诊室	2
配药室	5
放射室	2
病房	2

3）高密人群建筑每人所需最小新风量应按人员密度确定，且应符合表 1-10 中的规定。

表 1-10 高密人群建筑每人所需最小新风量 ［单位：$m^3/(h \cdot 人)$］

建筑类型	人员密度 P_F（人/m^2）		
	$P_F \leqslant 0.4$	$0.4 < P_F \leqslant 1.0$	$P_F > 1.0$
影剧院、音乐厅、大会厅、多功能厅、会议室	14	12	11
商场、超市	19	16	15
博物馆、展览厅	19	16	15
公共交通等候室	19	16	15
歌厅	23	20	19
酒吧、咖啡厅、宴会厅、餐厅	30	25	23
游艺厅、保龄球房	30	25	23
体育馆	19	16	15
健身房	40	38	37
教室	28	24	22
图书馆	20	17	16
幼儿园	30	25	23

对旅馆、影院、剧院等建筑，还要查阅相应的标准，如《公共建筑节能设计标准》（GB 50189—2015、《电影院建筑设计规范》（JGJ 58—2008）、《剧场建筑设计规范》（JGJ 57—2016）等。对于体育馆的空调工程，国内尚无统一标准，需要参考一些工程设计实例。

1.4　室外设计计算参数

室外设计计算参数包括冬季供暖室外计算温度、冬季通风室外计算温度、冬季空调室外计算温度、太阳辐射照度等计算参数。《民用建筑供暖通风与空气调节设计规范》（GB 50736—2012）规定了主要室外空气计算参数的计算及确定方法。

1）供暖室外计算温度应采用历年平均不保证 5 天的日平均温度。

2）冬季通风室外计算温度，应采用累年最冷月平均温度。

3）冬季空调室外计算温度，应采用历年平均不保证 1 天的日平均温度。

4）冬季空调室外计算相对湿度，应采用累年最冷月平均相对湿度。

5）夏季空调室外计算干球温度，应采用历年平均不保证 50h 的干球温度。

6）夏季空调室外计算湿球温度，应采用历年平均不保证 50h 的湿球温度。

7）夏季通风室外计算温度，应采用历年最热月 14 时的月平均温度的平均值。

8）夏季通风室外计算相对湿度，应采用历年最热月 14 时的月平均相对湿度的平均值。

9）夏季空调室外计算日平均温度，应采用历年平均不保证 5 天的日平均温度。

10）夏季空调室外计算逐时温度，可按下式确定：

$$t_{sh} = t_{wp} + \beta \Delta t_r \tag{1-1}$$

$$\Delta t_r = \frac{t_{wg} - t_{wp}}{0.52} \tag{1-2}$$

式中　t_{sh}——室外计算逐时温度（℃）；

t_{wp}——夏季空调室外计算日平均温度（℃）；

β——室外温度逐时变化系数，按表 1-11 确定；

Δt_r——夏季室外计算平均日较差；

t_{wg}——夏季空调室外计算干球温度（℃）。

表 1-11　室外温度逐时变化系数

时刻	1	2	3	4	5	6
β	-0.35	-0.38	-0.42	-0.45	-0.47	-0.41
时刻	7	8	9	10	11	12
β	-0.28	-0.12	0.03	0.16	0.29	0.40
时刻	13	14	15	16	17	18
β	0.48	0.52	0.51	0.43	0.39	0.28
时刻	19	20	21	22	23	24
β	0.14	0.00	-0.10	-0.17	-0.23	-0.26

《民用建筑供暖通风与空气调节设计规范》（GB 50736—2012）给出了全国主要城市的室外空气计算参数。本书摘录了典型寒冷地区、夏热冬冷地区、夏热冬暖地区的几个城市的室外空气计算参数，见表 1-12 和表 1-13。其他省会城市的室外空气计算参数列于附录 A。

表 1-12 北京、武汉、长沙、广州的室外空气计算参数列表

省/直辖市/自治区		北京	湖北	湖南	广东
市/区/自治州		北京	武汉	长沙	广州
台站名称及编号		北京	武汉	马坡岭	广州
		54511	57494	57679	59287
台站信息	北纬	39°48′	30°37′	28°12′	23°10′
	东经	116°28′	114°08′	113°05′	113°20′
	海拔/m	31.3	23.1	44.9	41.7
	统计年份	1971~2000	1971~2000	1972~1986	1971~2000
年平均温度/℃		12.3	16.6	17.0	22.0
室外计算温、湿度	供暖室外计算温度/℃	-7.6	-0.3	0.3	8.0
	冬季通风室外计算温度/℃	-3.6	3.7	4.6	13.6
	冬季空气调节室外计算温度/℃	-9.9	-2.6	-1.9	5.2
	冬季空气调节室外计算相对湿度（%）	44	77	83	72
	夏季空气调节室外计算干球温度/℃	33.5	35.2	35.8	34.2
	夏季空气调节室外计算湿球温度/℃	26.4	28.4	27.7	27.8
	夏季通风室外计算温度/℃	29.7	32.0	32.9	31.8
	夏季通风室外计算相对湿度（%）	61	67	61	68
	夏季空气调节室外计算日平均温度/℃	29.6	32.0	31.6	30.7
风向、风速及频率	夏季室外平均风速/(m/s)	2.1	2.0	2.6	1.7
	夏季最多风向	C SW	C ENE	C NNW	C SSE
	夏季最多风向的频率（%）	18 10	23 8	16 13	28 12
	夏季室外最多风向的平均风速/(m/s)	3.0	2.3	1.7	2.3
	冬季室外平均风速/(m/s)	2.6	1.8	2.3	1.7
	冬季最多风向	C N	C NE	NNW	C NNE
	冬季最多风向的频率（%）	19 12	28 13	32	34 19
	冬季室外最多风向的平均风速/(m/s)	4.7	3.0	3.0	2.7
	年最多风向	C SW	C ENE	NNW	C NNE
	年最多风向的频率（%）	17 10	26 10	22	31 11
冬季日照百分率（%）		64	37	26	36
最大冻土深度/cm		66	9	—	—
大气压力	冬季室外大气压力/hPa	1021.7	1023.5	1019.6	1019.0
	夏季室外大气压力/hPa	1000.2	1002.1	999.2	1004.0
设计计算用供暖期天数及其平均温度	日平均温度≤+5℃的天数/天	123	50	48	0
	日平均温度≤+5℃的起止日期	11.12~03.14	12.22~02.09	12.26~02.11	—
	平均温度≤+5℃期间内的平均温度/℃	-0.7	3.9	4.3	—
	日平均温度≤+8℃的天数/天	144	98	88	0
	日平均温度≤+8℃的起止日期	11.04~03.27	11.27~03.04	12.06~0.3.03	—
	平均温度≤+8℃期间内的平均温度/℃	0.3	5.2	5.5	—
极端最高气温/℃		41.9	39.3	39.7	38.1
极端最低气温/℃		-18.3	-18.1	-11.3	0.0

表1-13　重庆、上海、郑州的室外空气计算参数列表

省/直辖市/自治区		重庆	上海	河南
市/区/自治州		重庆	徐汇	郑州
台站名称及编号		重庆	上海徐家汇	郑州
		57515	58367	57083
台站信息	北纬	29°31′	31°10′	34°43′
	东经	106°29′	121°26′	113°39′
	海拔/m	351.1	2.6	110.4
	统计年份	1971~1986	1971~1998	1971~2000
年平均温度/℃		17.7	16.1	14.3
室外计算温、湿度	供暖室外计算温度/℃	4.1	-0.3	-3.8
	冬季通风室外计算温度/℃	7.2	4.2	0.1
	冬季空气调节室外计算温度/℃	2.2	-2.2	-6
	冬季空气调节室外计算相对湿度（%）	83	75	61
	夏季空气调节室外计算干球温度/℃	35.5	34.4	34.9
	夏季空气调节室外计算湿球温度/℃	26.5	27.9	27.4
	夏季通风室外计算温度/℃	31.7	31.2	30.9
	夏季通风室外计算相对湿度（%）	59	69	64
	夏季空气调节室外计算日平均温度/℃	32.3	30.8	30.2
风向、风速及频率	夏季室外平均风速/(m/s)	1.5	3.1	2.2
	夏季最多风向	C　ENE	SE	C　S
	夏季最多风向的频率（%）	33　8	14	21　11
	夏季室外最多风向的平均风速/(m/s)	1.1	3.0	2.8
	冬季室外平均风速/(m/s)	1.1	2.6	2.7
	冬季最多风向	C　NNE	NW	C　NW
	冬季最多风向的频率（%）	46　13	14	22　12
	冬季室外最多风向的平均风速/(m/s)	1.6	3.0	4.9
	年最多风向	C　NNE	SE	C　ENE
	年最多风向的频率（%）	44　13	10	21　10
冬季日照百分率（%）		7.5	40	47
最大冻土深度/cm		—	8	27
大气压力	冬季室外大气压力/hPa	980.6	1025.4	1013.3
	夏季室外大气压力/hPa	963.8	1005.4	992.3
设计计算用供暖期天数及其平均温度	日平均温度≤+5℃的天数/天	0	42	97
	日平均温度≤+5℃的起止日期	—	01.01~02.11	11.26~03.02
	平均温度≤+5℃期间内的平均温度/℃	—	4.1	1.7
	日平均温度≤+8℃的天数/天	53	93	125
	日平均温度≤+8℃的起止日期	12.22~02.12	12.05~03.07	11.12~03.16
	平均温度≤+8℃期间内的平均温度/℃	7.2	5.2	3.0
极端最高气温/℃		40.2	39.4	42.3
极端最低气温/℃		-1.8	-10.1	-17.9

在进行夏季空调负荷计算时，如果采用手算，需要计算夏季太阳辐射强度，通常通过查表的方式进行计算。《民用建筑供暖通风与空气调节设计规范》（GB 50736—2012）给出了相应的计算方法。

参考文献

[1] 中华人民共和国住房和城乡建设部．公共建筑节能设计标准：GB 50189—2015［S］．北京：中国建筑工业出版社，2015.

[2] 中华人民共和国住房和城乡建设部．民用建筑供暖通风与空气调节设计规范：GB 50736—2012［S］．北京：中国建筑工业出版社，2012.

2

第2章 负荷计算

空调负荷及供暖负荷有手算法与计算模拟法。手算法是学生毕业设计训练的基本要求。一般可要求学生对典型房间的负荷进行手算，而对整个建筑的多个房间及建筑总负荷采用计算模拟的方式。本章给出手算法的主要流程，并对常用的负荷模拟软件进行简要介绍。

2.1 节能设计

为贯彻国家有关节约能源、保护环境的法律、法规和政策，改善建筑热环境，提高供暖和空调的能源利用效率，需对建筑从建筑设计、围护结构选用和暖通空调设计等方面提出节能措施，对供暖和空调能耗规定控制指标。节能设计是供暖通风与空气调节系统设计的一个重要组成部分。在毕业设计的节能设计环节，要求选用符合热工要求限值的围护结构。

民用建筑大致可分为居住建筑和公共建筑两类，毕业设计多以公共建筑为对象进行空调工程设计。本书介绍了公共建筑节能设计的要求，具体可参阅《公共建筑节能设计标准》(GB 50189—2015)。对于居住建筑，具体可查阅《严寒和寒冷地区居住建筑节能设计标准》(JGJ 26—2018)、《夏热冬冷地区居住建筑节能设计标准》（JGJ 134—2010)、《夏热冬暖地区居住建筑节能设计标准》（JGJ 75—2012)、《农村居住建筑节能设计标准》（DB22/T 2038—2014）及各地方省市出台的相关标准等。

影响公共建筑能耗的因素有很多，包括建筑的位置、朝向、体形系数、窗墙面积比等。表2-1列出了公共建筑节能设计的综合要求。

表2-1 公共建筑节能设计的综合要求

名　称	要　求	说　明
建筑位置和朝向	冬季能利用日照、夏季能利用自然通风	冬季能充分利用自然能对建筑物进行供暖，从而减少热负荷和供热量；夏季能最大限度地利用自然能来冷却降温，减少建筑得热和冷负荷
建筑物的平立面	不要有过多的凹凸	建筑体形的变化，与供暖和空调负荷及能耗的大小有密切的关系；凹凸越多，能耗越大
建筑体形系数	严寒地区和寒冷地区小于或等于0.40	体形系数越大，单位建筑面积对应的建筑外表面积越大，围护结构的负荷也越大；体形系数每增加0.01，能耗指标约增加2.5%
外窗（包括透明幕墙）墙面积比	不同朝向的外窗（包括透明幕墙）传热系数K、遮阳系数S_c应根据建筑所处城市的气候分区符合规定	窗（包括透明幕墙）墙面积比是指不同朝向外墙面上的外窗（包括透明幕墙）及阳台门的透明部分的总面积与所在朝向外墙面的总面积［含窗（包括透明幕墙）及阳台门的总面积］之比，窗墙面积比越大，供暖和空调的能耗也越大

（续）

名　称	要　求	说　明
外窗（包括透明幕墙）	可开启面积应不小于窗面积的30%。透明幕墙应有可开启部分或设有通风换气装置	无论在北方还是南方，一年当中都有相当长的时段可以通过自然通风来改善室内空气品质。通风换气是窗户的功能之一，利用外窗（包括透明幕墙）通风，既可以提高热舒适性，又能节省能耗
屋顶透明部分	屋顶透明部分面积<20%屋顶总面积；传热系数 K、遮阳系数 S_c 应根据建筑所处城市的气候分区符合规定	屋顶透明部分的面积越大，建筑能耗也越大；由于水平面上的太阳辐射照度最大，造成传热负荷过大，对室内热环境有很大影响，因此，为了达到节能要求，对屋顶透明部分的面积和热工性能提出了明确的规定
窗（透明幕墙）墙面积比小于40%	玻璃或其他透明材料的可见光透射比不应小于0.4	可见光透射比过小，容易造成室内采光不足；在日照率低的地区，所增加的室内照明用电能耗，将超过节约的供暖制冷能耗，因此，对透明材料的可见光透射比也需做出规定
外门	严寒地区应设门斗；寒冷地区宜设门斗或转门、自动启闭门，其他地区应采取保温隔热措施	公共建筑的外门开启较频繁，为了节省能耗，必须减少外门开启时渗入的冷空气量。设置门斗、转门和启闭门，能有效地减少渗入冷风量，从而大幅度降低能耗，同时改善大堂的热舒适性

不同气候区围护结构热工要求的性能限值在表1-2~表1-4中给出了详细的规定，可供毕业设计选用与参考。当建筑围护结构的热工性能不能全部满足表1-2~表1-4中规定值时，应使用权衡判断法来判定围护结构的总体热工性能是否符合节能要求。

2.2 手算方法

2.2.1 空调冷负荷计算

《民用建筑供暖通风与空气调节设计规范》（GB 50736—2012）规定：除在方案设计或初步设计阶段可使用冷、热负荷指标进行必要的估算外，施工图设计阶段应对空调区的冬季热负荷和夏季逐时冷负荷进行计算。负荷计算是毕业设计的重要环节，需要进行逐时负荷计算。我国在20世纪70~80年代开展了负荷计算方法的研究，1982年经城乡建设环境保护部主持、评议通过了两种新的冷负荷计算方法：一种是谐波反应法，另一种是为冷负荷系数法。本书仅介绍冷负荷系数法的计算方法。

在供冷负荷计算时，空调房间冷、湿负荷是确定空调系统送风量和空调设备容量的基本依据。在室内外热、湿扰量作用下，某一时刻进入一个恒温恒湿房间内的总热量和湿量称为在该时刻的得热量和得湿量。在某一时刻为保持房间恒温恒湿，需向房间供应的冷量称为冷负荷；为维持室内相对湿度所需由房间除去或增加的湿量称为湿负荷。

空调区的夏季计算得热量，应根据下列各项确定：①通过围护结构（包括不透明围护结构及透明围护结构）传入的热量；②通过透明围护结构进入的太阳辐射热量；③人体散热量；④照明散热量；⑤设备、器具、管道及其他内部热源的散热量；⑥食品或物料的散热量；⑦渗透空气带入的热量；⑧伴随各种散湿过程产生的潜热量。

空调区的供冷负荷，应根据上述各项得热量的种类、性质以及空调区的蓄热特性，分别进行逐时转化计算，确定出各项冷负荷，而不应将得热量直接视为冷负荷。

1. 外墙、屋面的传热冷负荷

外墙、屋面的传热形成的计算时刻冷负荷 Q_τ（W），可按下式计算：

$$Q_\tau = KF(t_{\tau-\xi} + \Delta - t_n) \tag{2-1}$$

式中 K——传热系数［$W/(m^2 \cdot K)$］；

F——计算面积（m^2）；

$\tau-\xi$——温度波的作用时刻，即温度波作用于围护结构外侧的时刻；

$t_{\tau-\xi}$——作用时刻下的冷负荷计算温度（℃），简称冷负荷温度，对于外墙及屋面，可查附录 B 和附录 C；

Δ——负荷温度的地点修正值（℃），可查附录 B 和附录 C 的表注；

t_n——夏季空调区设计温度（℃）。

关于“计算时刻”与“作用时刻”的意义，举例说明如下。假定有一面延迟时间为 5h 的外墙，在确定其 16 点钟的传热冷负荷时，应取计算时刻 $\tau=16$，延迟时间 $\xi=5$，作用时刻 $\tau-\xi=16-5=11$。这是因为 16 点钟时，外墙内表面由于温度波动形成的冷负荷是 5h 之前，即 11 点钟时作用于外墙外表面温度波动产生的结果。延迟时间 ξ 是围护结构固有的物理性质，可查阅《实用供热空调设计手册》表 20. 2-1~表 20. 2-5 或《空气调节》（第 4 版，赵英义主编）附录 2-9。

2. 外窗的温差传热冷负荷

通过外窗温差传热形成的计算时刻冷负荷 Q_τ（W），可按下式计算：

$$Q_\tau = aKF(t_\tau + \delta - t_n) \tag{2-2}$$

式中 t_τ——计算时刻下的冷负荷温度（℃），见附录 D；

δ——地点修正系数（℃），见附录 D；

K——窗玻璃的传热系数［$W/(m^2 \cdot K)$］，见附录 E；

a——窗框修正系数，见附录 E。

附录 D 中涉及房间类型的分类。对于空调冷负荷计算而言，影响谐波辐射得热转换为冷负荷过程的是围护结构内表面的热工特性，即内表面对辐射热的吸热-放热特性。影响房间冷负荷的主要围护结构是内墙和楼板。为了简化计算，按房间内墙和楼板两种围护结构的放热衰减度给房间进行分类，分成轻型、中型和重型三种，见表 2-2。

表 2-2 房间类型和围护结构的放热衰减度

房间类型	围护结构的放热衰减度	
	内墙	楼板
轻型	1.2	1.4
中型	1.6	1.7
重型	2.0	2.0

注：1. 表中为一阶谐波（周期 24h）的放热衰减度。

2. 地面按重型楼板考虑，如地面上铺地毯，则按轻型楼板考虑。

3. 外窗的太阳辐射冷负荷

透过外窗的太阳辐射形成的计算时刻冷负荷 Q_τ（W），应根据不同情况分别进行计算。根据外窗遮阳情况的不同，可分为四种情况。

（1）外窗无任何遮阳设施的辐射负荷

$$Q_{\tau} = F X_{g} X_{d} J_{w\tau} \tag{2-3}$$

式中 X_{g}——窗的构造修正系数，见附录 F；

X_{d}——地点修正系数，见附录 G；

$J_{w\tau}$——计算时刻下，透过无遮阳设施玻璃太阳辐射的冷负荷强度（W/m^{2}），见附录 H。

（2）外窗只有内遮阳设施的辐射负荷

$$Q_{\tau} = F X_{g} X_{d} X_{z} J_{n\tau} \tag{2-4}$$

式中 X_{z}——内遮阳系数，见表 2-3；

$J_{n\tau}$——计算时刻下，透过有内遮阳设施玻璃太阳辐射的冷负荷强度（W/m^{2}），见附录 H。

表 2-3 内遮阳系数

遮阳设施及颜色		遮阳系数	遮阳设施及颜色		遮阳系数
布窗帘	白色	0.50	塑料活动百叶（叶片 45°）	白色	0.60
	浅色	0.60		浅色	0.68
	深色	0.65		灰色	0.75
半透明卷轴遮阳帘	浅色	0.30	铝活动百叶	灰白	0.60
不透明卷轴遮阳帘	白色	0.25	毛玻璃	次白	0.40
	深色	0.50	窗面涂白	白色	0.60

（3）外窗只有外遮阳板的辐射负荷

$$Q_{\tau} = [F_{1} J_{w\tau} + (F - F_{1}) J_{w\tau}^{0}] X_{g} X_{d} \tag{2-5}$$

式中 F_{1}——窗口受到太阳照射时的直射面积（m^{2}），算法见《实用供热空调设计手册》第 20.2.4 节；

$J_{w\tau}^{0}$——计算时刻下，透过无遮阳设施玻璃太阳辐射的冷负荷强度（W/m^{2}），见附录 H。

（4）外窗既有内遮阳设施又有外遮阳板的辐射负荷

$$Q_{\tau} = [F_{1} J_{n\tau} + (F - F_{1}) J_{n\tau}^{0}] X_{g} X_{d} X_{z} \tag{2-6}$$

式中 $J_{n\tau}^{0}$——计算时刻下，透过有内遮阳设施玻璃太阳散射辐射的冷负荷强度（W/m^{2}），见附录 H。

4. 内围护结构的传热冷负荷

透过内围护结构温差传热形成的计算时刻冷负荷 Q_{τ}(W)，应根据不同情况分别进行计算。

（1）相邻空间通风良好时内窗温差传热的计算时刻冷负荷 当相邻空间通风良好时，内窗温差传热形成的计算时刻冷负荷可按式（2-2）计算。

（2）相邻空间通风良好时其他内围护结构温差传热的计算时刻冷负荷 当相邻空间通风良好时，内墙或间层楼板由于温差传热形成的计算时刻冷负荷 Q_{τ}(W)，可按下式计算：

$$Q_{\tau} = KF(t_{wp} - t_{n}) \tag{2-7}$$

式中 t_{wp}——夏季空调室外计算日平均温度（℃）；

t_{n}——夏季空调区设计温度（℃）。

（3）相邻空间有发热量时内围护结构温差传热的计算时刻冷负荷 当邻室存在一定的

发热量时，通过空调房间内窗、内墙、间层楼板或内门等内围护结构温差传热形成的计算时刻冷负荷 Q_τ(W)，可按下式计算：

$$Q_\tau = KF(t_{wp} + \Delta t_{ls} - t_n) \tag{2-8}$$

式中 Δt_{ls}——邻室温升（℃），可根据邻室散热强度，按表2-4采用。

表 2-4 邻室温升

邻室散热量	Δt_{ls}/℃	邻室散热量	Δt_{ls}/℃
很少（如办公室、走廊等）	0	23~116W/m³	5
<23W/m³	3		

5. 人体显热冷负荷

人体显热散热形成的计算时刻冷负荷Q_τ(W)，可按下式计算：

$$Q_\tau = \varphi n q_1 X_{\tau-T} \tag{2-9}$$

式中 q_1——一名成年男子的小时显热散热量（W），见表2-5；

φ——群集系数，见表2-6；

n——计算时刻空调区内的总人数，当缺少数据时，可根据空调区的使用面积按表2-7给出的人均面积指标推算；

τ-T——从人员进入空调区的时刻算起到计算时刻的持续时间（h）；

$X_{\tau-T}$——$\tau - T$时间人体显热散热的冷负荷系数，见附录I。

表 2-5 一名成年男子的散热量和散湿量

体力活动性质		散热量/W 散湿量/(g/h)	室内温度/℃								
			20	21	22	23	24	25	26	27	28
静坐	影剧院、会堂、阅览室等	显热	84	81	78	75	70	67	62	58	53
		潜热	25	27	30	34	38	41	46	50	55
		全热	109	108	108	109	108	108	108	108	108
		湿量	38	40	45	50	56	61	68	75	82
极轻劳动	办公室、旅馆、小商品制造、体育馆等	显热	90	85	79	74	70	66	61	57	52
		潜热	46	51	56	60	64	68	73	77	82
		全热	136	136	135	134	134	134	134	134	134
		湿量	69	76	83	89	96	102	109	115	123
轻度劳动	商场、实验室、工厂轻台面、计算机房等	显热	93	87	81	75	69	64	58	51	45
		潜热	90	94	101	106	112	117	123	130	136
		全热	183	181	182	181	181	181	181	181	182
		湿量	134	140	150	158	167	175	184	194	203
中等劳动	纺织车间、机加工车间、印刷车间等	显热	118	112	104	96	88	83	74	68	61
		潜热	117	123	131	139	147	152	161	168	174
		全热	235	235	235	235	235	235	235	236	235
		湿量	175	184	196	207	219	227	240	250	260
重度劳动	炼钢车间、铸造车间、室内运动场、排练厅等	显热	168	162	157	151	145	139	134	128	122
		潜热	239	245	250	256	262	268	273	279	285
		全热	407	407	407	407	407	407	407	407	407
		湿量	356	365	373	382	391	400	408	417	425

表 2-6 某些场所的群集系数

典型场所	群集系数	典型场所	群集系数
影剧院	0.89	体育馆	0.92
图书馆、阅览室	0.96	商场	0.89
旅馆、餐馆	0.93	纺织厂	0.90

表 2-7 不同类型房间人均占有的使用面积指标

建筑类别	房间类别	人均面积指标（m^2/人）	建筑类别	房间类别	人均面积指标（m^2/人）
办公建筑	普通办公室	4	宾馆建筑	普通客房	15
	高档办公室	8		高档客房	30
	会议室	2.5		会议室、多功能厅	2.5
	走廊	50		走廊	50
	其他	20		其他	20
商场建筑	一般商店	3	商场建筑	高档商店	4

6. 灯具冷负荷

照明设备散热形成的计算时刻冷负荷，应根据灯具的种类和安装情况分别计算。

(1) 白炽灯散热形成的计算时刻冷负荷 白炽灯散热形成的计算时刻冷负荷Q_τ(W)，可按下式计算：

$$Q_\tau = n_1 N X_{\tau-T} \tag{2-10}$$

式中 n_1——同时使用系数，当缺少实测数据时，可取 0.6~0.8；

N——灯具的安装功率（W），当缺少数据时，可根据空调区的使用面积按表 2-8 给出的照明功率密度指标计算；

τ-T——从开灯时刻算起到计算时刻的持续时间（h）；

$X_{\tau-T}$——$\tau-T$ 时间灯具散热的冷负荷系数，见附录 J。

表 2-8 照明功率密度指标

建筑类别	房间类别	照明功率密度/(W/m^2)	建筑类别	房间类别	照明功率密度/(W/m^2)
办公建筑	普通办公室	11	宾馆建筑	客房	15
	高档办公室	18		餐厅	13
	会议室	11		会议室、多功能厅	18
	走廊	5		走廊	5
	其他	11		其他	15
商场建筑	一般商店	12	商场建筑	高档商店	19

(2) 荧光灯散热形成的计算时刻冷负荷 根据荧光灯种类和安装方式上的区别，分以下三种情况计算其散热形成的计算时刻冷负荷：

1）对于镇流器设在空调区之外的荧光灯，其灯具散热形成的计算时刻冷负荷Q_τ(W)，计算公式同式（2-10）。

2）对于镇流器设在空调区之内的荧光灯，其灯具散热形成的计算时刻冷负荷Q_τ(W)，可按下式计算：

$$Q_\tau = 1.2 n_1 N X_{\tau-T} \tag{2-11}$$

3）对于暗装在空调房间吊顶玻璃罩之内的荧光灯，其灯具散热形成的计算时刻冷负荷 Q_τ(W)，可按下式计算：

$$Q_\tau = n_1 n_0 N X_{\tau-T} \tag{2-12}$$

式中　n_0——考虑玻璃反射及罩内通风情况的系数。当荧光灯罩有小孔时，利用自然通风散热于顶棚之内，取为 0.5~0.6；当荧光灯罩无小孔时，可视顶棚内的通风情况取为 0.6~0.8。

7. 设备显热冷负荷

确定设备显热散热形成冷负荷的计算过程需先计算各种情况下的设备散热量，再对此散热量进行冷负荷的转化计算。

（1）电热工艺设备的散热量　电热设备的散热量 q_s(W) 可按下式计算：

$$q_s = n_1 n_2 n_3 n_4 N \tag{2-13}$$

式中　n_1——同时使用系数，即同时使用的安装功率与总安装功率之比，一般为 0.5~1.0；
n_2——安装系数，即最大实耗功率与安装功率之比，一般为 0.7~0.9；
n_3——负荷系数，即小时平均实耗功率与最大实耗功率之比，一般为 0.4~0.5；
n_4——通风保温系数，见表 2-9；
N——电热设备的总安装功率（W）。

表 2-9　通风保温系数

保温情况	有局部排风时	无局部排风时
设备有保温	0.3~0.4	0.6~0.7
设备无保温	0.4~0.6	0.8~1.0

（2）电动工艺设备的散热量　电动机和工艺设备均在空调区的散热量 q_s(W)，可按下式计算：

$$q_s = n_1 n_2 n_3 N/\eta \tag{2-14}$$

式中　N——电动设备的总安装功率（W）；
η——电动机的效率，见表 2-10。

表 2-10　常用电动机的效率

电动机类型	功率/W	满负荷率	电动机类型	功率/W	满负荷率
罩极电动机	40	0.35	三相电动机	1500	0.79
	60	0.35		2200	0.81
	90	0.35		3000	0.82
	120	0.35		4000	0.84
分相电动机	180	0.54		5500	0.85
	250	0.56		7500	0.86
	370	0.60		11000	0.87
三相电动机	550	0.72		15000	0.88
	750	0.75		18500	0.89
	1100	0.77		20000	0.89

只有电动机在空调区内的散热量q_s(W)，可按下式计算：

$$q_s = n_1 n_2 n_3 N(1-\eta)/\eta \tag{2-15}$$

只有工艺设备在空调区内的散热量q_s(W)，可按下式计算：

$$q_s = n_1 n_2 n_3 N \tag{2-16}$$

(3) 办公及电器设备的散热量 空调区办公设备的散热量q_s(W)，可按下式计算：

$$q_s = \sum_{i=1}^{p} s_i q_{a,i} \tag{2-17}$$

式中 p——设备的种类数；

s_i——第i类设备的台数；

$q_{a,i}$——第i类设备的单台散热量（W），见表2-11。

表2-11 办公设备散热量

名称及类别		单台散热量/W		名称及类别		单台散热量/W		
		连续工作	节能模式			连续工作	每分钟输出1页	待机状态
计算机	平均值	55	20	打印机	小型台式	130	75	10
	安全值	65	25		台式	215	100	35
	高安全值	75	30		小型办公	320	160	70
显示器	小屏幕(330~380mm)	55	0		大型办公	550	275	125
	中屏幕(400~460mm)	70	0	复印机	台式	400	85	20
	大屏幕(480~510mm)	80	0		办公	1100	400	300

当办公室设备的类型和数量无法确定时，可按表2-12给出的电器设备功率密度推算空调区的办公设备散热量。

此时空调区电器设备的散热量q_s(W)，可按下式计算：

$$q_s = F q_f \tag{2-18}$$

式中 F——空调区面积(m^2)；

q_f——电器设备的功率密度（W/m^2），见表2-12。

表2-12 电器设备的功率密度

建筑类别	房间类别	功率密度/(W/m^2)	建筑类别	房间类别	功率密度/(W/m^2)
办公建筑	普通办公室	20	宾馆建筑	普通客房	20
	高档办公室	13		高档客房	13
	会议室	5		会议室、多功能厅	5
	走廊	0		走廊	0
	其他	5		其他	5
商场建筑	高档商店	13	商场建筑	一般商店	13

(4) 设备显热形成的计算时刻冷负荷 设备显热散热形成的计算时刻冷负荷Q_τ(W)，可按下式计算：

$$Q_\tau = q_s X_{\tau-T} \tag{2-19}$$

式中　q_s——热源的显热散热量（W），按式（2-13）~式（2-18）计算；

$\tau-T$——从热源投入使用的时刻算起到计算时刻的持续时间（h）；

$X_{\tau-T}$——$\tau-T$时间设备、器具散热的冷负荷系数，见附录K。

8. 渗透空气及新风显热冷负荷

一般空调房间不考虑空气渗透冷负荷，只有当送入的新风无法使房间维持足够正压的情况下，方需计算渗透空气的冷负荷。计算渗透空气显热冷负荷时，需先计算渗入空气量，再计算渗入空气显热形式的冷负荷。

（1）渗入空气量的计算　渗入空气量由外门开启进入室内的空气量和通过门、窗缝隙渗入的空气量两部分组成。

1）通过外门开启进入室内的空气量G_1(kg/h)，可按下式计算：

$$G_1 = n_1 V_1 \rho_o \tag{2-20}$$

式中　n_1——小时人流量（h^{-1}）；

V_1——外门开启一次的渗入空气量（m^3），见表2-13；

ρ_o——夏季空调室外干球温度下的空气密度（kg/m^3）。

表2-13　外门开启一次的空气渗透量　（单位：m^3）

每小时进、出人数	普通门		带门斗的门		转门	
	单扇	一扇以上	单扇	一扇以上	单扇	一扇以上
< 100	3.0	4.75	2.5	3.5	0.8	1.0
100 ~ 700	3.0	4.75	2.5	3.5	0.7	0.9
701 ~ 1400	3.0	4.75	2.25	3.5	0.5	0.6
1401 ~ 2100	2.75	4.0	2.25	3.25	0.3	0.3

2）通过房间门、窗缝隙渗入的空气量G_2(kg/h)，可按下式计算：

$$G_2 = n_2 V_2 \rho_o \tag{2-21}$$

式中　n_2——每小时换气次数（次/h），见表2-14；

V_2——房间容积（m^3）。

表2-14　换气次数

房间容积/m^3	换气次数（次/h）
<500	0.70
501~1000	0.60
1001~1500	0.55
1501~2000	0.50
2001~2500	0.42
2501~3000	0.40
>3000	0.35

注：本表适用于一面或两面有门、窗暴露面的房间。当房间有三面或四面有门、窗暴露面时，表中数值应乘以系数1.15。

（2）渗入空气显热形成的冷负荷计算　渗入空气显热形成的冷负荷Q(W)，可按下式计算：

$$Q = 0.28G(t_w - t_n) \tag{2-22}$$

式中 G——单位时间渗入室内的空气总量（kg/h），$G=G_1+G_2$，其中 G_1 和 G_2 的计算见式（2-20）和式（2-21）；

t_w——夏季空调室外干球温度（℃）；

t_n——夏季空调区设计温度（℃）。

（3）新风的显热冷负荷 新风是指有组织的引入的室外空气。新风的显热冷负荷参照式（2-22）计算，此时 G 为新风量（kg/h）。新风量可根据人员密度及人员新风量进行计算。

9. 食物的显热散热冷负荷

进行餐厅冷负荷计算时，需要考虑食物的散热量。食物的显热散热形成的冷负荷，可按每位就餐客人 9W 考虑。

10. 散湿量与潜热冷负荷

散湿量直接关系到空气处理过程和空调系统的冷负荷大小，除去由于室内散湿及新风等形成的潜热所需的冷负荷称为潜热冷负荷。散湿量和潜热冷负荷由以下五个部分构成：

（1）人体散湿量与潜热冷负荷

1）计算时刻的人体散湿量D_τ(kg/h)，可按下式计算：

$$D_\tau = 0.001\varphi n_\tau g \tag{2-23}$$

式中 φ——群集系数，见表 2-6；

n_τ——计算时刻空调区内的总人数；

g——一名成年男子的小时散湿量（g/h），见表 2-5。

2）计算时刻人体散湿形成的潜热冷负荷Q_τ(W)，可按下式计算：

$$Q_\tau = \varphi n_\tau q_2 \tag{2-24}$$

式中 φ——群集系数，见表 2-6；

n_τ——计算时刻空调区内的总人数；

q_2——一名成年男子潜热散热量（W），见表 2-5。

（2）渗入空气散湿量与潜热冷负荷 当送入的新风无法使房间维持足够正压时，需计算渗入空气的湿量与潜热冷负荷。

1）计算时刻渗透空气带入室内的湿量D_τ(kg/h)，可按下式计算：

$$D_\tau = 0.001G(d_w - d_n) \tag{2-25}$$

式中 d_w——室外空气的含湿量（g/kg）；

d_n——室内空气的含湿量（g/kg）；

G——渗透空气总量（kg/h），见式（2-22）的说明。

2）渗透空气形成的全热冷负荷Q_q(W)，可按下式计算：

$$Q_q = 0.28G(h_w - h_n) \tag{2-26}$$

式中 h_w——室外空气的焓（kJ/kg）；

h_n——室内空气的焓（kJ/kg）。

渗透空气形成的潜热冷负荷，等于 Q_q 与式（2-22）所得计算结果之差。

（3）新风的潜热冷负荷 新风的全热冷负荷参照式（2-26）计算，此时 G 为新风量（kg/h）。新风量可根据人员密度及人员新风量进行计算。新风的潜热冷负荷等于新风的全热冷负荷与新风的显热冷负荷的差值。

（4）食物散湿量与潜热冷负荷

1）计算时刻餐厅的食物散湿量 D_τ(kg/h)，可按下式计算：

$$D_\tau = 0.012\varphi n_\tau \tag{2-27}$$

式中 φ——群集系数，见表2-6；

n_τ——计算时刻空调区内的就餐总人数。

2）计算时刻食物散湿形成的潜热冷负荷 Q_τ(W)，可按下式计算：

$$Q_\tau = 700 D_\tau \tag{2-28}$$

式中 D_τ——同式（2-27）。

（5）水面散湿量与潜热冷负荷 若有明显的湿表面，需考虑水面散湿量引起的潜热冷负荷。

1）计算时刻敞开水面的蒸发散湿量 D_τ(kg/h)，可按下式计算：

$$D_\tau = F_\tau g \tag{2-29}$$

式中 F_τ——计算时刻的蒸发表面积（m^2）；

g——水面的单位蒸发量［$kg/(m^2 \cdot h)$］，见表2-15。

2）计算时刻敞开水面蒸发形成的潜热冷负荷 Q_τ(W)，可按下式计算：

$$Q_\tau = 0.28 r D_\tau \tag{2-30}$$

式中 r——冷凝热（kJ/kg），见表2-15；

D_τ——同式（2-29）。

表2-15 敞开水表面的单位蒸发量

室温/℃	室内相对湿度（%）	下列水温（℃）时敞开水表面的单位蒸发量/[kg/(m²·h)]								
		20	30	40	50	60	70	80	90	100
20	40	0.24	0.59	1.27	2.33	3.52	5.39	9.75	19.93	42.17
	45	0.21	0.57	1.24	2.30	3.48	5.36	9.71	19.88	42.11
	50	0.19	0.55	1.21	2.27	3.45	5.32	9.67	19.84	42.06
	55	0.16	0.52	1.18	2.23	3.41	5.28	9.63	19.79	42.00
	60	0.14	0.50	1.16	2.20	3.38	5.25	9.59	19.74	41.95
	65	0.11	0.47	1.13	2.17	3.35	5.21	9.56	19.70	41.89
	70	0.09	0.45	1.10	2.14	3.31	5.17	9.52	19.65	41.84
22	40	0.21	0.57	1.24	2.30	3.48	5.36	9.71	19.88	42.11
	45	0.18	0.54	1.21	2.26	3.44	5.31	9.67	19.83	42.05
	50	0.16	0.51	1.18	2.22	3.40	5.27	9.62	19.78	41.98
	55	0.13	0.49	1.14	2.19	3.36	5.23	9.58	19.72	41.92
	60	0.10	0.46	1.11	2.15	3.33	5.19	9.53	19.67	41.86
	65	0.07	0.43	1.08	2.12	3.29	5.15	9.49	19.62	41.80
	70	0.04	0.40	1.05	2.08	3.25	5.11	9.44	19.57	41.74
24	40	0.18	0.54	1.21	2.26	3.44	5.31	9.67	19.83	42.05
	45	0.15	0.51	1.17	2.22	3.40	5.27	9.61	19.77	41.97
	50	0.12	0.48	1.13	2.18	3.35	5.22	9.56	19.71	41.90
	55	0.09	0.45	1.10	2.14	3.31	5.17	9.51	19.65	41.84
	60	0.06	0.42	1.06	2.10	3.27	5.13	9.46	19.59	41.77
	65	0.03	0.38	1.03	2.06	3.22	5.08	9.41	19.53	41.70
	70	-0.01	0.35	0.99	2.02	3.18	5.03	9.36	19.47	41.63

（续）

室温/℃	室内相对湿度（%）	下列水温（℃）时敞开水表面的单位蒸发量/[kg/(m²·h)]								
		20	30	40	50	60	70	80	90	100
26	40	0.15	0.51	1.17	2.22	3.40	5.27	9.61	19.77	41.97
	45	0.12	0.47	1.13	2.17	3.35	5.21	9.56	19.70	41.90
	50	0.08	0.44	1.09	2.13	3.30	5.16	9.50	19.63	41.82
	55	0.05	0.40	1.05	2.08	3.25	5.11	9.44	19.57	41.74
	60	0.01	0.37	1.01	2.04	3.20	5.06	9.39	19.50	41.66
	65	-0.03	0.33	0.97	1.99	3.15	5.00	9.33	19.43	41.58
	70	-0.06	0.30	0.93	1.95	3.10	4.95	9.27	19.37	41.50
28	40	0.12	0.47	1.13	2.17	3.35	5.21	9.56	19.70	41.90
	45	0.08	0.43	1.09	2.12	3.29	5.15	9.49	19.63	41.81
	50	0.04	0.40	1.04	2.07	3.24	5.09	9.43	19.55	41.72
	55	0	0.36	1.00	2.02	3.18	5.04	9.37	19.48	41.63
	60	-0.04	0.32	0.95	1.97	3.13	4.98	9.30	19.40	41.54
	65	-0.08	0.28	0.91	1.92	3.07	4.92	9.24	19.33	41.45
	70	-0.12	0.24	0.86	1.87	3.02	4.86	9.18	19.25	41.36
冷凝热 r/(kJ/kg)		2510	2528	2544	2559	2570	2582	2602	2626	2653

注：制表条件为：水面风速 v=0.3m/s；B=101325Pa。当工程所在地点大气压力为 b 时，表中所列数据应乘以修正系数 B/b。

11. 各个环节的计算冷负荷

（1）空调区的计算冷负荷 空调区计算冷负荷的确定方法是：将此空调区的各分项冷负荷按各计算时刻累加，得出空调区总冷负荷逐时值的时间序列，之后找出序列中的最大值，即作为空调区的计算冷负荷。具体算法如下：

空调区的夏季冷负荷=外围护结构的传热冷负荷+内围护结构的传热冷负荷+外窗的太阳辐射冷负荷+人体显热冷负荷+灯具冷负荷+设备显热冷负荷+新风显热冷负荷+渗透空气显热冷负荷+食物的显热散热冷负荷+潜热冷负荷（包括人体潜热、新风潜热、渗入空气潜热、食物潜热、水面潜热等）。其计算应分项逐时计算，按逐时分项累加的最大值确定。

注意事项：①若无食堂等明显的食物散热，则不考虑食物散热引起的冷负荷；②空调系统设计若保持室内5~10Pa正压，则不考虑渗透空气带入的冷负荷；③若无明显的湿表面，可不考虑水面散湿量引起的冷负荷；④内区卫生间负荷，可按照建筑平均负荷取值；⑤地下为车库的楼板，按照非空调房间计算其传热（若与外面通风良好，地下车库计算参数可按照室外气候参数取值；若通风不好，可给定温差或假定车库的散热量进行计算）。

（2）空调建筑的计算冷负荷 这里的“空调建筑”特指一个集中空调系统所服务的建筑区域，它可能是一整幢建筑物，也可能是该建筑物的一部分。空调建筑的计算冷负荷，应按下列不同情况分别确定：

1）当空调系统末端装置不能随负荷变化而自动控制时，该空调建筑的计算冷负荷应等于同时使用的所有空调区计算冷负荷（逐时冷负荷的最大值）的累加值。

2）当空调系统末端装置能随负荷变化而自动控制时，应将此空调建筑同时使用的各个空调区的总冷负荷按各计算时刻累加，得出该空调建筑总冷负荷逐时值的时间序列，找出其中的最大值，即作为该空调建筑的计算冷负荷。

(3) 空调系统的计算冷负荷 集中空调系统的计算冷负荷，应根据所服务的空调建筑中各分区的同时使用情况、空调系统类型及控制方式等的不同，综合考虑下列各分项负荷，通过焓湿图分析和计算确定：

1）系统所服务的空调建筑的计算冷负荷。

2）该空调建筑的新风计算冷负荷。

3）当空气处理有再热过程时，应考虑由此引起的再热冷负荷。

4）风系统由于风机、风管产生温升以及系统漏风等引起的附加冷负荷。

5）水系统由于水泵、水管、水箱产生温升以及系统补水引起的附加冷负荷（风系统、水系统温升的计算可参考《实用供热空调设计手册》第19章第19.6节）。

(4) 空调冷源的计算冷负荷 空调冷源的计算冷负荷，应根据所服务的各空调系统的同时使用情况，并考虑输送系统和换热设备的冷量损失，经计算确定。

2.2.2 供暖负荷计算

供暖系统设计热负荷是供暖设计中最基本的数据。它直接影响供暖系统方案的选择、供暖管道管径和散热器等设备的确定，关系到供暖系统的使用和经济效果。

计算热负荷时不经常出现的散热量，可不计算；经常出现但不稳定的散热量，应采用小时平均值。当前居住建筑户型面积越来越大，单位建筑面积内部得热量不一，且炊事、照明、家电等散热是间歇性的，这部分自由热可作为安全量，在确定热负荷时不予考虑。公共建筑内较大且放热较恒定的物体的散热量，在确定系统热负荷时应予以考虑。

在工程设计中，供暖系统的设计热负荷 Q(W)，可按下式计算计算：

$$Q = Q_1 + Q_2 + Q_3 \tag{2-31}$$

式中 Q——供暖系统的设计热负荷(W)；

Q_1——围护结构的传热耗热量（W），等于基本耗热量加附加耗热量；

Q_2——冷风渗透耗热量(W)；

Q_3——冷风侵入耗热量(W)。

1. 围护结构的基本耗热量

在工程设计中，围护结构的基本耗热量是按一维稳定传热过程进行计算的，即假设在计算时间内，室内外空气温度和其他传热过程参数都不随时间变化。实际上，室内散热设备不稳定，室外空气温度随季节和昼夜变化不断波动，这是一个不稳定传热过程。不稳定传热计算复杂，所以对室内温度容许有一定波动幅度的一般建筑物来说，采用稳定传热计算可以简化计算方法并能满足要求。

(1) 普通围护结构的基本耗热量 围护结构的基本耗热量Q_j(W)，可按下式计算：

$$Q_j = KF(t_n - t_w)a \tag{2-32}$$

式中 Q_j——通过供暖房间某一面围护结构的温差传热量（W）；

K——该面围护结构的传热系数［$W/(m^2 \cdot K)$］；

F——该面围护结构的散热面积（m^2）；

t_n——室内空气计算温度（℃）；

t_w——供暖室外计算温度（℃），采用历年平均不保证5天的日平均温度；

a——温度修正系数，见表2-16。

对供暖房间围护结构外侧不是与室外空气直接接触，而中间隔着不供暖房间或空间的场合，通过该围护结构的传热量应为$Q_j=kF(t_n-t_h)$，式中t_h是传热达到热平衡时，非供暖房间或空间的温度。计算与大气不直接接触的外围护结构基本耗热量时，为了统一计算公式，采用了温差修正系数。当相邻房间的温差小于5℃时，为简化计算起见，通常可不计入通过隔墙和楼板等的传热量。但当隔墙或楼板的传热热阻太小，传热面积很大，或其传热量大于该房间热负荷的10%时，也应将其传热量计入该房间的热负荷内。

表 2-16 温度修正系数 a

<table>
<tr><th>序号</th><th colspan="2">围护结构及其所处情况</th><th>a值</th></tr>
<tr><td>1</td><td colspan="2">外墙、平屋顶及直接接触室外空气的楼板等</td><td>1.00</td></tr>
<tr><td>2</td><td colspan="2">带通风间层的平屋顶、不通风坡屋顶及与室外空气相通的不供暖地下室上面的楼板等</td><td>0.90</td></tr>
<tr><td rowspan="2">3</td><td colspan="2">有外门窗不供暖楼梯间相邻的隔墙（1~6层建筑）</td><td>0.60</td></tr>
<tr><td colspan="2">有外门窗不供暖楼梯间相邻的隔墙（7~30层建筑）</td><td>0.50</td></tr>
<tr><td rowspan="3">4</td><td rowspan="3">不供暖地下室上面的楼板</td><td>外墙上有窗户时</td><td>0.75</td></tr>
<tr><td>外墙上无窗户且位于室外地坪以上时</td><td>0.60</td></tr>
<tr><td>外墙上无窗户且位于室外地坪以下时</td><td>0.40</td></tr>
<tr><td rowspan="2">5</td><td colspan="2">有外门窗不供暖房间相邻的隔墙</td><td>0.70</td></tr>
<tr><td colspan="2">无外门窗不供暖房间相邻的隔墙</td><td>0.40</td></tr>
<tr><td rowspan="2">6</td><td colspan="2">伸缩缝、沉降缝墙</td><td>0.30</td></tr>
<tr><td colspan="2">抗震缝墙</td><td>0.70</td></tr>
</table>

（2）非保温地面的基本耗热量 贴土非保温地面的传热系数与普通围护结构的传热系数明显不同，其传热系数与房间进深和外墙数量密切相关。

当地面为贴土的非保温地面时，其温差传热量$Q_{j,d}$(W)，可按下式计算：

$$Q_{j,d}=K_{pj,d}F_d(t_n-t_w) \tag{2-33}$$

式中 $K_{pj,d}$——非保温地面的平均传热系数[W/(m²·K)]，见表2-17、表2-18；

F_d——房间地面总面积（m²）。

表 2-17 当房间仅有一面外墙时的$K_{pj,d}$ [单位：W/(m²·K)]

房间长度（进深）/m	3~3.6	3.9~4.5	4.8~6	6.6~8.4	9
$K_{pj,d}$	0.4	0.35	0.30	0.25	0.2

表 2-18 当房间有两面相邻外墙时的$K_{pj,d}$ [单位：W/(m²·K)]

房间长度（进深）/m	房间宽度（开间）/m					
	3.00	3.60	4.20	4.80	5.40	6.60
3.0	0.65	0.60	0.57	0.55	0.53	0.52
3.6	0.60	0.56	0.54	0.52	0.50	0.48
4.2	0.57	0.54	0.52	0.49	0.47	0.46
4.8	0.56	0.52	0.49	0.47	0.45	0.44

（续）

房间长度（进深）/m	房间宽度（开间）/m					
	3.00	3.60	4.20	4.80	5.40	6.60
5.4	0.53	0.50	0.47	0.45	0.43	0.41
6.0	0.52	0.48	0.46	0.44	0.41	0.40

注：1. 当房间长或宽超过6.0m时，超出部分可按表2-17、表2-18查$K_{pj,d}$。

2. 当房间有三面外墙时，需将房间先划分为两个相等的部分，每部分包含一个冷拐角。然后根据分割后的长与宽，使用本表。

3. 当房间有四面外墙时，需将房间先划分为四个相等的部分，做法同2。

将屋面、墙体、地面（保温或非保温）等所有围护结构的基本耗热量相加，即为房间围护结构的总基本耗热量。

2. 附加耗热量

围护结构的基本耗热量是在稳定条件下计算得出的。实际耗热量会受到气象条件以及建筑物情况等各种因素而有所增减。由于这些因素影响，需要对房间围护结构基本耗热量进行修正。附加（修正）耗热量有朝向修正、风力附加、高度附加、高层建筑外窗的风力修正、两面外墙修正、窗墙面积比过大修正和间歇附加耗热量等。

附加耗热量按基本耗热量的百分数计算。考虑了各项附加后，某围护结构的传热耗热量Q_1(W)，可按下式计算：

$$Q_1 = Q_j(1 + \beta_{ch} + \beta_f + \beta_l + \beta_m)(1 + \beta_g)(1 + \beta_{jx}) \tag{2-34}$$

式中 β_{ch}——朝向修正率；

β_f——风力附加率；

β_l——两面外墙修正率；

β_m——窗墙面积比过大修正率；

β_g——高度附加率；

β_{jx}——间歇附加率；

Q_j——围护结构的基本耗热量（W）。

（1）朝向修正耗热量 朝向修正耗热量是考虑建筑物受太阳照射影响而对围护结构基本耗热量的修正。当太阳照射建筑物时，阳光直接透过玻璃窗使室内得到热量，同时由于阳面的围护结构较干燥，外表面和附近气温升高，围护结构向外传递的热量减少。采用的修正方法是按围护结构的不同朝向，采用不同的修正率，见表2-19。需要修正的耗热量等于垂直的外围护结构（门、窗、外墙及屋顶的垂直部分）的基本耗热量乘以相应的朝向修正率。

（2）风力附加耗热量 风力附加耗热量是考虑室外风速变化而对围护结构基本耗热量的修正，见表2-19。在计算围护结构基本耗热量时，外表面传热系数是对应风速约为4m/s的计算值，而我国大部分地区冬季平均风速一般为2~3m/s。因此，在一般情况下，不必考虑风力附加。只对建在不避风的高地、河边、海岸、旷野上的建筑物，以及城镇、厂区内特别高的建筑物，才考虑垂直的外围护结构附加5%~10%。

（3）高度附加耗热量 高度附加率应附加于围护结构的基本耗热量和其他附加耗热量之和的基础上。高度附加率是基于房间高度大于4m时，由于竖向温度梯度的影响导致上部空间及围护结构的耗热量增大的附加系数，见表2-19。由于围护结构耗热作用等影响，房间竖向温度的分布并不总是逐步升高的，因此对高度附加率的上限值做了限制。

（4）间歇附加耗热量 对于夜间基本不使用的办公楼和教学楼等建筑，在夜间时允许室内温度自然降低一些，这时可按间歇供暖系统设计，这类建筑物的供暖热负荷应对围护结构耗热量进行间歇附加，间歇附加率可取 20%；对于不经常使用的体育馆和展览馆等建筑，围护结构耗热量的间歇附加率可取 30%。如建筑物预热时间长（如 2h），其间歇附加率可以适当减少。

（5）其他附加耗热量 计算附加耗热量时，还需考虑两面外墙修正耗热量和窗墙面积比过大修正耗热量。严寒地区设计人员可根据经验对两面外墙和窗墙面积比过大进行修正。当房间有两面以上外墙时，可将外墙、窗、门的基本耗热量附加 5%。当窗墙（不含窗）面积比超过 1∶1 时，可将窗的基本耗热量附加 10%。

表 2-19 附加率 β

序号	附加（修正）率项目	附加（修正）率（%）	备 注
1	朝向修正率 β_{ch}	北、东北、西北：0~10 东、西：-5 东南、西南：-15~-10 南：-30~-15	1. 当围护物倾斜设置时，取其垂直投影面的朝向和面积 2. 选用 β_{ch} 应考虑冬季日照率、辐射照度、建筑物使用和被遮挡等情况 3. 冬季日照率<35%时，东南、西南和南向的 β_{ch} 宜为-10%~0，东、西向可不修正
2	风力附加率 β_f	5~10	仅限于高地、河边、海岸、旷野上的建筑物，以及城镇、厂区内特别高的建筑物
3	两面外墙修正率 β_l	5	仅用于外墙、窗、门
4	窗墙面积比过大修正率 β_m	10	当窗墙（不含窗）面积比超过 1∶1 时，仅修正外窗
5	高度附加率 β_g	$2(H-4)\leqslant 15$	H 为房间净高（m），不适用于楼梯间
6	间歇附加率 β_{jx}	仅白天使用：-20 不经常使用：-30	对外墙、外窗外门、地面、顶棚均适用

3. 冷风渗透耗热量

在风压和热压造成的室内外压差作用下，室外的冷空气通过门、窗等缝隙渗入室内，被加热后逸出。把这部分冷空气从室外温度加热到室内温度所消耗的热量称为冷风渗透耗热量（Q_2），其在设计热负荷中占有不小的份额。计算冷风渗透耗热量的关键在于渗风量的计算，计算渗风量有缝隙法和换气次数法两种方法供参考。

（1）冷风渗透耗热量的计算方法 通过门、窗缝隙的冷风渗透耗热量 Q_2（W），可按下式计算：

$$Q_2 = 0.278\, c_p V \rho_w (t_n - t_w) \tag{2-35}$$

式中 c_p——干空气的比定压热容 $c_p = 1.0056\text{kJ/(kg}\cdot\text{℃)}$；

ρ_w——供暖室外计算温度下的空气密度（kg/m^3）；

V——房间的冷风渗透体积流量（m^3/h）；对不考虑房间内所设人工通风作用的建筑物，其渗风量 V 可用缝隙法或换气次数法计算；

t_n——室内供暖计算温度（℃）；

t_w——室外供暖计算温度（℃），采用历年平均不保证 5 天的日平均温度。

当 $V = 1m^3/h$ 时的 Q_2 值见表 2-20。

表 2-20　每 $1m^3$ 渗风量的耗热量　　（单位：W/m^3）

t_w/℃	t_n/℃		t_w/℃	t_n/℃	
	18	20		18	20
2	5.74	6.46	-15	12.62	13.39
0	6.51	7.23	-16	13.06	13.82
-5	8.43	9.21	-17	13.49	14.26
-6	8.82	9.61	-18	13.93	14.71
-7	9.27	10.02	-19	14.38	15.15
-8	9.68	10.43	-20	14.82	15.6
-9	10.09	10.84	-21	15.27	16.06
-10	10.51	11.26	-22	15.73	16.51
-11	10.92	11.68	-23	16.18	16.97
-12	11.34	12.10	-24	16.65	17.44
-13	11.77	12.53	-25	17.11	17.91
-14	12.19	12.95	-26	17.58	18.38

（2）采用缝隙法计算渗风量　对于多层建筑，可通过计算不同朝向的门、窗缝隙长度以及每米长缝隙渗入的冷空气量，从而确定其冷风渗透耗热量，这种方法称为缝隙法。

缝隙法有两种计算方式：一是忽略热压及室外风速沿房高递增，只计入风压作用；二是考虑热压与风压联合作用，且室外风速随高度递增。本书仅介绍忽略热压及室外风速沿房高递增的缝隙法供参考。详细地考虑热压与风压联合作用的缝隙法可参阅《实用供热空调设计手册》第 5 章第 5.1 节。

忽略热压及室外风速沿房高递增，只计入风压作用，渗风量 $V(m^3/h)$ 可按下式计算：

$$V = \sum (lLn) \tag{2-36}$$

式中　l——房间某朝向上的可开启门、窗缝隙的长度（m）；

L——每米门、窗缝隙的渗风量 $[m^3/(m \cdot h)]$，见表 2-21；

n——渗风量的朝向修正系数，见表 2-22。

表 2-21　每米门、窗缝隙的渗风量 L　　$[单位：m^3/(m \cdot h)]$

门窗类型	冬季室外平均风速/(m/s)					
	1	2	3	4	5	6
单层钢窗	0.6	1.5	2.6	3.9	5.2	6.7
双层钢窗	0.4	1.1	1.8	2.7	3.6	4.7
推拉铝窗	0.2	0.5	1.0	1.6	2.3	2.9
平开铝窗	0.0	0.1	0.3	0.4	0.6	0.8

注：1. 每米外门缝隙的 L 值为表中同类型外窗 L 的 2 倍。

2. 当有密封条时，表中数值可乘以 0.5~0.6 的系数。

表 2-22 渗风量的朝向修正系数 n

城市	朝向							
	N	NE	E	SE	S	SW	W	NW
北京	1.00	0.50	0.15	0.10	0.15	0.15	0.40	1.00
天津	1.00	0.40	0.20	0.10	0.15	0.20	0.10	1.00
张家口	1.00	0.40	0.10	0.10	0.10	0.10	0.35	1.00
太原	0.90	0.40	0.15	0.20	0.30	0.20	0.70	1.00
呼和浩特	0.70	0.25	0.10	0.15	0.20	0.15	0.70	1.00
沈阳	1.00	0.70	0.30	0.30	0.40	0.35	0.30	0.70
长春	0.35	0.35	0.15	0.25	0.70	1.00	0.90	0.40
哈尔滨	0.30	0.15	0.20	0.70	1.00	0.85	0.70	0.60
济南	0.45	1.00	1.00	0.40	0.55	0.55	0.25	0.15
郑州	0.65	1.00	1.00	0.40	0.55	0.55	0.25	0.15
成都	1.00	1.00	0.45	0.10	0.10	0.10	0.10	0.40
贵阳	0.70	1.00	0.70	0.15	0.25	0.15	0.10	0.25
西安	0.70	1.00	0.70	0.25	0.40	0.50	0.35	0.25
兰州	1.00	1.00	1.00	0.70	0.50	0.20	0.15	0.50
西宁	0.10	0.10	0.70	1.00	0.70	0.10	0.10	0.10
银川	1.00	1.00	0.40	0.30	0.25	0.20	0.65	0.95
乌鲁木齐	0.35	0.35	0.55	0.75	1.00	0.70	0.25	0.35

表 2-23 和表 2-24 列有几个主要城市的每米窗缝渗风量及其耗热量值。

表 2-23 每米窗缝渗风量 L 及其耗热量 Q_2

城市			L 及 Q_2			
名称	风速 v_0 /(m/s)	外温 t_w /℃	单层钢窗		双层钢窗	
			L /[m³/(m·h)]	Q_2 /(W/m)	L /[m³/(m·h)]	Q_2 /(W/m)
北京	2.7	-7.5	2.45	23	1.72	16
哈尔滨	3.2	-24.1	3.21	53	2.26	38
西安	0.9	-3.2	0.56	4	0.39	3
沈阳	2.0	-16.8	1.68	22	1.18	16
长春	3.1	-20.9	3.05	46	2.15	33
郑州	2.4	-3.8	2.07	16	1.46	12
济南	2.7	-5.2	2.43	21	1.71	15
兰州	0.3	-8.8	0.13	1	0.09	1
太原	1.8	-9.9	1.43	15	1.01	11
乌鲁木齐	1.4	-19.5	1.05	15	0.74	11
武汉	2.6	0.1	2.28	15	1.6	10
呼和浩特	1.1	-16.8	0.75	10	0.53	7

表 2-24　每米窗缝渗风量 L 及其耗热量 Q_2

城市			L 及 Q_2			
			推拉铝窗		平开铝窗	
名称	风速 v_0 /(m/s)	外温 t_w /℃	L /[m³/(m·h)]	Q_2 /(W/m)	L /[m³/(m·h)]	Q_2 /(W/m)
北京	2.7	-7.5	0.93	9	0.23	2
哈尔滨	3.2	-24.1	1.28	21	0.32	5
西安	0.9	-3.2	0.17	1	0.04	0.3
沈阳	2.0	-16.8	0.6	8	0.15	2
长春	3.1	-20.9	1.21	18	0.3	5
郑州	2.4	-3.8	0.77	6	0.19	2
济南	2.7	-5.2	0.93	8	0.23	2
兰州	0.3	-8.8	0.03	0.3	0.01	0.1
太原	1.8	-9.9	0.5	5	0.12	1
乌鲁木齐	1.4	-19.5	0.35	5	0.09	1
武汉	2.6	0.1	0.86	6	0.22	1
呼和浩特	1.1	-16.8	0.24	3	0.06	1

注：室内空气为18℃；风速为冬季室外平均风速。

(3) 采用换气次数法计算渗风量　多层建筑的渗风量 V(m³/h) 可按下式计算：

$$V = k \cdot V_f \tag{2-37}$$

式中　k——换气次数（次/h），见表2-25；

V_f——房间净体积（m³）。

表 2-25　居住建筑的房间换气次数 k　（单位：次/h）

房间暴露情况	一面有外窗或门	两面有外窗或门	三面有外窗或门	门厅
换气次数	0.25 ~ 0.67	0.5 ~ 1	1 ~ 1.5	2

4. 冷风侵入耗热量

在冬季受风压和热压作用下，冷空气由开启的外门侵入室内。把这部分冷空气加热到室内温度所消耗的热量称为冷风侵入热量（Q_3）。

当侵入的冷空气量不确定时，根据经验总结，通过开启外门侵入室内的冷风侵入耗热量 Q_3(W)，可按下式计算：

$$Q_3 = NQ_{j,m} \tag{2-38}$$

式中　$Q_{j,m}$——外门的基本耗热量（W），见式（2-32）；

N——考虑冷风侵入的外门附加率，见表2-26。

当侵入风量可估算时，通过开启外门侵入室内的冷风侵入耗热量 Q_3(W)，可按下式计算：

$$Q_3 = 0.278\, c_p V \rho_w (t_n - t_w) \tag{2-39}$$

式中　c_p——干空气的比定压热容 $c_p = 1.0056$kJ/(kg·℃)；

ρ_w ——供暖室外计算温度下的空气密度（kg/m^3）；

V——房间的冷风侵入体积流量（m^3/h），见表 2-26；

t_n ——室内供暖计算温度（℃）；

t_w ——室外供暖计算温度（℃）。

表 2-26　Q_3计算方法（外门附加率 N 及风量 V 的取值）

序号	外门类型及特征		外门附加率 N 及风量 V 的取值	备注
1	多层建筑外门（短时间开启）	单层门	$N=0.65n$	n 为外门所在层以上的楼层数
		双层门（有门斗）	$N=0.8n$	
		三层门（有两个门斗）	$N=0.6n$	
2	多层建筑外门（长时间开启）	同 1 项	将 1 项中各对应值乘以 1.5~2.0	
3	高层建筑外门（开启不频繁）	大门直接对着室外，且对着主导风向	按门厅换气次数 3~4 次计算侵入冷风量，再计算其耗热量	①可按 1、2 项方法；②考虑热压作用时，当建筑物总高在 30m 左右，则将值增大 50%
		不迎主导风向	按门厅换气次数 1~2 次计算侵入冷风量，再计算其耗热量	
4	高层建筑外门（开启频繁）	一层门（手动）	侵入冷风量 V 取：4100~4600m^3/h	①建筑物高 50m；②室内外温差为 15~25℃；③一个门每小时出人人数约为 250 人
		二层门（手动）	侵入冷风量 V 取：4100~4600m^3/h	

2.2.3　供热负荷计算

1. 空调区冬季热负荷的确定

部分地区在冬季可采用空调系统供暖。空调区冬季热负荷和供暖房间热负荷的计算方法基本相同，其不同之处主要包括以下三点：

1）室内压力值不同。采用空调系统供暖的房间，其室内压力一般为正压，当空调区与室外空气的正压差值较大时，不必计算由门、窗缝隙渗入室内的冷空气耗热量。

2）室外计算温度取值不同。考虑到空调区内热环境条件要求较高，室内温度的不保证时间应少于一般供暖房间，因此，在选取室外计算温度时，规定采用历年平均不保证 1 天的日平均温度值，即应采用冬季空调室外计算温度，而供暖的室外计算温度采用历年平均不保证 5 天的日平均温度。

3）当采用空调系统供暖时，对工艺性空调、大型公共建筑等，若室内热源（如计算机设备等）稳定放热，此部分散热量应予以考虑扣除。

2. 空调系统的冬季热负荷确定

集中空调系统的计算热负荷，应根据所服务的空调建筑中各分区的同时使用情况、空调系统类型及控制方式等的不同，综合考虑下列各分项负荷确定：

1）系统所服务的空调建筑的计算热负荷。

2）该空调建筑的新风计算热负荷。新风热负荷应按系统新风量和冬季室外空调计算干、湿球温度确定，具体见本书 5.1 节和 5.2 节。

3）空调系统的冬季附加热负荷，指空调风管、热水管道等热损失所引起的附加热负荷。一般情况下，空调风管、热水管道均布置在空调区内，其附加热负荷可以忽略不计，但当空调风管局部布置在室外环境下时，应计入其附加热负荷。

2.3　软件模拟计算方法

《公共建筑节能设计标准》（GB 50189—2015）强制性条文规定，甲类公共建筑的施工图设计阶段，必须进行热负荷计算和逐项逐时的冷负荷计算。

空调负荷计算是一项复杂、烦琐的工作，为减轻设计人员的劳动强度，现已有多种建筑模拟软件可供选择，如 DeST、EnergyPlus、DOE-2、ESP-r 等。这些软件不仅可以模拟设计工况下空调冷、热、湿负荷，而且能够对建筑的全年逐时负荷及空调系统的性能进行模拟预测。本节简要介绍可用于负荷计算的部分模拟软件，有关详细操作可以查看软件的帮助文件或说明书。

2.3.1　DeST 软件介绍

DeST 是清华大学开发的建筑与暖通空调系统分析和辅助设计软件，以清华大学建筑技术科学系多年的科研成果为基础，将现代模拟技术和独特的模拟思想运用到建筑环境的模拟和 HVAC 系统的模拟中，为建筑环境的相关研究和模拟预测、性能评估提供了方便、实用、可靠的软件工具。毕业设计中用于建筑负荷模拟计算的 DeST 版本通常为应用于商业建筑的商建版本（DeST-c）。

DeST 求解建筑热过程的基本方法是状态空间法。为降低求解的难度，在建立建筑热过程基本方程的过程中，DeST 将墙体传热简化为一维传热处理，将室内空气温度集总为单一节点处理，同时假定墙体物性不随时间变化。状态空间法对房间围护结构、室内家具等在空间上进行了离散，建立各离散节点的热平衡方程，并保持各节点的温度在时间上连续；然后求解所有节点的热平衡方程组，得到表征房间热特性的一系列系数；在此基础上，进一步求解房间的温度和负荷。

DeST 软件结构示意图如图 2-1 所示，包括建筑热特性分析（BAS，Building Analysis & Simulation）、系统方案分析（Scheme）、空气处理方案分析（AHU，Air Handling Unit）、冷热源及泵站分析（CPS，Combined Plant Simulation）和风系统分析（DNA，Duct Network Analysis）五个大的阶段。在设计的不同阶段对设计目标进行可行性分析（EAM），模拟出准确实用的可行性分析结果。自然采光（Lighting）、自然通风（VentPlus）、阴影计算（BShadow）模块在建模结束后即可进行计算，并将计算结果作为建筑热特性分析（BAS）

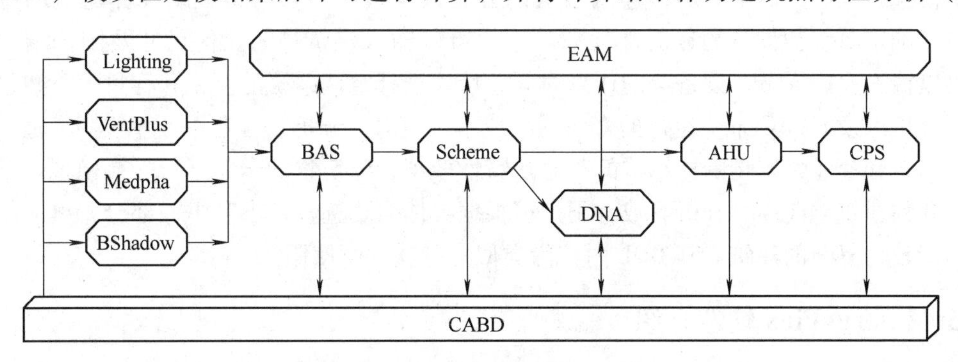

图 2-1　DeST 软件结构示意图

的输入条件。下面简要介绍与建筑负荷模拟计算有关的计算模块的作用，其他模块的内容可查看 DeST 帮助文档。

BAS 是建筑物热特性计算的核心模块，可以对建筑物的温度和负荷进行详细的逐时模拟。主要研究建筑物的本体，涉及的内容包括建筑的朝向设计、围护结构设计、房间功能及内扰设计等。DeST 根据设计人员提出的不同建筑设计方案，对建筑进行全年逐时的温度模拟和供暖空调能耗计算，同时进行相应暖通空调方案的经济性分析，对不同的建筑设计方案进行分析比较，从而帮助设计人员做出最优的选择。

CABD 是 DeST 的图形化用户界面。CABD 是基于 AutoCAD 开发的用户界面，大大简化描述定义工作和方便设计人员的建模，可在 WINDOWS 操作系统下运行。由于界面开发基于常用的设计绘图软件 AutoCAD，而且与建筑物相关的各种数据（材料、几何尺寸、内扰等）通过数据库接口与用户界面相连，因此用户可直接通过界面进行建筑物的描述、修改和统计，也可方便地调用相关模拟模块进行计算。

Medpha 为全年逐时气象数据模块。Medpha 的基础数据来源于我国 270 个台站 1971～2003 年的实测数据（包括气温、相对湿度、太阳辐射、地表温度、风速风向、日照小时数和大气压力）。根据相关建筑节能设计标准中的典型气象年选取方法，Medpha 选出了具有代表性的典型气象年，并以典型气象年作为 DeST 进行建筑能耗模拟分析的全年模拟基础数据。

Lighting 是 DeST 中负责室内采光计算的模块。该模块根据 BShadow 模块输出的窗户阴影面积，可以得到各个房间在各种太阳位置和天气情况下的采光系数，根据 DeST 中 Medpha 提供的气象数据，即可确定各个房间逐时的自然采光情况下的室内照度，结合房间照度设计要求，确定逐时的照明灯具开启情况，作为建筑环境模拟模块 BAS 的输入。

VentPlus 为自然通风模拟模块，采用多区域网络模型计算自然通风，同时考虑热压和风压的作用，实现热环境参数和流体特性参数相互作用的计算。

BShadow 为建筑阴影计算模块。考虑建筑之间的相互遮挡、建筑的自遮挡以及各种遮阳构件的遮挡对象对建筑接收的辐射量产生的影响。

2.3.2 DOE-2 软件介绍

DOE-2 由美国能源部主持，劳伦斯伯克利国家实验室（Lawrence Berkeley National Laboratory，LBNL）开发，于 1979 年首次发布的建筑全年逐时能耗模拟软件，曾经是国际上应用最普遍的建筑热模拟商用软件。DOE-2 包括负荷计算模块、空气系统模块、机房模块、经济分析模块。其中，DOE-2 用传递函数法的方法假定室内温度为常数，计算建筑的冷热负荷，可以确定系统和设备的逐时能耗值。用户可以输入建筑物的几何尺寸及围护结构的细节，可以输入室内人员、设备等的作息时间，可以选择空调系统的类型和容量等参数进行逐时能耗分析以及 HVAC 系统运行的寿命周期成本（LCC）分析。含费用计算程序，适用于各类住宅建筑和商业建筑物围护结构的动态热特性模拟，建筑物的全年运行能耗模拟。该软件提供 700 种建筑能耗逐时分析参数，用户可根据具体需要选择输出其中一部分，可适用于结构和功能较为复杂的建筑。其 BDL 内核为类似多种软件所使用。

2.3.3 EnergyPlus 软件介绍

EnergyPlus 是美国劳伦斯伯克利国家实验室（Lawrence Berkeley National Laboratory，

LBNL）于20世纪90年代开发的商用、教学研究用的建筑模拟软件。该软件是基于DOE-2的BDL内核进一步开发出来的，负荷计算方法可选择反应系数法或传递函数法。

EnergyPlus的主要特点有：采用集成同步的负荷/系统/设备的模拟方法；采用反应系数法或传递函数法进行建筑传热模拟；可联立传热和传质模型对围护结构的传热和传湿进行模拟；采用基于人体活动量、室内温湿度等参数的热舒适模型模拟热舒适度；采用各向异性的天空模型以改进倾斜表面的天空散射强度；自然采光的模拟包括室内照度的计算、眩光的模拟和控制、人工照明的减少对负荷的影响等；基于环路的可调整结构的空调系统模拟，用户可以模拟典型的系统，而无须修改源程序；可以与一些常用的模拟软件链接；源代码开放，用户可以根据自己的需要加入新的模块或功能。

EnergyPlus是一个开放式平台。它没有正式的用户界面，可以让任何开发者进行二次开发，使用简单的ASCII输入、输出文件，提供电子数据表做进一步分析。输出文件不够直观，须经过电子数据表做进一步处理。

2.4　计算结果处理与表现形式

本节将分别介绍手算方法和软件模拟方法的计算结果处理与表现形式。

2.4.1　手算负荷计算结果处理

参考前面所介绍的空调负荷计算方法，通常采用冷负荷系数法或谐波反应法的简化计算方法计算在典型设计日下的空调冷负荷，采用稳态计算方法计算得到的空调热负荷。在设计说明书中需要给出以下数据：

（1）各个房间典型设计日的逐时冷负荷及本房间负荷指标　根据手算得到夏季各个空调房间的分项逐时冷负荷，按计算时刻逐项相加，得到该空调房间的逐时冷负荷，并进行汇总列表，找到逐时负荷中的最大值作为该空调房间的计算冷负荷，并利用计算冷负荷算出冷负荷指标，即该空调房间单位面积的最大冷负荷。

（2）整个建筑典型设计日的逐时冷负荷　当空调系统末端装置能随负荷变化而自动控制时，将同时使用的各个空调房间的逐时冷负荷按各计算时刻累加，得到该设计建筑在典型设计日的逐时冷负荷，找出其中的最大值作为该建筑的计算冷负荷；当空调系统末端装置不能随负荷变化而自动控制时，该空调建筑的计算冷负荷应等于同时使用的所有空调房间的计算冷负荷（逐时冷负荷的最大值）的累加值。

（3）整个建筑设计冷负荷指标　空调负荷指标是根据步骤2计算的该建筑的计算冷负荷折算到该建筑物中单位空调面积或建筑面积的负荷值。

（4）房间及整栋建筑设计热负荷指标　利用稳态计算法计算得到各个空调房间以及设计建筑的设计热负荷，进一步计算出房间和建筑的空调热负荷指标。

下面以某一房间为例，说明采用手算建筑空调冷负荷的结果表现形式。其在典型设计日的逐时冷负荷见表2-27。该房间为账目库，面积为111.15m^2，取人均最小新风量为30m^3/(h·人)，所以该房间新风量取300m^3/h。

表 2-27 某房间的逐时冷负荷 （单位：W）

计算时刻 τ	8：00	9：00	10：00	11：00	12：00	13：00	14：00	15：00	16：00	17：00	18：00
东外墙	159	159	159	147	147	135	135	135	135	135	147
南外墙	224	224	204	204	204	204	184	184	184	184	184
东外窗	161	191	225	251	281	300	318	330	333	326	311
南外窗	322	382	449	502	562	599	637	659	667	652	622
东窗日射得热	1322	1373	1201	875	628	569	515	452	389	310	230
南窗日射得热	343	469	686	894	1029	1029	903	731	623	478	334
人体	1048	1165	1197	1223	1243	1262	1275	1282	1288	1301	1301
设备	3000	3900	4100	4250	4400	4500	4550	4600	4650	4700	4750
照明	562	807	880	941	990	1027	1064	1088	1100	1125	1137
内墙	823										
内门	199										
地面	324										
新风负荷	3425										
总冷负荷/kW	11.91	13.44	13.87	14.06	14.26	14.40	14.35	14.23	14.14	13.98	13.79

由表 2-27 可知，该房间在典型计算日的最大冷负荷出现在 13：00，其值为 14.40kW，冷负荷指标为 129.55W/m^2。

整栋建筑逐时冷负荷的表现形式与表 2-27 相同，列出设计建筑在典型设计日的逐时冷负荷，找到最大冷负荷，即为设计冷负荷，给出建筑物总的空调面积或建筑面积，计算建筑的冷负荷指标。

表 2-28 和表 2-29 给出了某 7 层酒店冬季热负荷和夏季冷负荷，可见该建筑空调总面积为 13239m^2，冬季总热负荷为 959964W，热负荷指标为 73W/m^2；夏季总冷负荷为 1887962W，冷负荷指标为 143W/m^2。

表 2-28 某酒店冬季热负荷

层数	围护结构耗热量/W	新风耗热量/W	总热负荷/W	空调面积/m^2	热负荷指标/(W/m^2)
1 层	58754	65717	124471	1916	65
2 层	29842	101313	131155	1568	84
3 层	30321	101299	131620	1725	76
4 层	58706	261639	320345	4007	80
5 层	20449	122071	142520	1320	108
6 层	13064	28278	41342	1343	31
7 层	13255	55256	68511	1360	50
总计	224391	735573	959964	13239	73

表 2-29 某酒店夏季冷负荷

层数	围护结构冷负荷/W	照明冷负荷/W	设备冷负荷/W	人体冷负荷/W	新风冷负荷/W	总冷负荷/W	空调面积/m^2	冷负荷指标/(W/m^2)
1层	30232	11577	20413	90926	111202	264350	1916	138
2层	22243	9774	18466	85297	118653	254433	1568	162
3层	19536	10460	21097	97736	123103	271932	1725	158
4层	97253	24451	49727	225454	284755	681640	4007	170
5层	24611	8734	5432	37274	144804	220855	1320	167
6层	13848	11047	4872	10781	29541	70089	1343	52
7层	19066	9857	9907	26431	59402	124663	1360	92
总计	226789	85900	129914	573899	871460	1887962	13239	143

2.4.2 模拟软件计算结果处理

利用建筑模拟软件可计算得到设计建筑的全年逐时冷热负荷，因此采用软件模拟得到的建筑负荷的处理及表现形式不同于手算结果的表现形式。一般采用下述方式表述：

1）用图给出全年冷、热负荷曲线。

2）确定50h不保证冷负荷值，该值用于冷源系统的选型。将建筑的冷负荷逐时值（模拟软件的输出一般定义为负值）按绝对值的大小进行排序，选取前1~96h的建筑逐时冷负荷并列出，按50h不保证原则确定第51h的冷负荷用于冷源系统的选型，并计算建筑冷负荷指标。

3）确定不保证1天的热负荷值，该值用于热源系统的选型。将建筑的逐时热负荷值按从大到小的顺序进行排序（同时列出对应的时间），按不保证1天的原则确定热负荷出现日，并列出当日的建筑逐时热负荷，取当日的最大热负荷用于热源系统的选型，并计算建筑热负荷指标。

4）确定各房间冷负荷指标。在模拟软件中分别导出各个空调房间的全年逐时冷负荷，并进行排序，得到第51h冷负荷的出现日，给出该房间在当天的逐时冷负荷及冷负荷指标。

对于夏热冬冷地区，一般情况下，冬季空调系统末端设备加热加湿量低于夏季冷却减湿量，而且冬季空调系统末端与夏季空调末端为同一套系统，因此用于房间末端设备选型的指标通常采用夏季的冷空调冷负荷。

5）确定设计建筑所在地的空调期和供热期。全年负荷统计分析通常是节能设计的一个重要内容，需要明确当地的夏季空调期及冬季供热期。一般标准没有明确规定，可以从模拟数据里进行分析，也可以根据以下原则进行确定：气象学规定，连续5天平均气温高于22℃，即视为进入夏季，因此夏季空调期的起止日期建议采用典型气象年日平均温度连续5天≥22℃来确定；冬季空调期的起止日期可参考表1-12［也可见《民用建筑供暖通风与空气调节设计规范》（GB 50736—2012）附录A］。

以武汉地区为例，图2-2给出的武汉市典型气象年中日平均温度中连续5天高于22℃的起止日期约为5月3日—9月25日；武汉市冬季日平均温度≤+5℃或≤+8℃的起止日期分别为12月22日—2月9日和11月27日—3月4日，可根据设计情况选择。

此外，还可以根据《变风量空调系统工程技术规程》（JGJ 343—2014）关于民用建筑变风量空调系统全年运行工况的运行控制策略给出的条文说明及《民用建筑供暖通风与空气

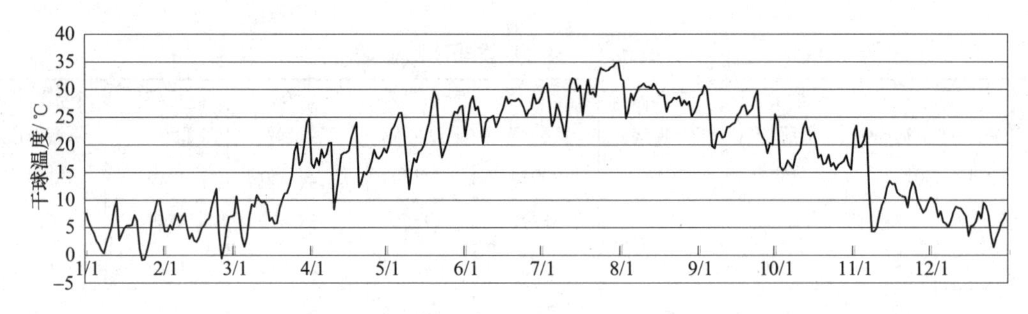

图 2-2 武汉市典型气象年日平均温度

调节设计规范》（GB 50736—2012）中室外连续 5 天的滑动平均温度的方法进行计算，分析全年的空调期时间。

6）全年累计供冷负荷、供热负荷、单位面积全年累计负荷指标。通过步骤 5 确定设计建筑的空调期后，便可计算得到该建筑全年的累计供冷负荷和累计供热负荷，以及单位面积的全年累计负荷指标。

下面通过图 2-3 和表 2-30 说明采用软件 DeST 的负荷计算结果表现形式。

图 2-3 给出了某市某办公大楼全年的逐时负荷计算结果（正值为热负荷，负值为冷负荷），设计冷负荷为不保证 50h 冷负荷，值为 738. 78kW；设计热负荷为不保证 1 天热负荷，值为 445. 44kW。

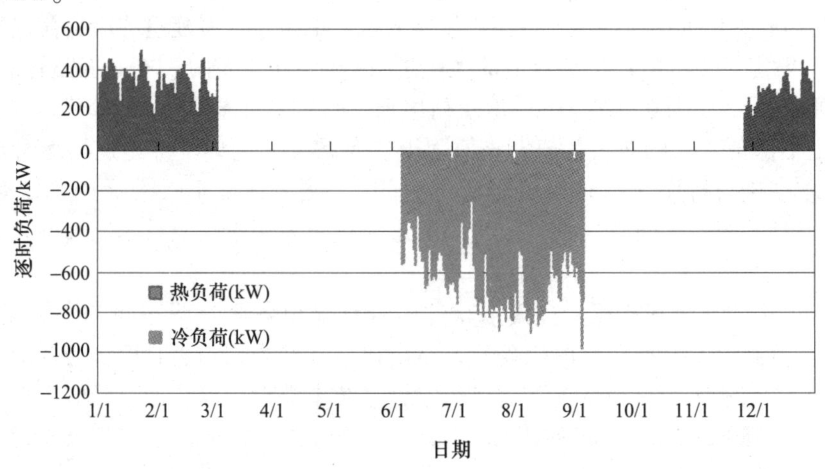

图 2-3 某市某办公大楼全年的逐时负荷计算结果

表 2-30 给出了该办公大楼空调负荷模拟结果的汇总分析，包括最大冷、热负荷，不保证 50h 冷负荷，不保证 1 天热负荷，以及空调面积指标，同时还计算了空调季累计冷负荷和供热季累计热负荷及其对应的面积指标。

表 2-30 负荷计算汇总

项目统计	单位	统计值
综合体空调面积	m^2	6298. 48
项目负荷统计		
全年最大不保证 1 天热负荷	kW	445. 44
全年最大不保证 50h 冷负荷	kW	738. 78

（续）

项目统计	单位	统计值
项目负荷统计		
供热季累计热负荷	kW·h	3782.08
供冷季累计冷负荷	kW·h	1072809.82
项目负荷面积指标		
全年最大不保证1天热负荷指标	W/m^2	59.84
全年最大不保证50h冷负荷指标	W/m^2	117.29
供热季累计热负荷指标	$kW·h/m^2$	60.05
供冷季累计冷负荷指标	$kW·h/m^2$	170.33

参 考 文 献

[1] 陆耀庆. 实用供热空调设计手册 [M]. 2版. 北京：中国建筑工业出版社，2008.
[2] 中华人民共和国住房和城乡建设部. 民用建筑供暖通风与空气调节设计规范：GB 50736—2012 [S]. 北京：中国建筑工业出版社，2012.
[3] 中华人民共和国住房和城乡建设部. 公共建筑节能设计标准：GB 50189—2015 [S]. 北京：中国建筑工业出版社，2015.
[4] 贺平，孙刚，王飞，等. 供热工程 [M]. 4版. 北京：中国建筑工业出版社，2009.
[5] 赵荣义，范存养，薛殿华，等. 空气调节 [M]. 4版. 北京：中国建筑工业出版社，2009.
[6] 朱颖心. 建筑环境学 [M]. 3版. 北京：中国建筑工业出版社，2010.
[7] 清华大学DeST开发组. 建筑环境系统模拟分析方法：DeST [M]. 北京：中国建筑工业出版社，2006.
[8] 中国气象局气象信息中心气象资料室，清华大学建筑技术科学系. 中国建筑热环境分析专用气象数据集 [M]. 北京：中国建筑工业出版社，2005.

第3章 空调系统方案

3

空调系统的类型很多，它可以按空气处理设备的设置情况、负担室内负荷所用的介质、机组处理空气的来源、机械通风方式、送风量变化、送风管数目等不同方法来进行分类。

3.1 按空气处理设备的设置情况分类

(1) 集中式系统 集中式系统是指空气处理设备（过滤、冷却、加湿设备和风机等）集中设置在空调机房内，空气处理后，由风管送入空调区间的系统。

(2) 半集中式系统 对室内空气处理（加热或冷却、去湿）的设备分设在各个被调节和控制的房间内，而又有集中处理设备，如冷冻水或热水集中制备或新风进行集中处理等。可以满足各个房间各自的温湿度要求，施工安装灵活，但维护管理不方便。对室内空气品质要求高时难以满足，冷冻水系统布置复杂，典型的半集中式系统如风机盘管空调系统，常用于办公室及酒店客房。

(3) 全分散系统 全分散系统是指将整体组装的空调器（带压缩机的空调机组、热泵机组等）直接放在空调房间内或放在空调房间附近，每个机组只供一个或几个小房间的，或者一个房间内放几个机组的系统。

(4) 多联机系统 多联机系统是多联式空调机组系统，一台室外机能连接多台室内机，室内机的数量为1~32个。其制冷系统是一台室外机通过管路向若干个室内机输送制冷剂液体，通过控制压缩机的制冷剂循环量和进入室内各个换热器的制冷剂流量，可以适时地满足室内冷热负荷要求。它是由制冷压缩机、膨胀阀、其他阀体以及系列管路构成的环状管网系统。

集中式和半集中式也可称为中央空调，而全分散式系统也称为局部空调。多联机系统具有智能化调节和精确的温度控制等诸多优点，而且各个室内机能独立调节。近年，多联机系统应用广泛，严格意义上讲，多联机系统是全分散系统，但也有的称为中央空调系统，特别是在家用方面，常称为户式中央空调系统。

3.2 按负担室内负荷所用的介质分类

(1) 全空气系统 全空气系统是指空调房间的全部负荷均由集中处理后的空气来负担的空调系统（图3-1a）。它又分为一次回风系统和二次回风系统。由于空气的比热容较小，需要用较多的空气量才能达到消除余热余湿的目的，因此要求有较大断面的风道或较高的风速，适用于大空间、商场等场所。

(2) 全水系统 全水系统是指空调房间的热湿负荷全由集中供应的冷、热水负担的空调系统（图3-1b），如风机盘管系统、辐射板系统等。由于水的比热容比空气大得多，所以在相同条件下只需较少的水量，从而使管道所占的空间减少许多；但是仅靠水来消除余热余湿，并不能解决房间的通风换气问题，故通常不单独使用。

（3）空气-水系统　空气-水系统是指空调房间的负荷由集中处理的空气负担一部分，其他负荷由水作为介质再送入空调房间对空气进行再处理（加热、冷却等）的系统（图3-1c）。它又分为诱导空调系统和带新风的风机盘管系统。其特点是布置灵活，各房间可独立调节室温，适用于宾馆、宿舍、办公楼等高层和多层的建筑物、需要增设空调的小面积多房间建筑、室温需要进行个别调节的场合。由于诱导器系统所需新风量大、动力消耗大、噪声大，故一般多使用带新风的风机盘管系统，即通常讲的风机盘管+独立新风系统。

（4）冷剂系统　冷剂系统是指将制冷系统的蒸发器直接放在室内来吸收余热余湿的空调系统（图3-1d）。这种方式通常用于分散安装的局部空调机组，但由于冷剂管道不便于长距离输送，因此该类系统在规模上受到一定的限制。它又分为单元式空调器系统、窗式空调器系统、分体式空调器系统、多联机系统等。

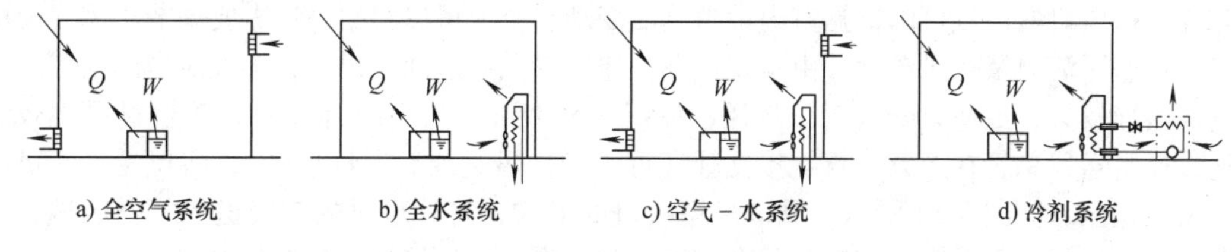

图3-1　按负担室内负荷所用的介质分类

Q—室内余热　W—室内余湿

3.3　按集中式空调系统处理空气的来源分类

（1）封闭式系统　封闭式系统所处理的空气全部来自空调房间本身，无室外空气补充，全部为再循环空气。因此房间和空气处理设备之间形成一个封闭环路（图3-2a）。这种系统冷热量消耗最省，但卫生效果最差。

（2）直流式系统　直流式系统所处理的空气全部来自室外，室外空气经处理后送入室内，然后全部排出室外（图3-2b），能量消耗较大，但卫生效果好。

（3）混合式系统　混合式系统是上述两种系统的混合，这种空调系统处理的空气来源为部分回风加新风（图3-2c）。既能满足卫生要求，又经济合理，故应用广泛。

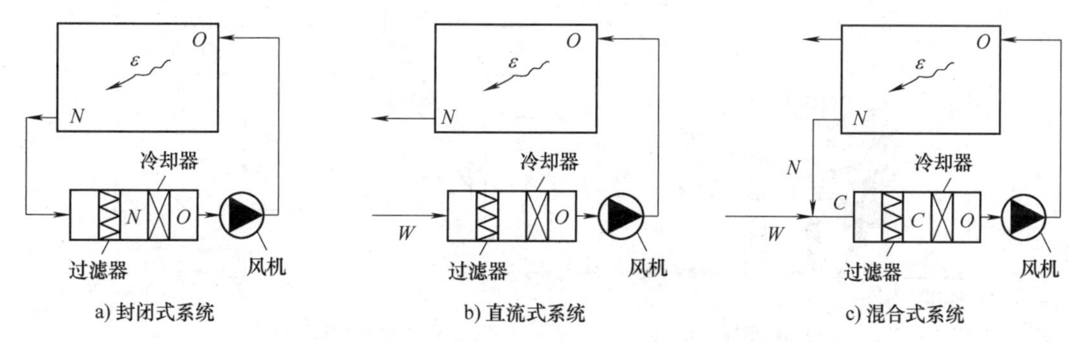

图3-2　按机组处理空气的来源分类

N—室内空气　W—室外空气　C—混合空气　O—冷却后空气状态　ε—热湿比

3.4 按机械通风方式分类

（1）混合通风 混合通风是指将空气以一股或多股的形式从工作区外以射流形式送入房间，射入过程中卷吸一定数量的室内空气，送入空气与室内空气充分混合，使得整个空间温度趋于一致（图 3-3a）。

（2）置换通风 置换通风是指将低于室温的新鲜空气直接送入工作区，并在地板上形成一层较薄的空气湖来置换室内空气的通风。新鲜空气随室内的热源（人员及设备）产生向上的对流气流向室内上部流动，形成室内空气运动的主导气流。排风口一般设置在房间的顶部，将热的、污浊的空气排出（图 3-3b）。

（3）工位送风 工位送风是一种集区域通风、设备通风和人员自调节为一体的个性化的送风方式。在核心区域（人的呼吸区附近）安装送风口，通过软管与地板下等的送风装置相连，送风口的位置可以根据室内设施灵活变动。个人可以根据舒适需要调节送风气流的流量、流速、流向及送风温度。由于现代办公建筑多采用通间式设计，个人对周围空气的冷热需求差异较大，更适宜安装工位送风，如图 3-3c 所示。在工业系统中，工位送风也较为普遍，通常送风总管在上方，再连接支管（可为刚性风管或者柔性风管），将风送至人员呼吸区或工作区，如图 3-3d 所示。风口采用喷口的形式，将处理过的空气送入工作区域，可单独调节喷口的送风温度、速度与角度，从而使工作区域环境达到理想效果。

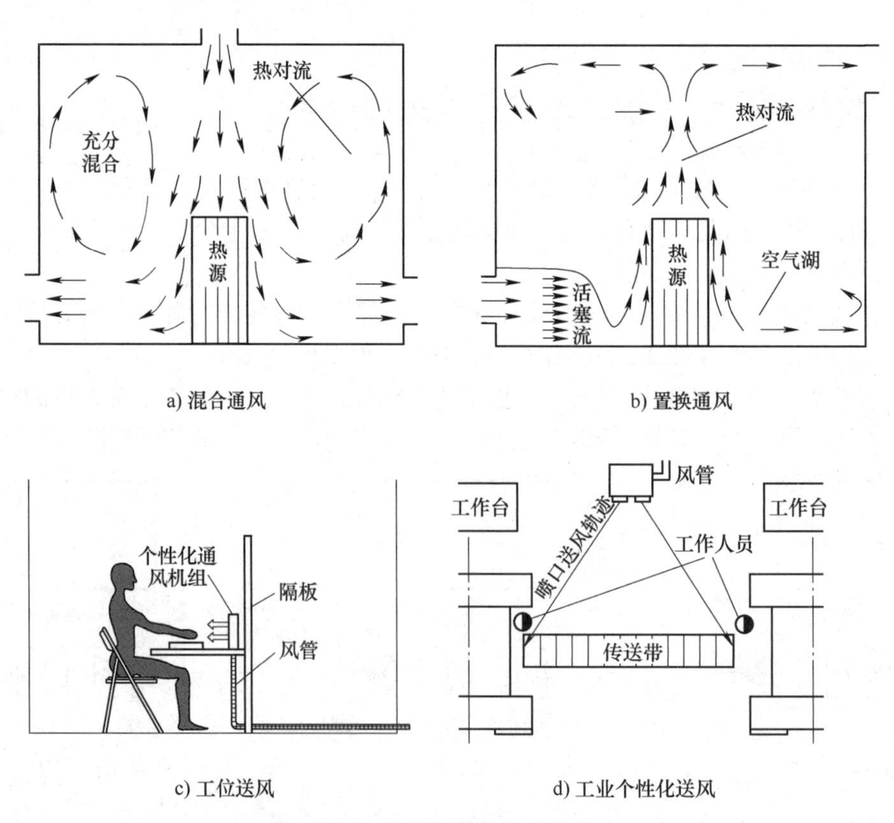

图 3-3 按机械通风方式分类

3.5　按送风量变化分类

集中式系统按送风量是否变化分为：

（1）定风量系统　定风量系统是指风量不随室内热湿负荷变化而变化，送入各房间的风量保持恒定的系统。

（2）变风量系统　变风量系统是指风量随室内热湿负荷变化而变化的系统。当热湿负荷大时，送入较多风量；热湿负荷小时，送入较少风量。

3.6　按送风管数目分类

集中式系统按送入每个房间的送风管数目分为：

（1）单风管系统　单风管系统仅有一个送风管，夏天送冷风，冬天送热风。

（2）双风管系统　双风管系统是将回风或者新风与回风的混合风分成两路，一路经过降温除湿处理，一路经过加热处理，分别用两个风管送出，其中一个为风温比较高的热风管，另一个为风温比较低的冷风管，两个风管通过支管接入混合装置，经混合后送入房间。当空调房间负荷变化时，调整二者的风量比。

3.7　空调系统的适用性

不同类型的空调系统的适用性和应用有所不同，详见表3-1。

表3-1　不同类型的空调系统的适用性和应用

系统类型	系统适用性	系统应用
集中式系统	1. 房间面积较大或多层、多室热湿负荷变化情况类似 2. 新风量变化大 3. 室内温度、湿度、洁净度、噪声、振动等要求严格的场合 4. 全年多工况节能 5. 高大空间的场合	单风管系统 双风管系统 定风量系统 变风量系统
半集中式系统	1. 室内温、湿度控制要求一般的场合 2. 各房间可单独进行调节的场合 3. 房间面积大且风管不易布置 4. 要求各室空气不串通	风机盘管+独立新风系统/诱导器系统冷辐射板+新风系统/水源热泵空调系统
全分散系统	1. 空调房间布置分散 2. 要求灵活控制空调使用时间 3. 无法集中设置冷、热源	单元式空调机组 房间空调器 多台机组型空调器
全空气系统	1. 建筑空间大，易于布置风道 2. 室内温、湿度及洁净度控制要求严格 3. 负荷大或潜热负荷大的场合	单风管系统 双风管系统 定风量系统 变风量系统 全空气诱导器系统
全水系统	1. 建筑空间小，不易于布置风道的场合 2. 不需通风换气的场所	风机盘管系统（无新风） 辐射板系统（无新风）

（续）

系统类型	系统适用性	系统应用
空气-水系统	1. 室内温、湿度控制要求一般的场合 2. 层高较低的场合 3. 冷负荷较小，湿负荷也较小的场合	风机盘管+独立新风系统 空气-水诱导器系统 辐射板系统+新风系统
冷剂系统	1. 空调房间布置分散 2. 要求灵活控制空调使用时间 3. 无法设置集中式冷、热源	单元式空调机组 房间空调器 多联式空调机组 水环热泵空调系统
封闭式系统	无人或很少有人进入的场所	再循环空气系统
直流式系统	不允许采用回风的场合，如散发有害物的空调房间	全新风系统
循环式系统	既要求满足卫生要求，又要求系统经济上合理的场所	一次回风系统 二次回风系统

在工程上需考虑建筑物的用途和性质、热湿负荷特点、温湿度调节和控制的要求、空调机房的面积和位置、初投资和运行维修费用等许多方面的因素来选定合理的空调系统，下面列举两类常用空调系统适用空调区的特点：

1）宜采用全空气调节系统的空调区特点有：

①空间较大、人员较多。

②温湿度允许波动范围小。

③噪声或洁净度标准高。

④易维护、不影响区域活动。

⑤不会有滴漏现象。

⑥这一类空调区如商场、商业中心、影剧院、酒店大厅等。

2）宜采用风机盘管+独立新风系统的空调区特点有：

①小空间、人员较少。

②温湿度允许波动范围要求不高。

③噪声或洁净度标准不高。

④这一类空调区如办公楼、酒店客房等。

参 考 文 献

[1] 赵荣义，范存养，薛殿华，等．空气调节［M］．4版．北京：中国建筑工业出版社，2009.

[2] 电子工业部第十设计研究院．空气调节设计手册［M］．2版．北京：中国建筑工业出版社，1995.

[3] 朱颖心．建筑环境学［M］．3版．北京：中国建筑工业出版社，2010.

[4] SHENGWEI ZHU, DANIEL DALGO, JELENA SREBRIC, et al. Cooling efficiency of a spot-type personalized air-conditioner［J］. Building and Environment, 2017, 121: 35-48.

[5] 马最良，姚杨．民用建筑空调设计［M］．2版．北京：化学工业出版社，2010.

[6] 陈杨华，陈非凡．基于数值模拟的车间工位送风空调研究［J］．南昌大学学报（工科版），2014，36(1)：57-62.

第4章 冷热源方案

4

4.1 冷热源形式及分类

常见的冷热源形式主要为冷水机组、热泵式冷热水机组与锅炉，本节介绍冷热源形式的分类及特点。

4.1.1 冷水机组

冷水机组按热力循环过程与消耗能源种类不同分为电动冷水机组与溴化锂吸收式冷水机组。前者采用电作为能源，后者以热能（或油、天然气、蒸汽、热水等）作为加热源来完成这种非自发过程。

1. 电动冷水机组

电动冷水机组是指以电能为动力，由电动机驱动，使制冷剂在压缩机、冷凝器、膨胀阀和蒸发器等热力设备中进行压缩、冷凝、节流和蒸发四个主要热力过程的制冷循环，从而实现将热量从低温物体向高温环境转移的冷水机组。电动冷水机组主要有往复式（即活塞式）、涡旋式、螺杆式和离心式。往复式冷水机组能效低，在实际工程中的应用已逐步减少。其他三种冷水机组的特点和适用性见表4-1。

表4-1 不同形式电动冷水机组的特点和适用性

分类	特　点	适用性	单机容量
涡旋式	1. 单机容量小 2. 转速高 3. 效率高 4. 振动小，噪声小 5. 结构简单，可靠性高，零部件数量少 6. 对加工设备和装配技术精度要求高	小型制冷系统 小型热泵系统	<116kW
螺杆式	1. 结构简单，运动部件少，无往复运动的惯性力，转速高，运转平稳，振动小，易损件少，运动可靠 2. 容积效率较高，压缩比大 3. 对湿冲程不敏感，允许少量液滴入缸，液击危险性小 4. 润滑油系统比较庞大而复杂，耗油量较大 5. 噪声比离心式冷水机组大	大、中型空调制冷系统	小型：<1460kW 中型：<2280kW 大型：<3516kW
离心式	1. 制冷量较大，能效比高 2. 对同样制冷量的机组，离心式机组体积小	大型空调制冷系统	单级527~3516 kW， 双级879~3164kW， 三级1055~4747kW

2. 溴化锂吸收式冷水机组

溴化锂吸收式冷水机组是利用热能作为动力的一种制冷方法，靠水在低压下不断汽化产生的制冷效应来制备冷冻水作为空调冷源。

溴化锂吸收式冷水机组是一种以热能为动力，溴化锂溶液为工质，制取冷（热）源的设备（一般制取5℃以上冷水）。其显著特点是：无须耗用大量的电能，能利用各种低品位热源和余汽；运动部件较少，运行安静；在真空状态下运行，无臭、无毒、无爆炸危险，安全可靠；负荷可实行无级调节，性能稳定；操作简单，维护保养方便。溴化锂吸收式冷水机组可应用于会堂、宾馆、医院、办公楼、工厂等场所的空调和厂矿工艺流程的冷却。

溴化锂吸收式冷水机组分为热水型、蒸汽型和直燃型三类，其特点见表4-2。

表4-2 溴化锂吸收式冷水机组不同形式及特点

分类	特　点	主要用途	单机容量
热水型	1. 废热利用，以工业余热、废热、地热热水、太阳能热水为热源 2. 根据热源温度可分为单效热水型及双效热水型：单效热水型机组热水温度范围为85~140℃，高于140℃的热水可作为双效热水型机组的热源	空调冷源	236~11630kW
蒸汽型	1. 二次能源（蒸汽）的利用 2. 使用寿命较短，耗汽量大，热效率低	空调冷源	236~11630kW
直燃型	1. 燃烧效率高，对大气污染相对较小 2. 制冷、供暖和热水供应兼用，一机多功能 3. 与蒸汽型相比，用户不必另备锅炉或蒸汽外网，只需少量电能和冷却水系统即可投入运行 4. 直燃机一次能源消耗低 5. 对城市能源季节性的平衡起到一定的积极作用 6. 结构紧凑，体积小，机房占用面积小 7. 安装无特殊要求，使用、操作方便	空调冷热源 卫生热水	≤23290kW

4.1.2 热泵式冷热水机组

目前，作为集中空调冷热源用的冷热水机组，除直燃型溴化锂吸收式冷热水机组外，常用的还有空气源热泵冷热水机组、水源热泵冷热水机组和土壤源热泵冷热水机组。三者的特点见表4-3。

表4-3 热泵式冷热水机组不同形式及特点

分类	特　点
空气源热泵冷热水机组	1. 用空气作为低位热源，取之不尽，用之不竭，处处都有，可以无偿获取 2. 空调系统的冷源与热源合二为一；夏季提供冷水，冬季提供热水，一机两用，甚至一机三用（供冷、供热和热水供应） 3. 空调水系统中省去冷却水系统 4. 不需要另设锅炉房或热力站 5. 要求尽可能将空气源热泵冷热水机组布置在室外，可以不占用建筑物室内的有效面积 6. 安装简单，运行管理方便 7. 不污染使用场所的空气，有利于环保 8. 机组要及时除霜。空气源热泵冷热水机组冬季运行时，当空气侧换热器表面温度低于周围空气温度的露点温度且低于0℃时，换热器表面就会结霜。当室外空气相对湿度大于70%，温度在3~5℃范围时，机组结霜最严重。机组结霜将会降低空气侧换热器的传热系数 9. 机组的供热能力和供热性能系数的大小受室外空气状态参数的影响很大。室外大气温度越低，机组的供热能力和供热性能系数也越小

（续）

分类	特　点
水源热泵冷热水机组	1. 一机两用。冬季供热水，夏季供冷水；甚至还可以一机三用，即供冷、供热和供生活用水 2. 节能效果显著。与分体空调和直接电供暖系统相比，节电可达50%~75% 3. 合理利用高位能，能源利用率高 4. 环保效益显著，供暖区无污染 5. 以水作为低位热源的热泵，运行工况较为稳定 6. 水的热容量大，传热性能好，其换热设备较为紧凑 7. 机组对水质有一定要求
土壤源热泵冷热水机组	1. 地热资源可再生利用，且耗电量仅为普通冷水机组加锅炉系统的30%~60% 2. 运行费用低，与传统空调系统相比，每年运行费用可节约40% 3. 占地面积少，节省空间，机房可设在地下 4. 绿色环保，没有燃烧，没有排烟及废弃物 5. 自动化程度高。机组内部及机组与系统均可实现自动化控制；可自主调节机组 6. 一机多用，既可供暖，又可制冷，在制冷时产生的余热还可提供生活生产热水 7. 受土壤性能影响较大，土壤的热工性能、能量平衡、土壤中的传热与传湿对传热有较大影响 8. 连续运行时热泵的冷凝温度和蒸发温度受土壤温度变化影响会发生波动 9. 土壤导热系数较小，换热量较小。当供热量一定时，换热盘管占地面积较大，埋管的敷设会增加土建费用

4.1.3 锅炉

锅炉是民用建筑中作为暖通空调系统热源的主要设备之一。目前锅炉种类很多，按向空调系统提供的热媒不同，可以分为热水锅炉和蒸汽锅炉；按锅炉所使用的燃料种类的不同，可以分为燃煤锅炉、燃油锅炉、燃气锅炉和电加热锅炉；除了以上传统锅炉以外，还有节能型锅炉，即冷凝锅炉。表4-4列出了燃油（气）热水锅炉以及燃油（气）蒸汽锅炉的特点。

表4-4 常用锅炉不同形式与特点

分类	特　点
燃油（气）热水锅炉	1. 热效率高。一般来说，其热效率均在90%以上 2. 环保效率高。使用的燃料是轻油或燃气，相对燃煤而言，对环境产生的污染要小得多 3. 自动化程度高。采用微机自动控制，实现自动运行，不必专人值班操作，节省运行费用 4. 与蒸汽锅炉比较，热水锅炉对水质要求较低，一般只要求除氧，很少发生因结垢而烧坏锅炉受热面的事故；锅炉受压元件工作温度低；不必监视水位。热水锅炉运行操作方便、安全可靠 5. 一机两用，可同时用于供暖及生活热水系统
燃油（气）蒸汽锅炉	1. 结构紧凑，体积较小，快装式整体结构，安装方便 2. 水容量较大，能适应空调热负荷的变化；锅炉内蒸汽空间相对较大，汽水分离效果好，能获得较好的蒸汽品质 3. 热效率高。烟气回程为3~4个回程；排烟温度低，以减小排烟热损失。锅炉外壳保温效果好，以减少锅炉散热损失，从而提高了锅炉热效率 4. 有完善的自控装置 5. 具有安全可靠的自动保护装置

热水锅炉按照承压情况还可分为常压锅炉和承压锅炉两种类型。其中常压锅炉也称为无压锅炉，指的是常压热水锅炉，炉体的顶部设有通大气口，锅炉不承压，也就是相当于一个“开口式热水箱”。

常压热水锅炉安全可靠，没有安全隐患，不属于特种设备（锅炉），其设计、制造及安装、使用不受技术监督部门监管。当常压热水锅炉与供暖系统耦合时，供暖系统的工作压力应为建筑物高度决定的系统静压加系统的循环阻力。常压热水锅炉“锅炉本体顶部表压为零”与运行所需要的“供暖系统工作压力”是不相容的。通常配置换热器，将不能承压的常压热水锅炉水循环系统与承压的建筑物供暖系统隔开。锅炉水循环系统采用较低（不超过 2013 年 6 月实施的《锅炉安全技术监察规定》所限制的压力）的开式定压水箱定压。

承压热水锅炉是压力容器，与常压热水锅炉的区别主要有以下五点：

1）承压热水锅炉供热系统的锅炉是承压设备，具有爆炸的危险；而常压热水锅炉供热系统的锅炉不承压，始终与大气相通，所以，锅炉在任何情况下都不会爆炸，安全性能好。

2）承压热水锅炉是满水的，没有水位控制问题；常压热水锅炉有水位控制问题，即使是锅筒满水的锅炉，顶部仍连接开口箱，仍有水位控制问题。

3）承压热水锅炉必须装设压力表、安全阀和温度计，锅炉始终处于满水状态，不设水位计；而常压热水锅炉仅有水位计和温度计，因锅炉与大气相通，锅内压力始终为大气压力，没有爆炸危险，所以不必安装安全阀，也可以不装压力表。

4）承压热水锅炉供热系统的循环水泵，是抽系统的回水送往锅炉，一般选用清水泵。它既要克服系统循环阻力，又要维持锅炉有一定压力，保证高温时锅内水不汽化。而常压热水锅炉供热系统的循环水泵是从锅炉里抽水，水泵是热水泵，其作用除克服系统阻力外，主要是克服回水调节阀与末端设备的阻力。

5）承压热水锅炉既能供应低温水，又能供应高温水；而常压热水锅炉只能供应小于 100℃的低温水。

冷凝锅炉属于节能型锅炉，其特点是增设了冷凝换热器和空气预热器，利用高效的冷凝余热回收装置来吸收锅炉排出的高温烟气中的显热和水蒸气凝结所释放的潜热，以达到提高锅炉热效率的目的。

传统锅炉中，排烟温度一般在 160~250℃，烟气中的水蒸气仍处于过热状态，不可能凝结成液态的水而放出汽化热。由于锅炉热效率是以燃料低位发热值计算所得，未考虑燃料高位发热值中汽化热热量的热损失。因此，传统锅炉热效率一般只能达到 87%~91%。而冷凝式余热回收锅炉，它把排烟温度降低到 50~70℃，充分回收了烟气中的显热和水蒸气的凝结热，也就是回收了原来被烟气带走的热量，所以热效率比普通锅炉高许多。

以天然气为燃料的冷凝余热回收锅炉烟气中水蒸气的体积分数一般为 15%~19%，燃油锅炉烟气中水蒸气的体积分数为 10%~12%，远高于燃煤锅炉产生的烟气中 6%以下的水蒸气含量。目前锅炉热效率均以低位发热量计算，尽管名义上热效率较高，但由于天然气高、低位发热量值（高位发热量是指 1kg 燃料完全燃烧时放出的全部热量，包括烟气中水蒸气已凝结成水所放出的汽化热。从燃料的高位发热量中扣除烟气中水蒸气的汽化热时，称为燃料的低位发热值）相差 10%左右，实际能源利用率尚待提高。为了充分利用能源，降低排烟温度，回收烟气的物理热能，当换热器壁面温度低于烟气的露点温度时，烟气中的水蒸气将被冷凝，释放潜热，10%的高低位发热量差就能被有效利用。

计算冷凝锅炉热效率时，不能套用传统锅炉热效率计算式进行计算，这是因为在计算普通锅炉热效率时不考虑高温烟气所带走的热量，而冷凝锅炉利用了这部分热量。若套用传统锅炉热效率计算式进行计算，有可能得出冷凝锅炉的理论最大热效率超过100%的错误结论。

4.2 冷热源组合方式

空调系统有多种常见的冷热源组合方式，详见表4-5。

表4-5 空调系统中常见的冷热源组合方式

序号	组合方式	制冷设备	制热设备	特点
1	电动冷水机组供冷，锅炉供热	冷水机组（活塞式、螺杆式、离心式）	锅炉（燃煤、燃油、燃气、电）	1. 电动冷水机组能效比高 2. 冷源、热源一般集中设置，运行及维修管理方便 3. 对环境有一定影响 4. 占据一定的有效建筑面积 5. 夏季用电动冷水机组供冷，冬季用锅炉供暖
2	溴化锂吸收式冷水机组供冷，锅炉供热	吸收式冷水机组（热水型、蒸汽型）	锅炉（燃煤、燃油、燃气、电）	1. 冬季锅炉供暖，夏季锅炉供蒸汽或热水，作为溴化锂吸收式冷水机组的动力 2. 与序号1的组合方式相比，有利于保护臭氧层，但对温室效应影响较大 3. 供冷时，安全性高、噪声小 4. 溴化锂吸收式冷水机组存在溴化锂对普通碳钢的腐蚀性，同时要求气密性高
3	电动冷水机组供冷，热电站供热	冷水机组（活塞式、螺杆式、离心式）	换热器大型锅炉，（气/水、水/水）	1. 由热电站作为热源供热，其锅炉容量大，自动化程度高，热效率可高达90%以上 2. 可以取消分散的独立锅炉房，明显改善环境 3. 具有电动冷水机组供冷的特点
4	溴化锂吸收式冷水机组供冷，热电站供热	吸收式冷水机组（热水型、蒸汽型）	换热器大型锅炉，（气/水、水/水）	具有序号2和序号3的组合方式的所有特点
5	直燃型溴化锂吸收式冷热水机组	直燃型溴化锂吸收式冷热水机组	直燃型溴化锂吸收式冷热水机组	1. 直燃机夏季供冷冻水，冬季供热水，一机两用甚至一机三用 2. 与独立锅炉房相比，直燃机燃烧效率高，对大气环境污染小
6	空气源热泵冷热水机组	空气源热泵冷热水机组	空气源热泵冷热水机组	1. 是一种具有显著节能效益和环保效益的空调冷热源，应合理使用高位能 2. 空气是热泵的优良低位热源之一 3. 设备利用率高，一机两用 4. 省掉冷水机组的冷却水系统和供热锅炉房 5. 可置于屋顶，节省建筑有效面积 6. 设备安装和使用方便 7. 注意结霜和融霜问题

（续）

序号	组合方式	制冷设备	制热设备	特　点
7	地下井水源热泵冷热水机组	地下井水源热泵冷热水机组	地下井水源热泵冷热水机组	1. 具有序号5和序号6的组合方式由于可供冷又可供热所带来的特点 2. 地下井水是热泵优良低位热源之一。由于冬季地下水温度比空气温度高而稳定，故地下水热泵冷热水机组运行的使用效率高，而且运行稳定 3. 合理利用高位能源，能源利用效率高 4. 使用灵活，调节方便 5. 适合用于地下水量充足、水温适当、水质良好、供水稳定的场合 6. 设计中要注意使用后的地下水回灌到取水的同一含水层中，并严格控制回灌水质量
8	地埋管地源热泵	水/水热泵或乙二醇水溶液/水热泵机组	水/水热泵或乙二醇水溶液/水热泵机组	1. 具有序号5和序号6的组合方式由于可供冷又可供热所带来的特点 2. 具有序号7中由于热泵技术所带来的特点 3. 浅层岩土蓄能加浅层低温能才是地埋管地源热泵可持续利用的低温热源 4. 与地表水源热泵、地下水源热泵相比，地埋管地源热泵初期投资高，仅地埋管换热器的投资就约占系统投资的20%~30% 5. 地埋管地源热泵一般需要大面积的土地埋设地埋管换热器，这为大城市及既有建筑改造中利用此系统带来难以克服的困难
9	天然冷热源	蒸发冷却设备、冷却塔供冷、夜间自然供冷设备、全新风运行	太阳能供暖设备、地热供暖设备	1. 是一种节能型的空调冷热源；利用新风供冷、冷却塔供冷、地热供暖等天然冷热源，可节省空调能耗 2. 天然冷热源一直存在于自然界中，对生态无害，选用天然冷热源对环境来说是一种非常安全的选择

4.3 设计原则与相关标准

4.3.1 设计原则

《民用建筑供暖通风与空气调节设计规范》（GB 50736—2012）中对冷、热源系统的设计做出如下规定：

1）供暖空调冷源与热源应根据建筑物规模、用途、建设地点的能源条件、结构、价格以及国家节能减排和环保政策的相关规定等，通过综合论证确定，并应符合下列规定：

①有可供利用的废热或工业余热的区域，热源宜采用废热或工业余热。当废热或工业余热的温度较高、经技术经济论证合理时，冷源系统宜采用吸收式冷水机组。

②在技术经济合理的情况下，冷、热源宜利用浅层地能、太阳能、风能等可再生能源。当采用可再生能源受到气候等原因的限制无法保证时，应设置辅助冷、热源。

③不具备本条①、②的条件，但有城市或区域热网的地区，集中式空调系统的供热热源宜优先采用城市热网或区域热网。

④不具备本条①、②的条件，但城市电网夏季供电充足的地区，空调系统的冷源宜采用电动压缩式机组。

⑤不具备本条①~④的条件，但城市燃气供应充足的地区，宜采用燃气锅炉、燃气热水机供热或燃气吸收式冷（温）水机组供冷、供热。

⑥不具备本条①~⑤条件的地区，可采用燃煤锅炉、燃油锅炉供热，蒸汽吸收式冷水机组或燃油吸收式冷（温）水机组供冷、供热。

⑦夏季室外空气设计露点温度较低的地区，宜采用间接蒸发冷却冷水机组作为空调系统的冷源。

⑧天然气供应充足的地区，当建筑的电力负荷、热负荷和冷负荷能较好匹配，能充分发挥冷、热、电联产系统的能源综合利用效率并且经济技术比较合理时，宜采用分布式燃气冷热电三联供系统。

⑨全年进行空气调节，且各房间或区域负荷特性相差较大，需要长时间向建筑物同时供热和供冷，经技术经济比较合理时，宜采用水环热泵空调系统供冷、供热。

⑩在执行分时电价、峰谷电价差较大的地区，经技术经济比较，采用低谷电价能够明显起到对电网“削峰填谷”和节省运行费用时，宜采用蓄能系统供冷、供热。

⑪夏热冬冷地区以及干旱缺水地区的中、小型建筑宜采用空气源热泵或土壤源地源热泵系统供冷、供热。

⑫有天然地表水等资源可供利用，或者有可利用的浅层地下水且能保证100%回灌时，可采用地表水或地下水地源热泵系统供冷、供热。

⑬具有多种能源的地区，可采用复合式能源供冷、供热。

2）除符合下列条件之一外，不得采用电直接加热设备作为空调系统的供暖热源和空气加湿热源：

①以供冷为主、供暖负荷非常小，且无法利用热泵或其他方式提供供暖热源的建筑，当冬季电力供应充足、夜间可利用低谷电进行蓄热，且电锅炉不在用电高峰和平段时间启用时。

②无城市或区域集中供热，且采用燃气、煤、油等燃料受到环保或消防严格限制的建筑。

③利用可再生能源发电，且其发电量能够满足直接电热用量需求的建筑。

④冬季无加湿用蒸汽源，且冬季室内相对湿度要求较高的建筑。

3）公共建筑群同时具备下列条件并经过技术经济比较合理时，可采用区域供冷系统：

①需要设置集中空调系统的建筑容积率较高，整个区域建筑的设计综合冷负荷密度较大。

②用户负荷及其特性明确。

③建筑全年供冷时间长，且需求一致。

④具备规划建设区域供冷站及管网的条件。

4）符合下列情况之一时，宜采用分散设置的空调装置或系统：

①全年需要供冷、供暖运行时间较少，采用集中供冷、供暖系统不经济的建筑。

②需设空气调节的房间布置过于分散的建筑。

③设有集中供冷、供暖系统的建筑中，使用时间和要求不同的少数房间。

④需增设空调系统，而机房和管道难以设置的既有建筑。

⑤居住建筑。

5）集中空调系统的冷水（热泵）机组台数及单机制冷量（制热量）选择，应能适应空调负荷全年变化规律，满足季节及部分负荷要求。机组不宜少于两台；当小型工程仅设一台时，应选调节性能优良的机型，并能满足建筑最低负荷的要求。

6）选择电动压缩式制冷机组时，其制冷剂应符合国家现行有关环保的规定。

7）选择冷水机组时，应考虑机组水侧污垢等因素对机组性能的影响，采用合理的污垢系数对供冷（热）量进行修正。

8）空调冷（热）水和冷却水系统中的冷水机组、水泵、末端装置等设备和管路及部件的工作压力不应大于其额定工作压力。

4.3.2 冷热源系统能效等相关标准要求

《公共建筑节能设计标准》（GB 50189—2015）中关于冷源与热源系统能效等方面给出如下的规定：

1）锅炉供暖设计应符合下列规定：

①单台锅炉的设计容量应以保证其具有长时间较高运行效率的原则确定，实际运行负荷率不宜低于50%。

②在保证锅炉具有长时间较高运行效率的前提下，各台锅炉的容量宜相等。

③当供暖系统的设计回水温度小于或等于50℃时，宜采用冷凝式锅炉。

2）名义工况和规定条件下，燃油或者燃气锅炉的热效率不应低于表4-6中的数值。

表4-6 名义工况和规定条件下锅炉的热效率（%）

锅炉类型及燃料种类		锅炉额定蒸发量 $D/(t/h)$，额定热功率 Q/MW					
		$D<1$, $Q<0.7$	$1\leq D\leq 2$, $0.7\leq Q\leq 1.4$	$2<D<6$, $1.4<Q<4.2$	$6\leq D\leq 8$, $4.2\leq Q\leq 5.6$	$8<D\leq 20$, $5.6<Q\leq 14.0$	$D>20$, $Q>14.0$
燃油燃气锅炉	重油	86		88			
	轻油	88		90			
	燃气	88		90			

3）除下列情况外，不应采用蒸汽锅炉作为热源：

①厨房、洗衣、高温消毒以及工艺性湿度控制等必须采用蒸汽的热负荷。

②蒸汽热负荷在总热负荷中的比例大于70%且总热负荷不大于1.4MW。

4）电动压缩式冷水机组的总装机容量，应按计算的空调冷负荷值直接选定，不得另做附加。在设计条件下，当机组的规格不符合计算冷负荷的要求时，所选择机组的总装机容量与计算冷负荷的比值不得大于1.1。

5）采用分布式能源站作为冷热源时，宜采用由自身发电驱动、以热电联产产生的废热为低位热源的热泵系统。

6）采用电动机驱动的蒸气压缩循环冷水（热泵）机组时，其在名义制冷工况和规定条件下的性能系数（COP）应符合下列规定：

①水冷定频机组及风冷或蒸发冷却机组的性能系数（COP）不应低于表4-7中的数值。

②水冷变频离心式机组的性能系数（COP）不应低于表4-7中数值的0.93倍。

③水冷变频螺杆式机组的性能系数（COP）不应低于表4-7中数值的0.95倍。

表 4-7 名义制冷工况和规定条件下冷水（热泵）机组的制冷性能系数（COP）

类型		名义制冷量 CC/kW	性能系数 COP（W/W）					
			严寒 A、B 区	严寒 C 区	温和地区	寒冷地区	夏热冬冷地区	夏热冬暖地区
水冷	活塞式/涡旋式	CC≤528	4.10	4.10	4.10	4.10	4.20	4.40
	螺杆式	CC≤528	4.60	4.70	4.70	4.70	4.80	4.90
		528<CC≤1163	5.00	5.00	5.00	5.10	5.20	5.30
		CC>1163	5.20	5.30	5.40	5.50	5.60	5.60
	离心式	CC≤1163	5.00	5.00	5.10	5.20	5.30	5.40
		1163<CC≤2110	5.30	5.40	5.40	5.50	5.60	5.70
		CC>2110	5.70	5.70	5.70	5.80	5.90	5.90
风冷或蒸发冷却	活塞式/涡旋式	CC≤50	2.60	2.60	2.60	2.60	2.70	2.80
		CC>50	2.80	2.80	2.80	2.80	2.90	2.90
	螺杆式	CC≤50	2.70	2.70	2.70	2.80	2.90	2.90
		CC>50	2.90	2.90	2.90	3.00	3.00	3.00

7）电动机驱动的蒸气压缩循环冷水（热泵）机组的综合部分负荷性能系数（IPLV）应符合下列规定：

①综合部分负荷性能系数（IPLV）计算方法应符合下文中 9）的规定。

②水冷定频机组的综合部分负荷性能系数（IPLV）不应低于表 4-8 中的数值。

③水冷变频离心式冷水机组的综合部分负荷性能系数（IPLV）不应低于表 4-8 中水冷离心式冷水机组限值的 1.30 倍。

④水冷变频螺杆式冷水机组的综合部分负荷性能系数（IPLV）不应低于表 4-8 中水冷螺杆式冷水机组限值的 1.15 倍。

表 4-8 冷水（热泵）机组综合部分负荷性能系数（IPLV）

类型		名义制冷量 CC/kW	综合部分负荷性能系数 IPLV					
			严寒 A、B 区	严寒 C 区	温和地区	寒冷地区	夏热冬冷地区	夏热冬暖地区
水冷	活塞式/涡旋式	CC≤528	4.90	4.90	4.90	4.90	5.05	5.25
	螺杆式	CC≤528	5.35	5.45	5.45	5.45	5.55	5.65
		528<CC≤1163	5.75	5.75	5.75	5.85	5.90	6.00
		CC>1163	5.85	5.95	6.10	6.20	6.30	6.30
	离心式	CC≤1163	5.15	5.15	5.25	5.35	5.45	5.55
		1163<CC≤2110	5.40	5.50	5.55	5.60	5.75	5.85
		CC>2110	5.95	5.95	5.95	6.10	6.20	6.20
风冷或蒸发冷却	活塞式/涡旋式	CC≤50	3.10	3.10	3.10	3.10	3.20	3.20
		CC>50	3.35	3.35	3.35	3.35	3.40	3.45
	螺杆式	CC≤50	2.90	2.90	2.90	3.00	3.10	3.10
		CC>50	3.10	3.10	3.10	3.20	3.20	3.20

8）空调系统的电冷源综合制冷性能系数（SCOP）不应低于表 4-9 中的数值。电冷源综合制冷性能系数（SCOP）是终端能源消耗为电的冷源系统单位耗电量所能产出的冷量，反

映了冷源系统效率的高低，其值按式（4-1）计算。对多台冷水机组、冷却水泵和冷却塔组成的冷水系统，应将实际参与运行的所有设备的名义制冷量和耗电功率综合统计计算，当机组类型不同时，其限值应按冷量加权的方式确定。

$$\mathrm{SCOP}=\frac{Q_c}{E_e} \tag{4-1}$$

式中 Q_c——冷量（kW）；

E_e——冷源系统耗电量（kW）。

表 4-9 空调系统的电冷源综合制冷性能系数（SCOP）

类型		名义制冷量 CC/kW	电冷源综合制冷性能系数（SCOP）					
			严寒 A、B 区	严寒 C 区	温和地区	寒冷地区	夏热冬冷地区	夏热冬暖地区
水冷	活塞式/涡旋式	CC≤528	3.3	3.3	3.3	3.3	3.4	3.6
	螺杆式	CC≤528	3.6	3.6	3.6	3.6	3.6	3.7
		528<CC<1163	4	4	4	4	4.1	4.1
		CC≥1163	4	4.1	4.2	4.4	4.4	4.4
	离心式	CC≤1163	4	4	4	4.1	4.1	4.2
		1163<CC<2110	4.1	4.2	4.2	4.4	4.4	4.5
		CC≥2110	4.5	4.5	4.5	4.5	4.6	4.6

9）电动机驱动的蒸气压缩循环冷水（热泵）机组的综合部分负荷性能系数（IPLV）应按式（4-2）计算：

$$\mathrm{IPLV}=1.2\%A+32.8\%B+39.7\%C+26.3\%D \tag{4-2}$$

式中 A——100%负荷时的性能系数（W/W），冷却水进水温度 30℃或者冷凝器进气干球温度 35℃；

B——75%负荷时的性能系数（W/W），冷却水进水温度 26℃或者冷凝器进气干球温度 31.5℃；

C——50%负荷时的性能系数（W/W），冷却水进水温度 23℃或者冷凝器进气干球温度 28℃；

D——25%负荷时的性能系数（W/W），冷却水进水温度 19℃或者冷凝器进气干球温度 24.5℃。

10）采用名义制冷量大于 7.1kW、电动机驱动的单元式空气调节机、风管送风式和屋顶式空气调节机组时，其在名义制冷工况和规定条件下的能效比（EER）不应低于表 4-10 中的数值。

表 4-10 名义制冷工况和规定条件下单元式空气调节机、风管送风式和屋顶式空气调节机组能效比（EER）

类型		名义制冷量 CC/kW	能效比 EER（W/W）					
			严寒 A、B 区	严寒 C 区	温和地区	寒冷地区	夏热冬冷地区	夏热冬暖地区
风冷	不接风管	7.1<CC≤14.0	2.70	2.70	2.70	2.75	2.80	2.85
		CC>14.0	2.65	2.65	2.65	2.70	2.75	2.75
	接风管	7.1<CC≤14.0	2.50	2.50	2.50	2.55	2.60	2.60
		CC>14.0	2.45	2.45	2.45	2.50	2.55	2.55

（续）

类型		名义制冷量 CC/kW	能效比 EER（W/W）					
			严寒 A、B 区	严寒 C 区	温和地区	寒冷地区	夏热冬冷地区	夏热冬暖地区
水冷	不接风管	7.1<CC≤14.0	3.40	3.45	3.45	3.50	3.55	3.55
		CC>14.0	3.25	3.30	3.30	3.35	3.40	3.45
	接风管	7.1<CC≤14.0	3.10	3.10	3.15	3.20	3.25	3.25
		CC>14.0	3.00	3.00	3.05	3.10	3.15	3.20

11）空气源热泵机组的设计应符合下列规定：

①具有先进可靠的融霜控制，融霜时间总和不应超过运行周期时间的20%。

②冬季设计工况下，冷热风机组性能系数（COP）不应小1.8，冷热水机组性能系数（COP）不应小于2.0。

③冬季寒冷、潮湿的地区，当室外设计温度低于当地平衡点温度时，或当室内温度稳定性有较高要求时，应设置辅助热源。

④对于同时供冷、供暖的建筑，宜选用热回收式热泵机组。

12）空气源、风冷、蒸发冷却式冷水（热泵）机组室外机的设置，应符合下列规定：

①应确保进风与排风通畅，在排出空气与吸入空气之间不发生明显的气流短路。

②应避免污浊气流的影响。

③噪声和排热应符合周围环境要求。

④应便于对室外机的换热器进行清扫。

13）除具有热回收功能型或低温热泵型多联机系统外，多联机空调系统的制冷剂连接管等效长度应满足对应制冷工况下满负荷时的能效比（EER）不低于2.8的要求。

14）采用多联式空调（热泵）机组时，其在名义制冷工况和规定条件下的制冷综合性能系数IPLV(C)不应低于表4-11中的数值。

表4-11　名义制冷工况和规定条件下多联式空调（热泵）机组制冷综合性能系数IPLV(C)

名义制冷量 CC/kW	制冷综合性能系数 IPLV(C)					
	严寒 A、B 区	严寒 C 区	温和地区	寒冷地区	夏热冬冷地区	夏热冬暖地区
CC≤28	3.80	3.85	3.85	3.90	4.00	4.00
28<CC≤84	3.75	3.80	3.80	3.85	3.95	3.95
CC>84	3.65	3.70	3.70	3.75	3.80	3.80

15）采用直燃型溴化锂吸收式冷（温）水机组时，其在名义工况和规定条件下的性能参数应符合表4-12中的规定。

表4-12　名义工况和规定条件下直燃型溴化锂吸收式冷（温）水机组的性能参数

名 义 工 况		性能参数	
冷（温）水进、出口温度/℃	冷却水进、出口温度/℃	性能系数（W/W）	
		制冷	供热
12/7（供冷）	30/35	≥1.20	—
—/60（供热）	—	—	≥0.90

16）对冬季或过渡季存在供冷需求的建筑，应充分利用新风降温；经技术经济分析合

理时，可利用冷却塔提供空气调节冷水或使用同时具有制冷和制热功能的空调（热泵）产品。

17）采用蒸汽为热源，经技术经济比较合理时，应回收用汽设备产生的凝结水。凝结水回收系统应采用闭式系统。

18）对常年存在生活热水需求的建筑，当采用电动蒸汽压缩循环冷水机组时，宜采用具有冷凝热回收功能的冷水机组。

4.3.3 冷热源系统设计其他方面相关标准要求

1. 电动压缩式冷水机组

选择水冷电动压缩式冷水机组类型时，宜按表4-13中的制冷量范围，经过性能价格综合比较后确定。

表4-13 水冷式冷水机组选型范围

单机名义工况制冷量/kW	冷水机组类型
≤116	涡旋式
116~1054	螺杆式
1054~1758	螺杆式
	离心式
≥1758	离心式

电动压缩式冷水机组电动机的供电方式应符合下列规定：

1）当单台电动机的额定输入功率大于1200kW时，应采用高压供电方式。

2）当单台电动机的额定输入功率大于900kW而小于或等于1200kW时，宜采用高压供电方式。

3）当单台电动机的额定输入功率大于650kW而小于或等于900kW时，可采用高压供电方式。

2. 溴化锂吸收式机组

1）采用溴化锂吸收式冷（温）水机组时，其使用的能源种类应根据当地的资源情况合理确定；在具有多种可使用能源时，宜按照以下优先顺序确定：

①废热或工业余热。

②利用可再生能源产生的热源。

③矿物质能源优先顺序为天然气、人工煤气、液化石油气、燃油等。

2）溴化锂吸收式机组的机型应根据热源参数确定。除利用区域或市政集中热水为热源外，矿物质能源直接燃烧和提供热源的溴化锂吸收式机组均不应采用单效型机组。

3）选用直燃型机组时，应符合下列规定：

①机组应考虑冷、热负荷与机组供冷、供热量的匹配，宜按满足夏季冷负荷和冬季热负荷需求中的机型较小者选择。

②当机组供热能力不足时，可加大高压发生器和燃烧器以增加供热量，但其高压发生器和燃烧器的最大供热能力不宜大于所选直燃型机组型号额定热量的50%。

③当机组供冷能力不足时，宜采用辅助电制冷等措施。

4）采用供冷（温）及生活热水三用型直燃型机组时，尚应满足下列要求：

①完全满足冷（温）水及生活热水日负荷变化和季节负荷变化的要求。

②应能按冷（温）水及生活热水的负荷需求进行调节。

③当生活热水负荷大、波动大或使用要求高时，应设置储水装置，如容积式换热器、水箱等。若仍不能满足要求，则应另设专用热水机组供应生活热水。

5）当建筑在整个冬季的实时冷、热负荷比值变化大时，四管制和分区两管制空调系统不宜采用直燃型机组作为单独冷热源。

6）小型集中空调系统，当利用废热热源或太阳能提供的热源，且热源供水温度在60~85℃时，可采用吸附式冷水机组制冷。

7）直燃型溴化锂吸收式冷（温）水机组的储油、供油、燃气系统等的设计，均应符合现行国家有关标准的规定。

3. 热泵机组

1）空气源热泵机组的有效制热量应根据室外空调计算温度，分别采用温度修正系数和融霜修正系数进行修正。

2）地埋管地源热泵系统设计时，应符合下列规定：

①应通过工程场地状况调查和对浅层地能资源的勘察，确定地埋管换热系统实施的可行性与经济性。

②当应用建筑面积在5000m^2以上时，应进行岩土热响应试验，并应利用岩土热响应试验结果进行地埋管换热器的设计。

③地埋管的埋管方式、规格与长度，应根据冷（热）负荷、占地面积、岩土层结构、岩土体热物性和机组性能等因素确定。

④地埋管换热系统设计应进行全年供暖空调动态负荷计算，最小计算周期宜为1年。计算周期内，地源热泵系统总释热量和总吸热量宜基本平衡。

⑤应分别按供冷与供热工况进行地埋管换热器的长度计算。当地埋管系统最大释热量和最大吸热量相差不大时，宜取其计算长度的较大者作为地埋管换热器的长度；当地埋管系统最大释热量和最大吸热量相差较大时，宜取其计算长度的较小者作为地埋管换热器的长度，采用增设辅助冷（热）源，或与其他冷热源系统联合运行的方式，满足设计要求。

⑥冬季有冻结可能的地区，地埋管应有防冻措施。

3）地下水地源热泵系统设计时，应符合下列规定：

①地下水的持续出水量应满足地源热泵系统最大吸热量或释热量的要求；地下水的水温应满足机组运行要求，并根据不同的水质采取相应的水处理措施。

②地下水系统宜采用变流量设计，并根据空调负荷动态变化调节地下水用量。

③热泵机组集中设置时，应根据水源水质条件确定水源直接进入机组换热器或另设板式换热器间接换热。

④应对地下水采取可靠的回灌措施，确保全部回灌到同一含水层，且不得对地下水资源造成污染。

4）江河湖水源地源热泵系统设计时，应符合下列规定：

①应对地表水体资源和水体环境进行评价，并取得当地水务主管部门的批准同意。当江河湖为航运通道时，取水口和排水口的设置位置应取得航运主管部门的批准。

②应考虑江河的丰水、枯水季节的水位差。

③热泵机组与地表水水体的换热方式应根据机组的设置、水体水温、水质、水深、换热量等条件确定。

④开式地表水换热系统的取水口，应设在水位适宜、水质较好的位置，并应位于排水口的上游，远离排水口；地表水进入热泵机组前，应设置过滤、清洗、灭藻等水处理措施，并不得造成环境污染。

⑤采用地表水盘管换热器时，盘管的形式、规格与长度，应根据冷（热）负荷、水体面积、水体深度、水体温度的变化规律和机组性能等因素确定。

⑥在冬季有冻结可能的地区，闭式地表水换热系统应有防冻措施。

5）海水源地源热泵系统设计时，应符合下列规定：

①海水换热系统应根据海水水文状况、温度变化规律等进行设计。

②海水设计温度宜根据近 30 年取水点区域的海水温度确定。

③开式系统中的取水口深度应根据海水水深温度特性进行优化后确定，距离海底高度宜大于 2.5m；取水口应能抵抗大风和海水的潮汐引起的水流应力；取水口处应设置过滤器、杀菌及防生物附着装置；排水口应与取水口保持一定的距离。

④与海水接触的设备及管道，应具有耐海水腐蚀性能，应采取防止海洋生物附着的措施；中间换热器应具备可拆卸功能。

⑤闭式海水换热系统在冬季有冻结可能的地区，应采取防冻措施。

6）污水源地源热泵系统设计时，应符合下列规定：

①应考虑污水水温、水质及流量的变化规律和对后续污水处理工艺的影响等因素。

②采用开式原生污水源地源热泵系统时，原生污水取水口处设置的过滤装置应具有连续反冲洗功能，取水口处污水量应稳定；排水口应位于取水口下游并与取水口保持一定的距离。

③采用开式原生污水源地源热泵系统设中间换热器时，中间换热器应具备可拆卸功能；原生污水直接进入热泵机组时，应采用冷媒侧转换的热泵机组，且与原生污水接触的换热器应特殊设计。

④采用再生水污水源热泵系统时，宜采用再生水直接进入热泵机组的开式系统。

7）水环热泵空调系统的设计，应符合下列规定：

①循环水水温宜控制在 15~35℃。

②循环水宜采用闭式系统。采用开式冷却塔时，宜设置中间换热器。

③辅助热源的供热量应根据冬季白天高峰和夜间低谷负荷时的建筑物的供暖负荷、系统内区可回收的余热等，经热平衡计算确定。

④水环热泵空调系统的循环水系统较小时，可采用定流量运行方式；系统较大时，宜采用变流量运行方式。当采用变流量运行方式时，机组的循环水管道上应设置与机组启停联锁控制的开关式电动阀。

⑤水源热泵机组应采取有效的隔振及消声措施，并满足空调区噪声标准要求。

4. 锅炉

民用建筑冬季供暖或热水供应通常采用燃气锅炉或燃油锅炉。

1）锅炉的设计容量与锅炉台数应符合下列规定：

①锅炉房的设计容量应根据供暖系统综合最大热负荷确定。

②单台锅炉房的设计容量应以保证其具有长时间较高运行效率的原则确定，实际运行负荷率不宜低于 50%。

③在保证锅炉具有长时间较高运行效率的前提下，各台锅炉的容量宜相等。

④锅炉房锅炉总台数不宜过多，全年使用时不应少于两台，非全年使用时不宜少于

两台。

⑤其中一台因故停止工作时，剩余锅炉的设计换热量应符合业主保障供热量的要求，并且对于寒冷地区和严寒地区供热（包括供暖和空调供热），剩余锅炉的总供热量分别不应低于设计供热量的65%和70%。当采用真空热水锅炉时，最高用热温度宜小于或等于85℃。锅炉房、换热机房的设计补水量（小时流量）可按系统水容量的1%计算。

2）为了满足安全要求，《锅炉房设计规范》（GB 50041—2008）中关于锅炉房有如下明确规定：

①锅炉房的外墙、楼地面或屋面，应有相应的防爆措施，并应有相当于锅炉间占地面积10%的泄压面积，泄压方向不得朝向人员聚集的场所、房间和人行通道，泄压处也不得与这些地方相邻。地下锅炉房采用竖井泄爆方式时，竖井的净横断面积，应满足泄压面积的要求。当泄压面积不能满足上述要求时，可采用在锅炉房的内墙和顶部（顶棚）敷设金属爆炸减压板做补充。泄压面积可将玻璃窗、天窗、质量小于等于120kg/m^{2}的轻质屋顶和薄弱墙等面积包括在内。

对于锅炉房之所以有这条规定，是因为锅炉存在爆炸危险。对由于本专业的设备造成的违反强制性条文的问题，暖通人员有责任向土建专业提出条件。

②燃油、燃气和煤粉锅炉烟道和烟囱的设计，在烟气容易集聚的地方，以及当多台锅炉共用1座烟囱或1条总烟道时，每台锅炉烟道出口处应装设防爆装置，其位置应有利于泄压。当爆炸气体有可能危及操作人员的安全时，防爆装置上应装设泄压导向管。

③设在其他建筑物内的燃油、燃气锅炉房的锅炉间，应设置独立的送排风系统，其通风装置应防爆。

4.4 冷热源系统设备示例

常见的冷热源以冷水机组、热泵机组和锅炉为主。本节给出这三类设备的型号参数等示例。

4.4.1 电动冷水机组

涡旋式电动冷水机组以天加水冷涡旋式冷水机组为例，部分型号的性能参数见表4-14。

表4-14 天加水冷涡旋式冷水机组性能参数

型号		TWS-201	TWS-202	TWS-203	TWS-204	TWS-205
制冷量/kW		68.8	137.6	206.4	275.2	344
输入功率/kW		16.3	32.6	48.9	65.2	81.5
起动方式		直接起动				
能量控制（%）		0~100%两级调节	0~100%四级调节	0~100%六级调节	0~100%八级调节	0~100%十级调节
机身颜色		立柱与控制面板为深灰色，其他面板为灰白色				
保温材料		PE				
压缩机	款式	涡旋式全封闭压缩机				
	数量	2	4	6	8	10

（续）

型号		TWS-201	TWS-202	TWS-203	TWS-204	TWS-205
冷凝器	形式	壳管式冷凝器				
	数量	2	4	6	8	10
	接头尺寸/in	*R*2	*R*2	*R*2	*R*2	*R*2
	推荐总管直径	DN50	DN80	DN100	DN100	DN125
	水流量/(m^3/h)	15.4	30.8	46.2	61.6	77
蒸发器	形式	高效板式换热器				
	数量	2	4	6	8	10
	接头尺寸/in	*R*2	*R*2	*R*2	*R*2	*R*2
	推荐总管直径	DN50	DN80	DN100	DN100	DN125
	水流量/(m^3/h)	12	24	36	48	60
	温度控制	温度传感器				
制冷剂	制冷剂型号	R22				
	工质系统	2	4	6	8	10
	控制方式	热力膨胀阀				
	充注量/kg	5×2	5×4	5×6	5×8	5×10
外形尺寸	长/mm	980	1960	2940	3920	4900
	宽/mm	890	890	890	890	890
	高/mm	1700	1700	1700	1700	1700
运输质量/kg		460	2×460	3×460	4×460	5×460
模块数量(个)		1	2	3	4	5

注：1. 名义制冷运行工况：冷冻水进/出水温度 12/7℃，冷却水进/出水温度 30/35℃。
2. 电源：3 相、380V、50Hz，允许电压波动±10%。
3. 1in = 0.0254m。

天加水冷涡旋式冷水机组的外形如图 4-1 所示，*L* 值见表 4-15。

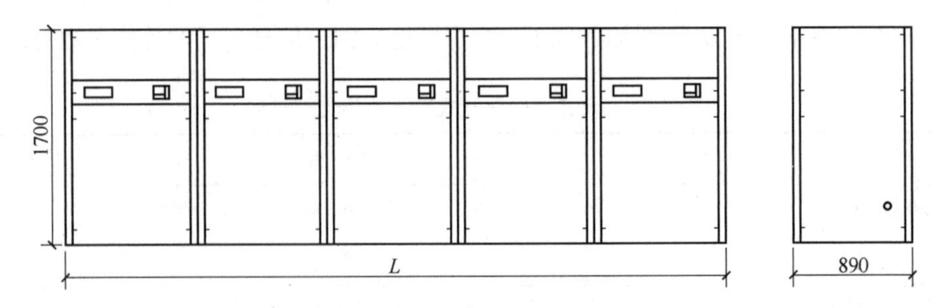

图 4-1 天加水冷涡旋式冷水机组的外形

表 4-15 天加水冷涡旋式冷水机组的 *L* 值

型号	TWS-201	TWS-202	TWS-203	TWS-204	TWS-205
L/mm	980	1960	2940	3920	4900

螺杆式电动冷水机组以美的 R134a 螺杆式冷水机组为例，部分型号的性能参数见表 4-16。

表 4-16 美的 R134a 螺杆式冷水机组性能参数

型号		LSBLG	340/MCF	440/MCF	540/MCF	720/MCF	805/MCF	890/MCF	1055/MCF	1200/MCF	1300/MCF	1410/MCF	1620/MCF	1780/MCF
制冷量		RT	96.68	125.1	153.6	204.7	228.9	253.1	300.1	341.1	369.7	401.0	460.5	506.2
		kW	340	440	540	720	805	890	1055	1200	1300	1410	1620	1780
输入功率		kW	60	77	94	127.5	144.3	155	186.6	206	231.7	249.7	291.5	306.1
制冷 COP		W/W	5.66	5.71	5.74	5.64	5.57	5.74	5.65	5.82	5.61	5.64	5.55	5.81
制冷 IPLV		W/W	6.231	6.267	6.313	6.217	6.125	6.309	6.201	6.892	6.648	6.719	6.450	6.891
能效等级			1级	1级	2级	2级	3级	2级	2级	2级	3级	3级	3级	2级
压缩机		数量	1	1	1	1	1	1	1	2	2	2	2	2
		形式	半封闭螺杆压缩机											
		起动方式	星三角											
能量调节范围			无级调节											
制冷剂	名称		R134a											
	充注量	kg	130	145	160	230	230	250	360	330	330	340	400	400
电源			380V-3N-50Hz											
机组额定电流		A	103.2	130.4	162.7	219.1	254.8	269.6	330.5	356.1	396.3	429.0	514.9	532.3
机组最大运行电流		A	141.4	169.4	206.1	281.2	331.7	366.8	405.9	454.8	562.3	562.3	663.5	733.6
机组起动电流		A	260	260	407	443	754	754	1020	668	721	721	1086	1121
蒸发器	水流量	m^3/h	58.46	75.67	92.88	123.8	138.5	153.1	181.5	206.4	223.6	242.6	278.6	306.2
	水侧压降	kPa	30.0	32.3	32.2	27.1	33.2	33.1	32.7	63.0	71.0	64.9	71.0	77.0
	接管直径	mm	DN150	DN150	DN150	DN200	DN200	DN200	DN200	DN200	DN200	DN200	DN200	DN200
冷凝器	水流量	m^3/h	73.1	94.6	116.1	154.8	173.1	191.4	226.9	258	279.5	303.2	348.2	382.7
	水侧压降	kPa	38.0	39.7	40.2	37.0	40.0	42.8	37.7	72.2	81.7	81.9	83.9	86.1
	接管直径	mm	DN150	DN150	DN150	DN200	DN200	DN200	DN200	DN200	DN200	DN200	DN200	DN200
外形尺寸	长	mm	3496	3496	3496	3521	3521	3521	3588	4593	4593	4593	4820	4820
	宽	mm	1200	1200	1200	1400	1400	1400	1500	1500	1500	1500	1600	1600
	高	mm	1716	1768	1848	1928	2026	2026	2168	2002	2002	2002	2230	2230
运输质量		kg	2525	2540	2875	3550	3950	4030	5170	6212	6292	6340	7590	7710
运行质量		kg	2515	2560	2935	3770	4180	4270	5430	6432	6512	6610	8110	8260

注：1. 表中各参数依据国标《蒸气压缩循环冷水（热泵）机组第 1 部分：工业或商业用及类似用途的冷水（热泵）机组》（GB/T 18430.1—2007）规定给定，工况条件：冷冻水出水温度 7℃，水流量=制冷量×0.172$m^3/(h·kW)$；冷却水进水温度 30℃，水流量=制冷量×0.215$m^3/(h·kW)$。
2. 能效等级根据标准《冷水机组能效限定值及能效等级》（GB 19577—2015）判定。
3. 蒸发器、冷凝器为两流程设计，水侧承压为 1.0MPa，卡箍连接。
4. 1W=0.284RT。

美的 R134a 螺杆式冷水机组的外形如图 4-2 所示，外形尺寸见表 4-17，基础布置图如图 4-3 所示，空间布置如图 4-4 所示。

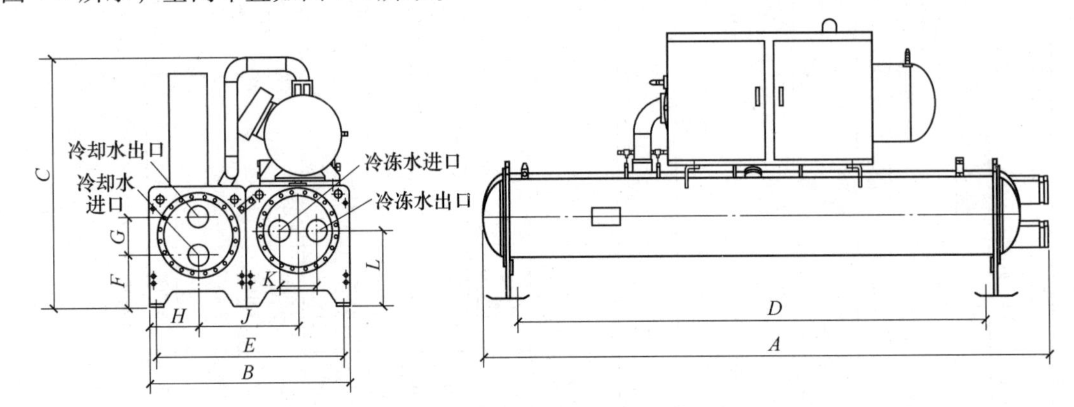

图 4-2 美的 R134a 螺杆式冷水机组的外形

表 4-17 美的 R134a 螺杆式冷水机组的外形尺寸 （单位：mm）

型号	A	B	C	D	E	F	G	H	J	K	L
LSBLG340/MCF	3496	1200	1716	2850	1100	411	260	300	600	260	541
LSBLG440/MCF	3496	1200	1768	2850	1100	411	260	300	600	260	541
LSBLG540/MCF	3496	1200	1848	2850	1100	411	260	300	600	260	541
LSBLG720/MCF	3521	1400	1928	2850	1300	411	300	350	700	300	591
LSBLG805/MCF	3521	1400	2026	2850	1300	411	300	350	700	300	591
LSBLG890/MCF	3521	1400	2026	2850	1300	411	300	350	700	300	591
LSBLG1055/MCF	3588	1500	2168	2850	1400	443	350	375	750	375	618
LSBLG1200/MCF	4593	1500	2002	3850	1400	443	350	375	750	350	618
LSBLG1300/MCF	4593	1500	2002	3850	1400	443	350	375	750	350	618
LSBLG1410/MCF	4593	1500	2002	3850	1400	443	350	375	750	350	618
LSBLG1620/MCF	4820	1600	2230	3850	1500	468	350	400	800	350	643
LSBLG1780/MCF	4820	1600	2230	3850	1500	468	350	400	800	350	643

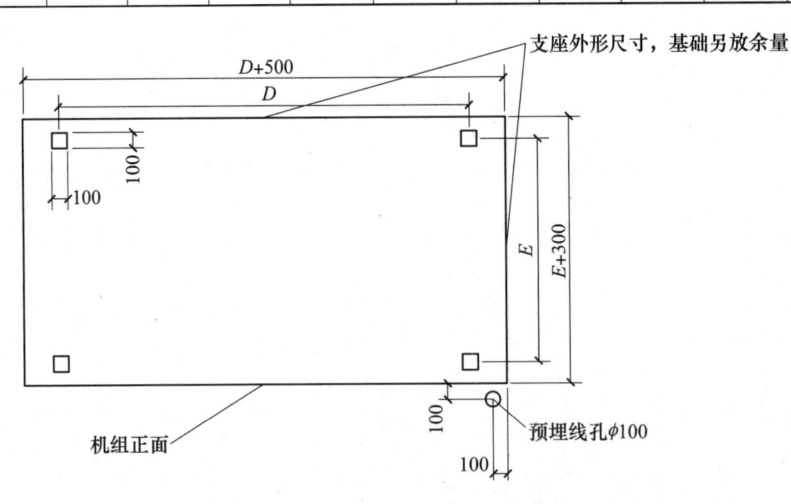

图 4-3 美的 R134a 螺杆式冷水机组基础布置图

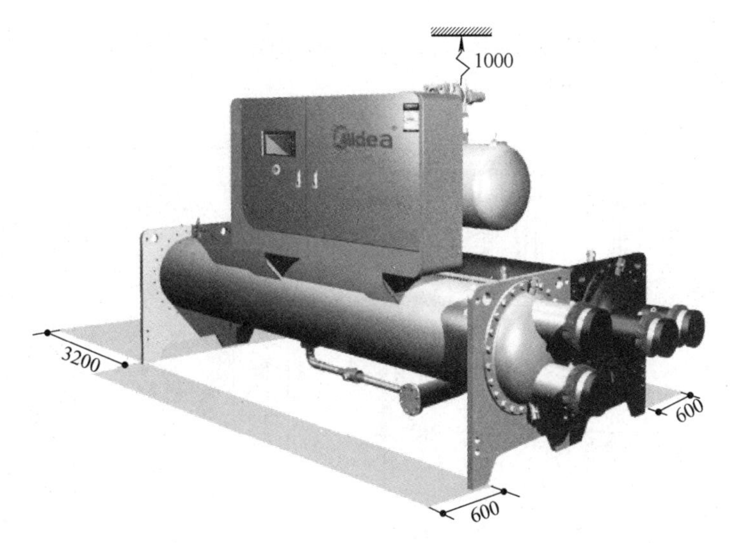

图 4-4 美的 R134a 螺杆式冷水机组空间布置

离心式电动冷水机组以美的高效变频直驱降膜离心机组为例，部分型号的性能参数见表 4-18。

表 4-18 美的高效变频直驱降膜离心机组性能参数

型号			CCWE 250EV	CCWE 300EV	CCWE 350EV	CCWE 400EV	CCWE 450EV	CCWE 500EV	CCWE 550EV
制冷量	RT		250	300	350	400	450	500	550
	kW		879	1055	1231	1407	1583	1759	1934
	10^4kcal/h		76	91	106	121	136	151	166
蒸发器	冷水流量	m^3/h	151	181	212	242	272	302	333
	冷水压力降	kPa	52.5	52.4	52.8	53.4	54.0	53.5	53.4
	接管直径		DN200			DN250			
冷凝器	冷水流量	m^3/h	177	212	247	284	318	353	389
	冷水压力降	kPa	47.4	48.7	48.9	49.4	50.0	52.4	53.1
	接管直径		DN200			DN250			
能效	运行功率	kW	153	178.1	209.3	242.7	266.8	296.2	329.9
	COP（W/W）		5.745	5.924	5.882	5.796	5.930	5.937	5.862
电动机	配置功率	kW	200	200	240	280	315	315	350
	电源		380V-3PH-50Hz						
	冷却方式		制冷剂喷射冷却						
质量	机组运输质量	kg	4650	4800	4950	5650	5800	5950	6100
	机组运行质量	kg	5550	5750	5950	6700	6900	7100	7300
机组尺寸	长（A）	mm	3650						
	宽（B）	mm	1940			2000			
	高（C）	mm	2150						

注：1. 技术参数按《蒸气压缩循环冷水（热泵）机组第 1 部分：工业或商业用及类似用途的冷水（热泵）机组》（GB/T 18430.1—2007）的规定给定。
2. 工况条件：冷冻水进/出口温度 12/7℃，冷却水进/出口温度 32/37℃。
3. 冷冻水和冷却水均为两流程，冷冻水和冷却水水侧的设计压力为 1.0MPa，水接管按照法兰标准《板式平焊钢制管法兰》（JB/T 81—2015）。
4. 1kcal/h = 1.163W。

美的高效变频直驱降膜离心机组的外形如图 4-5 所示，外形尺寸见表 4-19，基础布置图如图 4-6 所示，空间布置如图 4-7 所示。

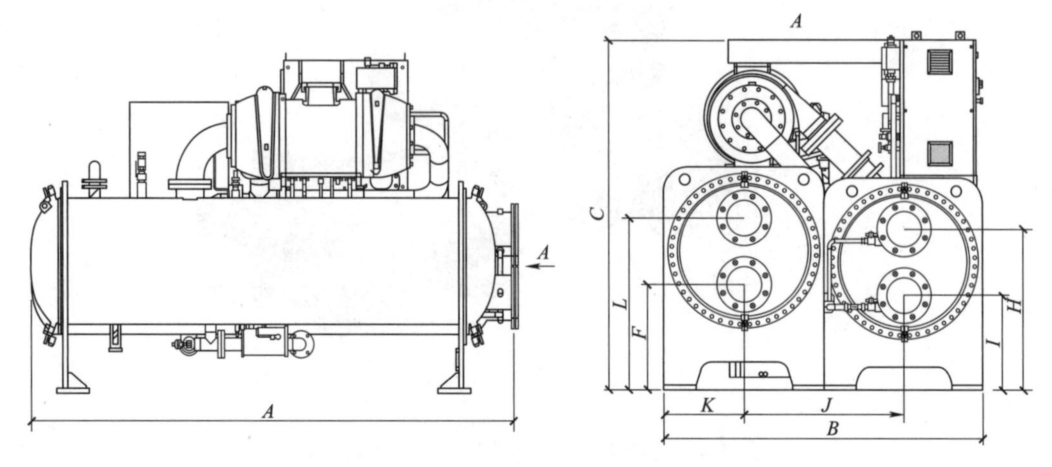

图 4-5 美的高效变频直驱降膜离心机组的外形

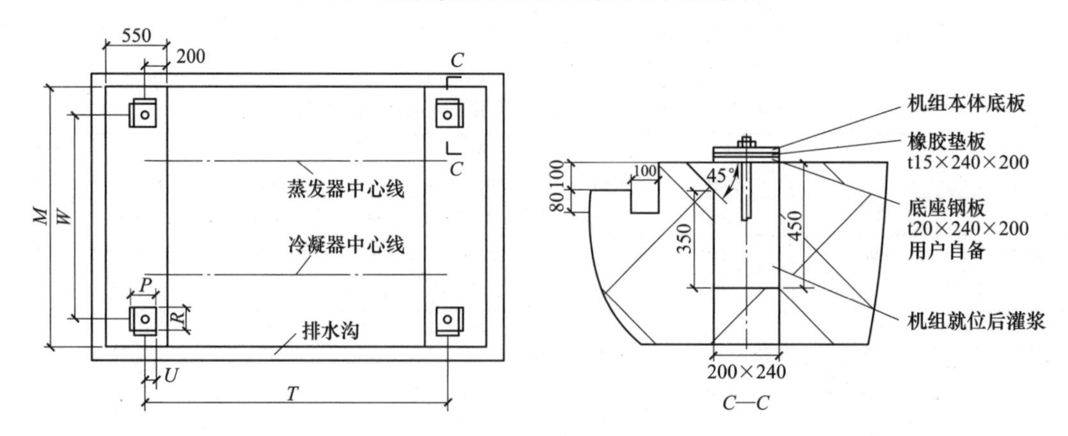

图 4-6 美的高效变频直驱降膜离心机组基础布置图（图中各尺寸见表 4-19）

图 4-7 美的高效变频直驱降膜离心机组空间布置

注：Y=1.2m，Z=3.2m，S=1.2m，T=1m，其中 Z 为拔管空间，两端皆可。

表 4-19　美的高效变频直驱降膜离心机组的外形尺寸　　　（单位：mm）

型号	机组尺寸			支座						接管定位尺寸							
	长（A）	宽（B）	高（C）	M	W	P	R	U	T	F	L	K	I	H	J	蒸发器接管直径	冷凝器接管直径
CCWE250EV	3650	1940	2150	2240	1740	240	200	100	2780	670	1040	485	605	975	970	DN200	DN200
CCWE300EV																	
CCWE350EV																	
CCWE400EV	3650	2000	2150	2300	1800	240	200	100	2780	620	1090	500	555	1025	1000	DN250	DN250
CCWE450EV																	
CCWE500EV																	
CCWE550EV																	

4.4.2　溴化锂吸收式机组

现以浙江联丰直燃型溴化锂吸收式冷热水机组为例，部分型号的性能参数，见表 4-20。

表 4-20　浙江联丰直燃型溴化锂吸收式冷热水机组性能参数表

参数				型号					
				ZX-45D	ZX-60D	ZX-70D	ZX-95D	ZX-115D	ZX-145D
制冷量			10^4kcal/h	40	50	60	80	100	125
			kW	465	582	698	930	1163	1454
供热量			10^4kcal/h	34	42	50	67	84	105
冷/热水	流量		m^3/h	80	100	120	160	200	250
	压力降		MPa	0.06	0.07	0.07	0.07	0.08	0.10
	接管直径		mm	125	125	125	150	150	200
冷却水	流量		m^3/h	120	150	180	242	302	378
	压力降		MPa	0.08	0.08	0.07	0.07	0.09	0.09
	接管直径		mm	150	150	150	200	200	250
卫生热水	流量		m^3/h	20	25	30	40	50	62
	压力降		MPa	0.04	0.04	0.04	0.05	0.05	0.05
	接管直径		mm	80	80	100	100	125	125
燃料	轻油	耗量 制冷	kg/h	29.6	37	44.4	59.2	74	92.5
		耗量 制热	kg/h	33.5	41.9	50.3	67	83.8	104.8
		接管直径	in	3/8	3/8	1/2	1/2	1/2	1/2
	煤气	耗量 制冷	Nm^3/h	85.5	106.8	126.2	170.9	213.6	267
		耗量 制热	Nm^3/h	96.8	120.9	145.2	193.5	241.9	302.4
		接管直径	mm	40	50	50	65	65	80
	天然气	耗量 制冷	Nm^3/h	36.2	45.2	52.7	70.3	87.9	109.9
		耗量 制热	Nm^3/h	41	51.2	59.8	79.7	99.6	124.5
		接管直径	mm	40	50	50	65	65	80

（续）

参数				型号					
				ZX-45D	ZX-60D	ZX-70D	ZX-95D	ZX-115D	ZX-145D
排烟	排气温度		℃	≤180					
排烟	接管尺寸		mm	200×250①	200×250	200×250	250×350	250×450	300×400
电气	电源			3相-380V-50Hz					
电气	功率	总功率	kW	6.66	7.3	7.3	10.7	10.7	10.7
电气	功率	冷剂泵	kW	1.1	1.1	1.1	1.5	1.5	1.5
电气	功率	溶液泵	kW	3.7	3.7	3.7	5.5	5.5	5.5
电气	功率	吸收泵	kW	—					
电气	功率	真空泵	kW	1.1					
电气	功率	燃烧器	kW	0.76	1.4	1.4	1.4	2.6	2.6
外形尺寸	长		mm	3036	3540	4039	4650	4680	4737
外形尺寸	宽		mm	2224	2281	2276	2450	2791	2532
外形尺寸	高		mm	1966	2311	2072	2440	2587	2495
溶液量（50%）			t	2.0	2.3	3.0	4.0	4.5	5.0
运输方式				整体运输					
运行质量			t	8.7	11.0	13.5	15.0	16.5	23.0
运输质量			t	6.5	7.8	9.5	12.0	14.5	16.5

注：1. 冷水进出水温度：12~7℃。

2. 温水额定进出水温度 55~60℃。

3. 卫生热水额定进出水温度 40~60℃。

4. 冷却水进水温度 24~34℃。

5. 冷/热水、冷却水侧污垢系数：0.086m^2K/kW（0.0001m^3·h·℃/kcal）。

6. 冷却水水室、冷水水室最高承压 0.8MPa。

7. 轻油 0 号的低位热值为 10300kcal/kg；煤气的高位热值为 3560kcal/Nm^3；天然气的高位热值为 8650kcal/Nm^3。

① 200×250 的单位均为 mm，后同。

4.4.3 热泵机组

现以美的 0.8MC 系列 H 高效空气源螺杆式热泵机组为例，SHAE-H 制冷变工况、制热变工况的性能参数分别见表 4-21 和表 4-22。

表 4-21 SHAE-H 制冷变工况性能参数

型号	出水温度/℃	环境温度/℃									
		20		25		30		35		40	
		制冷量/kW	输入功率/kW	制冷量/kW	输入功率/kW	制冷量/kW	输入功率/kW	制冷量/kW	输入功率/kW	制冷量/kW	输入功率/kW
SHAE 200H	5	727.7	166.2	708.6	175.2	679.4	188.9	640.9	203.9	589.3	219.8
	6	754.3	168.7	735.0	177.8	704.6	191.8	663.9	206.9	609.9	223.0
	7	779.9	171.3	759.9	180.6	728.3	194.7	690.0	209.0	629.1	225.9
	8	802.0	174.2	781.5	183.6	748.8	197.9	702.8	212.0	645.0	228.3

（续）

型号	出水温度/℃	环境温度/℃									
		20		25		30		35		40	
		制冷量/kW	输入功率/kW	制冷量/kW	输入功率/kW	制冷量/kW	输入功率/kW	制冷量/kW	输入功率/kW	制冷量/kW	输入功率/kW
SHAE 200H	9	823.8	177.0	802.7	186.5	769.0	200.9	720.4	214.3	660.8	230.7
	10	842.4	179.3	820.9	188.9	786.5	203.5	738.0	216.7	676.4	233.2
	11	861.1	181.5	839.1	191.4	804.1	206.0	755.5	219.1	692.0	235.6
	12	880.0	183.8	857.5	193.8	821.9	208.6	773.6	221.6	707.9	238.2
	13	899.0	186.1	876.0	196.2	839.8	211.1	791.8	224.0	723.9	240.7
	14	794.9	163.6	895.5	198.4	858.6	213.5	810.7	226.7	740.2	243.3
	15	638.1	130.4	915.4	200.6	877.8	215.9	830.0	229.4	756.7	246.1
SHAE 220H	5	822.8	185.4	801.7	195.4	767.9	210.7	718.6	227.0	663.0	244.3
	6	851.7	188.2	829.9	198.4	795.4	214.0	747.6	230.5	687.5	248.0
	7	878.9	190.9	856.4	201.3	821.0	217.0	780.0	233.0	710.0	251.4
	8	902.0	193.3	878.9	203.7	842.6	219.7	794.2	236.5	728.1	254.2
	9	925.0	195.6	901.4	206.2	864.1	222.3	814.4	239.2	746.1	257.0
	10	948.0	197.7	923.8	208.4	885.6	224.7	834.4	241.9	763.8	259.8
	11	971.1	199.8	946.2	210.6	907.0	227.1	854.5	244.6	781.6	262.6
	12	994.5	202.6	969.0	213.6	928.8	230.3	874.4	248.1	797.8	265.6
	13	1017.9	205.5	991.9	216.6	950.7	233.6	894.3	251.6	813.8	268.6
	14	865.7	175.1	1017.0	219.1	974.8	236.2	917.3	254.4	833.7	271.7
	15	638.1	130.4	1043.1	221.2	999.8	238.6	941.6	257.0	855.2	274.7
SHAE 250H	5	916.2	215.2	892.8	226.8	855.8	244.7	805.9	264.5	716.5	283.7
	6	953.7	218.1	929.3	229.9	891.0	247.9	840.6	267.2	747.0	287.2
	7	987.7	220.7	962.4	232.5	922.9	250.8	883.0	271.0	775.2	290.5
	8	1014.0	222.6	988.1	234.7	947.5	253.1	895.6	273.1	797.7	293.1
	9	1040.4	224.6	1013.8	236.7	972.3	255.4	919.0	276.1	820.0	295.9
	10	1067.7	226.7	1040.3	239.0	997.4	257.7	940.0	278.6	842.0	298.5
	11	1094.9	228.7	1066.9	241.2	1022.5	260.2	961.2	281.1	863.9	301.1
	12	1123.4	230.9	1094.6	243.4	1048.6	262.5	982.4	282.9	886.7	303.6
	13	1152.0	233.2	1122.4	245.7	1075.0	264.9	1003.7	284.7	909.6	306.2
	14	1208.1	244.9	1151.2	248.2	1102.3	267.5	1028.6	287.1	933.5	309.0
	15	1276.2	260.8	1180.3	250.7	1130.3	270.2	1055.1	289.9	957.9	311.8
SHAE 280H	5	1020.4	241.0	994.4	254.0	954.4	274.2	908.8	298.0	801.6	318.4
	6	1061.2	244.4	1034.0	257.6	992.8	277.8	948.2	300.4	835.2	322.4
	7	1098.6	247.4	1070.4	260.6	1028.0	281.2	996.0	303.0	866.6	326.2
	8	1128.4	249.6	1099.6	263.2	1056.0	284.0	1011.6	307.8	892.4	329.4
	9	1158.4	252.0	1128.8	265.6	1084.2	286.8	1038.6	312.0	918.0	332.8

（续）

型号	出水温度/℃	环境温度/℃									
		20		25		30		35		40	
		制冷量/kW	输入功率/kW	制冷量/kW	输入功率/kW	制冷量/kW	输入功率/kW	制冷量/kW	输入功率/kW	制冷量/kW	输入功率/kW
SHAE 280H	10	1189.6	254.6	1159.0	268.4	1112.6	289.6	1059.8	314.8	942.6	336.0
	11	1220.6	257.0	1189.4	271.0	1141.0	292.6	1081.2	317.8	967.0	339.0
	12	1252.8	259.6	1220.6	273.6	1170.0	295.2	1101.8	319.4	992.4	342.0
	13	1285.0	262.2	1252.0	276.2	1199.4	298.0	1122.4	320.8	1017.8	345.0
	14	1287.0	262.0	1284.4	279.2	1230.0	300.8	1149.4	323.4	1044.8	348.2
	15	1276.2	260.8	1317.0	282.0	1261.4	304.0	1179.4	326.6	1072.5	351.6
SHAE 310H	5	1140.6	262.7	1111.4	276.8	1066.1	298.9	1009.8	325.0	911.4	350.3
	6	1184.6	266.4	1154.2	280.8	1107.3	303.0	1050.4	328.7	946.9	354.9
	7	1225.0	269.7	1193.6	284.2	1145.2	306.8	1098.0	333.0	980.1	359.2
	8	1257.3	272.3	1225.2	287.1	1175.5	309.9	1116.6	336.5	1007.5	362.8
	9	1289.7	275.0	1256.7	289.8	1205.9	312.9	1145.4	340.4	1034.7	366.5
	10	1322.6	277.7	1288.7	292.8	1236.3	316.0	1171.6	343.7	1061.4	370.7
	11	1355.5	280.4	1320.8	295.6	1266.7	319.2	1197.9	347.1	1088.0	373.7
	12	1390.0	283.3	1354.4	298.6	1298.4	322.3	1224.4	349.8	1115.5	377.2
	13	1424.7	286.2	1388.1	301.6	1330.4	325.5	1250.8	352.3	1143.1	380.8
	14	1369.6	276.2	1423.1	304.4	1363.7	328.4	1280.9	355.6	1172.1	384.5
	15	1276.2	260.8	1458.4	307.1	1397.6	331.4	1312.6	359.3	1201.8	388.4
SHAE 340H	5	1260.8	284.4	1228.4	299.6	1177.8	323.6	1110.8	352.0	1021.2	382.2
	6	1308.0	288.4	1274.4	304.0	1221.8	328.2	1152.6	357.0	1058.6	387.4
	7	1351.4	292.0	1316.8	307.8	1262.4	332.4	1200.0	362.0	1093.6	392.2
	8	1386.2	295.0	1350.8	311.0	1295.0	335.8	1221.6	365.2	1122.6	396.2
	9	1421.0	298.0	1384.6	314.0	1327.6	339.0	1252.2	368.8	1151.4	400.2
	10	1455.6	300.8	1418.4	317.2	1360.0	342.4	1283.4	372.6	1180.2	404.4
	11	1490.4	303.8	1452.2	320.2	1392.4	345.8	1314.6	376.4	1209.0	408.4
	12	1527.2	307.0	1488.2	323.6	1426.8	349.4	1347.0	380.2	1238.6	412.4
	13	1564.4	310.2	1524.2	327.0	1461.4	353.0	1379.2	383.8	1268.4	416.6
	14	1452.2	290.4	1561.9	329.6	1497.4	356.0	1412.4	387.8	1299.4	420.8
	15	1276.2	260.8	1599.8	332.2	1533.8	358.8	1445.8	392.0	1331.2	425.2
SHAE 370H	5	1357.6	308.4	1322.8	325.0	1268.3	350.7	1196.3	379.9	1099.9	410.9
	6	1408.3	312.9	1372.2	329.8	1315.5	355.9	1240.2	385.4	1139.2	416.7
	7	1455.6	317.3	1418.3	334.5	1359.5	360.9	1290.0	390.0	1175.9	422.0
	8	1495.1	321.7	1456.9	339.1	1396.3	365.8	1313.6	394.6	1206.3	426.4
	9	1534.3	326.0	1495.0	343.5	1432.8	370.4	1346.5	398.7	1236.5	430.8
	10	1570.2	329.7	1530.1	347.5	1666.5	374.7	1379.7	403.0	1266.5	435.4

（续）

型号	出水温度/℃	环境温度/℃									
		20		25		30		35		40	
		制冷量/kW	输入功率/kW	制冷量/kW	输入功率/kW	制冷量/kW	输入功率/kW	制冷量/kW	输入功率/kW	制冷量/kW	输入功率/kW
SHAE 370H	11	1606.3	333.4	1565.2	351.5	1500.3	378.9	1412.8	407.3	1296.5	439.8
	12	1643.6	337.3	1601.6	355.6	1535.3	383.3	1447.1	411.7	1327.2	444.4
	13	1681.2	341.2	1638.1	359.7	1570.5	387.6	1481.4	415.9	1358.1	449.0
	14	1521.0	308.8	1676.4	363.2	1607.3	391.5	1516.9	420.6	1389.9	453.7
	15	1276.2	260.8	1715.3	366.7	1644.7	395.3	1552.9	425.4	1422.3	458.7
SHAE 390H	5	1454.4	332.4	1417.2	350.4	1358.8	377.8	1281.8	407.8	1178.6	439.6
	6	1508.6	337.4	1470.0	355.6	1409.2	383.6	1327.8	413.8	1219.8	446.0
	7	1559.8	342.6	1519.8	361.2	1456.6	389.4	1380.0	418.0	1258.2	451.8
	8	1604.0	348.4	1563.0	367.2	1497.6	395.8	1405.6	424.0	1290.0	456.6
	9	1647.6	354.0	1605.4	373.0	1538.0	401.8	1440.8	428.6	1321.6	461.4
	10	1684.8	358.6	1641.8	377.8	1573.0	407.0	1476.0	433.4	1352.8	466.4
	11	1722.2	363.0	1678.2	382.8	1608.2	412.0	1511.0	438.2	1384.0	471.2
	12	1760.0	367.6	1715.0	387.6	1643.8	417.2	1547.2	443.2	1415.8	476.4
	13	1798.0	372.2	1752.0	392.4	1679.6	422.2	1583.6	448.0	1447.8	481.4
	14	1589.8	327.2	1791.0	396.8	1717.2	427.0	1621.4	453.4	1480.4	486.6
	15	1276.2	260.8	1830.8	401.2	1755.6	431.8	1660.0	458.8	1513.4	492.2

表 4-22 SHAE-H 制热变工况性能参数

型号	出水温度/℃	环境温度/℃									
		-10		-5		0		7		10	
		制热量/kW	输入功率/kW	制热量/kW	输入功率/kW	制热量/kW	输入功率/kW	制热量/kW	输入功率/kW	制热量/kW	输入功率/kW
SHAE 200H	30	304.8	137.1	459.5	151.2	568.8	166.0	715.0	181.0	759.7	184.8
	35	296.7	139.5	447.8	153.8	553.7	168.9	694.7	183.7	738.0	187.8
	40	289.6	141.8	435.3	156.1	540.6	170.7	674.5	186.3	716.0	191.0
	45	281.1	144.2	421.0	158.7	524.6	173.0	645.0	189.0	688.6	194.4
	50	273.3	146.5	406.5	161.1	509.8	175.9	621.7	193.0	665.3	197.7
SHAE 220H	30	347.3	156.0	523.6	172.0	648.2	188.8	814.8	205.9	865.7	210.3
	35	338.1	158.7	510.3	174.9	630.9	192.2	791.6	208.9	841.0	213.6
	40	330.0	161.3	496.0	177.6	616.0	194.2	768.6	212.0	815.9	217.3
	45	320.3	164.0	479.7	180.5	597.8	196.9	735.0	215.0	784.7	221.1
	50	311.1	166.7	463.2	183.2	580.9	200.1	708.4	219.5	758.1	224.9

（续）

型号	出水温度/℃	环境温度/℃									
		-10		-5		0		7		10	
		制热量/kW	输入功率/kW	制热量/kW	输入功率/kW	制热量/kW	输入功率/kW	制热量/kW	输入功率/kW	制热量/kW	输入功率/kW
SHAE 250H	30	389.8	174.9	587.6	192.8	727.6	211.6	914.6	230.9	971.7	235.7
	35	379.5	177.9	572.9	196.1	708.2	215.5	888.5	234.2	944.0	239.4
	40	370.5	180.9	556.7	199.0	691.4	217.8	862.8	237.6	915.8	243.6
	45	359.6	183.8	538.5	202.4	671.0	220.6	825.0	241.0	880.9	247.9
	50	349.5	186.8	520.0	205.4	652.0	224.2	795.2	246.1	850.9	252.2
SHAE 280H	30	439.4	197.4	662.4	217.6	820.2	238.8	1031.0	260.6	1095.4	266.0
	35	427.8	200.8	645.8	221.4	798.4	243.2	1001.6	264.4	1064.2	270.2
	40	417.6	204.2	627.36	224.6	779.4	245.8	972.6	268.2	1032.4	275.0
	45	405.4	207.4	607.0	228.4	756.4	249.0	930.0	272.0	993.0	279.8
	50	394.0	210.8	586.2	231.8	735.0	253.0	896.4	277.8	959.2	284.6
SHAE 310H	30	484.3	217.7	730.1	240.0	904.0	263.4	1136.3	287.4	1207.3	293.4
	35	471.5	221.4	711.7	244.1	879.9	268.2	1103.9	291.6	1172.9	298.1
	40	460.3	225.2	691.7	247.8	859.0	271.1	1071.9	295.8	1137.8	303.3
	45	446.8	228.8	669.0	251.9	833.7	274.7	1025.0	300.0	1094.4	308.6
	50	434.3	232.5	646.1	255.7	810.1	279.1	987.9	306.4	1057.2	313.9
SHAE 340H	30	529.2	238.0	797.8	262.4	987.8	288.0	1241.6	314.2	1319.2	320.8
	35	515.2	242.0	777.6	266.8	961.4	293.2	1206.2	318.8	1281.6	326.0
	40	503.0	246.2	755.8	271.0	938.6	296.4	1171.2	323.4	1243.2	331.6
	45	488.2	250.2	731.0	275.4	911.0	300.4	1120.0	328.0	1195.8	337.4
	50	474.6	254.2	706.0	279.6	885.2	305.2	1079.4	335.0	1155.2	343.2
SHAE 370H	30	569.4	256.1	858.4	282.4	1062.7	310.0	1335.8	338.1	1419.3	345.2
	35	554.3	260.5	836.6	287.2	1034.4	315.5	1297.8	343.1	1378.8	350.8
	40	541.1	264.9	813.2	291.6	1009.9	318.9	1260.1	348.0	1337.6	356.8
	45	525.2	269.3	786.5	296.4	980.1	323.2	1205.0	353.0	1286.5	363.1
	50	510.6	273.6	759.5	300.9	952.4	328.5	1161.4	360.5	1242.9	369.3
SHAE 390H	30	609.6	274.2	919.0	302.4	1137.6	332.0	1430.0	362.0	1519.4	369.6
	35	593.4	279.0	895.6	307.6	1107.4	337.8	1389.4	367.4	1476.0	375.6
	40	579.2	283.6	870.6	312.2	1081.2	341.4	1349.0	372.6	1432.0	382.0
	45	562.2	288.4	842.0	317.4	1049.2	346.0	1290.0	378.0	1377.2	388.8
	50	546.6	293.0	813.0	322.2	1019.6	351.8	1243.4	386.0	1330.6	395.4

美的0.8MC系列H高效空气源螺杆式热泵机组的外形如图4-8所示，具体数值见表4-23。

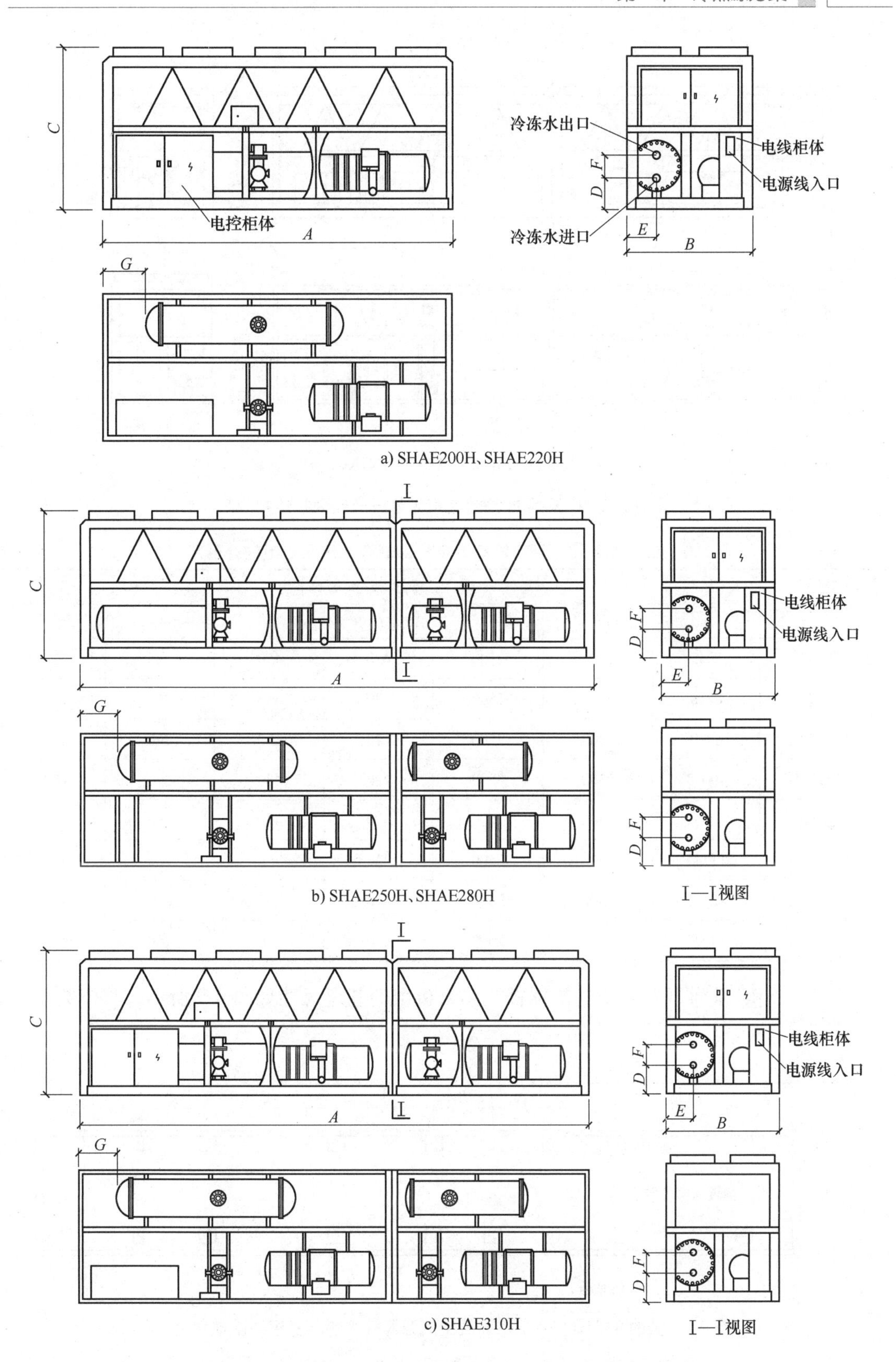

图4-8　美的0.8MC系列H高效空气源螺杆式热泵机组的外形

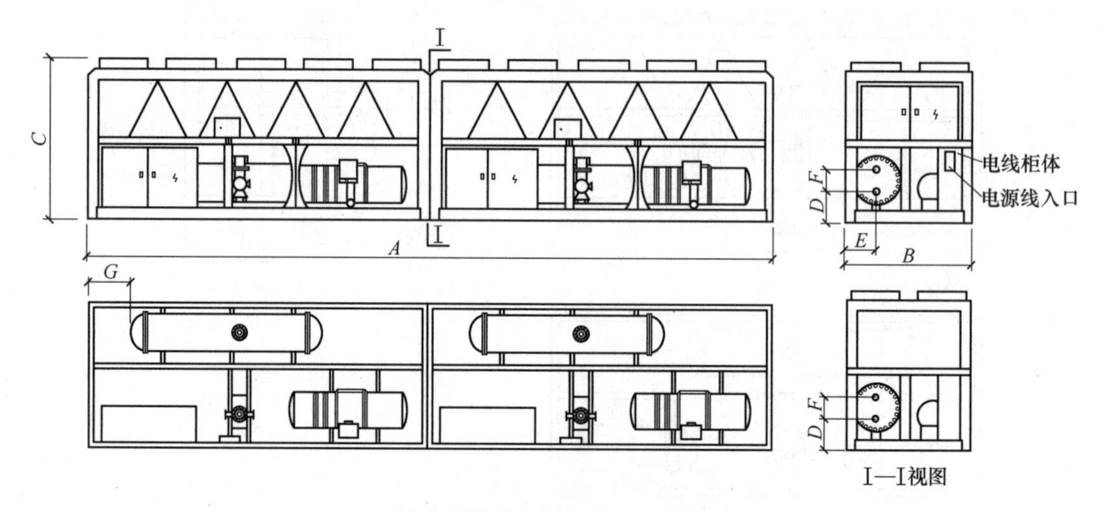

d) SHAE340H、SHAE370H、SHAE390H

图 4-8 美的 0.8MC 系列 H 高效空气源螺杆式热泵机组的外形（续）

表 4-23 美的 0.8MC 系列 H 高效空气源螺杆式热泵机组的外形尺寸

型号	机组外形尺寸/mm						
	A	*B*	*C*	*D*	*E*	*F*	*G*
SHAE200H	7045	2300	2500	420	450	260	460
SHAE220H	8218	2300	2500	420	450	260	460
SHAE250H	8909	2300	2500	420	450	260	460
SHAE280H	10058	2300	2500	420	450	260	460
SHAE310H	10901	2300	2500	420	450	260	460
SHAE340H	11744	2300	2500	420	450	260	460
SHAE370H	12917	2300	2500	420	450	260	460
SHAE390H	14090	2300	2500	420	450	260	460

美的 0.8MC 系列 H 高效空气源螺杆式热泵机组的基座尺寸如图 4-9 所示，具体数值见表 4-24。

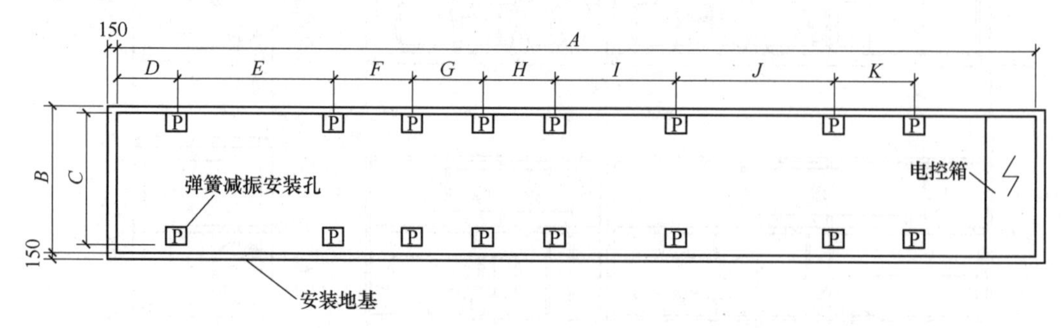

图 4-9 美的 0.8MC 系列 H 高效空气源螺杆式热泵机组的基座尺寸

表 4-24 美的 0.8MC 系列 H 高效空气源螺杆式热泵机组的基座尺寸

型号	机组基座尺寸/mm										
	A	*B*	*C*	*D*	*E*	*F*	*G*	*H*	*I*	*J*	*K*
SHAE200H	7045	2300	2205	1000	2600	1310	1170				
SHAE220H	8218	2300	2205	1000	2600	1310	1170	1170			
SHAE250H	8909	2300	2205	1330	1430	1310	1435	2000			
SHAE280H	10058	2300	2205	1330	1430	1310	1959	1430	1310		
SHAE310H	10901	2300	2205	1000	2600	1310	1962	1430	1310		
SHAE340H	11744	2300	2205	1000	2600	1310	1962	2600	1310		
SHAE370H	12917	2300	2205	1000	2600	1310	1962	2600	1310	1170	
SHAE390H	14090	2300	2205	1000	2600	1310	1170	1965	2600	1310	1170

美的 0.8MC 系列 H 高效空气源螺杆式热泵机组安装图如图 4-10 所示。

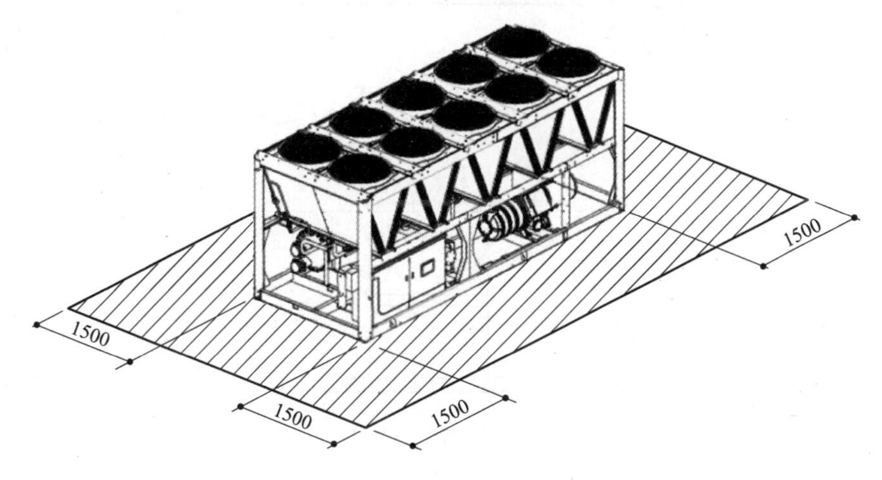

a) 单台安装

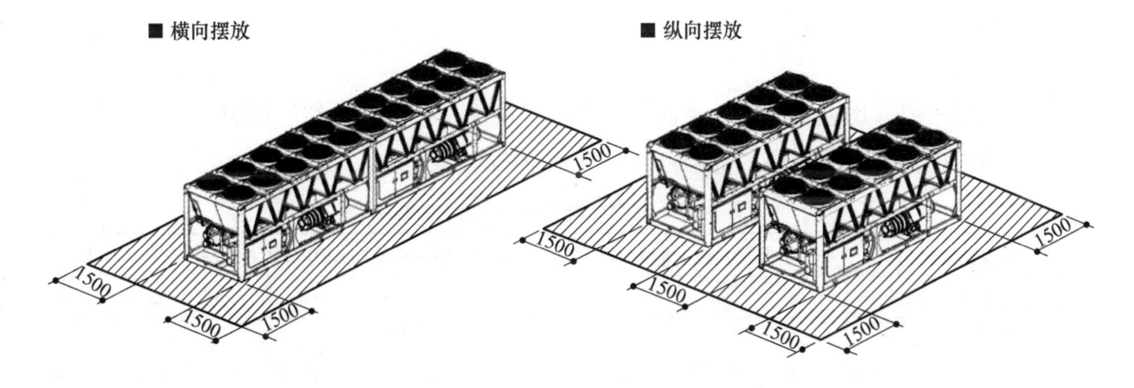

b) 两台或多台安装

图 4-10 美的 0.8MC 系列 H 高效空气源螺杆式热泵机组安装图

美的 0.8MC 系列 H 高效空气源螺杆式热泵机组安装空间要求如图 4-11 所示。

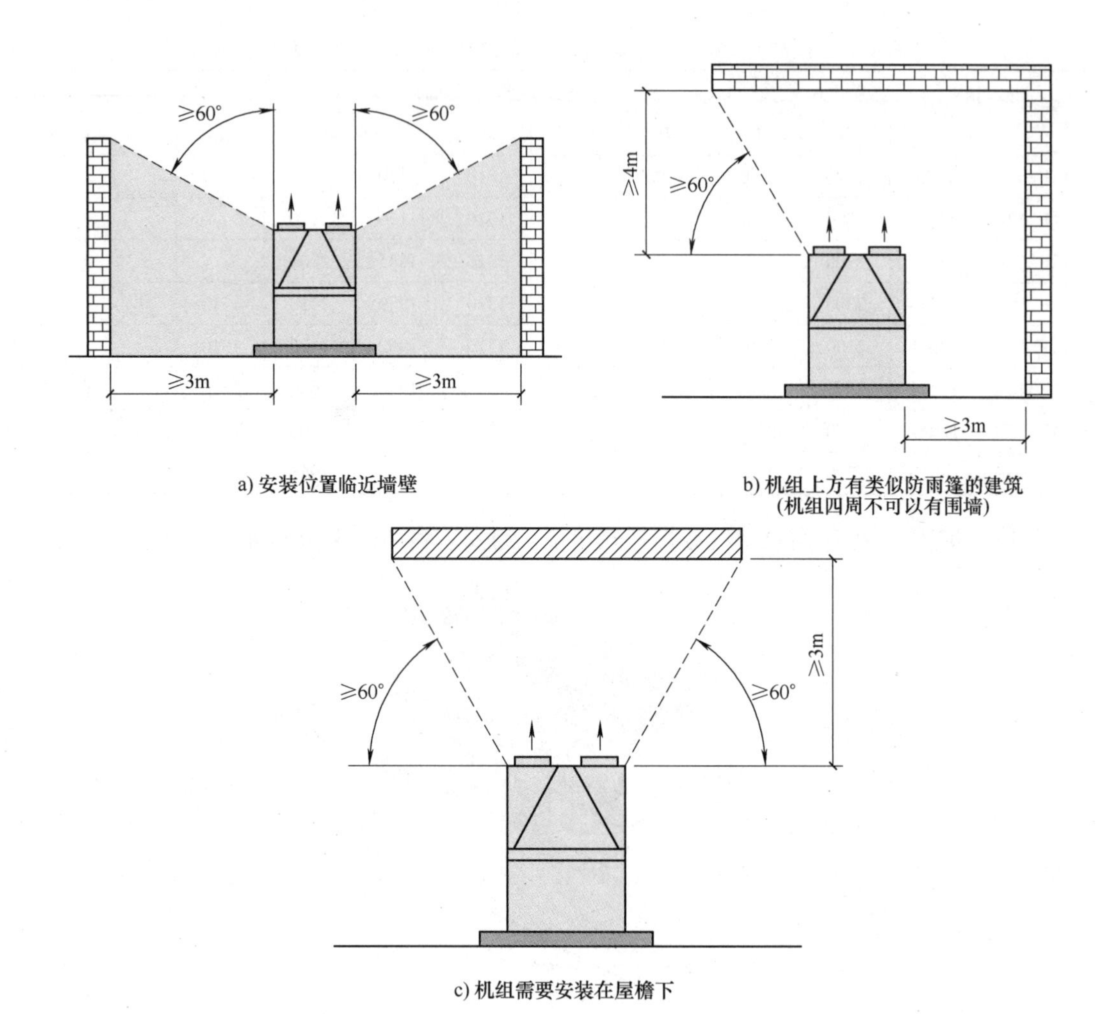

a) 安装位置临近墙壁

b) 机组上方有类似防雨篷的建筑（机组四周不可以有围墙）

c) 机组需要安装在屋檐下

图 4-11 美的 0.8MC 系列 H 高效空气源螺杆式热泵机组安装空间要求

4.4.4 锅炉

目前城市一般禁用燃煤锅炉，燃油锅炉也很少使用，主要为天然气锅炉。承压锅炉以乾丰天然气锅炉为例，其性能参数见表 4-25。

表 4-25 乾丰天然气锅炉性能参数

型号		KPDQYHLN-120		KPDQYHLN-300		KPDQYHLN-700		KPDQYHLN-1000		KPDQYHLN-2000	
参数		max	min	max	min	max	min	max	min	max	min
气体		天然气 12T 天然气 12T 的标准：高华白数（W）标准值为 50.73，燃烧势（CP）的标准值为 40.3									
额定输入热量	kW	116.0	22.0	279.4	51.7	667.4	116.6	1020.9	166.7	2042.0	333.4
额定加热功率（80/60℃）	kW	112.9	21.3	275.5	51.0	652.7	114.0	998.4	163.0	1997.0	326.0
额定加热功率（50/30℃）	kW	121.5	20.0	296.7	50.0	712.1	119.0	1087.3	179.8	2175.0	359.6

（续）

型号		KPDQYHLN-120		KPDQYHLN-300		KPDQYHLN-700		KPDQYHLN-1000		KPDQYHLN-2000	
参数		max	min	max	min	max	min	max	min	max	min
额定流量（t = 20K）	m^3/h	5.23		12.78		30.66		46.82		93.64	
锅炉压力	bar①	0.8~6									
最高工作温度	℃	90									
极限工作温度	℃	95									
效率（80/60℃、Q_{max}）	%	97.4		98.6		97.8		97.8		97.8	
效率（50/30℃、Q_{max}）	%	104.7		106.2		106.7		106.5		106.5	
烟气温度（80/60℃）	℃	69	63	67	64	67	61	67	62	67	62
烟气温度（50/30℃）	℃	39	32	38	34	38	33	37	33	37	33
CO_2排放量（80/60℃）	$\times10^{-6}$	9.3	8.9	9.7	8.8	9.4	8.9	9.3	9	9.3	9
CO_2排放量（50/30℃）	$\times10^{-6}$	9.3	9.1	9.8	8.9	9.4	8.9	9.3	9.3	9.3	9.3
NO_x	$\times10^{-6}$	15	8	37	11	28	10	29	16	29	16
天然气量	m^3/h	11.9	2.3	28.7	5.3	68.6	12	104.9	17.1	209.8	34.2
供气压力	kPa	2~3									
水容量	L	15.3		28.4		68		86		172	
水侧压降（t=20K）	mbar②	80		100		113		120		120	
炉背压力	Pa	150		160		150		150		150	
风扇转速	r/min	4500	750	5700	1250	4805	700	6200	1000	6200	1000
电源		220V/50Hz				380V/50Hz					
能耗	W	210		330		1100		2200		4400	

① 1bar=100kPa。

② 1mbar=0.1kPa。

乾丰天然气锅炉的外形如图4-12所示，具体数值见表4-26。

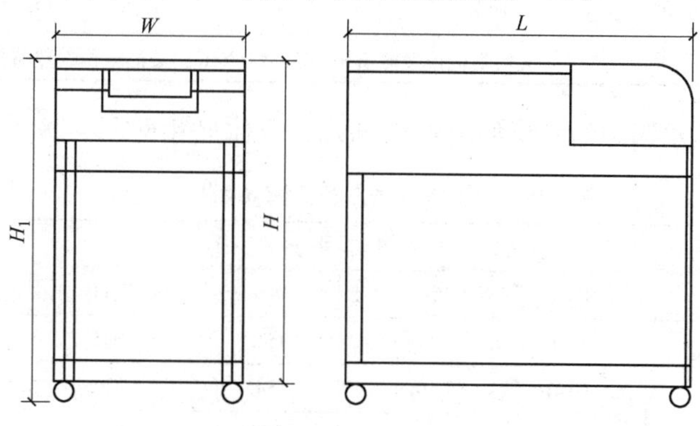

图4-12 乾丰天然气锅炉的外形

表 4-26 乾丰天然气锅炉的外形尺寸

型号	外形尺寸				质量/kg
	H/mm	W/mm	L/mm	H_1/mm	
120kW	1425	640	900	1518.5	225
300kW	1535	740	1280	1628.5	310
700kW	1535	920	1380	1628.5	556
1000kW	1535	920	1700	1628.5	716
2000kW	3070	920	1700	3163.5	1432

常压锅炉以宝力钢制常压热水锅炉为例，其部分型号的性能参数，见表 4-27。

表 4-27 宝力钢制常压热水锅炉性能参数

参数		型号							
		POEWR 250	POEWR 350	POEWR 470	POEWR 700	POEWR 1050	POEWR 1400	POEWR 1750	POEWR 2100
额定热功率	kW	250	350	470	700	1050	1400	1750	2100
	kcal/h	21×10^4	30×10^4	40×10^4	60×10^4	90×10^4	120×10^4	150×10^4	180×10^4
额定出水压力	MPa	常压							
设计热效率	%	≥93							
额定进出口水温	℃	60/85(65/90)							
烟侧压力损失	mbar	1	1.6	3.6	2.8	4.4	6	7	7.2
水侧压力损失	mbar	10	11	19	24	30	33	36	40
额定水循环量	m^3/h	8.6	12	16.2	24.1	36.1	48	60.2	72
适用燃料		油/气							
燃烧方式		微正压燃烧							
锅炉水容量	L	250	530	670	1020	1800	2150	2260	2750
锅炉质量	kg	754.1	1061.9	1104.5	2139.4	2908	3586	4050	4365
燃气电功率	kW	0.48	0.5	0.8	1.5	1.9	2.8	2.8	5.6
燃油电功率	kW	0.52	0.8	0.8	1.5	1.9	6	6	7.3
燃气耗量	Nm^3/h	26.4	37.1	49.9	74.2	111.3	148.4	185.4	222.5
燃油耗量	kg/h	22.5	31.6	42.4	63.1	94.7	126.3	157.9	189.4
备注		天然气低位发热值按 $36533kJ/Nm^3$，柴油低位发热值按 42915kJ/kg							

宝力钢制常压热水锅炉的外形如图 4-13 所示，具体尺寸见表 4-28。

表 4-28 宝力钢制常压热水锅炉的外形尺寸

型号	外形尺寸						
	A/mm	B/mm	C/mm	D/mm	E/mm	F/mm	H/mm
250	1270	850	1749	354.5	515	305	515
350	1372	1040	1929	542	405	395	600
470	1372	1040	2329	572	805	395	600

（续）

型号	外形尺寸						
	A/mm	B/mm	C/mm	D/mm	E/mm	F/mm	H/mm
700	1452	1270	2847	441	900	500	740
1050	1702	1529	3038	500	620	805	870
1400	1852	1669	3386	611	770	805	945
1750	1912	1734	3447	624	800	855	975
2100	1912	1734	3725	626	735	1220	975

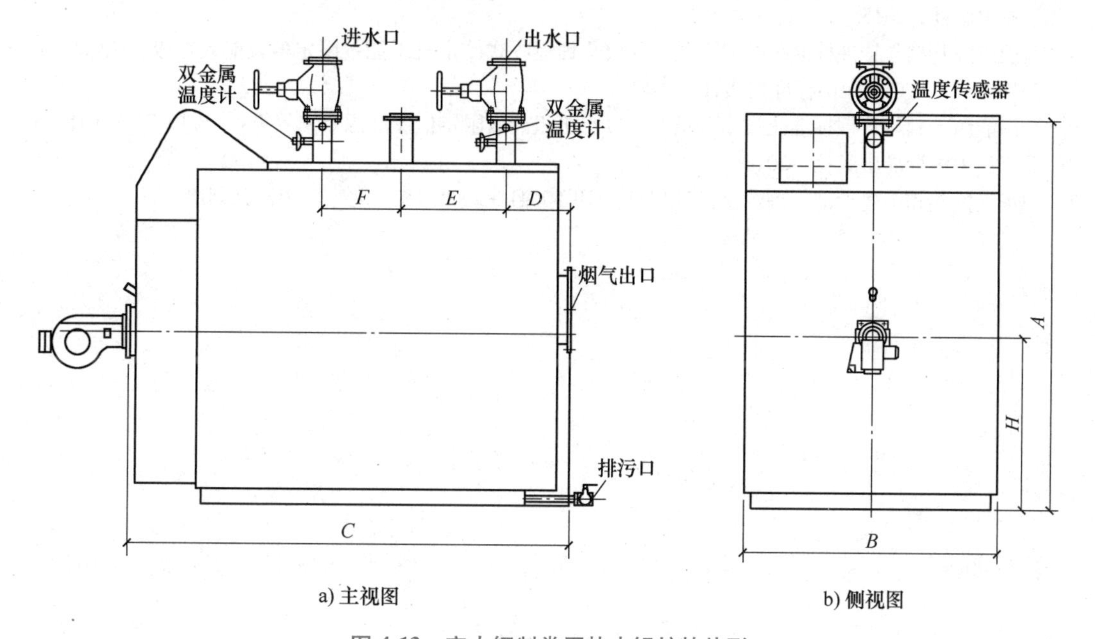

图 4-13 宝力钢制常压热水锅炉的外形

常压热水锅炉不能承压，通常需要配置换热器，将不能承压的常压热水锅炉水循环系统与承压的建筑物供暖系统或者热水系统分隔开来。系统设置方式如图 4-14 所示。经过锅炉加热的水，在水泵的作用下，进入板式换热器，然后通过分水器向末端设备供应热水；来自末端设备的低温水，回到集水器，再在水泵的作用下，经过板式换热器回到锅炉中加热。其中的补给水箱和膨胀水箱为供暖系统的定压装置。

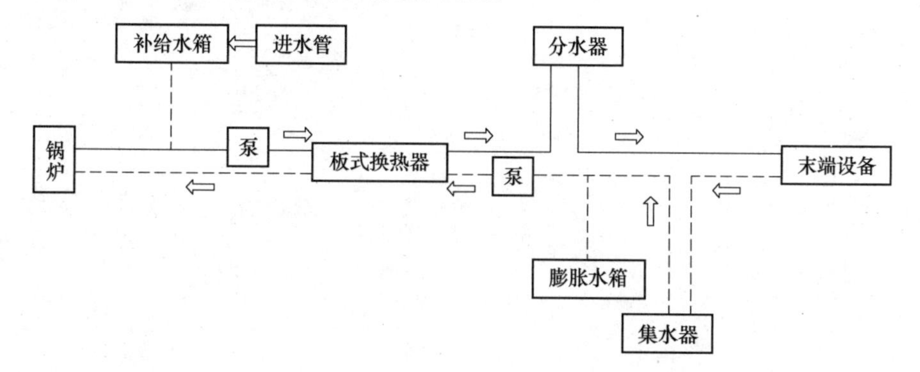

图 4-14 常压热水锅炉水循环系统与建筑物供暖系统连接示意图

参 考 文 献

[1] 中华人民共和国住房和城乡建设部. 民用建筑供暖通风与空气调节设计规范：GB 50736—2012 [S]. 北京：中国建筑工业出版社，2012.
[2] 陆耀庆. 实用供热空调设计手册 [M]. 2版. 北京：中国建筑工业出版社，2008.
[3] 马最良，姚杨. 民用建筑空调设计 [M]. 2版. 北京：化学工业出版社，2010.
[4] 中华人民共和国住房和城乡建设部. 公共建筑节能设计标准：GB 50189—2015 [S]. 北京：中国建筑工业出版社，2015.
[5] 全国能源基础与管理标准化技术委员会. 溴化锂吸收式冷水机组能效限定值及能效等级：GB 29540—2013 [S]. 北京：中国标准出版社，2013.
[6] 全国能源基础与管理标准化技术委员会. 冷水机组能效限定值及能源效率等级：GB 19577—2015 [S]. 北京：中国标准出版社，2015.
[7] 中华人民共和国建设部. 锅炉房设计规范：GB 50041—2008 [S]. 北京：中国计划出版社，2008.

第5章 空调处理设备选型与计算

5

对于空气-水系统（典型半集中式系统），一般使用的是风机盘管+独立新风系统。风机盘管机组的新风供给方案有三种：①靠渗入室外空气以补给新风；②墙洞引入新风直接进入机组；③由独立的新风系统供给室内新风。采用独立新风系统，可提高系统的调节和运行的灵活性。

对于全空气系统，根据新风、回风混合过程的不同，工程上常见的有两种形式：一种是回风与室外新风在表冷器或喷水室前混合，称一次回风系统；另一种是回风与新风在表冷器或喷水室前混合并经表冷或喷雾处理后，再次与回风混合，称二次回风系统。一次回风系统适合在室内散湿量较大、送风温差可取较大值的条件下采用，二次回风系统适合于送风温差较小、房间散湿量较小或者相对湿度要求不严格、换气次数要求较大的场合。一次回风系统的处理流程和操作管理均比二次回风系统的方便，所以在空调系统设计中使用一次回风系统较多。

5.1 风机盘管+独立新风系统

5.1.1 系统形式介绍

在风机盘管+独立新风系统中，对新风的处理有三种方案：

1）将新风处理到室内空气的焓值，不承担室内负荷（新风不送入盘管处理）。

2）将新风处理到室内空气的焓值，不承担室内负荷（新风送入盘管处理）。

3）将新风处理到低于室内空气的焓值，并低于室内空气的含湿量，承担部分室内负荷。这三种方案在空调系统设计中的布置形式如图5-1所示。设计图中的设备或部件等通常采用编号的方式进行标识，并在设备表中对不同编号的设备参数进行详细说明。图中的编号22和24表示风机盘管，编号25表示墙体，编号26表示新风出风口，编号31、32和33表示出风口，编号55为新风阀，编号66为排风口。

5.1.2 风机盘管与新风机组选型计算

可根据处理新风的三种方案，分别计算风机盘管风量、风机盘管冷负荷和新风冷负荷。

1. 新风处理到室内焓值（不进入风机盘管）

新风处理到室内焓值，不进入风机盘管而直接送进室内。这种方案有以下四个特点：

1）风机盘管承担全部室内负荷。

2）新风不进入风机盘管，噪声和风机盘管均小。

3）风机盘管处于湿工况运行，卫生条件差。

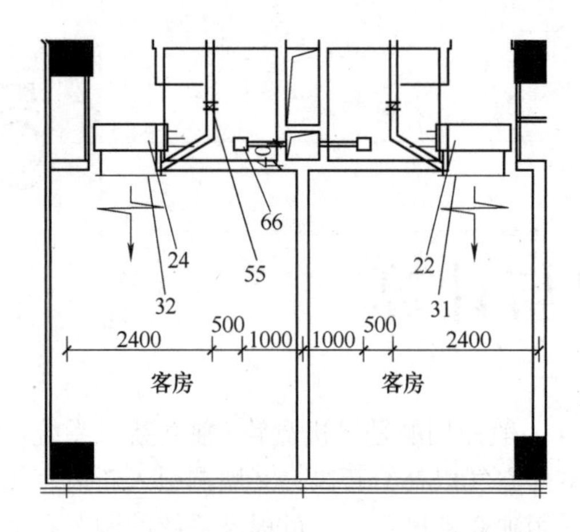

a) 新风处理到室内空气焓值，不送入风机盘管

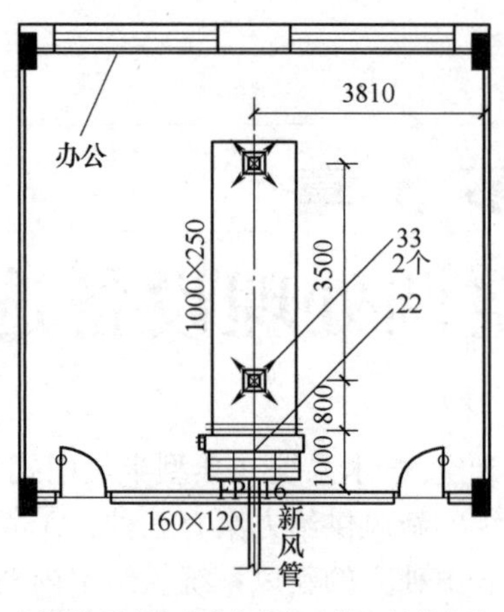

b) 新风处理到室内空气焓值，送入风机盘管

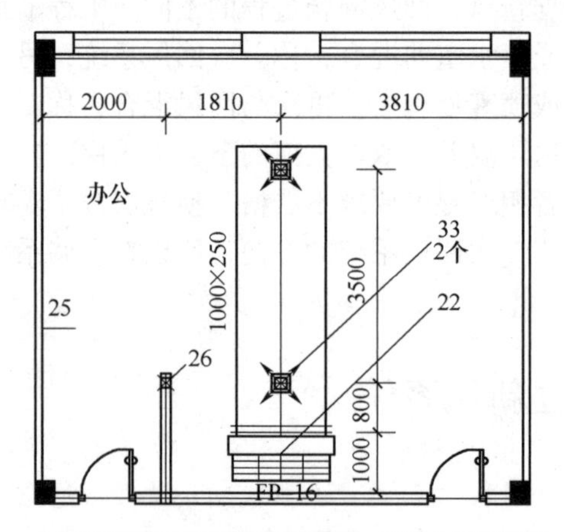

c) 新风处理到低于室内空气焓值，不送入风机盘管

图 5-1 风机盘管+独立新风系统布置形式

4）新风与风机盘管送风混合后送入房间，当风机盘管停止运行时，送入室内的新风量将大于设计值。

图 5-2 所示为该方案处理新风的过程，具体步骤说明如下：

1）新风处理到室内等焓线与 $\varphi=90\%$ 的交点 L，考虑风机温升于 K 点。

2）过室内状态点作 ε 线与 $\varphi=90\%$ 交于 O 点，O 点为送风状态点。

3）连接 KO 并延长至 M，使 $\dfrac{\overline{OM}}{\overline{KO}}=\dfrac{G_W}{G_F}$。

4）连接 NM。

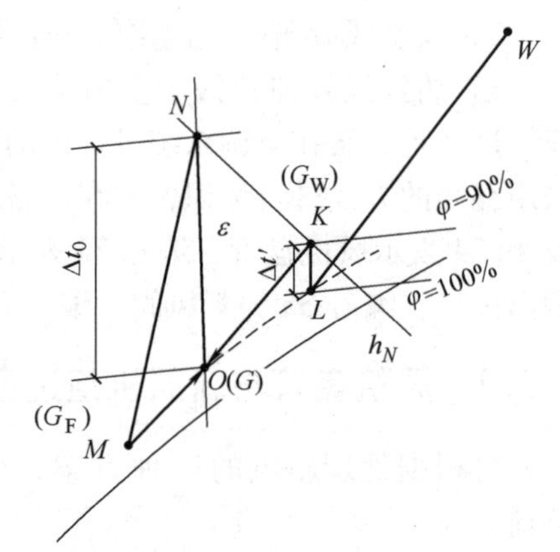

图 5-2 新风不承担室内负荷且不进入风机盘管

风机盘管风量 G_F 可按下式计算：

$$G_F = G - G_W = \frac{\sum Q}{h_N - h_O} - G_W \tag{5-1}$$

风机盘管承担冷量 Q_F 可按下式计算：

$$Q_F = G_F(h_N - h_M) \tag{5-2}$$

新风冷负荷 Q_W 可按下式计算：

$$Q_W = G_W(h_W - h_L) \tag{5-3}$$

式中　G_F——风机盘管风量（kg/s）；

G_W——新风量（kg/s）；

h——各状态点焓值［kJ/kg(干空气)］。

2. 新风处理到室内焓值（进入风机盘管）

新风处理到室内焓值，进入风机盘管混合后再送进室内。这种方案有以下四个特点：

1）新风处理到室内焓值不承担室内负荷。

2）新风进入风机盘管，噪声和风机盘管均大。

3）风机盘管处于湿工况运行，卫生条件差。

4）新风与风机盘管回风混合后送入房间，当风机盘管停止运行时，新风量有所减少。

图5-3所示为该方案处理新风的过程，具体步骤说明如下：

1）新风处理到室内等焓线与 $\varphi=90\%$ 的交点 L。

2）连接 LN，使 C 点具备以下关系式：$\frac{\overline{NC}}{\overline{CL}}=\frac{G_W}{G_h}$。

3）过室内状态点作 ε 线与 $\varphi=90\%$ 交于 O 点。

4）连接 CO。

风机盘管风量 G_F 可按下式计算：

$$G_F = G = \frac{\sum Q}{h_N - h_O} \tag{5-4}$$

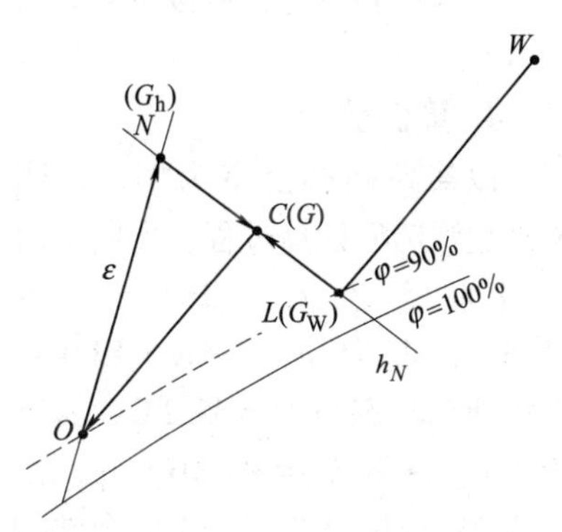

图5-3　新风不承担室内负荷且进入风机盘管

风机盘管承担冷量 Q_F 可按下式计算：

$$Q_F = G_F(h_C - h_O) \tag{5-5}$$

新风冷负荷 Q_W 可按下式计算：

$$Q_W = G_W(h_W - h_L) \tag{5-6}$$

3. 新风处理后的焓值低于室内焓值（不进入风机盘管）

新风处理到低于室内焓值，不进入风机盘管而直接送进室内。这种方案有以下三个特点：

1）新风处理到低于室内焓值，承担部分室内显冷负荷和全部湿负荷。

2）风机盘管处于干工况运行，承担部分室内显冷负荷，卫生条件较好。

3）新风不与风机盘管送风混合，当风机盘管停止运行时，送入室内的新风量不变。

图5-4所示为该方案处理新风的过程，具体步骤说明如下：

1）确定室内外状态点 N、W，过 N 点作 ε 线，根据

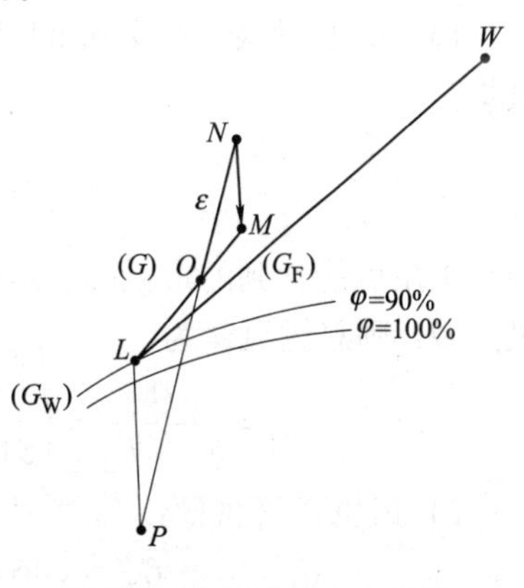

图5-4　新风承担室内负荷

送风温差确定送风状态点 O。

2）作 NO 的延长线至 P 点，并满足：$\frac{\overline{NO}}{\overline{OP}}=\frac{G_W}{G_F}$。

3）由 d_P 线与机器露点相交于 L 点。

4）连接 LO 并延长与 d_N 交至 M 点。

5）连接 WL。

房间总风量 G 可按下式计算：

$$G=\frac{\sum Q}{h_N-h_O} \tag{5-7}$$

风机盘管风量 G_F 可按下式计算：

$$G_F=G-G_W \tag{5-8}$$

风机盘管承担冷量 Q_F 可按下式计算：

$$Q_F=G_F(h_N-h_M) \tag{5-9}$$

新风冷负荷 Q_W 可按下式计算：

$$Q_W=G_W(h_W-h_L) \tag{5-10}$$

4. 算例分析

以某高档办公室为例，说明风机盘管选型计算过程，根据室内设计状态点 $t_N=25℃$，$\varphi_N=51.5\%$，查得 $h_N=51.55\text{kJ/kg}$；室外计算状态点 $t_W=35.2℃$，$\varphi_W=59.3\%$，查得 $h_W=90.31\text{kJ/kg}$；由建筑负荷模拟计算得，房间余热 $Q=2.98\text{kW}$，余湿 $W=0.36\text{g/s}$，新风量 $G_W=81.25\text{m}^3/\text{h}=0.026\text{kg/s}$。其系统的焓湿图如图5-5所示。

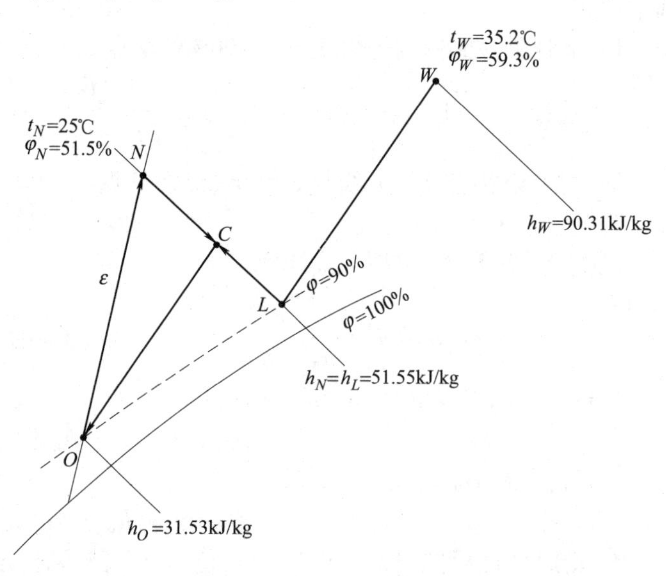

图5-5 新风不承担室内负荷且进入风机盘管

由以上数据可进行风机盘管与新风机组的选型计算，计算过程如下：

1）室内热湿比及房间送风量：

$$\varepsilon=\frac{Q}{W}=\left(\frac{2980}{0.36}\right)\text{kJ/kg}=8278\text{kJ/kg}$$

采用可能达到的最低参数送风，过 N 点作 ε 按最大送风温差与 $\varphi=90\%$线相交，即得送风点 O，则总送风量为

$$G=\frac{Q}{h_N-h_O}=\left(\frac{2.98}{51.55-31.53}\right)\text{kg/s}=0.15\text{kg/s}=465.97\text{m}^3/\text{h}$$

2）风机盘管风量：

$$G_F=G-G_W=(465.97-81.25)\text{m}^3/\text{h}=384.72\text{m}^3/\text{h}=0.124\text{kg/s}$$

3）风机盘管机组出口空气的焓 h_M：

$$h_M = (Gh_O - G_W h_L)/G_F = \left(\frac{0.15 \times 31.53 - 0.026 \times 51.55}{0.124}\right) \text{kJ/kg} = 27.33 \text{kJ/kg}$$

连接 L、O 两点并延长与 h_M 相交得 M 点，查出 $t_M = 9.6℃$。

4）风机盘管显冷量：

$$Q_s = G_F c_p (t_N - t_M) = [0.124 \times 1.01 \times (25 - 9.6)] \text{kW} = 1.93 \text{kW}$$

5）风机盘管全冷量：

$$Q_t = G_F (h_N - h_M) = [0.124 \times (51.55 - 27.33)] \text{kW} = 3.00 \text{kW}$$

6）新风冷负荷：

$$Q_W = G_W (h_W - h_L) = [0.026 \times (90.31 - 51.55)] \text{kW} = 1.01 \text{kW}$$

5.1.3 设备选型

风机盘管+独立新风系统的设备选型包括风机盘管的选型与新风机组的选型。

1. 风机盘管选型

风机盘管是空气-水系统的末端空气处理及出风设备，图 5-6~图 5-8 分别给出了风机盘管命名方式、实物图以及结构图。不同型号的风机盘管不仅在性能参数上存在不同，而且在功能及安装形式上也存在差异。

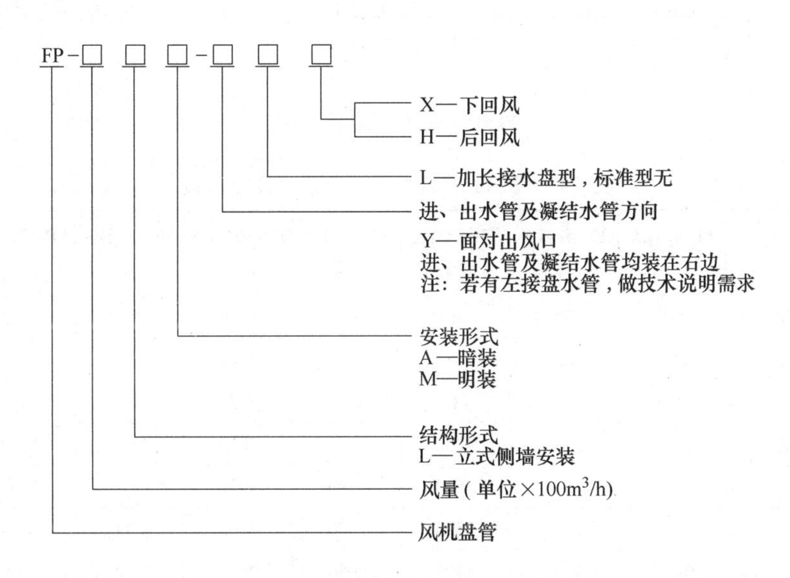

图 5-6 风机盘管的命名方式

根据上一节计算出来的风机盘管风量和冷量来选择风机盘管型号和数量。选型时需要同时考虑满足中档制冷量和送风量，当不能同时满足时，优先考虑满足制冷量。在选择时应注意实际运行工况与样本给定工况的差异，并应进行相应的修正。海尔立式暗装风机盘管的性能参数见表 5-1。

图 5-7 风机盘管实物图

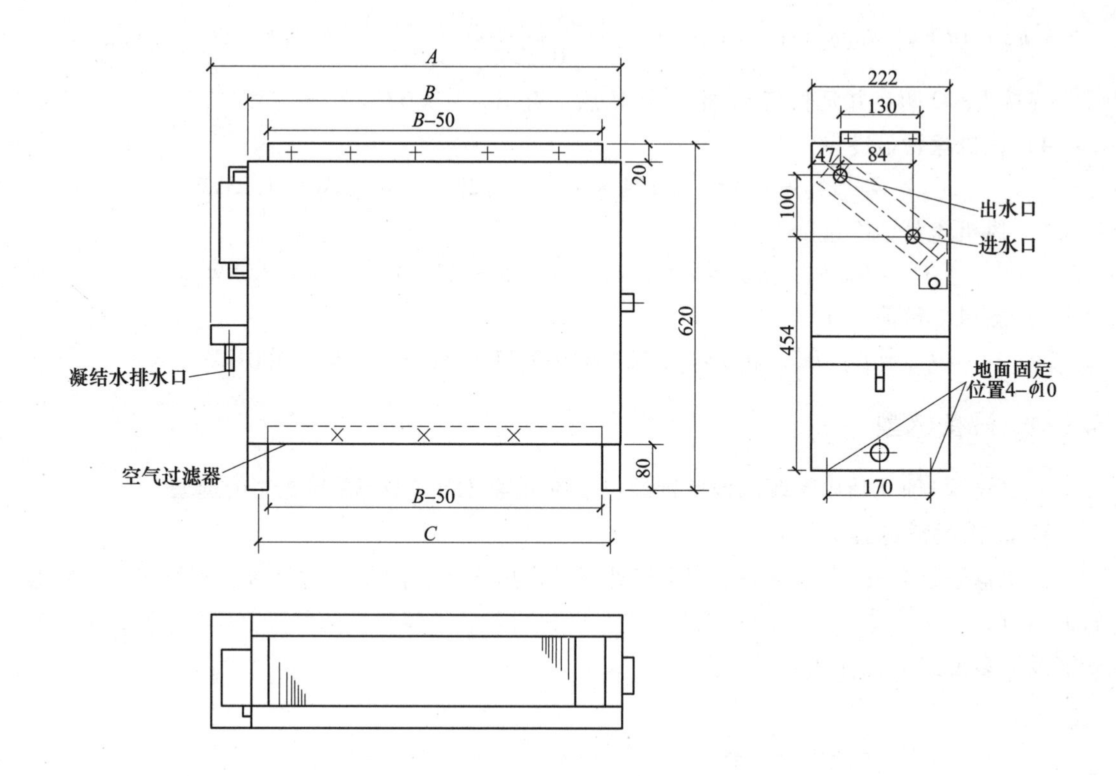

图 5-8 风机盘管结构图

表 5-1 海尔立式暗装风机盘管的性能参数

型号		FP-3. 4LA（定制）	FP-5. 1LA（定制）	FP-6. 8LA（定制）	FP-8. 5LA（定制）	FP-10. 2LA（定制）	FP-13. 6LA（定制）	FP-17. 0LA（定制）	FP-20. 4LA（定制）
额定风量/(m^3/h)	高速	340	510	680	850	1020	1360	1700	2040
	中速	280	420	540	680	830	1100	1370	1630
	低速	210	310	410	510	620	830	1030	1220
制冷量/W	高速	2120	2850	4200	4750	5800	7800	9100	11200
	中速	1870	2540	3570	4180	4930	6710	8100	10080
	低速	1290	1880	2500	2970	3400	4700	5830	7660
制热量/W	高速	3600	4900	7100	8080	9860	13200	15500	19040
	中速	3180	4480	6000	7100	8380	11200	13800	17140
	低速	2200	3200	4250	5050	5780	8000	9920	13050
电源		220V/1~50Hz							
电机形式		永久式电容电机							
高速输入功率/W	低静压	29	44	54	75	86	105	140	170
	高静压（30Pa）	41	54	64	82	97	138	162	195
	高静压（50Pa）	46	61	75	90	106	152	175	230

（续）

型号		FP-3.4LA（定制）	FP-5.1LA（定制）	FP-6.8LA（定制）	FP-8.5LA（定制）	FP-10.2LA（定制）	FP-13.6LA（定制）	FP-17.0LA（定制）	FP-20.4LA（定制）
高速噪声/dB(A)，≤	低静压	35	37	40	42	45	45	47	48
	高静压（30Pa）	39	42	42	45	46	47	48	50
	高静压（50Pa）	42	43	45	47	49	50	51	52
换热器		纯铜发卡式大弯管、百叶窗铝翅片、双翻边集束机械胀管							
工作压力/MPa		1.6							
水量/(L/min)		6.1	8.3	12.1	13.7	16.7	22.5	26.2	32.2
水压损失/kPa		12.7	22.3	26.5	18.6	25.6	26.7	32.3	28.2
进出水接管规格		Rc3/4	Rc3/4	Rc3/4	Rc3/4	Rc3/4	Rc3/4	Rc3/4	Rc3/4
冷凝水接管规格		R3/4	R3/4	R3/4	R3/4	R3/4	R3/4	R3/4	R3/4
净重/kg		21	24	26	27	31	38	47	51

注：1. 盘管冷量测试工况为：干球温度27℃，湿球温度19.5℃，进口水温7℃。
2. 盘管供热测试工况为：干球温度21℃，进口水温60℃，供水量同供冷测试工况。
3. 表中低静压指出口静压为0Pa（带风口和滤网）和12Pa（不带风口和滤网）；30Pa和50Pa为不带风口和滤网。

在5.1.2节的算例中，计算得到的风机盘管风量为384.72m³/h，风机盘管全冷量为3.00kW，为了同时满足风机盘管的中档制冷量和送风量，故选择型号为FP-6.8LA的风机盘管。

2. 新风机组选型

新风机组是供应新风并对新风进行热湿处理的机组，图5-9所示为海尔新风机组实物图。

图5-9　海尔新风机组实物图

在依据风量、制冷量和制热量选择新风机组时，需要注意机组性能参数中的进风工况，新风机组对应空气处理机组的全新风工况，在全新风工况下关闭机组的回风阀门。表5-2所示为吊顶式空气处理机组参数，图5-10所示为吊顶式空气处理机组安装图。

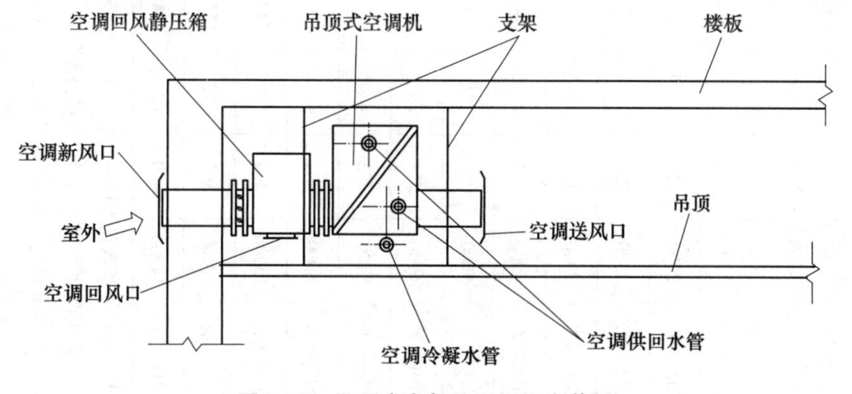

图5-10　吊顶式空气处理机组安装图

表 5-2 吊顶式空气处理机组参数

型号	额定风量/(m^3/h)	机外余压/Pa	额定制冷量/kW		额定制热量/kW		风机功率/kW	水流量/(L/s)		水阻/kPa		接口管径		机组质量/kg	尺寸			形式
			空调工况	全新风工况	空调工况	全新风工况		空调工况	全新风工况	空调工况	全新风工况	供回水管	冷凝水管		长/mm	宽/mm	高/mm	
G-1. 5DF4/Z	1500	110	8. 4	19. 5	13. 4	19. 8	0. 18	0. 45	1. 03	11. 8	56	DN32	DN25	77	1000	910	540	吊顶
G-2DF4/Z	2000	110	11. 7	26. 9	18. 4	26. 8	0. 32	0. 62	1. 43	19. 2	88. 4	DN32	DN25	81	1000	1010	590	吊顶
G-2. 5DF4/Z	2500	130	14. 4	29. 7	22. 7	31. 7	0. 45	0. 76	1. 58	30	15. 9	DN32	DN25	91	1000	1080	590	吊顶
G-3DF4/Z	3000	218	17. 7	36. 8	27. 4	39. 6	0. 55	0. 94	1. 95	49	26. 5	DN32	DN25	126	1200	1210	590	吊顶
G-4DF4/Z	4000	261	21. 6	50. 4	35	52	1. 1	1. 15	2. 67	9	42. 8	DN40	DN25	135	1200	1360	645	吊顶
G-5DF4/Z	5000	227	28	64. 2	44. 6	65. 3	1. 5	1. 48	3. 4	17	77	DN40	DN25	173	1200	1570	645	吊顶
G-6DF4/Z	6000	251	34. 1	77. 9	53. 7	78. 8	1. 5	1. 81	4. 13	21	96. 1	DN40	DN25	193	1200	1670	695	吊顶
G-7DF4/Z	7000	282	40. 6	88	63. 2	90. 7	1. 5	2. 15	4. 66	33	42. 9	DN50	DN25	217	1200	1870	695	吊顶
G-8DF4/Z	8000	301	46. 6	100. 8	72. 5	103. 7	2. 2	2. 47	5. 33	37	47. 4	DN50	DN25	234	1200	1920	745	吊顶
G-10DF4/Z	10000	364	59. 3	128. 1	91. 5	130. 5	3	3. 14	6. 78	54. 6	69. 8	DN50	DN25	285	1250	2140	795	吊顶
G-12DF4/Z	12000	392	72	155. 3	110. 5	157. 2	4	3. 82	8. 22	72. 8	92. 6	DN50	DN25	323	1250	2320	845	吊顶
G-14DF4/Z	14000	400	85. 4	184. 2	130. 4	185. 1	4	4. 53	9. 75	79. 4	101	DN65	DN25	342	1300	2410	950	吊顶

注：1. 以上参数均为标准机型参数，以上余压为机组额定余压。

2. 标准回风供冷工况：进水温度 7℃，温差 5℃；进风干球温度 27℃，湿球温度 19. 5℃。

3. 标准回风供热工况：进水温度 60℃，进风干球温度 21℃，水流量与供冷水流量相同。

4. 标准新风供冷工况：进水温度 7℃，温差 5℃；进风干球温度 35℃，湿球温度 28℃。

5. 标准新风供热工况：进水温度 60℃，进风干球温度 7℃，水流量与供冷水流量相同。

6. 型号后缀带“Z”为直联风机，未标注为传动带传动。

7. 电源形式为 3 相–380V-50Hz。

以某建筑一区域为例，说明风机盘管选型计算过程，该区域的新风量为1724m³/h，冷负荷为21.3kW，将新风量和冷负荷乘以安全系数1.1，得到修正后的新风量为1896.4m³/h，冷负荷为23.43kW，根据修正后的新风量和冷负荷所选择的新风机组型号及其参数见表5-3。

表5-3　新风机组

新风机组型号	风量/(m³/h)	供冷量/kW
G-2DF4/Z	2000	26.9

5.2　一次回风系统

一次回风系统的处理流程较为简单，操作管理方便，故对允许直接用机器露点送风的场合都适用。下面介绍一次回风系统夏季工况和冬季工况的处理过程与计算。

5.2.1　一次回风系统的处理过程与计算

1. 一次回风系统的夏季设计计算

(1) 处理过程　图5-11中的O点即为送风状态点，为了获得O点，将室内外混合状态C的空气经表冷器或喷水室冷却减湿处理到L点（L点称为机器露点，它一般位于$\varphi=90\%\sim95\%$线上），再从L点加热到O点，然后送入房间，吸收房间的余热余湿后变为室内状态N，一部分室内排风直接排到室外，另一部分再回到空调室和新风混合。因此整个处理过程可以写为

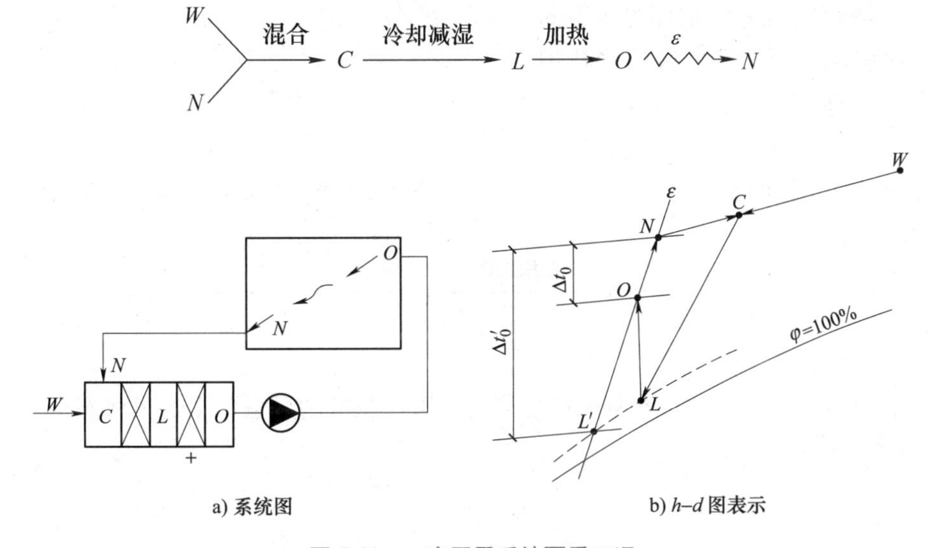

a) 系统图　　b) h–d图表示

图5-11　一次回风系统夏季工况

对于送风温差无严格限制的空调系统，若采用最大送风温差送风，即用机械露点送风（图5-11b中的L'点），则不需要消耗再热量，因而制冷负荷也可降低。

(2) 系统冷负荷计算　室内冷负荷Q_1可按下式计算：

$$Q_1 = G(h_N - h_O) \tag{5-11}$$

新风冷负荷 Q_2 可按下式计算：

$$Q_2 = G_W(h_W - h_N) \tag{5-12}$$

再热冷负荷 Q_3 可按下式计算：

$$Q_3 = G(h_O - h_L) \tag{5-13}$$

系统需要的冷量 Q_0 可按下式计算：

$$Q_0 = Q_1 + Q_2 + Q_3 = G(h_N - h_O) + G_W(h_W - h_N) + G(h_O - h_L) \tag{5-14}$$

新风比可按下式计算：

$$\frac{G_W}{G} = \frac{h_C - h_N}{h_W - h_N} \tag{5-15}$$

由式（5-14）和式（5-15）可得：

$$Q_0 = G(h_N - h_O) + G_W(h_W - h_N) + G(h_O - h_L) = G(h_C - h_L) \tag{5-16}$$

式中 G——房间总风量（kg/s）；

G_W——新风量（kg/s）；

h——各状态点焓值［kJ/kg（干空气）］。

2. 一次回风系统的冬季设计计算

（1）处理过程 图 5-12 所示为一次回风系统冬季工况 h-d 图。

冬季工况下的送风点为热湿比线与 d_O 线的交点 O'，此时的送风温差与夏季不同。若冬夏的室内余湿量 W 不变，则 d_O 线与 $\varphi = 90\%$ 线的交点 L 将与夏季相同，h_L 线与 NW' 线的交点 C' 即为冬季的混合点，再将混合后的空气采用绝热加湿或者喷蒸汽的方法处理到 L 点或 E 点，再从 L 点或 E 点加热到 O' 点，然后送入房间。整个处理过程的流程为

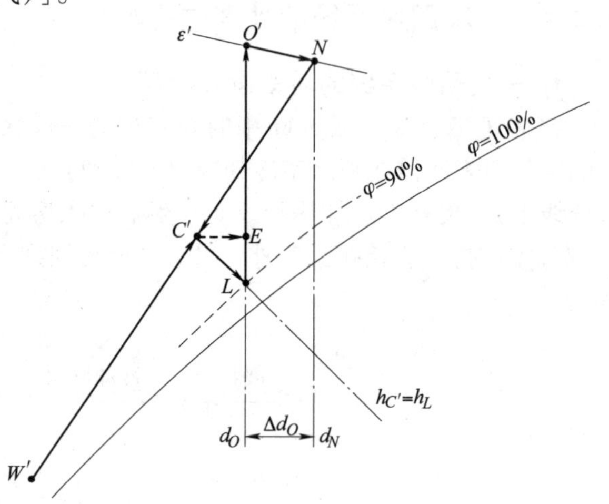

图 5-12 一次回风系统冬季工况 h-d 图

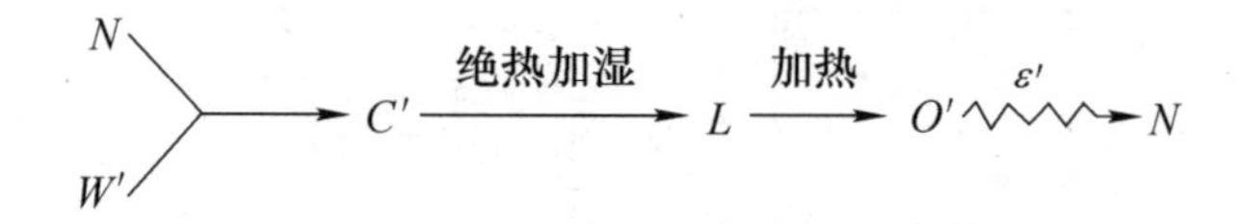

（2）计算过程 一般工程中冬季往往与夏季采用相等的风量，则送风状态点 O 的含湿量 d_O 可按下式计算：

$$d_O = d_N - \frac{W \times 1000}{G} \tag{5-17}$$

加热量 Q 可按下式计算：

$$Q = G(h_{O'} - h_L) \tag{5-18}$$

加湿量 W 可按下式计算：

$$W = G(d_L - d_{C'}) \tag{5-19}$$

式中 G——房间总风量（kg/s）；

d——各状态点的含湿量［g/kg（干空气）］；

h——各状态点焓值［kJ/kg(干空气)］。

5.2.2　空气处理机组选型

1. 机组形式

组合式空气处理机组主要有三种形式：吊式、卧式和立式。以组合式空气处理机组为例进行介绍。图5-13、图5-14分别为卧式空气处理机组的实物图与结构示意图。卧式机组一由混合初效过滤器、表冷段和风机段组成；卧式机组二由混合初效过滤器、袋式过滤器、表冷段、加热段和风机段组成；卧式机组三由回风段、新排风段、初效过滤器、表冷段、中间段、加热段、加湿段、风机段、均流段、袋式过滤器和出风段组成。

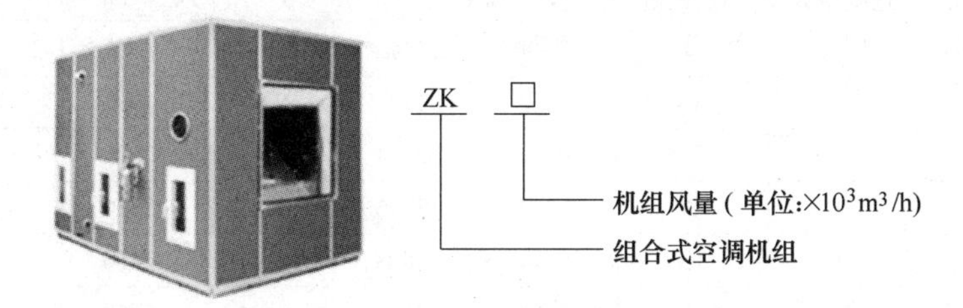

图5-13　组合式空气处理机组实物图

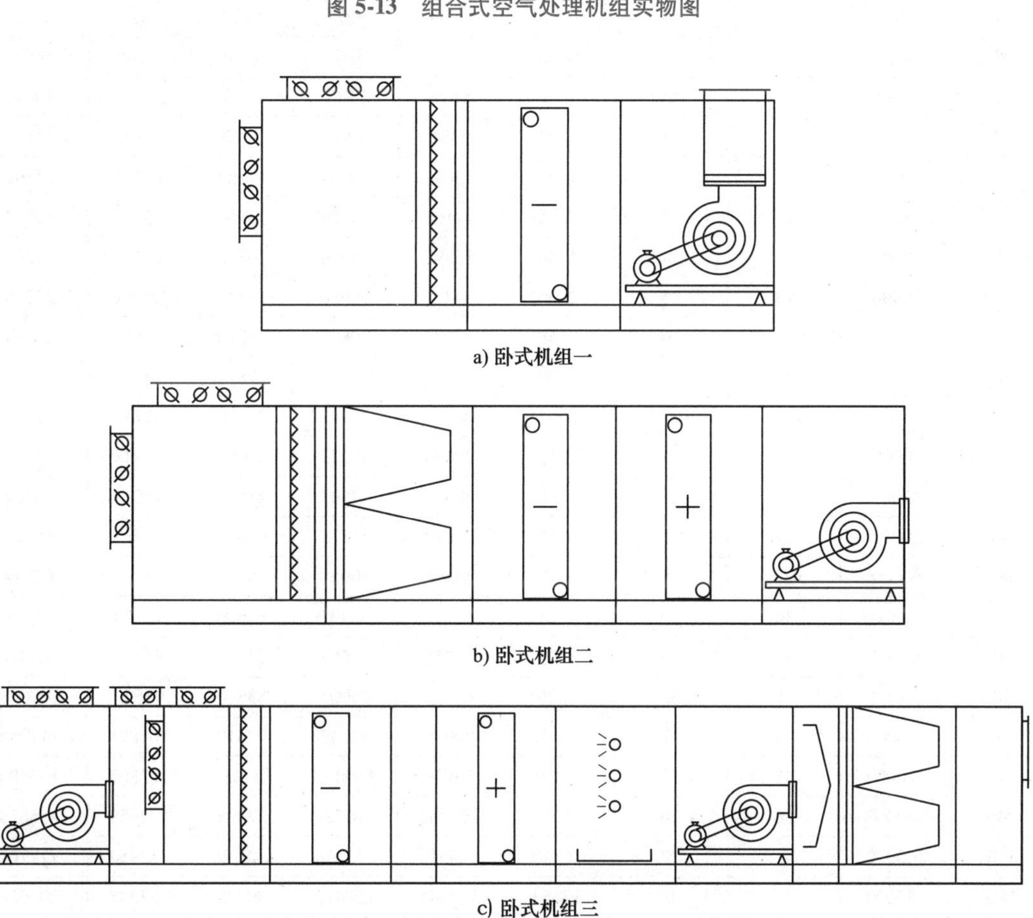

图5-14　不同形式空气处理机组结构示意图

在组合式空气处理机组中可以配置能量回收器，可回收显热和全热，其回收效率可以达到70%~80%，所占箱体长度小，可用水和空气清洗。图5-15所示为能量回收段的结构示意图。

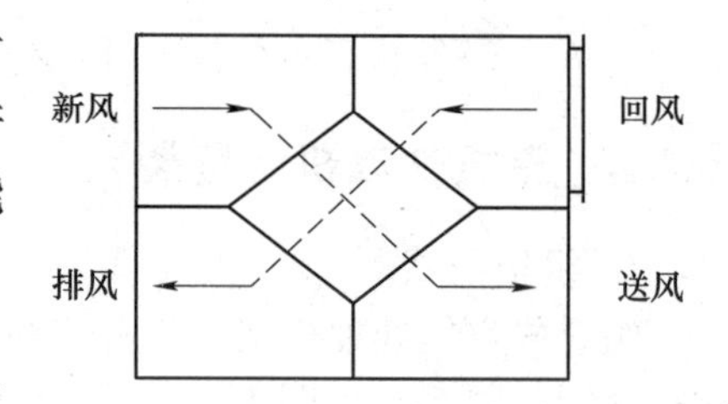

图5-15 能量回收段的结构示意图

2. 机组选型

表5-4、表5-5为常用的海尔组合式空气处理机组的参数表。

表5-4 常用机组快速选型速查表

型号	额定风量/(m^3/h)	宽度模数(M)	高度模数(M)	盘管迎风面积/m^2	风量/(m^3/h)				
					2.00m/s	2.25m/s	2.50m/s	2.75m/s	3.00m/s
02	2000	9	6	0.22	1584	1782	1980	2178	2376
03	3000	9	7	0.32	2304	2592	2880	3168	3456
04	4000	9	8	0.43	3096	3483	3870	4257	4644
05	5000	9	10	0.54	3888	4374	4860	5346	5832
06	6000	12	9	0.64	4608	5184	5760	6336	6912
07	7000	12	10	0.75	5400	6075	6750	7425	8100
08	8000	12	11	0.86	6192	6966	7740	8514	9288
09	9000	12	12	0.93	6696	7533	8370	9207	10044
10	10000	12	13	1.03	7416	8343	9270	10197	11124
12	12000	15	12	1.24	8928	10044	11160	12276	13392
15	15000	15	14	1.55	11160	12555	13950	15345	16740
18	18000	18	14	1.86	13392	15066	16740	18414	20088
20	20000	18	15	2.06	14832	16686	18540	20394	22248
25	25000	21	16	2.58	18576	20898	23220	25542	27864
30	30000	21	19	3.09	22248	25029	27810	30591	33372
35	35000	21	22	3.61	25992	29241	32490	35739	38988
40	40000	24	22	4.12	29664	33372	37080	40788	44496
45	45000	27	22	4.63	33336	37503	41670	45837	50004
50	50000	27	24	5.15	37080	41715	46350	50985	55620
60	60000	27	28	6.18	44496	50058	55620	61182	66744
70	70000	30	29	7.21	51912	58401	64890	71379	77868
80	80000	33	30	8.23	59256	66663	74070	81477	88884
90	90000	36	32	9.26	66672	75006	83340	91674	100008
100	100000	39	32	10.29	74088	83349	92610	101871	111132
120	120000	45	33	12.35	88920	100035	111150	122265	133380
140	140000	48	36	14.41	103752	116721	129690	142659	155628
160	160000	51	39	16.46	118512	133326	148140	162954	177768
180	180000	51	43	18.52	133344	150012	166680	183348	200016
200	200000	51	47	20.58	148176	166698	185220	203742	222264

注：1. 由于机型众多，上表仅列出部分常用机型的快速选型。

2. M为设计模块数，1M=100mm。

表 5-5　回风制冷工况下的性能参数

型号	额定风量/(m³/h)	4排			6排			8排		
		制冷量/kW	水流量/(m³/h)	水阻力/kPa	制冷量/kW	水流量/(m³/h)	水阻力/kPa	制冷量/kW	水流量/(m³/h)	水阻力/kPa
02	2000	10.77	1.9	16.08	15.32	2.7	32.50	16.76	2.9	2.66
03	3000	16.60	2.9	16.94	21.39	3.7	6.34	25.99	4.5	3.65
04	4000	22.12	3.9	18.46	28.31	4.9	7.59	34.27	5.9	4.22
05	5000	26.94	4.7	20.97	34.40	6.0	9.20	42.12	7.2	5.13
06	6000	32.59	5.7	9.18	44.78	7.8	20.73	53.64	9.2	10.28
07	7000	38.02	6.6	10.01	51.92	9.0	19.03	61.93	10.7	10.62
08	8000	44.02	7.6	11.33	58.95	10.2	20.26	70.78	12.2	11.31
09	9000	48.58	8.4	15.36	65.44	11.3	28.59	71.49	12.3	4.27
10	10000	54.47	9.4	22.17	66.80	11.5	12.46	82.33	14.2	6.68
12	12000	65.07	11.2	24.14	82.55	14.2	15.60	100.51	17.3	5.66
15	15000	80.93	14.0	29.64	100.95	17.4	13.83	124.22	21.4	7.37
18	18000	97.24	16.8	38.51	125.59	21.7	21.48	152.46	26.2	11.29
20	20000	108.83	18.8	39.37	138.56	23.9	23.42	169.42	29.1	12.27
25	25000	135.16	23.3	18.28	178.11	30.7	25.48	215.31	37.0	13.81
30	30000	162.65	28.0	24.14	215.17	37.1	31.43	258.35	44.4	16.53
35	35000	189.65	32.7	13.09	252.78	43.5	28.14	276.32	47.5	5.84
40	40000	216.02	37.2	18.49	296.64	51.1	40.03	327.38	56.3	8.08
45	45000	243.62	42.0	28.47	335.88	57.8	47.41	370.45	63.7	7.35
50	50000	270.35	46.6	29.93	370.79	63.8	49.29	409.22	70.4	7.65
60	60000	324.83	55.9	35.19	447.84	77.1	53.11	493.93	85.0	9.47
70	70000	378.38	65.1	34.92	505.51	87.0	38.12	589.59	101.4	24.38
80	80000	433.31	74.6	46.48	577.72	99.4	81.34	673.82	115.9	31.31
90	90000	485.33	83.5	14.94	627.92	108.1	30.32	762.32	131.1	10.91
100	100000	540.64	93.0	18.52	707.50	121.7	33.91	856.46	147.3	13.34
120	120000	647.18	111.4	29.46	878.26	151.1	38.54	1055.93	181.6	20.45
140	140000	756.23	130.1	22.56	1017.86	175.1	47.38	1218.80	209.6	20.52
160	160000	862.78	148.4	29.49	1186.51	204.1	45.83	1415.37	243.4	25.08
180	180000	970.46	167.0	33.79	1334.81	229.6	48.78	1592.30	273.9	26.35
200	200000	1079.72	185.8	25.22	1473.45	253.5	53.05	1759.88	302.7	38.27

注：1. 标准回风制冷工况：进风干球温度27℃，湿球温度19.5℃。

2. 冷冻水进水温度7℃，进出水温差5℃。

3. 盘管的回路排布和片距不同会导致制冷量不同。

图5-16和图5-17分别为空调机房内设置一台立式空气处理机组和一台卧式空气处理机组的安装布置图，表5-6和表5-7又分别给定了这两种布置方式中空气处理机组的定位尺寸。

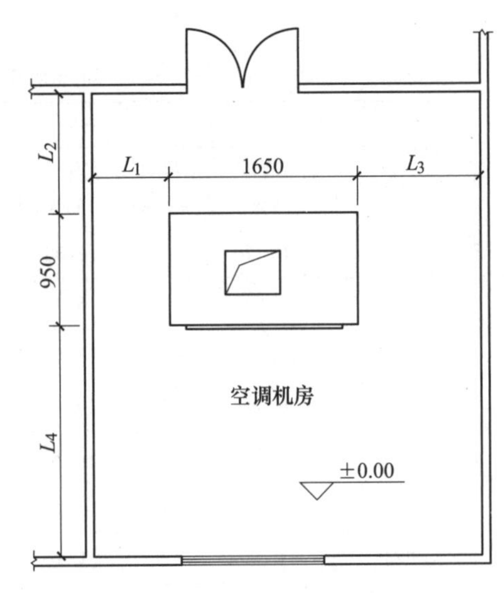

图5-16　机房内设一台立式空气处理机组的安装布置图

以某建筑的大厅为例，说明空气处理机组选型计算过程。该大厅室内冷负荷为16.094kW，湿负荷为8.556kg/h，室内设计状态点参数 t_N = 27℃，φ_N = 65%，查得 h_N = 64.87kJ/kg，室外计算状态点干球温度 t_W = 35℃，湿球温度 $t_{W,S}$ = 28.3℃，查得 h_W = 91.6kJ/kg，新风量 G_W = 2359m^3/h。其一次回风夏季处理过程的焓湿图如图5-18所示。

表5-6　立式空气处理机组的定位尺寸

尺寸代号	L_1	L_2	L_3	L_4
长度/mm	≥600	≥1200	≥1400	≥1800

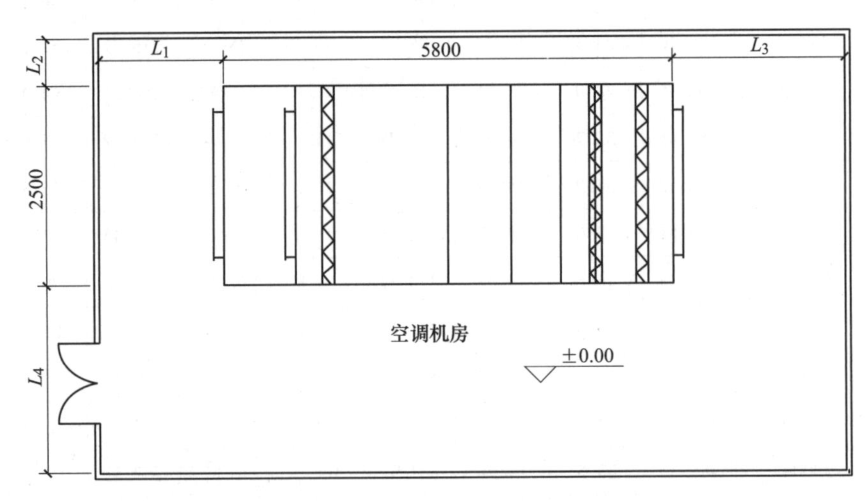

图5-17　机房内设一台卧式空气处理机组的安装布置图

表5-7　卧式空气处理机的定位尺寸

尺寸代号	L_1	L_2	L_3	L_4
长度/mm	≥1550	≥600	≥2450	≥2500

由以上数据可进行空气处理机组的选型计算，计算过程如下：

1）热湿比 ε = (16.094×3600/8.556) kJ/kg = 6772kJ/kg。

2）在 h-d 图上，根据 t_N = 27℃，φ_N = 65%，由此确定 N 点，h_N = 64.87kJ/kg，过 N 点作 ε 线与 φ = 90%线相交，即得露点送风点 O，t_O = 19.5℃，h_O = 52.5kJ/kg，则总送风量为 G =

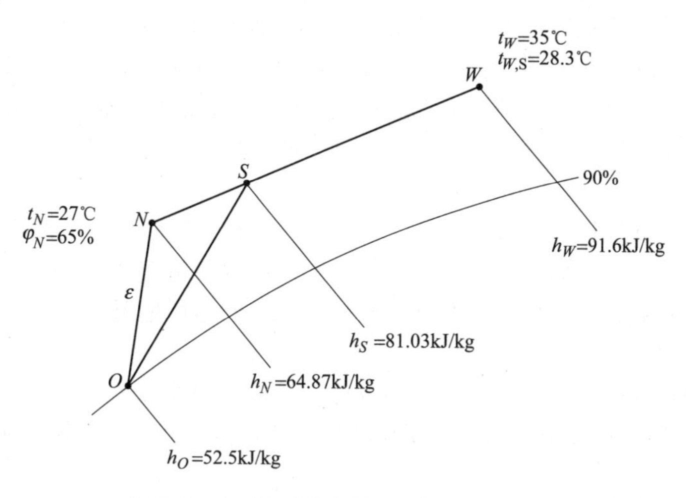

图 5-18 一次回风夏季处理过程（*h-d* 图）

$Q_C/(h_N - h_O) = [16.094/(64.87 - 52.5)]\text{kg/s} = 1.3\text{kg/s} = 3903\text{m}^3/\text{h}$。

3）新风量 $G_W = 2359\text{m}^3/\text{h}$。

4）确定混合状态点 S：$\overline{NS}/\overline{NW} = G_W/G = 2359/3903 = (h_N - h_S)/(h_N - h_W)$，得 h_S = 81.03kJ/kg。

5）确定回风量：$G_F = (3903 - 2359)\text{m}^3/\text{h} = 1544\text{m}^3/\text{h}$。

6）确定冷量：$Q_0 = G(h_S - h_O) = [1.3 \times (81.03 - 52.5)]\ \text{kW} = 37.09\text{kW}$。

依据上述系统总风量和冷量来选择空气处理机组。首先保证相应管制的机组提供的制冷量足够满足所需制冷负荷，然后再兼顾送风量，让额定风量尽可能满足送风量的大小，但同时也要避免机组选的过大。根据表 5-5 选择的空气处理机组型号和参数见表 5-8。

表 5-8 空气处理机组

型号	额定风量/(m^3/h)	制冷量/kW	水流量/(m^3/h)	表冷器排数
ZK-08	8000	42.02	7.6	4 排
ZK-05	5000	42.12	7.2	8 排

5.2.3 机组的安装、使用与维护

（1）机组的安装

1）机组的四周应留有一定的空间，供维护设备使用（建议不小于 0.6m）。

2）机房内应设有排水管及地漏，以便冷凝水排放或清洗机组时排放污水，同时保证冷凝水排放深度（从冷凝水排出口底至排水管顶部距离不少于 200mm），冷凝水管应设有水封，水封高度不小于 80mm。

3）机组应放置在平整的基座上（水泥或钢槽基础，基础高度建议为 200mm）。

4）吊顶式机组应考虑吊点稳定、牢靠，机组吊装在楼板上应考虑外加减振器。

5）必须将外接管路的水管清洗干净后方可与机组的水管连接，与机组水管连接时，不能用力过猛，以免损坏换热器。

6）用户必须在机组外部的进出水管上安装放气阀和泄水阀，通水时旋开放气阀放气，排尽后旋紧阀门。机组进水管同时必须安装过滤装置。

7）电源电压符合要求后方可与电动机相连，接通前先起动电动机，检查风机转向是否正确，确定方向正确后方可接通电源。电动机功率大于 11kW 时须采用降压起动。

8）电动机应接在有漏电保护、缺相保护及过流保护装置的电源上，机组应接地。

9）机组的进出风口与风管连接须采用软接，同时机组不得承受风管的质量。

（2）机组的运行

1）机组不接负载运行时，应堵住 3/4 的出风口面积，以防烧坏电动机。

2）机组冬季运行时，如需短时停机须保持换热器内热水流动。

3）机组应有专业人员管理，并经常定期检查机组的运行情况。

（3）机组的维护

1）新安装的机组运行一个月后，应检查传动带松紧程度及螺栓有无松动现象。

2）机组运行 2~3 年应全面保养，用化学方法清除换热器内的水垢，用压缩空气或水反冲换热片。

3）冬季机组不运行时应将换热器内的水排尽，以防冻坏。

4）过滤器应定时清洗，保证机组的正常运行。过滤器清洗时间视当地环境而定。

参 考 文 献

[1] 中华人民共和国住房和城乡建设部．民用建筑供暖通风与空气调节设计规范：GB 50736—2012 [S]．北京建筑工业出版社，2012.

[2] 陆耀庆．实用供热空调设计手册 [M]. 2 版．北京：中国建筑工业出版社，2008.

[3] 赵荣义，范存养，薛殿华，等．空气调节 [M]. 4 版．北京：中国建筑工业出版社，2009.

第 6 章 气流组织计算

6.1 气流组织方式

6.1.1 气流组织的基本要求

空气调节区的气流组织又称为空气分布，是指合理地布置送风口和回风口，使得经过净化、热湿处理后的空气，由送风口送入空调区后，再与空调区内空气混合、置换并进行热湿交换，均匀地消除空调区内的余热和余湿，从而使空调区（通常是指离地面高度2m以下的空间）内形成比较均匀而稳定的温湿度、气流速度和洁净度，以满足生产工艺和人体舒适的要求。同时，还要由回风口抽走空调区内空气，将大部分回风返回到空气处理机组（AHU），少部分排至室外。

影响空调区内空气分布的因素有送风口的形式和位置、送风射流的参数（例如，送风量、出口风速、送风温度等）、回风口的位置、房间的几何形状以及热源在室内的位置等，其中送风口的形式和位置、送风射流的参数是主要影响因素。

空气调节区的气流组织应根据建筑物的用途对空气调节区内温湿度参数、允许风速、噪声标准、空气质量、室内温度梯度及空气分布特性指标（ADPI）的要求，结合建筑物特点、内部装修、工艺（含设备散热因素）或家具布置等进行设计和计算。其基本要求（送风温差、工作区风速等）见表6-1。

表 6-1 气流组织的基本要求

<table>
<tr><th rowspan="2">空调类型</th><th rowspan="2">室内温湿度参数</th><th rowspan="2">送风温差/℃</th><th rowspan="2">每小时换气次数</th><th colspan="2">风速/(m/s)</th><th rowspan="2">可采取的送风方式</th><th rowspan="2">备注</th></tr>
<tr><th>送风出口</th><th>空气调节区</th></tr>
<tr><td>舒适性空调</td><td>冬季 18 ~ 24℃，$\varphi = 30\% \sim 60\%$；夏季 22 ~ 28℃，$\varphi = 40\% \sim 65\%$</td><td>送风口高度 $h \leq 5m$ 时，不宜大于10；送风口高度 $h > 5m$ 时，不宜大于15</td><td>不宜小于5次，但对高大空调，应按其冷负荷通过计算确定</td><td>应根据送风方式、送风口类型、安装高度、室内允许风速、噪声标准等因素确定
消声要求较高时，采用2~5</td><td>冬季≤0.2
夏季≤0.3</td><td>侧向送风散流器平送或向下送孔板上送条缝口上送喷口或旋流风口送风置换通风地板送风</td><td></td></tr>
<tr><td rowspan="3">工艺性空调</td><td>温湿度基数根据工艺需要和卫生条件确定。室温允许波动范围如下：大于等于±1℃</td><td>应小于等于15，建议为6~9</td><td>不小于5次（高大房间除外）</td><td rowspan="3">应根据送风方式、送风口类型、安装高度、室内允许风速、噪声标准等因素确定
消声要求较高时，采用2~5</td><td rowspan="3">冬季不宜大于0.3；夏季宜采用0.2~0.5；当室内温度高于30℃，可大于0.5</td><td>侧送宜贴附散流器平送</td><td>洁净室空调多采用垂直单向流或水平单向流</td></tr>
<tr><td>等于±0.5℃</td><td>3~6</td><td>不小于8次</td><td rowspan="2">侧送应贴附孔板上送不稳定流型</td><td rowspan="2"></td></tr>
<tr><td>等于±0.1~0.2℃</td><td>2~3</td><td>不小于12次（工作时间内不送风的除外）</td></tr>
</table>

6.1.2 气流组织和送风口形式的分类

1. 气流组织的分类

常见气流组织的形式有以下几种：

1）上送侧回（图6-1）：由空间上部送入空气由下部排出的“上送侧回”送风形式是常规的基本方式，送风气流不直接进入工作区，有较长的室内空气混掺的距离，能够形成比较均匀的温度场和速度场。常见的有散流器送风、孔板送风等。

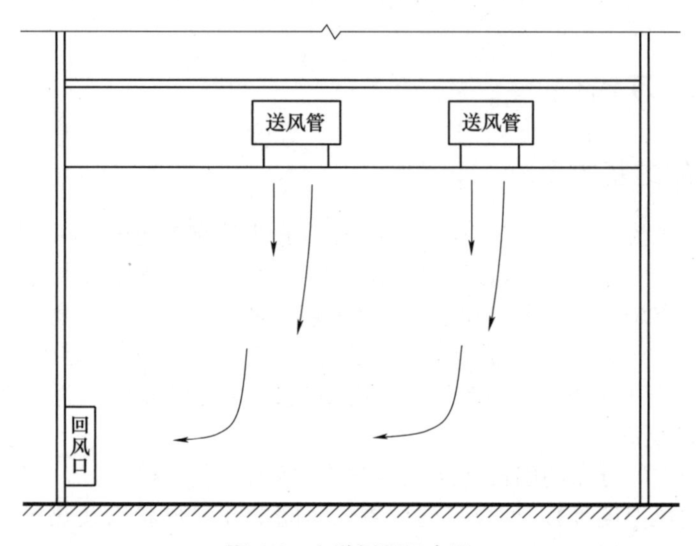

图6-1 上送侧回示意图

2）上送上回（图6-2）：散流器上送上回等，其特点是可将送（回）风管道集中于空间上部，可设置吊顶使管道成为暗装。

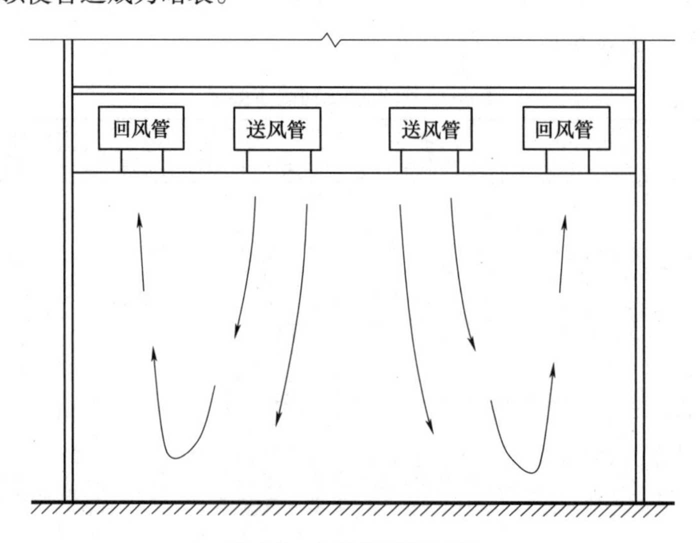

图6-2 上送上回示意图

3）下送上回（图6-3）：下送方式要求降低送风温差，控制工作区内的风速，但其排风温度高于工作区温度，故具有一定的节能效果，同时有利于改善工作区的空气质量。常见的有地板下送和置换式下送等，用于层高较低或净空较小建筑的一般空调。当单位面积送风量大，工作区内要求风速较小，或区域温差要求严格时，可采用孔板下送风。

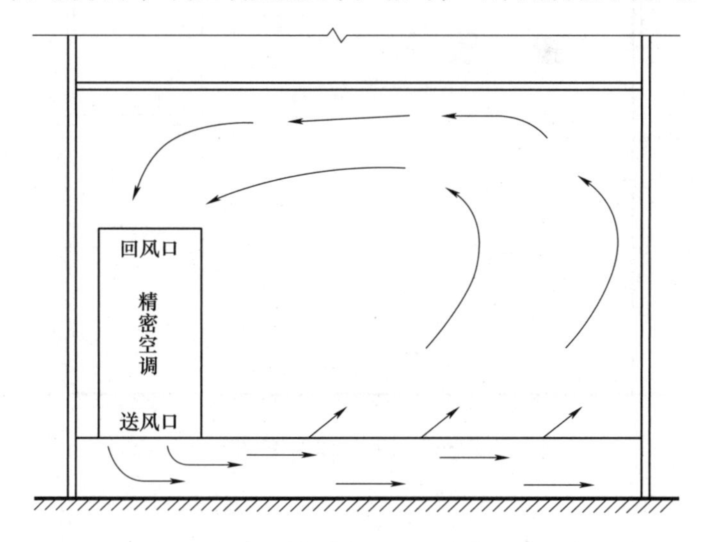

图 6-3　下送上回示意图

4）侧送侧回（图 6-4）：是指侧面送风和侧面回风，比如从房间的侧墙送风，又从侧墙回风。但必须保证风口间距。送风口、回风口间的距离需保持在 1m 或以上，并且调整好横竖百叶的方向，避免气流短路。

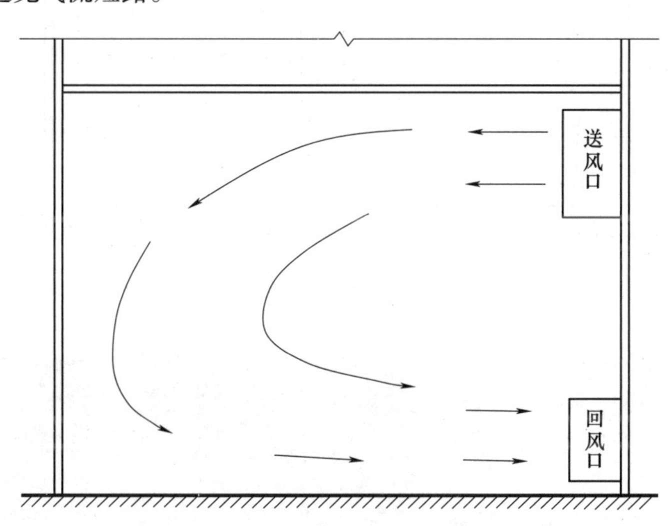

图 6-4　侧送侧回示意图

5）侧送上回（图 6-5）：是指侧面送风和上方回风，比如房间上墙侧面出风，又从吊顶等回风口回风，多用于酒店客房等。

6）上送下回（图 6-6）：气流在由上向下的流动过程中，不断地将室内空气混入，并进行热湿交换。不论是采用散流器下送风还是采用孔板下送，只要风口的扩散性能好，送入的气流都能与室内空气进行充分混合，能较好地保证工作区的恒温精度和工作区气流速度的要求，因此，对于恒温精度要求较高的空调房间，是一种常用的送风方式。

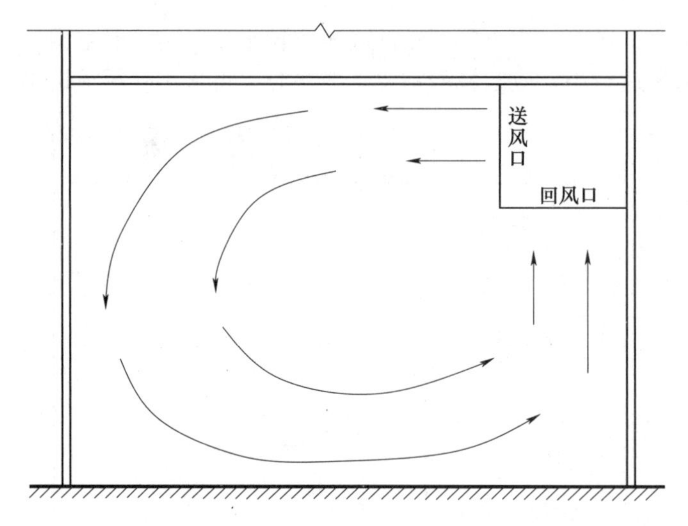

图 6-5　侧送上回示意图

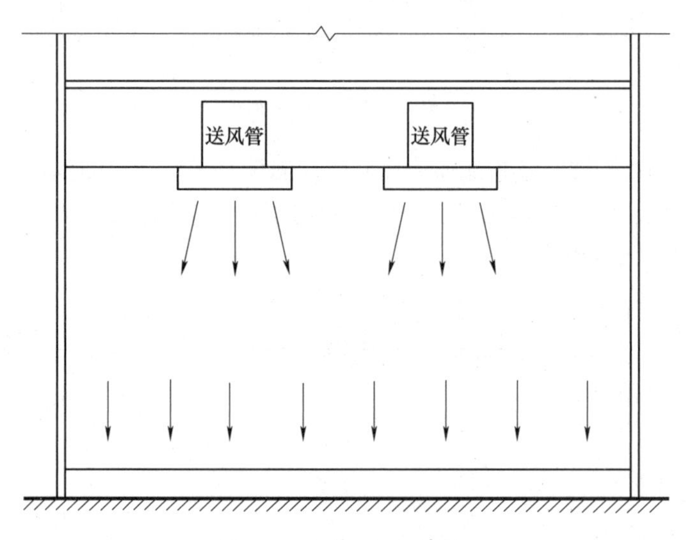

图 6-6　上送下回示意图

2. 送风口形式的分类

送风口形式有多种，不同送风口适用的场合不同，常见的送风口形式有以下几种：

1）喷口送风（图 6-7）：送风速度高，射程长，工作区新鲜空气、速度场和温度场分布均匀，适用于空间较大的公共建筑及高大厂房的集中送风。

图 6-7　喷口送风示意图

2）百叶（条缝形）送风口（图 6-8）：百叶送风口一般用于侧送风，工作区温度场、速度场分布均匀，用于民用建筑和工业厂房的一般空调。

图 6-8 百叶风口示意图

3）旋流风口（图 6-9）：送风速度、温度衰减快，工作区温度场、速度场分布均匀，可用大风口大量送风，也可用大温差送风，用于空间较大的公共建筑或工业厂房。

图 6-9 旋流风口示意图

4）散流器（图 6-10）平送：温度场、速度场分布均匀，需设置吊顶或技术夹层，适用于顶棚下送风，具有一定扩散功能。

5）孔板送风：通常利用吊顶上面的空间形成稳压层，空气在静压作用下，通过在吊顶上开设的具有大量小孔的多孔板，使空气均匀地进入空调区，回风口则均匀地布置在房间的下部。当空调房间的层高较低（例如 3～5m），且有吊顶平层可供利用，单位面积送风量很大，而空调区又要保持较低的风速，或对区域温差有较高的要求时，应采用孔板送风。孔板送风口示意图如图 6-11 所示。

图 6-10 散流器示意图

3. 空调送风口选取原则

空气调节区送风口的选择应符合下列要求：

1）宜采用百叶风口或条缝形风口等侧送，侧送气流宜贴附；工艺设备对侧送气流有一定阻碍或单位面积送风量较大，人员活动区的风速有要求时，不应采用侧送。

2）当有吊顶可利用时，应根据空气调节区高度与使用场所对气流的要求，分别采用圆形、方形、条缝形散流器或孔板送风。当单位面积送风量较大，且人员活动区内要求风速较小或区域温差要求严格时，应采用孔板送风。

图 6-11 孔板送风口示意图

6.2 送风方式

6.2.1 侧向送风

1. 侧向送风的送风口、回风口布置形式及适用条件

采用百叶风口等进行侧向送风或回风时，其送风口、回风口的布置形式有：

1）单侧上送下回。

2）单侧上送上回。

3）单侧上送、走廊回风。

4）双侧上送下回。

5）双侧上送上回。

仅为夏季降温服务的空调系统，且建筑层高较低时，可采用上送上回方式。

以冬季送热风为主的空调系统，且建筑层高较高时，宜采用上送下回方式。

全年使用的空调系统一般根据气流组织计算来确定采用上送上回或上送下回方式。

建筑层高较低、进深较大的房间宜采用单侧或双侧送风，贴附射流。

温湿度相同、对净化和噪声控制无特殊要求的多房间的工艺性空调系统，可采用单侧上送、走廊回风方式。

2. 侧送百叶送风口的最大送风速度

为了制约噪声，控制工作区风速，需对送风口颈部风速的最大值加以限制，对于常见的房间类型的送风口出风速度建议按表 6-2 选取。

表 6-2 侧送百叶送风口的最大送风速度

建筑物类别	最大送风速度/(m/s)	建筑物类别	最大送风速度/(m/s)
播音室	1.5~2.5	电影院	5.0~6.0
住宅、公寓	2.5~3.8	一般办公室	5.0~6.0
旅馆客房	2.5~3.8	个人办公室	2.5~4.0
会堂	2.5~3.8	商店	5.0~7.5
剧场	2.5~3.8	医院病房	2.5~4.0

3. 侧向送风的设计要求及注意事项

1）当空调房间内的工艺设备对侧送气流有一定的阻挡，或者单位面积送风量过大致使空调区的气流速度超出要求范围时，不应采用侧向送风方式。

2）侧送风口的设置宜沿房间平面中的短边分布；当房间的进深很长时，宜选择双侧对送，或沿长边布置侧送风口。回风口宜布置在送风口同一侧的下部。

3）对工艺性空调，当室温允许波动范围不小于1℃ 时，侧送气流宜贴附；当室温允许波动范围不大于0.5℃时，侧送气流应贴附。

4）设计贴附侧送气流流型时，应采用水平与垂直方向均可调节的双层百叶送风口，配有对开式风量调节阀。当双层百叶送风口的上缘离吊顶距离较大时，可将它的外层横向叶片调节成向上呈10°~20°的仰角，以加强贴附，增加射程。而它的内层竖向叶片可使射流轴线不至于发生左右偏斜。

5）对于舒适性空调，当采用双层百叶送风口进行侧向送风时，应选用横向叶片（可调的）在外、竖向叶片（固定的）在内的风口，并配有对开式风量调节阀。根据房间供冷和供暖的不同要求，通过改变横向叶片的安装角度，可调整气流的仰角或俯角。例如，送冷风时若空调区风速太大，可将横向叶片调成仰角；送热风时若热气流浮在房间上部下不来，可将横向叶片调成俯角。

6.2.2 孔板送风

1. 孔板送风及其适用条件

孔板送风是指利用吊顶上面的空间为稳压层，空气由送风管进入稳压层后，在静压作用下，通过在吊顶上开设的具有大量小孔的多孔板，均匀地进入空调区的送风方式，回风口则均匀地布置在房间的下部。

根据孔板在吊顶上的布置形式不同，可分为全面孔板送风和局部孔板送风两类。前者空调区的气流为直流或不稳定流型，后者为不稳定流型。当空调房间的层高较低（例如3~5m），且有吊平顶可供利用，单位面积送风量很大，而空调区又需要保持较低的风速，或对区域温差有严格要求时，应采用孔板送风。孔板送风出口速度为3~5m/s，对于送风均匀性要求高或送热风时，宜取较大值。

2. 孔板送风的设计要求及注意事项

1）孔板上部应保持较高而稳定的静压，稳压层的高度应通过计算确定，但净高不应小于0.2m；稳压层内的围护结构应严密，表面应光滑。

2）稳压层内的送风速度宜保持3~5m/s。

3）除了送风长度特别长的以外，稳压层内可不设送风分布支管；但在进风口处宜设防止气流直接吹向孔板的导流片或挡板。

4）孔板的布置应与室内局部热源的分布相适应。

5）孔板的材料宜选用镀锌钢板、铝板或不锈钢板等金属材料。

6.2.3 散流器送风

1. 散流器送风及其适用条件

散流器上送风是指利用设在吊顶内的圆形或方（矩）形散流器，将空气从顶部向下送入房间空调区的送风方式。根据散流器的类型不同，有方（矩）形散流器、圆形多层锥面散流器、圆形凸形散流器和盘式散流器，其气流流型为平送贴附型；自力式温控变流型散流器，夏季送冷风时为平送贴附流型；冬季送热风时自动切换成垂直下送流型。送回（吸）两用型散流器具有同时送风和回风的双重功能。

当建筑物层高较低，单位面积送风量较大，且有吊平顶可供利用时，宜采用圆形或方形散流器进行平送，回风口宜布置在房间下部。如果将回风口布置在吊顶上，则回风口的位置应避开散流器的送风方向。

2. 散流器送风的最大风速度

为了制约噪声，控制工作区的风速，需对送风口颈部风速的最大值加以限制，建议参考表 6-3 选取。

表 6-3 散流器颈部最大送风速度 （单位：m/s）

建筑物类别	允许噪声/dB	室内的净高度/m				
		3	4	5	6	7
广播室	32	3.9	4.2	4.3	4.4	4.5
剧场、住宅、手术室	33~39	4.4	4.6	4.8	5.0	5.2
旅馆、饭店、个人办公室	40~46	5.2	5.4	5.7	5.9	6.1
商店、银行、餐厅、百货公司	47~53	6.2	6.6	7.0	7.2	7.4
公共建筑：一般办公、百货公司底层	54~60	6.5	6.8	7.1	7.5	7.7

3. 散流器型号

散流器的型号一般用喉部（即颈部）尺寸标示，如图 6-12 所示。表 6-4 给出了多个方形散流器规格型号。散流器选型时，要注意散流器的送风扩散半径及送风距离，要保证送风送到人员活动区。确定散流器的数量时，要注意送风覆盖空调区，可参考表 6-5。

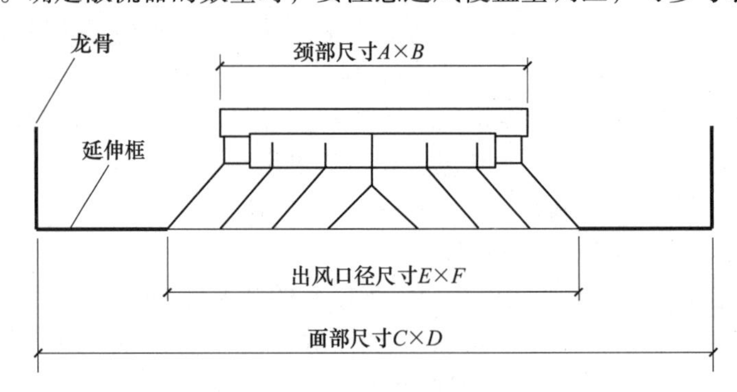

图 6-12 方形散流器喉部尺寸图

表 6-4 方形散流器尺寸 （单位：mm）

$A\times B$	$C\times D$	$E\times F$
240×240	363×363	310×310
300×300	423×423	370×370
360×360	476×476	430×430
420×420	543×543	490×490
480×480	603×603	550×550

表6-5 方形散流器性能

序号	$A\times B$（喉部尺寸）		喉部风速/(m/s)	2.0	3.0	4.0	5.0
			全压损失/Pa	9.6	21.6	38.4	60.0
1	120	120	风量/(m^3/h)	103	155	207	259
			扩散半径/m	1.3	2.2	3.0	3.7
			送风距离/m	1.1	1.9	2.8	3.6
			噪声/dB(A)	20.0	22.0	24.0	28.0
2	180	180	风量/(m^3/h)	230	345	460	576
			扩散半径/m	1.6	2.2	3.0	4.0
			送风距离/m	1.4	2.1	2.8	3.6
			噪声/dB(A)	22.0	24.0	27.0	30.0
3	240	240	风量/(m^3/h)	410	615	820	1026
			扩散半径/m	1.7	2.4	3.2	4.2
			送风距离/m	1.5	2.2	2.9	3.7
			噪声/dB(A)	23.0	25.0	29.0	33.0
4	300	300	风量/(m^3/h)	648	972	1296	1620
			扩散半径/m	1.9	2.6	3.4	4.3
			送风距离/m	1.7	2.4	3.1	3.9
			噪声/dB(A)	24.0	26.0	30.0	37.0
5	360	360	风量/(m^3/h)	928	1393	1857	2332
			扩散半径/m	2.0	2.7	3.4	4.3
			送风距离/m	1.9	2.5	3.2	3.9
			噪声/dB(A)	25.0	27.0	32.0	39.0
6	420	420	风量/(m^3/h)	1267	1900	2534	3168
			扩散半径/m	2.2	2.9	3.6	4.4
			送风距离/m	2.0	2.6	3.4	4.2
			噪声/dB(A)	26.0	29.0	34.0	41.0
7	480	480	风量/(m^3/h)	1656	2484	3312	4140
			扩散半径/m	2.3	3.1	3.8	4.7
			送风距离/m	2.1	2.8	3.6	4.4
			噪声/dB(A)	27.0	30.0	35.0	42.0

4. 散流器送风的设计要求及注意事项

1）散流器平送的布置原则：

① 应有利于送风气流对周围空气的诱导，避免产生死角，并充分考虑建筑结构的特点，在散流器平送方向不应有阻挡物（如柱子）。

② 宜按对称均匀布置或梅花形布置，散流器中心与侧墙间的距离，不宜小于1m；每个圆形或方形散流器所服务的区域，最好为正方形或接近正方形。如果散流器服务区的长宽比大于1.25时，宜选用矩形散流器。

2）吊顶上部应有足够的空间，以便安装风管和散流器的风量调节阀（有的散流器带有人字调节阀）。

3）采用圆形或方形散流器时，应配置对开式多叶风量调节阀或双（单）开板式风量调节阀；有条件时，在散流器的颈部上方配置带风量调节阀的静压箱。

4）散流器（静压箱）与支风管的连接宜采用柔性风管，以便于施工安装。

6.2.4 喷口送风

1. 喷口送风及其适用条件

喷口送风是指依靠喷口吹出的高速射流实现送风的方式，主要适用于高大厂房或层高很高的公共建筑（例如会堂、体育馆、影剧院等）空间的空气调节场所。喷口送风既可采用喷口侧向送风，也可以采用喷口垂直向下（顶部）送风，但以前者应用较多。当采用喷口侧向送风时，将喷口和回风口布置在同一侧，空气以较高的速度、较大的风量集中由设置在空间上部的若干个喷口射出，射流行至一定路程后折回，使整个空调区处于回流区，然后由设在下部的回风口抽走，返回空调机组。它的特点是，送风速度高、射程远，射流带动室内空气进行强烈混合，速度逐渐衰减，并在室内形成大的回旋气流，从而使空调区获得较均匀的温度场和速度场。

因此，对于空间较大的公共建筑和室温允许波动范围大于或等于±1°C 的高大厂房，宜采用喷口侧向送风或垂直向下（顶部）送风。

2. 喷口送风的设计要求及注意事项

1）喷口侧向送风的风速宜取 4~8m/s，若风速太小不能满足射程的要求，风速过大在喷口处会产生较大的噪声。当空调区内对噪声控制要求不十分严格时，风速最大值可取 10m/s。

2）喷口侧向送风应使人员的活动区处于射流的回流区。

3）喷口有圆形和扁形两种形式。圆形喷口的收缩段长度宜取喷口直径的 1.6 倍，其倾斜度不宜大于 15°；扁形喷口的高宽比为 1∶20~1∶10。但工程上以圆形喷口用得最多。

4）圆形喷口的直径及数量应通过计算确定。喷口的安装高度不宜低于空调空间高度的1/2。

5）对于兼作热风供暖的喷口送风系统，为防止热射流上浮，应考虑使喷口能够改变射流出口角度的可能性，也就是说，喷口的倾角应设计成可任意调节的。

6）喷口送风的送风速度要均匀，且每个喷口的风速要接近相等，因此安装喷口的风管应设计成变断面的均匀送风风管，或起静压箱作用的等断面风管。

6.2.5 条缝口送风

1. 条缝口送风及其适用条件

条缝口送风是指通过设置在吊顶上或侧墙上部的条缝形送风口（其宽长比大于 1∶20）将空气送入空调区的送风方式。条缝形送风口有单条缝、双条缝和多条缝等形式。安装在吊顶上的条缝形送风口，应与吊顶齐平。对于具有固定斜叶片的条缝形送风口，可使气流以水平方向向两侧送出或者使气流朝一侧送出，成为平送贴附流型；对于固定直叶片的条缝形送风口，可实现垂直下送流型；而对于可调式的条缝形送风口，其调节气流流型的功能比较全面。通过调节叶片的位置，可将气流调成向两侧水平送风（即左右出风），或向一侧水平送风（即左出风或右出风），或垂直向下送风，或者将条缝口关闭，停止送风。回风口通常设置在房间下部或顶部。

条缝口送风的特点是，气流轴心速度衰减较快，适用于空调区允许风速为 0.25~0.5m/s

的舒适性空调。当建筑物层高较低，单位面积送风量较大，且有吊平顶可供利用时，宜采用条缝形送风口进行平送或垂直下送。

2. 条缝口送风的设计要求及注意事项

1）条缝口的最大送风速度为 2~4m/s，风口安装位置高或人员活动区允许有较大风速时，宜取上限值。

2）采用条缝口送风时，在条缝形送风口的上方，必须配置入口处带风量调节阀的静压箱，以保证送风均匀；静压箱与支风管的连接，宜采用柔性风管，以便于施工安装。

6.3 气流组织计算

空调房间内的气流组织是风口选型及其设计校核中的重要环节。不同的气流组织方案会形成不同的速度场、温度场及有害物分布，直接影响通风效率和室内空气质量。通常可根据前人总结的经验公式对室内气流组织进行手工计算和校核。随着空气动力学理论和计算机科学的发展，气流组织计算也可采用计算流体力学（CFD，Computational Fluid Dynamics）数值模拟的方法进行设计和校核。本节将从手工计算和 CFD 数值模拟两种方式对气流组织计算进行简要介绍。

6.3.1 手工计算

侧送风口送风和散流器送风是空调房间中的两种常见送风方式。本节将对这两种送风方式的气流组织设计原理和实例进行介绍。

1. 侧送风口送风

（1）侧送风口送风的气流组织设计原理 对于比较典型的空气分布方式及计算条件如图 6-13 所示。以第 I 种下送风方式为例说明气流分布的计算程序。已知下送风射流直接进入工作区，在风口形式选定后，在确定的 x 距离处 u_x 与 t_x 值应满足使用对象的要求。如果 x 断面处于起始阶段（即令 $u_x / u_0 = 1 = m_1\sqrt{F_0}/x$，或 $x \leqslant m_1\sqrt{F_0}$），则 $u_x = u_0$，$t_x = t_0$。如果 x 处于主体段，即 $x > m_1\sqrt{F_0}$，则应按主体段射流公式在已知 u_x 及 Δt_0 条件下，计算 u_0 并校核Δt_x，检查风量是否符合设计要求。

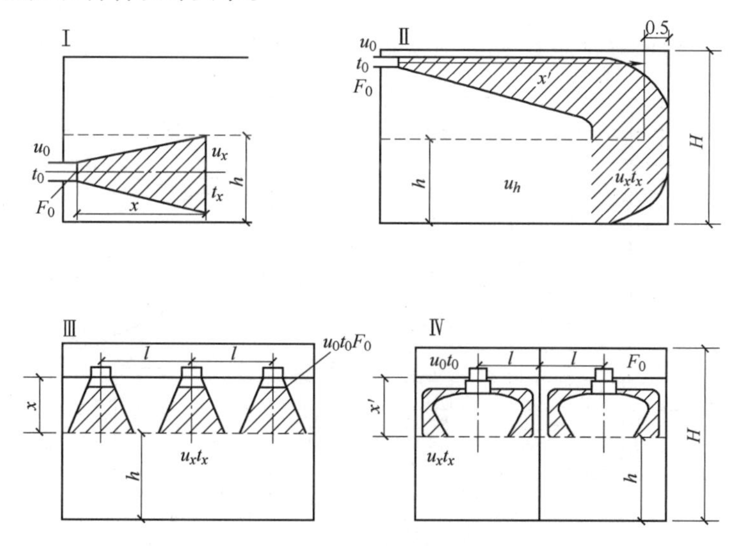

图 6-13 空气分布方式及计算条件

在进行图6-13所示各种送风气流分布方式计算时，要注意x的选定，即x值应等于从射流出口到达计算断面的总长度。以方案Ⅱ和方案Ⅳ为例，x值应分别等于$x'+(H-2)$和$x'+l$。

空间气流分布的计算不像等温自由射流计算那么简单，需要考虑射流的受限、重合及非等温的影响等因素。现分别说明。

1）考虑射流受限的修正系数K_1。图6-14中各曲线是对不同射流类型考虑受限的修正系数。图的横坐标对于非贴附射流为$\bar{x}=\frac{x}{\sqrt{F_n}}$；对于贴附射流$\bar{x}=\frac{0.7x}{\sqrt{F_n}}$；对于扁射流$\bar{x}=\frac{x}{H}$（$H$为房高）；对于下送散流器$\bar{x}=\frac{x}{\sqrt{F_n}}$；对于径向贴附散流器$0.1\,\bar{l}=\frac{0.1l}{\sqrt{F_n}}$（$l$为横向射流间距，$F_0$为送风接管面积，如图6-13所示）

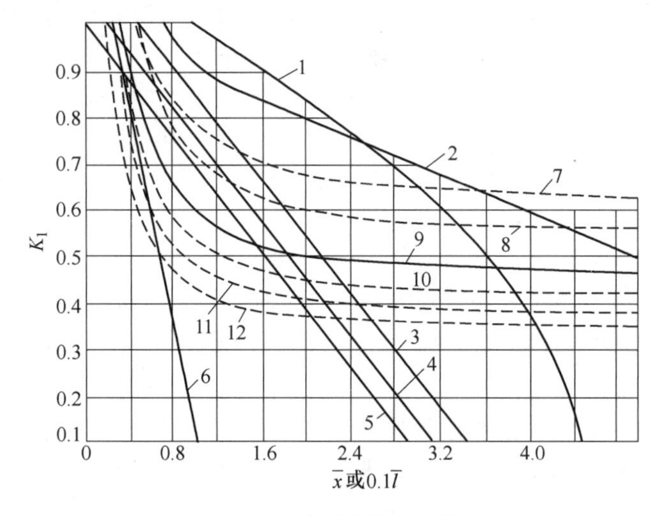

图6-14 射流受限修正系数K_1

1—集中射流 2—扁射流 3、4、5—扇形射流（分别为$\alpha=45°$、60°、90°） 6—下送散流器 7、8、9、10、11、12—径向贴附散流器，其中横向射流间距与射流贴附长度比值（l/x'）为0.5、0.6、0.8、1.0、1.2、1.5

2）考虑射流重合的修正系数K_2。射流重合对轴心速度的影响可由图6-15所示的修正

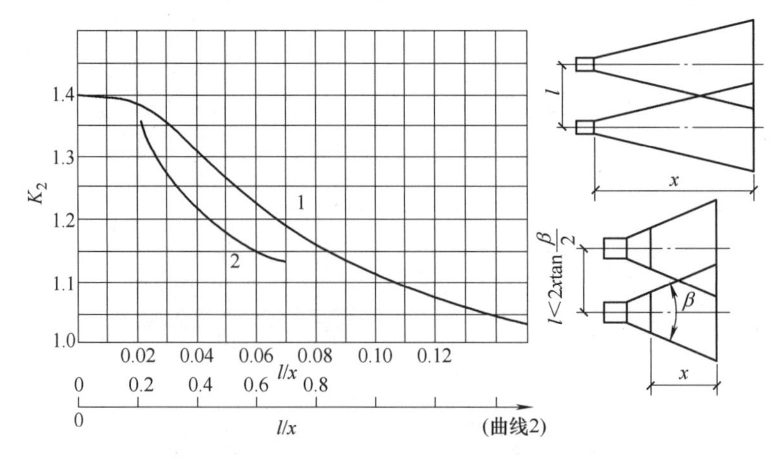

图6-15 射流重合的修正系数K_2

1—集中射流、平面流 2—扇形流

曲线求出。图中的横坐标有两个：一个是用于普通的集中射流，另一个是用于扇形射流。

3）考虑非等温影响的修正系数 K_3（图6-16）。非等温射流受到重力（冷射流）或浮力（热射流）的作用，其轴心速度的衰减不同于等温射流。在非等温射流由上而下或由下而上，或与垂直线成小于30°夹角射出时，均需对速度衰减进行修正。

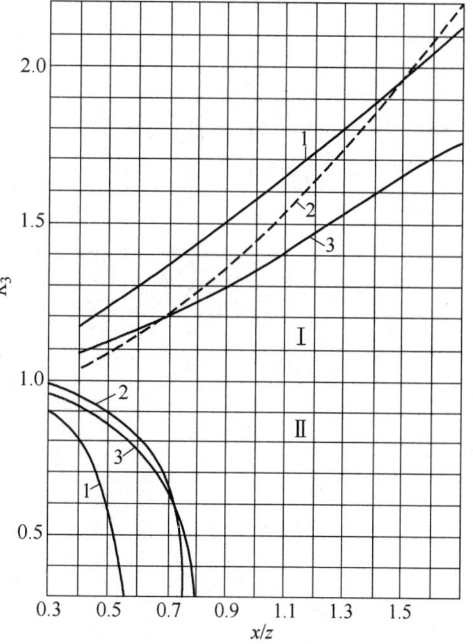

图6-16 非等温修正系数 K_3

1—集中射流 2—扁射流 3—扇形流

射流几何特性系数 z 是考虑非等温射流的浮力或重力作用而在形式上相当于一个线性长度的特征量。

对于集中射流和扇形射流：

$$z = 5.45 m_1' u_0 \sqrt[4]{\frac{F_0}{(n_1' \Delta t_0)^2}} \tag{6-1}$$

对于扁射流：

$$z = 9.6 \sqrt[3]{b_0 \frac{(m_1' u_0)^4}{(n_1' \Delta t_0)^2}} \tag{6-2}$$

式中 m_1'——$m_1' = \sqrt{2} m_1$；

n_1'——$n_1' = \sqrt{2} n_1$；

Δt_0——$\Delta t_0 = T_0 - T_n$；

m_1、n_1——喷口的特性系数，见表6-6；

T_0——射流出口温度（K）；

T_n——周围空气温度（K）；

b_0——扁口的高度（m）。

考虑上述各项修正后的射流计算式则为

$$\frac{u_x}{u_0} = \frac{K_1 K_2 K_3 m_1 \sqrt{F_0}}{x} \tag{6-3}$$

及

$$\frac{\Delta T_x}{\Delta T_0} = \frac{K_1 K_2 K_3 n_1 \sqrt{F_0}}{x} \tag{6-4}$$

对于计算 x_l，集中式射流： $x_l = 0.5 z \exp(k)$ (6-5)

扇形射流： $x_l = 0.4 z \exp(k)$ (6-6)

式中 k——$k = 0.35 - 0.62 \frac{h_0}{\sqrt{F_0}}$ 或 $k = 0.35 - 0.7 \frac{h_0}{b_0}$（扁射流）；

h_0——房间高度与喷口的空间高度差（m）。

在射流运动过程中，由于受壁面、顶棚以及空间的限制，射流的运动规律有所变化。常见的射流受限情况是贴附于顶棚的射流运动，称为贴附射流。贴附射流的计算可以看成是一个具有两倍 F_0 出口射流的一半，因此，其风速衰减的计算式为：

$$\frac{u_x}{u_0} = \frac{m_1 \sqrt{2F_0}}{x} \tag{6-7}$$

同样，对于贴附扁平射流的计算式为：

$$\frac{u_x}{u_0}=\frac{m_1\sqrt{2b_0}}{x} \tag{6-8}$$

式中　m_1——喷口的特性系数；

b_0——扁口的高度（m）。

表 6-6　送风口特性系数

类别	序号	名称	形式	特性系数		说　明
				m_1	n_1	
集中射流	1	收缩喷口		7.7	5.8	适用于集中送风
	2	直管喷口		6.8	4.8	
	3	单层活动百叶		4.5	3.2	一般空调用具有一定的导向功能
	4	双层活动百叶		3.4	2.4	
	5	孔板栅格风口		6.0	4.2	有效面积系数为 0.5~0.8
				5.0	4.0	有效面积系数为 0.2~0.5
				4.5	3.6	有效面积系数为 0.05~0.2，可用于一般上、下送风
	6	散流器		1.35	1.1	适用于顶棚下送风，具有一定的扩散功能

（2）侧送风口送风的气流组织设计实例　某空调房间要求恒温（20±0.5）℃，房间尺寸为 5.5m×3.6m×3.2m（长×宽×高），室内显热冷负荷 Q = 5690kJ/h，试做上送下回（单侧）气流分布计算。

1）选用可调节的双层百叶风口，其中 m_1 = 3.4，n_1 = 2.4（表 6-6），风口尺寸定为 0.3m×0.15m，有效面积系数为 0.8，F_0 = 0.036m^2。

2）设定如图 6-17 所示水平贴附射流，射流长度 x = [5.5 − 0.5 + (3.2 − 2 − 0.1)]m = 6.1m（取工作区高度为 2m，风口中心距顶棚 0.1m，离墙 0.5m 为不保证区）。

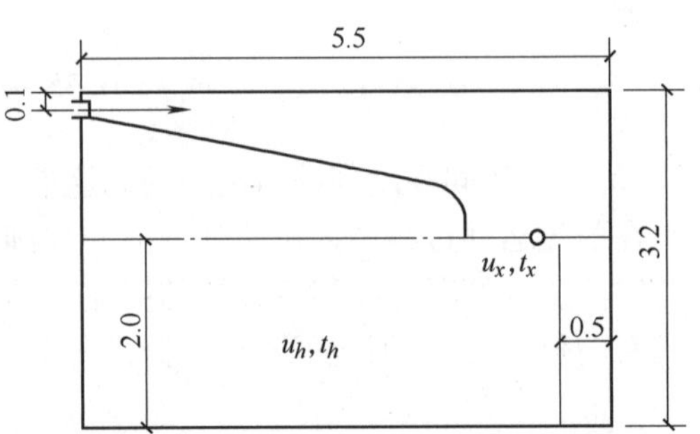

图 6-17　侧送风口送风的气流组织设计计算用图

3）试选用两个风口，其间距为1.8m，相当于将房间分为两个相等的空间。对于每股射流而言，$F_n = (3.6 \times \frac{3.2}{2})\text{m}^2 = 5.76\text{m}^2$。

4）利用各修正系数图求 K_1、K_2、K_3。按 $\bar{x} = \frac{0.7x}{\sqrt{F_n}} = 1.78$，查图6-14曲线1得 $K_1 = 0.88$，即射流受限。按 $l/x = 1.8/6.1 = 0.3$，查图6-15曲线1得 $K_2 = 1$，即不考虑射流重合的影响。由于不属垂直射流，因此不考虑 K_3。

5）结合式（6-3）和式（6-7）计算射流轴心速度衰减：

$$\frac{u_x}{u_0} = \frac{K_1 m_1 \sqrt{2F_0}}{x} = \frac{0.88 \times 3.4 \times \sqrt{2 \times 0.036}}{6.1} = 0.132$$

由于本例的工作区处于射流的回流区，射流到达计算断面 x 处的风速 u_x 可以比回流区高，一般可取规定风速的两倍，即 $u_x = 2u_h$（u_h 为回流区风速，或按规范规定的风速）。现取 $u_x = 0.5\text{m/s}$，则 $u_0 = \left(\frac{0.5}{0.132}\right)\text{m/s} = 3.79\text{m/s}$。

6）计算送风量与送风温差：

已知 $u_0 = 3.79\text{m/s}$，两个风口的送风量 L 为

$$L = (2 \times 0.036 \times 3.79 \times 3600)\text{m}^3/\text{h} = 982\text{m}^3/\text{h}$$

因此得出送风温差 Δt_0 为

$$\Delta t_0 = \frac{Q}{\rho CL} = \frac{5690}{1.2 \times 1.01 \times 982}℃ = 4.8℃$$

此时换气次数 $n = L/V_n = \left(\frac{982}{5.5 \times 3.6 \times 3.2}\right)$ 次/h = 15.5 次/h

7）检查 Δt_x：

$$\frac{\Delta t_x}{\Delta t_0} = (\Delta T_x/\Delta T_0) = \frac{K_1 n_1 \sqrt{2F_0}}{x} = \frac{0.88 \times 2.4 \times \sqrt{2 \times 0.036}}{6.1} = 0.093$$

所以

$$\Delta t_x = 0.093 \times \Delta t_0 = (0.093 \times 4.8)℃ = 0.45℃$$

$$\Delta t_x \leqslant 0.5℃$$

8）检查贴附冷射流的贴附长度：

按式（6-1）计算 z 值：

$$z = 5.45 m_1' u_0 \sqrt[4]{\frac{F_0}{(n_1' \Delta t_0)^2}} = 5.45 \times \sqrt{2} \times 3.4 \times 3.79 \times \sqrt[4]{\frac{0.036}{(\sqrt{2} \times 2.4 \times 4.8)^2}} = 10.72$$

$$x_l = 0.5z\exp(k)$$

$$k = 0.35 - 0.62\frac{h_0}{\sqrt{F_0}} = 0.35 - 0.62\frac{h_0}{\sqrt{F_0}} = 0.35 - 0.62 \times \frac{0.1}{\sqrt{0.036}} = 0.023$$

故

$$x_l = 0.5 \times 10.72 \times \exp(0.023)\text{m} = 5.5\text{m}$$

可见，在房间长度方向射流不会脱离顶棚成为下降流。

2. 散流器送风

舒适性空气调节室内人员长期停留区的风速冬季不宜大于0.2m/s，夏季不宜大于0.25m/s（热舒适性要求较高）或不宜大于0.3m/s（热舒适性要求一般）。工艺性空气调节

工作区夏季风速宜采用0.2~0.5m/s，冬季不大于0.3m/s。空气调节系统采用上送风气流组织形式时，宜加大夏季设计送风温差，并应符合下列规定：送风高度小于或等于5m时，送风温差不宜小于5℃；送风高度大于5m时，送风温差不宜小于10℃。

（1）散流器送风的气流组织计算原理 散流器送风气流分布计算，主要选出合适的散流器，使房间风速满足设计要求。根据P. J. 杰克曼（P. J. Jackman）对圆形多层锥面和盘式散流器的试验结果综合的公式，散流器射流的速度衰减方程为

$$\frac{v_x}{v_0}=\frac{K\sqrt{F}}{X+X_0}\left(或\frac{v_x}{L_s}=\frac{K}{\sqrt{F}(X+X_0)}\right) \tag{6-9}$$

式中 v_x——距离散流器中心水平距离为x处的最大风速（m/s）；

v_0——散流器的出口风速（m/s）；

K——送风口常数，多层锥面型散流器为1.4；平盘式散流器为1.1；

F——散流器的有效流通面积（m^2）；

L_s——散流器的送风量（m^3/s）；

X——以散流器中心为起点的射流水平距离（m）；

X_0——平送射流原点与散流器中心的距离（m），多层锥面散流器取0.07m。

室内平均风速v_m(m/s）与房间尺寸和射流的射程有关，可按下列式计算：

$$v_m=\frac{0.381nL}{\sqrt{\frac{L^2}{4}+H^2}} \tag{6-10}$$

式中 L——散流器服务区边长（m）；

H——房间或分区净高（m）；

n——射流射程与边长L之比，射程nL为散流器中心到风速为0.5m/s处的距离，通常把射程控制在到房间（分区）边缘的75%左右。

式（6-10）是等温射流的计算公式，当送冷风时，应增加20%，送热风时减少20%。

（2）散流器送风的气流组织计算实例 某一办公室空调房间尺寸为15m×15m×3.5m（长×宽×高），送风量为1.62m^3/s，选择散流器的规格和数量。

1）布置散流器。这里采用对称布置，布置9个散流器，即每个散流器承担5m×5m的送风区域（参考6.2.3节中“4. 散流器送风的设计要求及注意事项”中“1）散流器平送的布置原则”）。

2）初选散流器。选用圆形平送型散流器，按颈部风速2~6m/s选择散流器规格。层高低或要求噪声低时，应选低风速；层高高或噪声控制要求不高时，可选用高风速。本例按3m/s左右选风口。初选颈部尺寸为直径257mm的圆形散流器，颈部面积为0.052m^2，则颈部风速为

$$v=\frac{1.62}{9\times0.052}\text{m/s}=3.46\text{m/s}$$

散流器实际出口面积约为颈部面积的90%，即$A=(0.052\times0.9)\text{m}^2=0.0468\text{m}^2$。则散流器出口风速$v_0=(3.46/0.9)\text{m/s}=3.85\text{m/s}$，满足表6-3中散流器颈部最大送风速度的要求。

3）求射流末端速度为0.5m/s的射程。

$$x=\frac{Kv_0\sqrt{F}}{V_x}-X_0=\left(\frac{1.4\times3.85\times\sqrt{0.0468}}{0.5}-0.07\right)\text{m}=2.26\text{m}$$

射程与散流器到服务区边缘距离之比2.26/2.5=0.90>0.75，满足射程要求。

4）按式（6-10）计算室内平均速度，即

$$v_m = \frac{0.381 \times 2.26}{\sqrt{\frac{5^2}{4} + 3.5^2}} \text{m/s} = 0.2\text{m/s}$$

如果送冷风，则室内平均风速为 0.2m/s×(1+20%)= 0.24m/s；送热风时，室内平均风速为 0.2m/s×(1−20%)= 0.16m/s，均满足设计要求。

5）所选散流器满足设计要求。如不满足则重新步骤 2）~4）过程。

6.3.2 CFD 数值模拟

CFD 是伴随着计算机技术、数值计算技术的发展而发展的。简单地说，CFD 相当于“虚拟”地在计算机做试验，用以模拟仿真实际的流体流动情况。而其基本原理则是数值求解控制流体流动的微分方程，得出流体流动的流场在连续区域上的离散分布，从而近似模拟流体流动情况。可以认为 CFD 是现代模拟仿真技术的一种。

1933 年，英国人 Thom 首次用手摇计算机数值求解了二维黏性流体偏微分方程，CFD 由此而生。1974 年，丹麦的 Nielsen 首次将 CFD 用于暖通空调工程领域，对通风房间内的空气流动进行模拟。之后短短的 20 多年内，CFD 技术在暖通空调工程中的研究和应用进行得如火如荼。

CFD 具有成本低、速度快、资料完备且可模拟各种不同的工况等独特的优点，故其逐渐受到人们的青睐。就目前而言，CFD 方法具有不可比拟的优点，且由于当前计算机技术的发展，CFD 方法的计算周期和成本完全可以为工程应用所接受。尽管 CFD 方法还存在可靠性和对实际问题的可算性等问题，但这些问题已经逐步得到发展和解决。因此，CFD 方法可应用于对室内空气分布情况进行模拟和预测，从而得到房间内速度、温度、湿度以及有害物浓度等物理量的详细分布情况。如今，CFD 技术逐渐成为广大空调工程师和建筑师分析解决工程问题的有力工具。因此，CFD 方法可作为解决暖通空调工程的流动和传热传质问题的强有力工具而推广应用。

1. CFD 数值模拟介绍

什么是 CFD？简单地说，CFD 技术就是利用计算机求解流体流动的各种守恒控制偏微分方程组的技术。这其中涉及流体力学（尤其是湍流力学）、计算方法乃至计算机图形处理等技术。

因问题的不同，CFD 技术也会有所差别，如可压缩气体的亚声速流动、不可压缩气体的低速流动等。对于暖通空调领域内的流动问题，多为低速流动，流速在 10m/s 以下；流体温度或密度变化不大，故可将其看作不可压缩流动，不必考虑可压缩流体高速流动下的激波等复杂现象。从此角度而言，此应用范围内的 CFD 和数值传热学 NHT（Numerical Heat Transfer）等同。另外，暖通空调领域内的流体流动多为湍流流动，这又给解决实际问题带来很大的困难。由于湍流现象至今没有完全得到解决，目前 HVAC 内的一些湍流现象主要依靠湍流半经验理论来解决。

总体而言，CFD 数值模拟通常包含如下几个主要环节：建立数学物理模型、数值算法求解、结果可视化。

（1）建立数学物理模型 建立数学物理模型是对所研究的流动问题进行数学描述，对于暖通空调工程领域的流动问题而言，通常是不可压流体的黏性流体流动的控制微分方程。另外，由于暖通空调领域的流体流动基本为湍流流动，所以要结合湍流模型才能构成对所关心问题的完整描述，便于数值求解。

通过对黏性流体流动的通用控制微分方程、动量守恒方程、能量守恒方程以及湍流动能和湍流动能耗散率方程的求解，可获得工程中关心的流场速度、温度、浓度等物理量分布。

（2）数值算法求解 上述的各微分方程相互耦合，具有很强的非线性特征，目前只能利用数值方法进行求解。这就需要对实际问题的求解区域进行离散。数值方法中常用的离散形式有：有限容积、有限差分和有限元。目前这三种方法在暖通空调工程领域的 CFD 技术中均有应用。总体而言，对于暖通空调领域中的低速、不可压流动和传热问题，采用有限容积法进行离散的情形较多。它具有物理意义清楚，总能满足物理量的守恒规律的特点。离散后的微分方程组就变成了代数方程组，通过离散之后使得难以求解的微分方程变成了容易求解的代数方程，采用一定的数值计算方法求解代数方程，即可获得流场的离散分布。从而模拟关心的流动情况。

（3）结果可视化 代数方程求解后的结果是离散后的各网格节点上的数值，这样的结果不直观，难以被一般工程人员或其他相关人员理解。因此将求解结果的速度场、温度场或浓度场等表示出来就成了 CFD 技术应用的必要组成部分。通过计算机图形处理等技术，就可以将所求解的速度场和温度场等形象、直观地表示出来。如图 6-18 和图 6-19 所示，分别表示了某房间人体周围的温度与速度分布。其中，颜色的暖冷表示温度和速度高低，矢量箭头的大小表示速度大小。

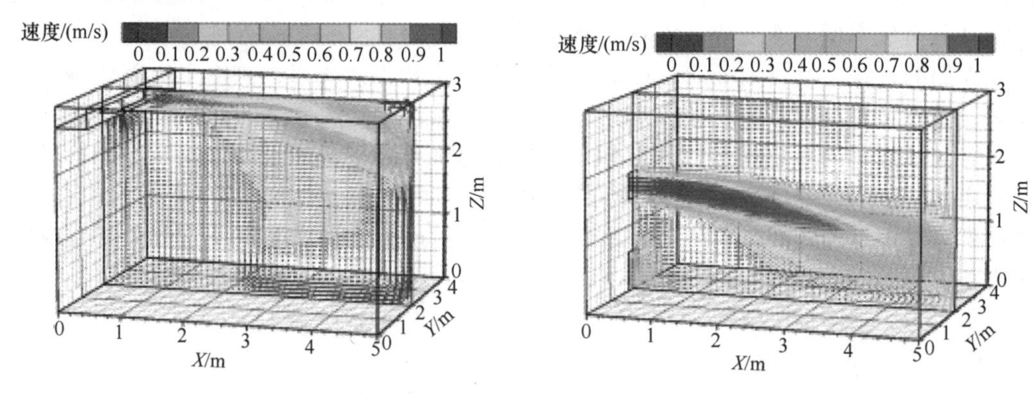

图 6-18 某上送上回、侧送下回空调形式下的气流组织分布

通过可视化的后处理，可以将单调繁杂的数值求解结果形象直观地表示出来，甚至便于非专业人士理解。如今，CFD 技术的后处理不仅能显示静态的速度场、温度场图片，而且能显示流场的流线或迹线动画，非常形象生动。

2. 采用 CFD 数值模拟进行空调房间室内气流组织模拟示例

下面就某空调房间的气流组织模拟的步骤进行介绍，该工作在 FLUENT 软件中完成。该算例的目的为介绍空调房间室内气流组织模拟的基本方法。室内气流组织主要分析室内的速度场和温度场。由这些结果可以改善空调设计，也可以判断空调运行时室内温度场是否符合人体舒适度的要求。利用 CFD 技术进行室内气流组织分析是暖通工程设计师的有力手段，也是今后的发展方向。算例主要包括如下几部分：确认网格的尺寸和质量、定义求解设置、定义室内气流组织模拟的湍流模型、观察室内气流组织的模拟结果、分析速度场和温度场。

（1）问题描述 图 6-20 所示为计算域室内的示意图，房间左下角有一个空调，送风和回风方向如图所示。送风速度为 1m/s，送风温度为 25℃，壁面温度为 30℃。

（2）准备

1）复制 Mesh 网格文件到工作文件夹中。

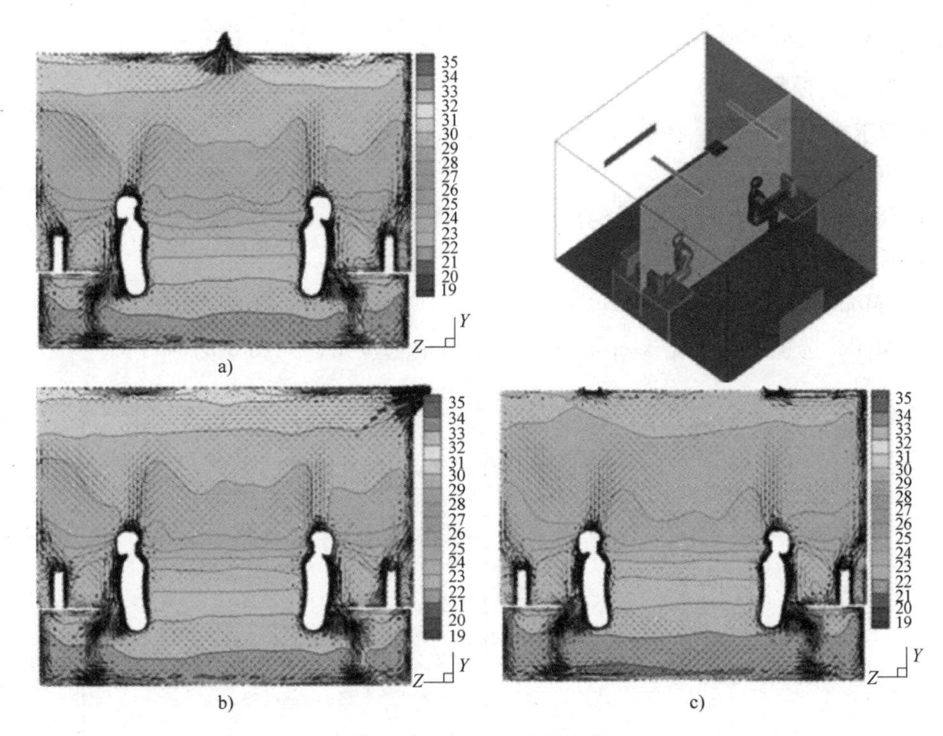

图 6-19　某室内的温度场

2）开启 FLUENT 2D 求解器。

（3）设置和求解

1）步骤一：网格。

① 读入网格文件 hvac-room. msh。

File/Read/Mesh

② 检查网格。

Mesh/Check

在这个过程中，FLUENT 将对网格进行检查，以确保网格的最小体积为正值。

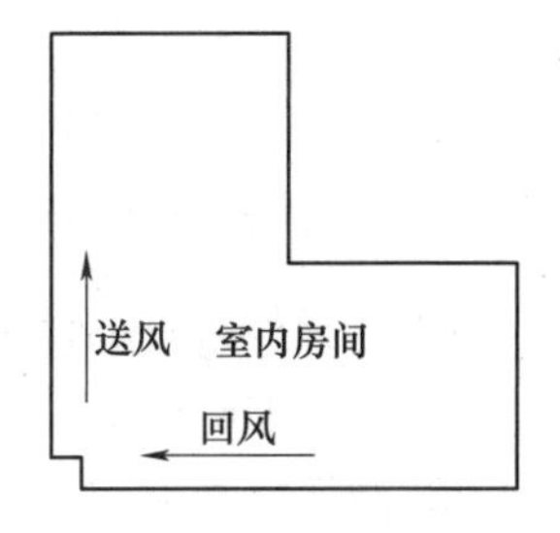

图 6-20　空调房间计算域示意图

③ 检查网格的尺寸。

Mesh/Scale

在图 6-21 所示的对话框中检查计算域的尺寸，其应与房间的实际尺寸相符。

④ 显示网格，如图 6-22 所示。

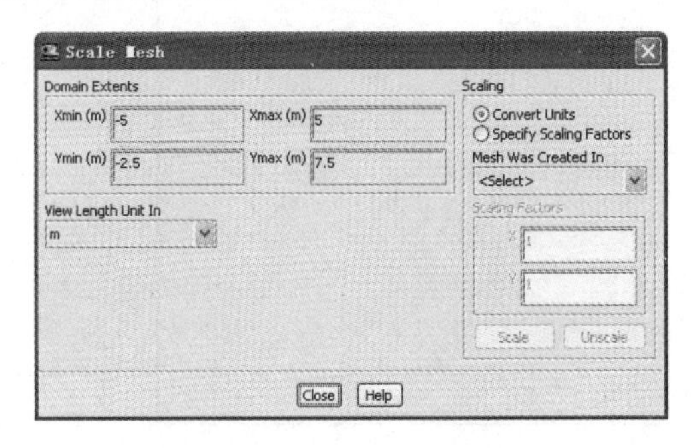

图 6-21　Scale Mesh 对话框

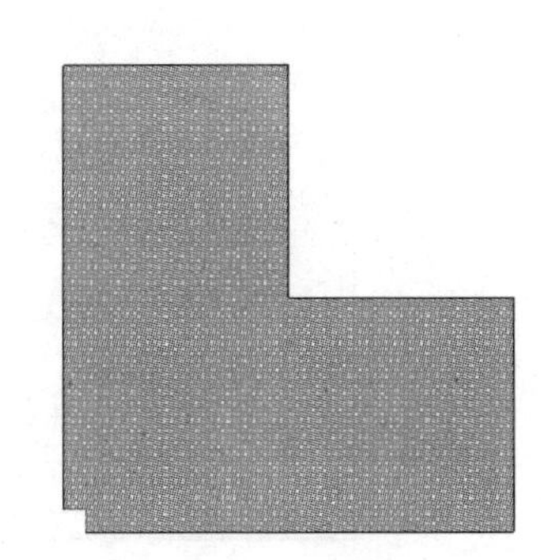

图 6-22　计算域网格

Display/Mesh

2）步骤二：模型。

① 保持求解设置的默认参数。

Define/General

该计算将以基于压力的求解器定常求解，如图 6-23 所示。

② 激活标准 k-ε 湍流模型。

Define/Models/Viscous

A. 在 Model 选项组中单击 k-epsilon（2 eqn）单选按钮，如图 6-24 所示。

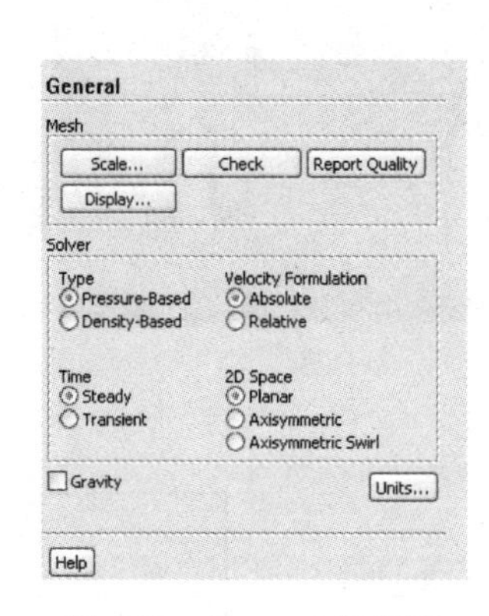

图 6-23 General 任务页

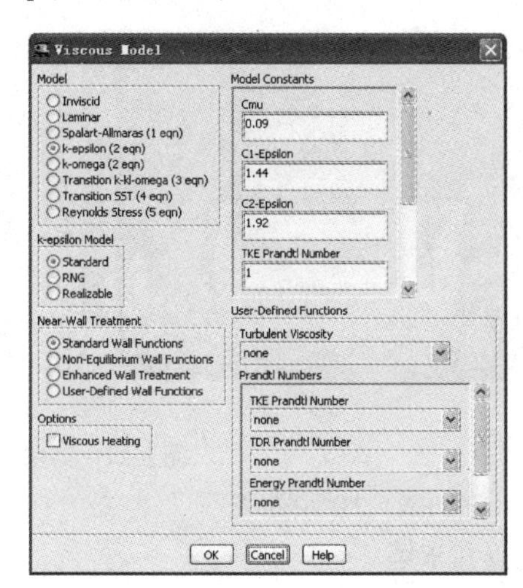

图 6-24 Viscous Model 对话框

B. 选择标准壁面函数。

C. 单击 OK 按钮，关闭 Viscous Model 对话框。

③ 激活能量方程，如图 6-25 所示。

Define/Energy

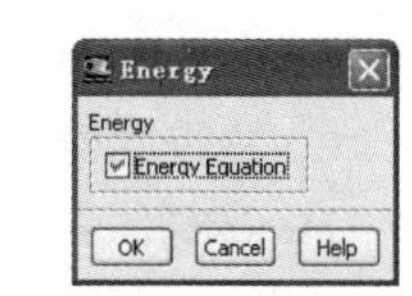

图 6-25 能量方程

3）步骤三：材料物性。保持默认的 air 物性，如图 6-26 所示。

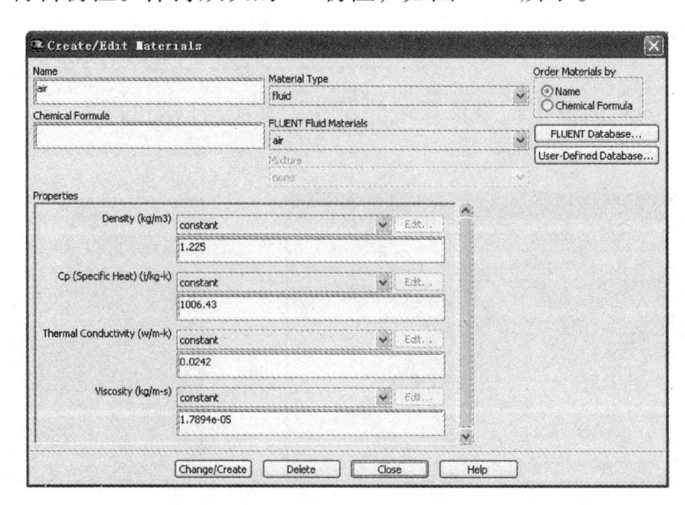

图 6-26 Create/Edit Materials 对话框

Define/Materials

4）步骤四：计算域和边界条件。

① 设置进口的边界条件。

Define/Boundary Conditions

A. 从 Zone 列表中选择 inlet，并设置 Type 为 velocity-inlet。

B. 单击 Edit 按钮，弹出 Velocity Inlet 对话框，如图 6-27 所示。

a. 在 Velocity Magnitude（m/s）文本框中输入 1。

b. 从 Specification Method 下拉列表中选择 Intensity and Hydraulic Diameter。

c. 在 Turbulent Intensity（%）文本框中输入 5。

d. 在 Hydraulic Diameter（m）文本框中输入 0.5。

e. 在 Thermal 选项卡中设置 Temperature（k）为 298，如图 6-28 所示。

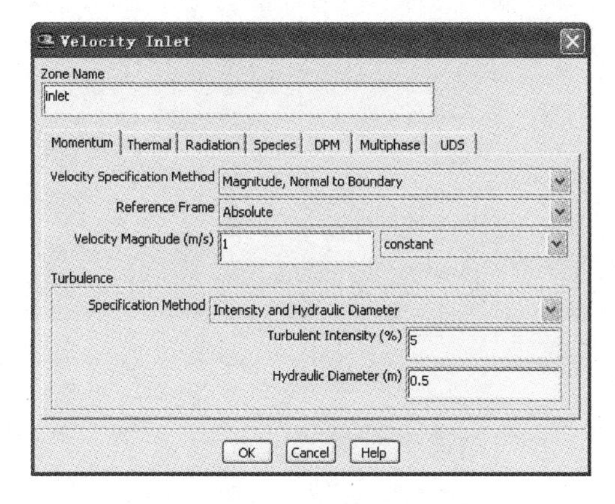

图 6-27 Velocity Inlet 对话框

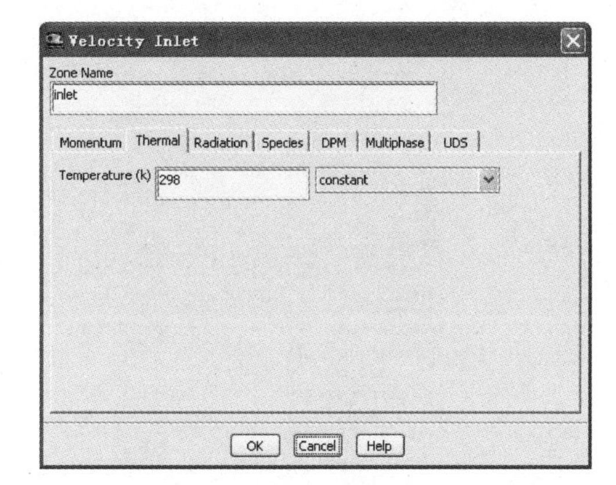

图 6-28 进口边界条件对话框

f. 单击 OK 按钮，关闭 Velocity Inlet 对话框。

② 设置出口的边界条件。

A. 从 Zone 列表中选择 outlet，并设置 Type 为 pressure-outlet。

B. 单击 Edit 按钮，弹出 Pressure Outlet 对话框，如图 6-29 所示。

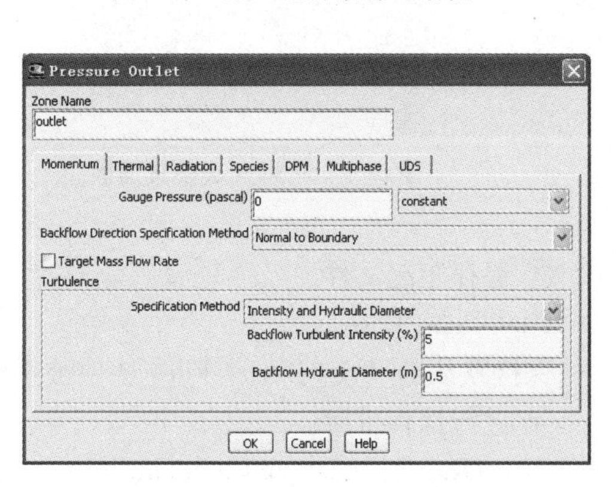

图 6-29 Pressure Outlet 对话框

使用默认的表压参数值，因为出口为大气压。

a. 从 Specification Method 下拉列表中选择 Intensity and Hydraulic Diameter。

b. 在 Backflow Turbulent Intensity（%）文本框中输入 5。

c. 在 Backflow Hydraulic Diameter（m）文本框中输入 0.5。

这些湍流参数的值只有在回流发生时才被使用。

d. 单击 OK 按钮，关闭 Pressure Outlet 对话框。

③ 设置壁面的边界条件。

A. 从 Zone 列表中选择 wall，并设置 Type 为 wall。

B. 单击 Edit 按钮，弹出 Wall 对话框，如图 6-30 所示。

a. 在 Thermal 选项卡中设置 Thermal Conditions 为 Temperature，并在 Temperature（k）文本框中输入 303。

b. 单击 OK 按钮，关闭 Wall 对话框。

5）步骤五：求解。

① 保持默认的求解参数，如图 6-31 所示。

Solve/Methods

② 初始化流场。

Solve/Initialization

A. 从 Compute from 下拉列表中选择 inlet。

B. 单击 Initialize 按钮，如图 6-32 所示。

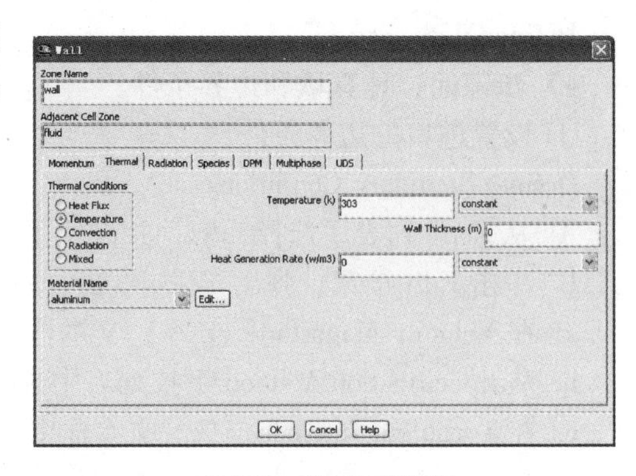

图 6-30　Wall 对话框

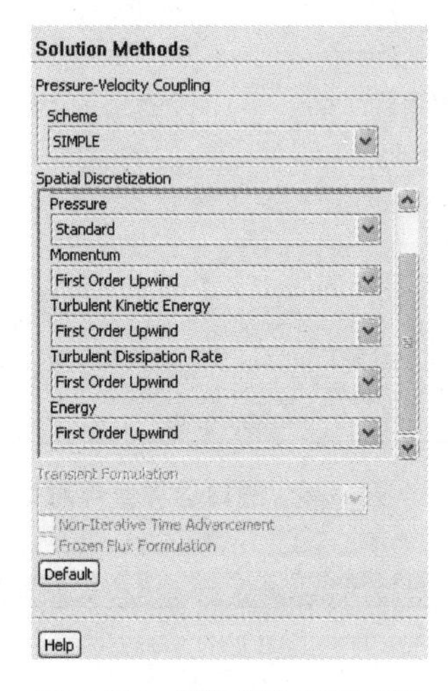

图 6-31　求解方法设置面板

图 6-32　求解初始化面板

③ 保存工况文件。

File/Write/Case

保持默认的 Write Binary Files 选项被选中。

④ 进行迭代求解。

Solve/Run Calculation/Calculate

A. 设置 Number of Iterations 为 1000，如图 6-33 所示。

B. 单击 Calculate 按钮开始求解。

6）步骤六：后处理。

① 显示速度云图。

Display/Graphics and Animations/Contours

A. 从 Contours of 下拉列表中选择 Velocity 和 Velocity Magnitude，如图 6-34 所示。

B. 单击 Filled 复选框。

C. 单击 Display 按钮，关闭 Contours 对话框。速度云图显

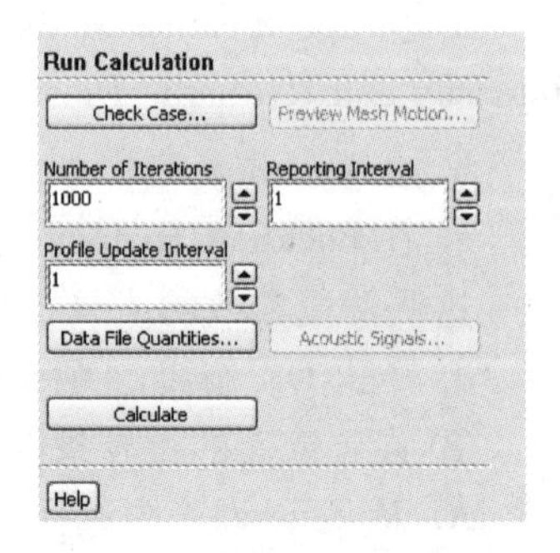

图 6-33　求解运行设置面板

示效果如图 6-35 所示。

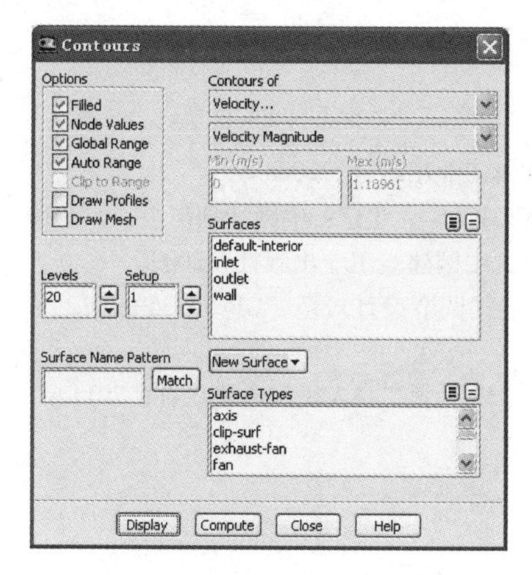

图 6-34　Contours 对话框（一）

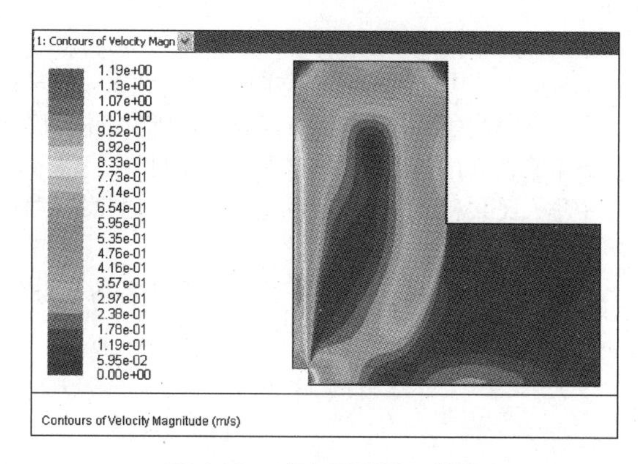

图 6-35　速度云图显示效果

分析该速度云图可以发现，房间中正对着出风方向的地方，空气流速较大，而房间的另一部分，风速较小。

② 显示温度云图。

Display/Graphics and Animations/Contours

A. 从 Contours of 下拉列表中选择 Temperature 和 Static Temperature，如图 6-36 所示。

B. 单击 Filled 复选框。

C. 单击 Display 按钮，关闭 Contours 对话框。温度云图显示效果如图 6-37 所示。

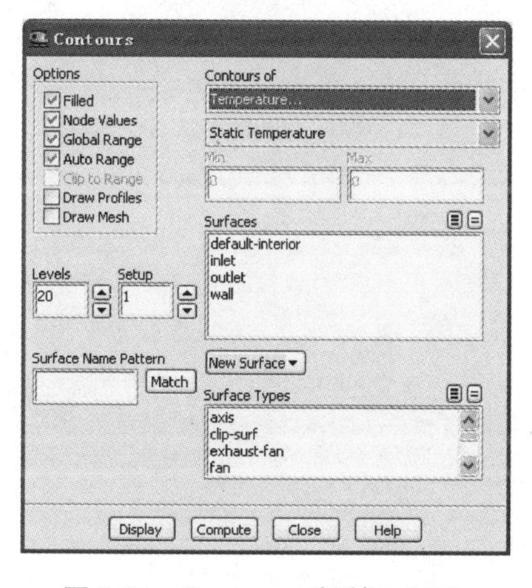

图 6-36　Contours 对话框（二）

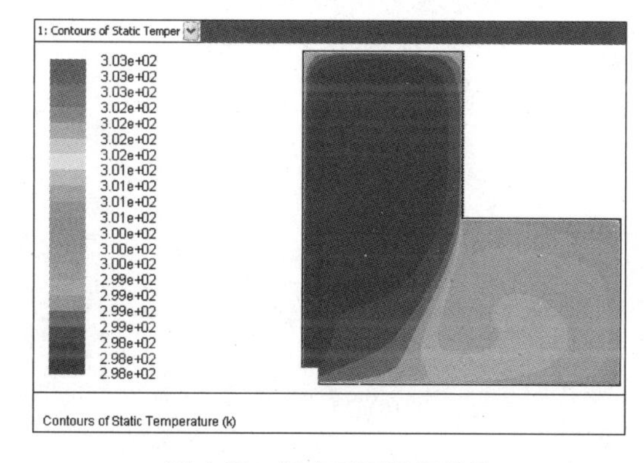

图 6-37　温度云图显示效果

由该温度云图可以发现，房间中正对出风方向的地方温度较低。

（4）总结　本算例利用标准 k-ε 湍流模型和一阶离散格式进行了室内气流组织的模拟，并且获得了初步模拟结果。如果要获得更为精确的结果，则需采用 RNG k-ε 湍流模型，并采用高阶离散格式继续求解直至收敛。更合适的湍流模型和高阶离散格式都能提高求解精度。

参 考 文 献

[1] 陆耀庆. 实用供热空调设计手册 [M]. 2 版. 北京：中国建筑工业出版社，2008.

[2] 中华人民共和国住房和城乡建设部. 风口选用与安装；10K121 [S]. 北京：中国计划出版社，2010.

[3] 赵荣义，范存养，薛殿华，等. 空气调节 [M]. 4 版. 北京：中国建筑工业出版社，2009.

[4] 中华人民共和国住房和城乡建设部. 民用建筑供暖通风与空气调节设计规范：GB 50736—2012 [S]. 北京：中国建筑工业出版社，2012.

[5] 李鹏飞，徐敏义，王飞飞. 精通 CFD 工程仿真与案例实践 [M]. 北京：人民邮电出版社，2011.

第 7 章 风系统设计与计算

7

7.1 风系统设计基础

7.1.1 设计基本任务

风管设计的基本任务是，首先根据建筑物或生产工艺对通风空调系统的要求，确定风管系统的形式、风管的走向和在建筑空间内的位置，以及风口的布置，并选择风管的断面形状和风管的尺寸（对于公共建筑，风管高度的选取往往受到吊顶空间的制约）；然后计算风管的沿程（摩擦）压力损失（Δp_m）和局部压力损失（Δp_j），最终确定风管的尺寸并选择通风机或空气处理机组。

风管的压力损失 Δp(Pa)：$\Delta p=\Delta p_m+\Delta p_j$。

局部阻力损失还包括盘管风侧阻力损失、过滤网等。

通常的对空气处理机组要计算从空气处理机组出风口至回风口的管路的阻力损失。

7.1.2 风管的分类

1）按制作风管的材料分：金属风管和非金属风管。

2）按风管系统的工作压力分：低压系统（$p\leqslant500$Pa）、中压系统（$500<p\leqslant1500$Pa）和高压系统（$p>1500$Pa）。

7.1.3 常用风管尺寸

对于金属风管以外径或外边长为标注尺寸，对于非金属风管以内径或内边长为标注尺寸。

1）圆形风管规格（表 7-1）：有基本系列和辅助系列，应优先采用基本系列；适用于钢（铝）制风管、除尘风管、气密性风管和硬聚氯乙烯板风管等。

表 7-1 圆形风管规格

风管直径 D/mm			
基本系列	辅助系列	基本系列	辅助系列
100	80，90	200	190
120	110	220	210
140	130	250	240
160	150	280	260
180	170	320	300

（续）

风管直径 D/mm			
基本系列	辅助系列	基本系列	辅助系列
360	340	900	850
400	380	1000	950
450	420	1120	1060
500	480	1250	1180
560	530	1400	1320
630	600	1600	1500
700	670	1800	1700
800	750	2000	1900

2）矩形风管规格（表7-2）：适用于钢（铝）制风管、硬聚氯乙烯板风管、无机玻璃钢风管、聚氨酯铝箔复合板风管等。

表7-2 矩形风管规格

风管边长（长边/mm×短边/mm）		风管边长（长边/mm×短边/mm）	
120×120	630×500	320×320	1250×400
160×120	630×630	400×200	1250×500
160×160	800×320	400×250	1250×630
200×120	800×400	400×320	1250×800
200×160	800×500	400×400	1250×1000
200×200	800×630	500×200	1600×500
250×120	800×800	500×250	1600×630
250×160	1000×320	500×320	1600×800
250×200	1000×400	500×400	1600×1000
250×250	1000×500	500×500	1600×1250
320×160	1000×630	630×250	2000×800
320×200	1000×800	630×320	2000×1000
320×250	1000×1000	630×400	2000×1250

7.1.4 风管材料及形状

1）风管材料一般采用薄钢板涂漆或镀锌薄钢板，利用建筑空间或地沟的也可采用钢筋混凝土或砖砌风道；其表面应抹光，要求高的还要刷漆。地沟风道要做防水处理，放在有腐蚀气体房间的风管可采用塑料或玻璃钢。

2）风管的形状一般为圆形和矩形。圆形风管强度大耗钢量小，但占有效空间大，其弯管与三通需较长距离。矩形风管由于有占有效空间小，易于布置，明装较美观等特点，故空调风管多采用矩形风管。矩形风管高宽比宜在2.5以下。高速风管宜采用圆形螺旋风管。

3）风管的尺寸应按表7-1和表7-2规定的尺寸选用，以便于机械化加工风管和法兰，也便于配置标准阀门与配件。风管的标注一般以外径或外边长为标准。

4）风管一般应采用钢板制作，其优点是不燃烧、易加工、耐久，也较经济。风管的形式有很多种，一般采用矩形或圆形风管，钢板风管按其形状可分为圆形风管和矩形风管。圆形风管强度大，耗材料较少，但加工工艺较复杂，占用空间比较大。矩形风管易布置，弯头及三通的部件尺寸要小于圆形风管，且易加工，因而使用广泛。

7.2 风管的沿程压力损失

风管的沿程压力损失有两种方法计算。第一，按公式直接计算；第二，查表计算。下面分别介绍这两种计算方法。

7.2.1 通过公式计算沿程压力损失

由于空气本身有黏滞性，而且与管壁间有摩擦，因而沿程将产生阻力，这部分阻力通常称为沿程阻力或摩擦阻力。克服沿程阻力引起的能量损失称为沿程压力损失或摩擦压力损失，简称沿程损失或摩擦损失。

（1）通过圆形风管的风量 通过圆形风管的风量L(m^3/h）按下式计算：

$$L = 900\pi d^2 v \tag{7-1}$$

式中 d——风管内径（m）；

v——管内风速（m/s）。

（2）通过矩形风管的风量 通过矩形风管的风量L(m^3/h）按下式计算：

$$L = 3600abv \tag{7-2}$$

式中 a、b——风管断面的净宽和净高（m）。

（3）风管沿程压力损失 风管沿程压力损失Δp_m(Pa）可按下式计算：

$$\Delta p_m = R_m l \tag{7-3}$$

式中 R_m——单位管长沿程摩擦阻力（Pa/m）；

l——风管长度（m）。

（4）单位管长沿程摩擦阻力 单位管长沿程摩擦阻力R_m可按下式计算：

$$R_m = \frac{\lambda}{d_e}\frac{v^2\rho}{2} \tag{7-4}$$

式中 λ——摩擦阻力系数；

ρ——空气密度（kg/m^3）；

d_e——风管当量直径（m）。

对于圆形风管：

$$d_e = d \tag{7-5}$$

对于非圆形风管：

$$d_e = \frac{4F}{P} \tag{7-6}$$

例如，对于矩形风管：$d_e = \dfrac{2ab}{a+b}$。

对于扁圆风管：
$$F=\frac{\pi A^2}{4}+A(B-A) \tag{7-7}$$
$$P=\pi A+2(B-A) \tag{7-8}$$

式中 F——风管的净断面面积（m^2）；
P——风管断面的湿周（m）；
a——矩形风管的一边（m）；
b——矩形风管的另一边（m）；
A——扁圆风管的短轴（m）；
B——扁圆风管的长轴（m）。

（5）摩擦阻力系数 摩擦阻力系数 λ 可按下式计算：
$$\frac{1}{\sqrt{\lambda}}=-2\log\left(\frac{K}{3.71d_e}+\frac{2.51}{Re\sqrt{\lambda}}\right) \tag{7-9}$$

式中 K——风管内壁的绝对粗糙度（m）；表 7-3 给出了常用风管内壁的绝对粗糙度；
Re——雷诺数：
$$Re=\frac{vd_e}{\nu} \tag{7-10}$$
ν——运动黏度（m^2/s）。

表 7-3 风管内壁的绝对粗糙度

绝对粗糙度 K/mm	粗糙等级	典型风管材料及构造
0.03	光滑	洁净的无涂层碳钢板，PVC 塑料，铝
0.09	中等光滑	镀锌钢板纵向咬口，管段长 1200mm
0.15	一般	镀锌钢板纵向咬口，管段长 760mm
0.90	中等粗糙	镀锌钢板螺旋咬口，玻璃钢风管
3.00	粗糙	内表面喷涂的玻璃钢风管，金属软管，混凝土

7.2.2 通过查表计算沿程压力损失

可以按规定的制表条件事先算出单位管长沿程摩擦阻力 R_m(Pa/m)，并编成表格供随时查用。当已知风管的计算长度为 l(m) 时，即可用式（7-3）算出该段风管的沿程压力损失 Δp_m(Pa) 了。下面介绍与计算表有关的内容。

（1）制表条件

1）风管断面尺寸。风管规格取自表 7-1 和表 7-2 中的尺寸。

注：矩形风管的长边、短边之比不宜大于 4，最大不应超过 10。

2）空气参数。设空气处于标准状态，即大气压力为 101.325kPa，温度为 20℃，密度 ρ=1.2kg/m^3，运动黏度 $\nu=15.06\times10^{-6}m^2/s$。

（2）风管内壁的绝对粗糙度 以 $K=0.15\times10^{-3}m$ 作为钢板风管内壁绝对粗糙度的标准，其他风管的内壁绝对粗糙度见表 7-6。

（3）单位长度沿程压力损失的标准计算表 钢板圆形风管单位长度摩擦阻力可查表7-4。钢板矩形风管单位长度摩擦阻力可查表 7-5。

表 7-4 钢板圆形风管单位长度沿程压力损失计算表

风速/(m/s)	动压/Pa	风管直径/mm												
		100	120	140	160	180	200	220	250	280	320	360	400	450
		上行：风量/(m^3/h) 下行：单位长度摩擦阻力/(Pa/m)												
2	2.40	57	81	111	145	183	226	274	353	443	579	732	904	1145
		0.75	0.59	0.49	0.41	0.35	0.31	0.28	0.23	0.20	0.17	0.15	0.13	0.11
2.5	3.75	71	102	138	181	229	283	342	442	554	723	916	1130	1431
		1.12	0.89	0.73	0.62	0.53	0.47	0.41	0.35	0.31	0.26	0.23	0.20	0.17
3	5.40	85	122	166	217	275	339	410	530	665	868	1099	1356	1717
		1.56	1.24	1.02	0.86	0.74	0.65	0.58	0.49	0.43	0.36	0.31	0.28	0.24
3.5	7.35	99	142	194	253	320	396	479	618	775	1013	1282	1583	2003
		2.07	1.64	1.35	1.14	0.99	0.87	0.77	0.66	0.57	0.48	0.42	0.37	0.32
4	9.60	113	163	222	289	366	452	547	707	886	1158	1465	1809	2289
		2.65	2.10	1.73	1.46	1.26	1.11	0.98	0.84	0.73	0.62	0.54	0.47	0.41
4.5	12.15	127	183	249	326	412	509	616	795	997	1302	1648	2035	2575
		3.29	2.61	2.15	1.82	1.57	1.38	1.23	1.05	0.91	0.77	0.67	0.59	0.51
5	15.00	141	203	277	362	458	565	684	883	1108	1447	1831	2261	2861
		4.00	3.18	2.62	2.22	1.91	1.68	1.49	1.27	1.11	0.94	0.81	0.71	0.62
5.5	18.15	155	224	305	398	504	622	752	971	1219	1592	2014	2487	3147
		4.78	3.80	3.13	2.65	2.29	2.01	1.78	1.52	1.32	1.12	0.97	0.85	0.74
6	21.60	170	244	332	434	549	678	821	1060	1329	1736	2197	2713	3434
		5.62	4.47	3.68	3.12	2.69	2.36	2.10	1.79	1.56	1.32	1.14	1.01	0.87
6.5	25.35	184	265	360	470	595	735	889	1148	1440	1881	2381	2939	3720
		6.53	5.19	4.28	3.62	3.13	2.74	2.44	2.08	1.81	1.54	1.33	1.17	1.01
7	29.40	198	285	388	506	641	791	957	1236	1551	2026	2564	3165	4006
		7.51	5.97	4.92	4.16	3.60	3.16	2.80	2.39	2.08	1.77	1.53	1.34	1.16

（续）

风速/(m/s)	动压/Pa	风管直径/mm												
		100	120	140	160	180	200	220	250	280	320	360	400	450
		上行：风量/(m^3/h)　下行：单位长度摩擦阻力/(Pa/m)												
7.5	33.75	212	305	415	543	687	848	1026	1325	1662	2170	2747	3391	4292
		8.55	6.80	5.60	4.74	4.10	3.59	3.19	2.73	2.37	2.01	1.74	1.53	1.33
8	38.40	226	326	443	579	732	904	1094	1413	1772	2315	2930	3617	4578
		9.65	7.68	6.33	5.36	4.63	4.06	3.61	3.08	2.68	2.27	1.97	1.73	1.50
8.5	43.35	240	346	471	615	778	961	1163	1501	1883	2460	3113	3843	4864
		10.83	8.61	7.10	6.01	5.19	4.55	4.05	3.46	3.01	2.55	2.21	1.94	1.68
9	48.60	254	366	499	651	824	1017	1231	1590	1994	2604	3296	4069	5150
		12.07	9.59	7.91	6.70	5.79	5.08	4.51	3.85	3.35	2.84	2.46	2.17	1.88
9.5	54.15	268	387	526	687	870	1074	1299	1678	2105	2749	3479	4296	5437
		13.37	10.63	8.77	7.42	6.41	5.63	5.00	4.27	3.72	3.15	2.73	2.40	2.08
10	60.00	283	407	554	723	916	1130	1368	1766	2216	2894	3662	4522	5723
		14.74	11.72	9.67	8.18	7.07	6.20	5.51	4.71	4.10	3.48	3.01	2.65	2.29
10.5	66.15	297	427	582	760	961	1187	1436	1855	2326	3039	3846	4748	6009
		16.17	12.86	10.61	8.98	7.76	6.81	6.05	5.17	4.50	3.82	3.30	2.91	2.52
11	72.60	311	448	609	796	1007	1243	1505	1943	2437	3183	4029	4974	6295
		17.68	14.06	11.59	9.82	8.48	7.44	6.62	5.65	4.91	4.17	3.61	3.18	2.75
11.5	79.35	325	468	637	832	1053	1300	1573	2031	2548	3328	4212	5200	6581
		19.24	15.30	12.62	10.69	9.23	8.10	7.20	6.15	5.35	4.54	3.93	3.46	3.00
12	86.40	339	488	665	868	1099	1356	1641	2120	2659	3473	4395	5426	6867
		20.87	16.60	13.69	11.59	10.02	8.79	7.81	6.67	5.81	4.93	4.27	3.75	3.25
12.5	93.75	353	509	692	904	1145	1413	1710	2208	2769	3617	4578	5652	7153
		22.57	17.95	14.81	12.54	10.83	9.51	8.45	7.22	6.28	5.33	4.61	4.06	3.52
13	101.40	367	529	720	940	1190	1470	1778	2296	2880	3762	4761	5878	7439
		24.33	19.36	15.96	13.52	11.68	10.25	9.11	7.78	6.77	5.75	4.98	4.38	3.79

13.5	109.35	382	549	748	977	1236	1526	1847	2384	2991	3907	4944	6104	7726
		26.16	20.81	17.16	14.53	12.56	11.02	9.80	8.37	7.28	6.18	5.35	4.71	4.08
14	117.60	396	570	775	1013	1282	1583	1915	2473	3102	4051	5127	6330	8012
		28.05	22.32	18.41	15.59	13.47	11.82	10.51	8.97	7.81	6.63	5.74	5.05	4.37
14.5	126.15	410	590	803	1049	1328	1639	1983	2561	3213	4196	5311	6556	8298
		30.01	23.88	19.69	16.68	14.41	12.64	11.24	9.60	8.35	7.09	6.14	5.40	4.68
15	135.00	424	610	831	1085	1373	1696	2052	2649	3323	4341	5494	6782	8584
		32.04	25.49	21.02	17.80	15.38	13.50	12.00	10.25	8.92	7.57	6.55	5.76	4.99
15.5	144.15	438	631	859	1121	1419	1752	2120	2738	3434	4485	5677	7008	8870
		34.13	27.15	22.39	18.96	16.38	14.38	12.78	10.92	9.50	8.06	6.98	6.14	5.32
16	153.60	452	651	886	1158	1465	1809	2188	2826	3545	4630	5860	7235	9156
		36.28	28.86	23.81	20.16	17.42	15.29	13.59	11.61	10.10	8.57	7.42	6.53	5.66

风速/(m/s)	动压/Pa	风管直径/mm												
		500	560	630	700	800	900	1000	1120	1250	1400	1600	1800	2000
		上行：风量/(m³/h)　　下行：单位长度摩擦阻力/(Pa/m)												
2	2.40	1413	1772	2243	2769	3617	4578	5652	7090	8831	11078	14469	18312	22608
		0.10	0.09	0.07	0.07	0.06	0.05	0.04	0.04	0.03	0.03	0.02	0.02	0.02
2.5	3.75	1766	2216	2804	3462	4522	5723	7065	8862	11039	13847	18086	22891	28260
		0.15	0.13	0.11	0.10	0.08	0.07	0.06	0.06	0.05	0.04	0.04	0.03	0.03
3	5.40	2120	2659	3365	4154	5426	6867	8478	10635	13247	16617	21704	27469	33912
		0.21	0.18	0.16	0.14	0.12	0.10	0.09	0.08	0.07	0.06	0.05	0.04	0.04
3.5	7.35	2473	3102	3926	4847	6330	8012	9891	12407	15455	19386	25321	32047	39564
		0.28	0.24	0.21	0.19	0.16	0.14	0.12	0.11	0.09	0.08	0.07	0.06	0.05

（续）

风速/(m/s)	动压/Pa	风管直径/mm 500	560	630	700	800	900	1000	1120	1250	1400	1600	1800	2000
		上行：风量/(m^3/h)　下行：单位长度摩擦阻力/(Pa/m)												
4	9.60	2826	3545	4487	5539	7235	9156	11304	14180	17663	22156	28938	36625	45216
		0.36	0.31	0.27	0.24	0.20	0.18	0.15	0.13	0.12	0.10	0.09	0.08	0.07
4.5	12.15	3179	3988	5047	6231	8139	10301	12717	15952	19870	24925	32556	41203	50868
		0.45	0.39	0.34	0.30	0.25	0.22	0.19	0.17	0.15	0.13	0.11	0.10	0.08
5	15.00	3533	4431	5608	6924	9043	11445	14130	17725	22078	27695	36173	45781	56520
		0.54	0.47	0.41	0.36	0.31	0.27	0.23	0.20	0.18	0.16	0.13	0.12	0.10
5.5	18.15	3886	4874	6169	7616	9948	12590	15543	19497	24286	30464	39790	50359	62172
		0.65	0.57	0.49	0.43	0.37	0.32	0.28	0.25	0.21	0.19	0.16	0.14	0.12
6	21.60	4239	5317	6730	8308	10852	13734	16956	21270	26494	33234	43407	54937	67824
		0.77	0.67	0.58	0.51	0.43	0.38	0.33	0.29	0.25	0.22	0.19	0.16	0.14
6.5	25.35	4592	5761	7291	9001	11756	14879	18369	23042	28702	36003	47025	59516	73476
		0.89	0.78	0.67	0.59	0.50	0.44	0.38	0.34	0.29	0.26	0.22	0.19	0.17
7	29.40	4946	6204	7851	9693	12660	16023	19782	24815	30909	38773	50642	64094	79128
		1.02	0.89	0.77	0.68	0.58	0.50	0.44	0.39	0.34	0.30	0.25	0.22	0.19
7.5	33.75	5299	6647	8412	10386	13565	17168	21195	26587	33117	41542	54259	68672	84780
		1.17	1.02	0.88	0.78	0.66	0.57	0.50	0.44	0.39	0.34	0.29	0.25	0.22
8	38.40	5652	7090	8973	11078	14469	18312	22608	28359	35325	44312	57876	73250	90432
		1.32	1.15	1.00	0.88	0.75	0.65	0.57	0.50	0.44	0.38	0.33	0.28	0.25
8.5	43.35	6005	7533	9534	11770	15373	19457	24021	30132	37533	47081	61494	77828	96084
		1.48	1.29	1.12	0.98	0.84	0.73	0.64	0.56	0.49	0.43	0.36	0.32	0.28
9	48.60	6359	7976	10095	12463	16278	20602	25434	31904	39741	49851	65111	82406	101736
		1.65	1.44	1.25	1.10	0.93	0.81	0.71	0.62	0.55	0.48	0.41	0.35	0.31
9.5	54.15	6712	8419	10656	13155	17182	21746	26847	33677	41948	52620	68728	86984	107388
		1.83	1.59	1.38	1.22	1.04	0.90	0.79	0.69	0.61	0.53	0.45	0.39	0.35

10	60.00	7065	8862	11216	13847	18086	22891	28260	35449	44156	55390	72346	91562	113040
		2.02	1.76	1.52	1.34	1.14	0.99	0.87	0.76	0.67	0.58	0.50	0.43	0.38
10.5	66.15	7418	9305	11777	14540	18991	24035	29673	37222	46364	58159	75963	96141	118692
		2.21	1.93	1.67	1.47	1.25	1.09	0.96	0.84	0.73	0.64	0.55	0.48	0.42
11	72.60	7772	9749	12338	15232	19895	25180	31086	38994	48572	60929	79580	100719	124344
		2.42	2.11	1.83	1.61	1.37	1.19	1.05	0.92	0.80	0.70	0.60	0.52	0.46
11.5	79.35	8125	10192	12899	15925	20799	26324	32499	40767	50780	63698	83197	105297	129996
		2.64	2.30	1.99	1.75	1.49	1.30	1.14	1.00	0.87	0.76	0.65	0.57	0.47
12	86.40	8478	10635	13460	16617	21704	27469	33912	42539	52988	66468	86815	109875	135648
		2.86	2.49	2.16	1.90	1.62	1.41	1.24	1.08	0.95	0.83	0.71	0.61	0.54
12.5	93.75	8831	11078	14020	17309	22608	28613	35325	44312	55195	69237	90432	114453	141300
		3.09	2.70	2.34	2.06	1.75	1.52	1.34	1.17	1.03	0.90	0.76	0.66	0.59
13	101.40	9185	11521	14581	18002	23512	29758	36738	46084	57403	72006	94049	119031	146952
		3.34	2.91	2.52	2.22	1.89	1.64	1.44	1.26	1.11	0.97	0.82	0.72	0.63
13.5	109.35	9538	11964	15142	18694	24417	30902	38151	47857	59611	74776	97667	123609	152604
		3.59	3.13	2.71	2.39	2.03	1.76	1.55	1.36	1.19	1.04	0.89	0.77	0.68
14	117.60	9891	12407	15703	19386	25321	32047	39564	49629	61819	77545	101284	128187	158256
		3.85	3.35	2.91	2.56	2.18	1.89	1.67	1.46	1.28	1.11	0.95	0.83	0.73
14.5	126.15	10244	12850	16264	20079	26225	33191	40977	51402	64027	80315	104901	132765	163908
		4.12	3.59	3.11	2.74	2.33	2.02	1.78	1.56	1.37	1.19	1.02	0.88	0.78
15	135.00	10598	13294	16825	20771	27130	34336	42390	53174	66234	83084	108518	137344	169560
		4.39	3.83	3.32	2.92	2.49	2.16	1.90	1.66	1.46	1.27	1.09	0.94	0.83
15.5	144.15	10951	13737	17385	21463	28034	35480	43803	54946	68442	85854	112136	141922	175212
		4.68	4.08	3.54	3.12	2.65	2.30	2.03	1.77	1.55	1.36	1.16	1.01	0.89
16	153.60	11304	14180	17946	22156	28938	36625	45216	56719	70650	88623	115753	146500	180864
		4.98	4.34	3.76	3.31	2.82	2.45	2.16	1.88	1.65	1.44	1.23	1.07	0.94

表 7-5　钢板矩形风管单位长度沿程压力损失计算表

风速/(m/s)	动压/Pa	风管断面尺寸——上行：宽/mm　下行：高/mm																			
		120	160	200	160	250	200	320	250	200	400	250	320	500	250	400	320	630	500	400	320
		120	120	120	160	120	160	120	160	200	120	200	160	120	250	160	200	120	160	200	250
		上行：风量/(m^3/h)　下行：单位长度摩擦阻力/(Pa/m)																			
2	2.40	104	138	173	184	216	230	276	288	288	346	360	369	432	450	461	461	544	576	576	576
		0.59	0.50	0.45	0.41	0.40	0.36	0.37	0.32	0.31	0.34	0.27	0.29	0.32	0.23	0.26	0.24	0.31	0.24	0.22	0.20
2.5	3.75	130	173	216	230	270	288	346	360	360	432	450	461	540	563	576	576	680	720	720	720
		0.89	0.75	0.67	0.62	0.61	0.54	0.55	0.48	0.47	0.52	0.41	0.43	0.49	0.35	0.40	0.36	0.46	0.37	0.33	0.31
3	5.40	156	207	259	276	324	346	415	432	432	518	540	553	648	675	691	691	816	864	864	864
		1.24	1.05	0.94	0.86	0.85	0.76	0.77	0.67	0.65	0.72	0.57	0.60	0.68	0.49	0.55	0.50	0.65	0.51	0.46	0.43
3.5	7.35	181	242	302	323	378	403	484	504	504	605	630	645	756	788	806	806	953	1008	1008	1008
		1.64	1.39	1.24	1.14	1.13	1.00	1.03	0.89	0.87	0.96	0.76	0.80	0.90	0.66	0.73	0.67	0.86	0.68	0.61	0.57
4	9.60	207	276	346	369	432	461	553	576	576	691	720	737	864	900	922	922	1089	1152	1152	1152
		2.10	1.78	1.59	1.46	1.44	1.28	1.31	1.14	1.11	1.22	0.97	1.02	1.15	0.84	0.94	0.86	1.10	0.87	0.78	0.73
4.5	12.15	233	311	389	415	486	518	622	648	648	778	810	829	972	1013	1037	1037	1225	1296	1296	1296
		2.61	2.21	1.98	1.82	1.79	1.60	1.63	1.42	1.38	1.52	1.21	1.27	1.44	1.05	1.17	1.07	1.37	1.09	0.97	0.91
5	15.00	259	346	432	461	540	576	691	720	720	864	900	922	1080	1125	1152	1152	1361	1440	1440	1440
		3.18	2.69	2.40	2.22	2.18	1.94	1.99	1.73	1.68	1.85	1.47	1.55	1.75	1.27	1.42	1.30	1.66	1.32	1.18	1.10
5.5	18.15	285	380	475	507	594	634	760	792	792	950	990	1014	1188	1238	1267	1267	1497	1584	1584	1584
		3.80	3.21	2.87	2.65	2.60	2.32	2.38	2.07	2.01	2.22	1.76	1.85	2.09	1.52	1.70	1.55	1.99	1.58	1.40	1.32
6	21.60	311	415	518	553	648	691	829	864	864	1037	1080	1106	1296	1350	1382	1382	1633	1728	1728	1728
		4.47	3.78	3.38	3.12	3.06	2.73	2.80	2.43	2.36	2.61	2.07	2.18	2.46	1.79	2.00	1.83	2.34	1.86	1.65	1.55
6.5	25.35	337	449	562	599	702	749	899	936	936	1123	1170	1198	1404	1463	1498	1498	1769	1872	1872	1872
		5.19	4.39	3.93	3.62	3.56	3.18	3.25	2.83	2.74	3.03	2.41	2.53	2.86	2.08	2.33	2.12	2.72	2.16	1.92	1.80

7	29.40	363	484	605	645	756	806	968	1008	1008	1210	1260	1290	1512	1575	1613	1613	1905	2016	2016	2016
		5.97	5.05	4.51	4.16	4.09	3.65	3.74	3.25	3.16	3.48	2.77	2.91	3.29	2.39	2.67	2.44	3.12	2.49	2.21	2.08
7.5	33.75	389	518	648	691	810	864	1037	1080	1080	1296	1350	1382	1620	1688	1728	1728	2041	2160	2160	2160
		6.80	5.75	5.14	4.74	4.66	4.16	4.26	3.71	3.59	3.97	3.15	3.32	3.74	2.73	3.05	2.78	3.56	2.83	2.52	2.36
8	38.40	415	553	691	737	864	922	1106	1152	1152	1382	1440	1475	1728	1800	1843	1843	2177	2304	2304	2304
		7.68	6.49	5.81	5.36	5.27	4.70	4.81	4.19	4.06	4.48	3.56	3.75	4.23	3.08	3.44	3.14	4.02	3.20	2.85	2.67
8.5	43.35	441	588	734	783	918	979	1175	1224	1224	1469	1530	1567	1836	1913	1958	1958	2313	2448	2448	2448
		8.61	7.28	6.51	6.01	5.91	5.27	5.39	4.70	4.55	5.03	4.00	4.21	4.74	3.46	3.86	3.52	4.51	3.59	3.19	3.00
9	48.60	467	622	778	829	972	1037	1244	1296	1296	1555	1620	1659	1944	2025	2074	2074	2449	2592	2592	2592
		9.59	8.12	7.26	6.70	6.59	5.88	6.01	5.23	5.08	5.61	4.46	4.69	5.29	3.85	4.30	3.93	5.03	4.00	3.56	3.34
9.5	54.15	492	657	821	876	1026	1094	1313	1368	1368	1642	1710	1751	2052	2138	2189	2189	2586	2736	2736	2736
		10.63	9.00	8.04	7.42	7.30	6.51	6.66	5.80	5.63	6.21	4.94	5.19	5.86	4.27	4.77	4.35	5.57	4.44	3.94	3.70
10	60.00	518	691	864	922	1080	1152	1382	1440	1440	1728	1800	1843	2160	2250	2304	2304	2722	2880	2880	2880
		11.72	9.92	8.87	8.18	8.05	7.18	7.35	6.40	6.20	6.85	5.45	5.73	6.46	4.71	5.26	4.80	6.14	4.89	4.35	4.08
10.5	66.15	544	726	907	968	1134	1210	1452	1512	1512	1814	1890	1935	2268	2363	2419	2419	2858	3024	3024	3024
		12.86	10.89	9.73	8.98	8.83	7.88	8.06	7.02	6.81	7.52	5.98	6.29	7.09	5.17	5.77	5.27	6.74	5.37	4.77	4.48
11	72.60	570	760	950	1014	1188	1267	1521	1584	1584	1901	1980	2028	2376	2475	2534	2534	2994	3168	3168	3168
		14.06	11.90	10.64	9.82	9.65	8.61	8.81	7.67	7.44	8.22	6.53	6.87	7.75	5.65	6.31	5.76	7.37	5.87	5.22	4.90
11.5	79.35	596	795	994	1060	1242	1325	1590	1656	1656	1987	2070	2120	2484	2588	2650	2650	3130	3312	3312	3312
		15.30	12.95	11.58	10.69	10.51	9.38	9.59	8.35	8.10	8.95	7.11	7.48	8.44	6.15	6.87	6.27	8.02	6.39	5.68	5.33

（续）

风速/(m/s)	动压/Pa	风管断面尺寸——上行：宽/mm 下行：高/mm																			
		120	160	200	160	250	200	320	250	200	400	250	320	500	250	400	320	630	500	400	320
		120	120	120	160	120	160	120	160	200	120	200	160	120	250	160	200	120	160	200	250
		上行：风量/(m^3/h) 下行：单位长度摩擦阻力/(Pa/m)																			
12	86.40	622	829	1037	1106	1296	1382	1659	1728	1728	2074	2160	2212	2592	2700	2765	2765	3266	3456	3456	3456
		16.60	14.05	12.56	11.59	11.40	10.17	10.41	9.06	8.79	9.71	7.72	8.12	9.16	6.67	7.45	6.80	8.70	6.93	6.16	5.79
12.5	93.75	648	864	1080	1152	1350	1440	1728	1800	1800	2160	2250	2304	2700	2813	2880	2880	3402	3600	3600	3600
		17.95	15.19	13.59	12.54	12.33	11.00	11.25	9.80	9.51	10.50	8.35	8.78	9.90	7.22	8.06	7.36	9.41	7.50	6.67	6.26
13	101.40	674	899	1123	1198	1404	1498	1797	1872	1872	2246	2340	2396	2808	2925	2995	2995	3538	3744	3744	3744
		19.36	16.38	14.65	13.52	13.29	11.86	12.13	10.57	10.25	11.32	9.00	9.46	10.67	7.78	8.69	7.93	10.15	8.08	7.19	6.75
13.5	109.35	700	933	1166	1244	1458	1555	1866	1944	1944	2333	2430	2488	2916	3038	3110	3110	3674	3888	3888	3888
		20.81	17.61	15.75	14.53	14.29	12.75	13.05	11.36	11.02	12.17	9.68	10.18	11.48	8.37	9.34	8.53	10.91	8.69	7.73	7.26
14	117.60	726	968	1210	1290	1512	1613	1935	2016	2016	2419	2520	2580	3024	3150	3226	3226	3810	4032	4032	4032
		22.32	18.89	16.89	15.59	15.33	13.68	13.99	12.19	11.82	13.05	10.38	10.91	12.31	8.97	10.02	9.15	11.70	9.32	8.29	7.78
14.5	126.15	752	1002	1253	1336	1566	1670	2004	2088	2088	2506	2610	2673	3132	3263	3341	3341	3946	4176	4176	4176
		23.88	20.21	18.07	16.68	16.40	14.63	14.97	13.04	12.64	13.96	11.10	11.68	13.17	9.60	10.72	9.79	12.52	9.97	8.87	8.33
15	135.00	778	1037	1296	1382	1620	1728	2074	2160	2160	2592	2700	2765	3240	3375	3456	3456	4082	4320	4320	4320
		25.49	21.57	19.29	17.80	17.51	15.62	15.98	13.92	13.50	14.90	11.85	12.46	14.06	10.25	11.45	10.45	13.37	10.65	9.47	8.89
15.5	144.15	804	1071	1339	1428	1674	1786	2143	2232	2232	2678	2790	2857	3348	3488	3571	3571	4218	4464	4464	4464
		27.15	22.98	20.55	18.96	18.65	16.64	17.02	14.83	14.38	15.88	12.62	13.28	14.97	10.92	12.19	11.13	14.24	11.34	10.09	9.47
16	153.60	829	1106	1382	1475	1728	1843	2212	2304	2304	2765	2880	2949	3456	3600	3686	3686	4355	4608	4608	4608
		28.86	24.43	21.85	20.16	19.83	17.69	18.10	15.76	15.29	16.88	13.42	14.12	15.92	11.61	12.96	11.83	15.14	12.06	10.72	10.07

（续）

风速/(m/s)	动压/Pa	风管断面尺寸——上行：宽/mm　下行：高/mm																		
		800	500	400	630	320	1000	500	630	800	400	630	1000	800	500	400	1250	1000	800	500
		120	200	250	160	320	120	250	200	160	320	250	160	200	320	400	160	200	250	400
		上行：风量/(m^3/h)　下行：单位长度摩擦阻力/(Pa/m)																		
2	2.40	691	720	720	726	737	864	900	907	922	922	1134	1152	1152	1152	1152	1440	1440	1440	1440
		0.29	0.20	0.18	0.23	0.17	0.28	0.16	0.18	0.22	0.15	0.15	0.21	0.17	0.13	0.13	0.20	0.16	0.14	0.11
2.5	3.75	864	900	900	907	922	1080	1125	1134	1152	1152	1418	1440	1440	1440	1440	1800	1800	1800	1800
		0.44	0.30	0.27	0.34	0.26	0.43	0.25	0.28	0.33	0.23	0.23	0.31	0.26	0.20	0.20	0.30	0.25	0.21	0.17
3	5.40	1037	1080	1080	1089	1106	1296	1350	1361	1382	1382	1701	1728	1728	1728	1728	2160	2160	2160	2160
		0.62	0.42	0.38	0.48	0.36	0.60	0.35	0.39	0.46	0.32	0.32	0.44	0.36	0.29	0.28	0.42	0.35	0.29	0.24
3.5	7.35	1210	1260	1260	1270	1290	1512	1575	1588	1613	1613	1985	2016	2016	2016	2016	2520	2520	2520	2520
		0.82	0.56	0.51	0.64	0.48	0.79	0.46	0.52	0.61	0.42	0.42	0.58	0.48	0.38	0.37	0.56	0.46	0.39	0.32
4	9.60	1382	1440	1440	1452	1475	1728	1800	1814	1843	1843	2268	2304	2304	2304	2304	2880	2880	2880	2880
		1.05	0.71	0.65	0.82	0.62	1.02	0.59	0.66	0.78	0.54	0.54	0.74	0.62	0.49	0.47	0.72	0.59	0.50	0.41
4.5	12.15	1555	1620	1620	1633	1659	1944	2025	2041	2074	2074	2552	2592	2592	2592	2592	3240	3240	3240	3240
		1.31	0.89	0.81	1.02	0.77	1.27	0.73	0.82	0.97	0.68	0.67	0.93	0.77	0.60	0.59	0.89	0.73	0.62	0.52
5	15.00	1728	1800	1800	1814	1843	2160	2250	2268	2304	2304	2835	2880	2880	2880	2880	3600	3600	3600	3600
		1.59	1.08	0.99	1.24	0.94	1.54	0.89	1.00	1.18	0.82	0.82	1.13	0.94	0.74	0.71	1.09	0.89	0.76	0.63
5.5	18.15	1901	1980	1980	1996	2028	2376	2475	2495	2534	2534	3119	3168	3168	3168	3168	3960	3960	3960	3960
		1.90	1.29	1.18	1.48	1.12	1.84	1.07	1.20	1.40	0.99	0.98	1.35	1.12	0.88	0.85	1.30	1.07	0.91	0.75
6	21.60	2074	2160	2160	2177	2212	2592	2700	2722	2765	2765	3402	3456	3456	3456	3456	4320	4320	4320	4320
		2.24	1.52	1.39	1.75	1.32	2.17	1.26	1.41	1.65	1.16	1.15	1.59	1.32	1.04	1.01	1.53	1.26	1.07	0.88
6.5	25.35	2246	2340	2340	2359	2396	2808	2925	2948	2995	2995	3686	3744	3744	3744	3744	4680	4680	4680	4680
		2.60	1.77	1.61	2.03	1.54	2.52	1.46	1.64	1.92	1.35	1.34	1.84	1.54	1.20	1.17	1.78	1.46	1.24	1.03

（续）

风速/(m/s)	动压/Pa	风管断面尺寸——上行：宽/mm　下行：高/mm																		
		800	500	400	630	320	1000	500	630	800	400	630	1000	800	500	400	1250	1000	800	500
		120	200	250	160	320	120	250	200	160	320	250	160	200	320	400	160	200	250	400
		上行：风量/(m^3/h)　下行：单位长度摩擦阻力/(Pa/m)																		
7	29.40	2419	2520	2520	2540	2580	3024	3150	3175	3226	3226	3969	4032	4032	4032	4032	5040	5040	5040	5040
		2.99	2.03	1.85	2.33	1.77	2.90	1.68	1.88	2.21	1.55	1.54	2.12	1.77	1.39	1.34	2.05	1.68	1.43	1.18
7.5	33.75	2592	2700	2700	2722	2765	3240	3375	3402	3456	3456	4253	4320	4320	4320	4320	5400	5400	5400	5400
		3.41	2.31	2.11	2.66	2.01	3.30	1.91	2.15	2.52	1.77	1.75	2.42	2.01	1.58	1.53	2.33	1.91	1.63	1.35
8	38.40	2765	2880	2880	2903	2949	3456	3600	3629	3686	3686	4536	4608	4608	4608	4608	5760	5760	5760	5760
		3.85	2.61	2.39	3.00	2.27	3.73	2.16	2.43	2.85	2.00	1.98	2.73	2.27	1.78	1.73	2.64	2.16	1.84	1.52
8.5	43.35	2938	3060	3060	3084	3133	3672	3825	3856	3917	3917	4820	4896	4896	4896	4896	6120	6120	6120	6120
		4.32	2.93	2.68	3.37	2.55	4.18	2.43	2.72	3.19	2.24	2.22	3.06	2.55	2.00	1.94	2.96	2.43	2.06	1.71
9	48.60	3110	3240	3240	3266	3318	3888	4050	4082	4147	4147	5103	5184	5184	5184	5184	6480	6480	6480	6480
		4.82	3.27	2.99	3.76	2.84	4.66	2.71	3.03	3.56	2.50	2.48	3.41	2.84	2.23	2.17	3.30	2.71	2.30	1.90
9.5	54.15	3283	3420	3420	3447	3502	4104	4275	4309	4378	4378	5387	5472	5472	5472	5472	6840	6840	6840	6840
		5.34	3.62	3.31	4.16	3.15	5.17	3.00	3.36	3.94	2.77	2.75	3.78	3.15	2.47	2.40	3.66	3.00	2.55	2.11
10	60.00	3456	3600	3600	3629	3686	4320	4500	4536	4608	4608	5670	5760	5760	5760	5760	7200	7200	7200	7200
		5.89	4.00	3.65	4.59	3.48	5.70	3.31	3.71	4.35	3.06	3.03	4.17	3.48	2.73	2.65	4.03	3.31	2.81	2.33
10.5	66.15	3629	3780	3780	3810	3871	4536	4725	4763	4838	4838	5954	6048	6048	6048	6048	7560	7560	7560	7560
		6.46	4.39	4.01	5.04	3.82	6.25	3.63	4.07	4.77	3.36	3.33	4.58	3.82	2.99	2.91	4.42	3.63	3.08	2.56
11	72.60	3802	3960	3960	3992	4055	4752	4950	4990	5069	5069	6237	6336	6336	6336	6336	7920	7920	7920	7920
		7.06	4.79	4.38	5.51	4.17	6.83	3.97	4.45	5.22	3.67	3.64	5.01	4.17	3.27	3.18	4.84	3.97	3.37	2.79
11.5	79.35	3974	4140	4140	4173	4239	4968	5175	5216	5299	5299	6521	6624	6624	6624	6624	8280	8280	8280	8280
		7.69	5.22	4.77	6.00	4.54	7.44	4.32	4.84	5.68	3.99	3.96	5.45	4.54	3.56	3.46	5.27	4.32	3.67	3.04

12	86.40	4147	4320	4320	4355	4424	5184	5400	5443	5530	5530	6804	6912	6912	6912	6912	8640	8640	8640	8640
		8.34	5.66	5.17	6.51	4.93	8.07	4.69	5.26	6.16	4.33	4.30	5.91	4.93	3.87	3.75	5.71	4.69	3.98	3.30
12.5	93.75	4320	4500	4500	4536	4608	5400	5625	5670	5760	5760	7088	7200	7200	7200	7200	9000	9000	9000	9000
		9.02	6.13	5.59	7.04	5.33	8.73	5.07	5.68	6.67	4.69	4.65	6.39	5.33	4.18	4.06	6.18	5.07	4.31	3.57
13	101.40	4493	4680	4680	4717	4792	5616	5850	5897	5990	5990	7371	7488	7488	7488	7488	9360	9360	9360	9360
		9.72	6.60	6.03	7.59	5.75	9.41	5.47	6.13	7.19	5.05	5.01	6.90	5.75	4.51	4.38	6.66	5.47	4.64	3.85
13.5	109.35	4666	4860	4860	4899	4977	5832	6075	6124	6221	6221	7655	7776	7776	7776	7776	9720	9720	9720	9720
		10.46	7.10	6.48	8.16	6.18	10.12	5.88	6.59	7.73	5.43	5.39	7.41	6.18	4.85	4.71	7.16	5.88	4.99	4.14
14	117.60	4838	5040	5040	5080	5161	6048	6300	6350	6451	6451	7938	8064	8064	8064	8064	10080	10080	10080	10080
		11.21	7.62	6.95	8.75	6.63	10.85	6.30	7.07	8.29	5.83	5.78	7.95	6.63	5.20	5.05	7.68	6.30	5.36	4.44
14.5	126.15	5011	5220	5220	5262	5345	6264	6525	6577	6682	6682	8222	8352	8352	8352	8352	10440	10440	10440	10440
		12.00	8.15	7.44	9.36	7.09	11.61	6.75	7.56	8.87	6.23	6.18	8.51	7.09	5.56	5.40	8.22	6.75	5.73	4.75
15	135.00	5184	5400	5400	5443	5530	6480	6750	6804	6912	6912	8505	8640	8640	8640	8640	10800	10800	10800	10800
		12.81	8.70	7.94	9.99	7.57	12.40	7.20	8.07	9.47	6.66	6.60	9.08	7.57	5.94	5.76	8.77	7.20	6.12	5.07
15.5	144.15	5357	5580	5580	5625	5714	6696	6975	7031	7142	7142	8789	8928	8928	8928	8928	11160	11160	11160	11160
		13.64	9.27	8.46	10.65	8.06	13.20	7.67	8.60	10.09	7.09	7.03	9.67	8.06	6.33	6.14	9.35	7.67	6.52	5.40
16	153.60	5530	5760	5760	5806	5898	6912	7200	7258	7373	7373	9072	9216	9216	9216	9216	11520	11520	11520	11520
		14.50	9.85	9.00	11.32	8.57	14.04	8.16	9.15	10.72	7.54	7.48	10.29	8.57	6.73	6.53	9.94	8.16	6.93	5.74

（续）

风速/(m/s)	动压/Pa	风管断面尺寸——上行：宽/mm　下行：高/mm																
		630	1250	1000	500	630	1600	800	1250	630	1600	1000	800	2000	630	1600	1250	1000
		320	200	250	500	400	160	320	250	500	200	320	400	200	630	250	320	400
		上行：风量/(m^3/h)　下行：单位长度摩擦阻力/(Pa/m)																
2	2.40	1452	1800	1800	1800	1814	1843	1843	2250	2268	2304	2304	2304	2880	2858	2880	2880	2880
		0.12	0.16	0.13	0.10	0.10	0.19	0.11	0.12	0.09	0.15	0.10	0.09	0.15	0.07	0.12	0.10	0.08
2.5	3.75	1814	2250	2250	2250	2268	2304	2304	2813	2835	2880	2880	2880	3600	3572	3600	3600	3600
		0.18	0.24	0.20	0.15	0.15	0.29	0.17	0.19	0.13	0.23	0.16	0.14	0.22	0.11	0.18	0.15	0.13
3	5.40	2177	2700	2700	2700	2722	2765	2765	3375	3402	3456	3456	3456	4320	4287	4320	4320	4320
		0.26	0.33	0.28	0.21	0.22	0.41	0.23	0.26	0.18	0.32	0.22	0.19	0.31	0.16	0.25	0.21	0.18
3.5	7.35	2540	3150	3150	3150	3175	3226	3226	3938	3969	4032	4032	4032	5040	5001	5040	5040	5040
		0.34	0.44	0.37	0.28	0.29	0.54	0.31	0.35	0.24	0.42	0.29	0.26	0.41	0.21	0.33	0.27	0.24
4	9.60	2903	3600	3600	3600	3629	3686	3686	4500	4536	4608	4608	4608	5760	5715	5760	5760	5760
		0.44	0.57	0.47	0.36	0.37	0.70	0.40	0.45	0.31	0.54	0.37	0.33	0.53	0.27	0.43	0.35	0.30
4.5	12.15	3266	4050	4050	4050	4082	4147	4147	5063	5103	5184	5184	5184	6480	6430	6480	6480	6480
		0.55	0.70	0.59	0.45	0.46	0.87	0.50	0.56	0.39	0.68	0.46	0.41	0.66	0.34	0.53	0.44	0.38
5	15.00	3629	4500	4500	4500	4536	4608	4608	5625	5670	5760	5760	5760	7200	7144	7200	7200	7200
		0.66	0.86	0.71	0.54	0.56	1.06	0.61	0.68	0.48	0.82	0.56	0.50	0.80	0.41	0.65	0.53	0.46
5.5	18.15	3992	4950	4950	4950	4990	5069	5069	6188	6237	6336	6336	6336	7920	7859	7920	7920	7920
		0.79	1.02	0.85	0.65	0.67	1.26	0.73	0.81	0.57	0.99	0.67	0.60	0.96	0.49	0.78	0.64	0.55
6	21.60	4355	5400	5400	5400	5443	5530	5530	6750	6804	6912	6912	6912	8640	8573	8640	8640	8640
		0.94	1.21	1.01	0.77	0.79	1.49	0.85	0.96	0.67	1.16	0.79	0.71	1.13	0.58	0.91	0.75	0.65
6.5	25.35	4717	5850	5850	5850	5897	5990	5990	7313	7371	7488	7488	7488	9360	9287	9360	9360	9360
		1.09	1.40	1.17	0.89	0.91	1.73	0.99	1.11	0.78	1.35	0.92	0.82	1.31	0.67	1.06	0.87	0.76

7	29.40	5080	6300	6300	6300	6350	6451	6451	7875	7938	8064	8064	8064	10080	10002	10080	10080	10080
		1.25	1.61	1.34	1.02	1.05	1.99	1.14	1.28	0.90	1.55	1.06	0.95	1.51	0.77	1.22	1.00	0.87
7.5	33.75	5443	6750	6750	6750	6804	6912	6912	8438	8505	8640	8640	8640	10800	10716	10800	10800	10800
		1.42	1.84	1.53	1.17	1.20	2.26	1.30	1.46	1.02	1.77	1.21	1.08	1.72	0.88	1.39	1.14	0.99
8	38.40	5806	7200	7200	7200	7258	7373	7373	9000	9072	9216	9216	9216	11520	11431	11520	11520	11520
		1.61	2.08	1.73	1.32	1.35	2.56	1.47	1.65	1.16	2.00	1.37	1.22	1.94	1.00	1.57	1.29	1.12
8.5	43.35	6169	7650	7650	7650	7711	7834	7834	9563	9639	9792	9792	9792	12240	12145	12240	12240	12240
		1.81	2.33	1.94	1.48	1.52	2.87	1.65	1.85	1.30	2.24	1.54	1.37	2.18	1.12	1.77	1.45	1.26
9	48.60	6532	8100	8100	8100	8165	8294	8294	10125	10206	10368	10368	10368	12960	12860	12960	12960	12960
		2.01	2.60	2.17	1.65	1.69	3.20	1.84	2.06	1.45	2.50	1.71	1.53	2.43	1.25	1.97	1.61	1.40
9.5	54.15	6895	8550	8550	8550	8618	8755	8755	10688	10773	10944	10944	10944	13680	13574	13680	13680	13680
		2.23	2.88	2.40	1.83	1.88	3.54	2.04	2.28	1.60	2.77	1.90	1.69	2.70	1.38	2.18	1.79	1.56
10	60.00	7258	9000	9000	9000	9072	9216	9216	11250	11340	11520	11520	11520	14400	14288	14400	14400	14400
		2.46	3.17	2.65	2.02	2.07	3.91	2.25	2.52	1.77	3.06	2.09	1.87	2.97	1.52	2.41	1.97	1.72
10.5	66.15	7620	9450	9450	9450	9526	9677	9677	11813	11907	12096	12096	12096	15120	15003	15120	15120	15120
		2.70	3.48	2.91	2.21	2.27	4.29	2.47	2.76	1.94	3.36	2.30	2.05	3.26	1.67	2.64	2.16	1.88
11	72.60	7983	9900	9900	9900	9979	10138	10138	12375	12474	12672	12672	12672	15840	15717	15840	15840	15840
		2.95	3.81	3.18	2.42	2.48	4.69	2.70	3.02	2.12	3.67	2.51	2.24	3.57	1.83	2.89	2.37	2.06
11.5	79.35	8346	10350	10350	10350	10433	10598	10598	12938	13041	13248	13248	13248	16560	16432	16560	16560	16560
		3.22	4.15	3.46	2.64	2.71	5.11	2.94	3.29	2.31	3.99	2.74	2.44	3.88	1.99	3.14	2.58	2.24

（续）

风速/(m/s)	动压/Pa	风管断面尺寸——上行：宽/mm　下行：高/mm																
		630	1250	1000	500	630	1600	800	1250	630	1600	1000	800	2000	630	1600	1250	1000
		320	200	250	500	400	160	320	250	500	200	320	400	200	630	250	320	400
		上行：风量/(m³/h)　下行：单位长度摩擦阻力/(Pa/m)																
12	86.40	8709	10800	10800	10800	10886	11059	11059	13500	13608	13824	13824	13824	17280	17146	17280	17280	17280
		3.49	4.50	3.75	2.86	2.94	5.54	3.19	3.57	2.51	4.33	2.97	2.64	4.22	2.16	3.41	2.79	2.43
12.5	93.75	9072	11250	11250	11250	11340	11520	11520	14063	14175	14400	14400	14400	18000	17861	18000	18000	18000
		3.78	4.86	4.06	3.09	3.18	5.99	3.45	3.86	2.71	4.69	3.21	2.86	4.56	2.34	3.69	3.02	2.63
13	101.40	9435	11700	11700	11700	11794	11981	11981	14625	14742	14976	14976	14976	18720	18575	18720	18720	18720
		4.07	5.25	4.38	3.34	3.42	6.46	3.72	4.16	2.92	5.05	3.46	3.08	4.92	2.52	3.98	3.26	2.84
13.5	109.35	9798	12150	12150	12150	12247	12442	12442	15188	15309	15552	15552	15552	19440	19289	19440	19440	19440
		4.38	5.64	4.71	3.59	3.68	6.95	4.00	4.48	3.14	5.43	3.72	3.32	5.29	2.71	4.28	3.50	3.05
14	117.60	10161	12600	12600	12600	12701	12902	12902	15750	15876	16128	16128	16128	20160	20004	20160	20160	20160
		4.69	6.05	5.05	3.85	3.95	7.45	4.29	4.80	3.37	5.83	3.99	3.56	5.67	2.91	4.59	3.76	3.27
14.5	126.15	10524	13050	13050	13050	13154	13363	13363	16313	16443	16704	16704	16704	20880	20718	20880	20880	20880
		5.02	6.47	5.40	4.12	4.22	7.97	4.59	5.14	3.61	6.23	4.27	3.81	6.07	3.11	4.91	4.02	3.50
15	135.00	10886	13500	13500	13500	13608	13824	13824	16875	17010	17280	17280	17280	21600	21433	21600	21600	21600
		5.36	6.91	5.76	4.39	4.51	8.51	4.90	5.48	3.85	6.66	4.56	4.06	6.47	3.32	5.24	4.29	3.74
15.5	144.15	11249	13950	13950	13950	14062	14285	14285	17438	17577	17856	17856	17856	22320	22147	22320	22320	22320
		5.71	7.36	6.14	4.68	4.81	9.06	5.22	5.84	4.10	7.09	4.86	4.33	6.90	3.54	5.58	4.57	3.98
16	153.60	11612	14400	14400	14400	14515	14746	14746	18000	18144	18432	18432	18432	23040	22861	23040	23040	23040
		6.07	7.83	6.53	4.98	5.11	9.64	5.55	6.21	4.36	7.54	5.17	4.60	7.33	3.76	5.94	4.86	4.23

（续）

风速/(m/s)	动压/Pa	风管断面尺寸——上行：宽/mm 下行：高/mm																
		800	2000	1250	1000	800	1600	2500	1250	1000	2000	1600	800	1250	2500	2000	1600	1000
		500	250	400	500	630	320	250	500	630	320	400	800	630	320	400	500	800
		上行：风量/(m^3/h) 下行：单位长度摩擦阻力/(Pa/m)																
2	2.40	2880	3600	3600	3600	3629	3686	4500	4500	4536	4608	4608	4608	5670	5760	5760	5760	5760
		0.08	0.11	0.08	0.07	0.06	0.09	0.11	0.06	0.06	0.09	0.07	0.06	0.05	0.08	0.07	0.06	0.05
2.5	3.75	3600	4500	4500	4500	4536	4608	5625	5625	5670	5760	5760	5760	7088	7200	7200	7200	7200
		0.12	0.17	0.12	0.11	0.10	0.14	0.17	0.10	0.09	0.13	0.11	0.08	0.08	0.13	0.11	0.09	0.07
3	5.40	4320	5400	5400	5400	5443	5530	6750	6750	6804	6912	6912	6912	8505	8640	8640	8640	8640
		0.16	0.24	0.17	0.15	0.14	0.19	0.24	0.14	0.12	0.19	0.16	0.12	0.11	0.18	0.15	0.13	0.10
3.5	7.35	5040	6300	6300	6300	6350	6451	7875	7875	7938	8064	8064	8064	9923	10080	10080	10080	10080
		0.22	0.32	0.22	0.20	0.18	0.26	0.31	0.18	0.16	0.25	0.21	0.16	0.15	0.24	0.20	0.17	0.14
4	9.60	5760	7200	7200	7200	7258	7373	9000	9000	9072	9216	9216	9216	11340	11520	11520	11520	11520
		0.28	0.41	0.28	0.25	0.24	0.33	0.40	0.23	0.21	0.32	0.27	0.20	0.19	0.31	0.25	0.21	0.18
4.5	12.15	6480	8100	8100	8100	8165	8294	10125	10125	10206	10368	10368	10368	12758	12960	12960	12960	12960
		0.35	0.52	0.35	0.31	0.29	0.41	0.50	0.29	0.26	0.40	0.33	0.25	0.24	0.38	0.31	0.27	0.22
5	15.00	7200	9000	9000	9000	9072	9216	11250	11250	11340	11520	11520	11520	14175	14400	14400	14400	14400
		0.42	0.63	0.43	0.38	0.36	0.50	0.61	0.35	0.32	0.48	0.40	0.31	0.29	0.47	0.38	0.33	0.27
5.5	18.15	7920	9900	9900	9900	9979	10138	12375	12375	12474	12672	12672	12672	15593	15840	15840	15840	15840
		0.50	0.75	0.51	0.46	0.43	0.60	0.73	0.42	0.38	0.58	0.48	0.37	0.35	0.56	0.46	0.39	0.32
6	21.60	8640	10800	10800	10800	10886	11059	13500	13500	13608	13824	13824	13824	17010	17280	17280	17280	17280
		0.59	0.88	0.61	0.54	0.50	0.71	0.86	0.50	0.45	0.68	0.57	0.43	0.41	0.66	0.54	0.46	0.38
6.5	25.35	9360	11700	11700	11700	11794	11981	14625	14625	14742	14976	14976	14976	18428	18720	18720	18720	18720
		0.69	1.03	0.70	0.63	0.59	0.82	1.00	0.58	0.52	0.79	0.66	0.50	0.48	0.76	0.63	0.53	0.44

（续）

风速/(m/s)	动压/Pa	风管断面尺寸——上行：宽/mm　下行：高/mm																
		800	2000	1250	1000	800	1600	2500	1250	1000	2000	1600	800	1250	2500	2000	1600	1000
		500	250	400	500	630	320	250	500	630	320	400	800	630	320	400	500	800
		上行：风量/(m^3/h)　下行：单位长度摩擦阻力/(Pa/m)																
7	29.40	10080	12600	12600	12600	12701	12902	15750	15750	15876	16128	16128	16128	19845	20160	20160	20160	20160
		0.80	1.18	0.81	0.72	0.68	0.95	1.15	0.66	0.60	0.91	0.76	0.58	0.55	0.88	0.72	0.61	0.51
7.5	33.75	10800	13500	13500	13500	13608	13824	16875	16875	17010	17280	17280	17280	21263	21600	21600	21600	21600
		0.91	1.35	0.92	0.82	0.77	1.08	1.31	0.76	0.69	1.04	0.86	0.66	0.62	1.00	0.82	0.70	0.58
8	38.40	11520	14400	14400	14400	14515	14746	18000	18000	18144	18432	18432	18432	22680	23040	23040	23040	23040
		1.03	1.52	1.04	0.93	0.87	1.22	1.48	0.86	0.78	1.17	0.98	0.75	0.71	1.13	0.93	0.79	0.66
8.5	43.35	12240	15300	15300	15300	15422	15667	19125	19125	19278	19584	19584	19584	24098	24480	24480	24480	24480
		1.15	1.71	1.17	1.04	0.98	1.37	1.66	0.96	0.87	1.31	1.10	0.84	0.79	1.27	1.04	0.89	0.74
9	48.60	12960	16200	16200	16200	16330	16589	20250	20250	20412	20736	20736	20736	25515	25920	25920	25920	25920
		1.28	1.90	1.31	1.16	1.09	1.53	1.85	1.07	0.97	1.46	1.22	0.93	0.88	1.42	1.16	0.99	0.82
9.5	54.15	13680	17100	17100	17100	17237	17510	21375	21375	21546	21888	21888	21888	26933	27360	27360	27360	27360
		1.42	2.11	1.45	1.29	1.21	1.69	2.05	1.19	1.08	1.62	1.36	1.04	0.98	1.57	1.29	1.10	0.91
10	60.00	14400	18000	18000	18000	18144	18432	22500	22500	22680	23040	23040	23040	28350	28800	28800	28800	28800
		1.57	2.33	1.60	1.42	1.33	1.87	2.27	1.31	1.19	1.79	1.50	1.14	1.08	1.73	1.42	1.21	1.01
10.5	66.15	15120	18900	18900	18900	19051	19354	23625	23625	23814	24192	24192	24192	29768	30240	30240	30240	30240
		1.72	2.56	1.75	1.56	1.46	2.05	2.49	1.44	1.31	1.96	1.64	1.25	1.19	1.90	1.56	1.33	1.10
11	72.60	15840	19800	19800	19800	19958	20275	24750	24750	24948	25344	25344	25344	31185	31680	31680	31680	31680
		1.88	2.79	1.92	1.71	1.60	2.24	2.72	1.57	1.43	2.15	1.79	1.37	1.30	2.08	1.71	1.45	1.21
11.5	79.35	16560	20700	20700	20700	20866	21197	25875	25875	26082	26496	26496	26496	32603	33120	33120	33120	33120
		2.05	3.04	2.09	1.86	1.74	2.44	2.96	1.71	1.56	2.34	1.95	1.49	1.41	2.26	1.86	1.58	1.32

12	86.40	17280	21600	21600	21600	21773	22118	27000	27000	27216	27648	27648	27648	34020	34560	34560	34560	34560
		2.22	3.30	2.26	2.02	1.89	2.64	3.21	1.86	1.69	2.54	2.12	1.62	1.53	2.45	2.02	1.72	1.43
12.5	93.75	18000	22500	22500	22500	22680	23040	28125	28125	28350	28800	28800	28800	35438	36000	36000	36000	36000
		2.40	3.57	2.45	2.18	2.04	2.86	3.47	2.01	1.83	2.74	2.29	1.75	1.66	2.65	2.18	1.86	1.54
13	101.40	18720	23400	23400	23400	23587	23962	29250	29250	29484	29952	29952	29952	36855	37440	37440	37440	37440
		2.59	3.85	2.64	2.35	2.20	3.08	3.74	2.17	1.97	2.96	2.47	1.89	1.79	2.86	2.35	2.00	1.66
13.5	109.35	19440	24300	24300	24300	24494	24883	30375	30375	30618	31104	31104	31104	38273	38880	38880	38880	38880
		2.79	4.14	2.84	2.53	2.37	3.32	4.03	2.33	2.12	3.18	2.66	2.03	1.92	3.08	2.53	2.15	1.79
14	117.60	20160	25200	25200	25200	25402	25805	31500	31500	31752	32256	32256	32256	39690	40320	40320	40320	40320
		2.99	4.44	3.05	2.72	2.54	3.56	4.32	2.50	2.27	3.41	2.85	2.18	2.06	3.30	2.72	2.31	1.92
14.5	126.15	20880	26100	26100	26100	26309	26726	32625	32625	32886	33408	33408	33408	41108	41760	41760	41760	41760
		3.20	4.75	3.26	2.91	2.72	3.81	4.62	2.67	2.43	3.65	3.05	2.33	2.21	3.53	2.91	2.47	2.05
15	135.00	21600	27000	27000	27000	27216	27648	33750	33750	34020	34560	34560	34560	42525	43200	43200	43200	43200
		3.42	5.07	3.48	3.10	2.90	4.06	4.93	2.85	2.59	3.90	3.26	2.49	2.36	3.77	3.10	2.64	2.19
15.5	144.15	22320	27900	27900	27900	28123	28570	34875	34875	35154	35712	35712	35712	43943	44640	44640	44640	44640
		3.64	5.40	3.71	3.30	3.09	4.33	5.26	3.04	2.76	4.15	3.47	2.65	2.51	4.02	3.30	2.81	2.34
16	153.60	23040	28800	28800	28800	29030	29491	36000	36000	36288	36864	36864	36864	45360	46080	46080	46080	46080
		3.87	5.74	3.94	3.51	3.28	4.60	5.59	3.23	2.94	4.42	3.69	2.82	2.67	4.27	3.51	2.99	2.48

（续）

风速/(m/s)	动压/Pa	风管断面尺寸——上行：宽/mm 下行：高/mm																
		3000	2500	2000	1250	1000	1600	3000	2500	1250	2000	1600	3500	3000	1250	2500	4000	2000
		320	400	500	800	1000	630	400	500	1000	630	800	400	500	1250	630	400	800
		上行：风量/(m^3/h) 下行：单位长度摩擦阻力/(Pa/m)																
2	2.40	6912	7200	7200	7200	7200	7258	8640	9000	9000	9072	9216	10080	10800	11250	11340	11520	11520
		0.08	0.07	0.06	0.04	0.04	0.05	0.06	0.05	0.04	0.04	0.04	0.06	0.05	0.03	0.04	0.06	0.04
2.5	3.75	8640	9000	9000	9000	9000	9072	10800	11250	11250	11340	11520	12600	13500	14063	14175	14400	14400
		0.13	0.10	0.08	0.07	0.06	0.07	0.10	0.08	0.06	0.07	0.06	0.10	0.08	0.05	0.06	0.10	0.05
3	5.40	10368	10800	10800	10800	10800	10886	12960	13500	13500	13608	13824	15120	16200	16875	17010	17280	17280
		0.18	0.14	0.12	0.09	0.09	0.10	0.14	0.11	0.08	0.10	0.08	0.14	0.11	0.07	0.09	0.13	0.08
3.5	7.35	12096	12600	12600	12600	12600	12701	15120	15750	15750	15876	16128	17640	18900	19688	19845	20160	20160
		0.23	0.19	0.16	0.12	0.12	0.14	0.18	0.15	0.11	0.13	0.11	0.18	0.15	0.09	0.12	0.18	0.10
4	9.60	13824	14400	14400	14400	14400	14515	17280	18000	18000	18144	18432	20160	21600	22500	22680	23040	23040
		0.30	0.24	0.20	0.16	0.15	0.17	0.24	0.19	0.14	0.16	0.14	0.23	0.19	0.12	0.15	0.23	0.13
4.5	12.15	15552	16200	16200	16200	16200	16330	19440	20250	20250	20412	20736	22680	24300	25313	25515	25920	25920
		0.37	0.30	0.25	0.20	0.19	0.22	0.29	0.24	0.17	0.20	0.18	0.29	0.23	0.15	0.19	0.28	0.16
5	15.00	17280	18000	18000	18000	18000	18144	21600	22500	22500	22680	23040	25200	27000	28125	28350	28800	28800
		0.46	0.37	0.31	0.24	0.23	0.27	0.36	0.29	0.21	0.25	0.22	0.35	0.28	0.18	0.23	0.34	0.20
5.5	18.15	19008	19800	19800	19800	19800	19958	23760	24750	24750	24948	25344	27720	29700	30938	31185	31680	31680
		0.54	0.44	0.37	0.29	0.28	0.32	0.43	0.35	0.25	0.30	0.26	0.42	0.34	0.21	0.28	0.41	0.24
6	21.60	20736	21600	21600	21600	21600	21773	25920	27000	27000	27216	27648	30240	32400	33750	34020	34560	34560
		0.64	0.52	0.43	0.34	0.33	0.37	0.50	0.41	0.29	0.35	0.31	0.49	0.40	0.25	0.33	0.49	0.28
6.5	25.35	22464	23400	23400	23400	23400	23587	28080	29250	29250	29484	29952	32760	35100	36563	36855	37440	37440
		0.75	0.60	0.50	0.40	0.38	0.43	0.59	0.48	0.34	0.41	0.36	0.57	0.46	0.29	0.38	0.57	0.33

7	29.40	24192	25200	25200	25200	25200	25402	30240	31500	31500	31752	32256	35280	37800	39375	39690	40320	40320
		0.86	0.69	0.58	0.46	0.44	0.50	0.67	0.55	0.39	0.47	0.41	0.66	0.53	0.34	0.44	0.65	0.38
7.5	33.75	25920	27000	27000	27000	27000	27216	32400	33750	33750	34020	34560	37800	40500	42188	42525	43200	43200
		0.98	0.79	0.66	0.52	0.50	0.57	0.77	0.63	0.44	0.53	0.47	0.75	0.61	0.39	0.50	0.74	0.43
8	38.40	27648	28800	28800	28800	28800	29030	34560	36000	36000	36288	36864	40320	43200	45000	45360	46080	46080
		1.11	0.89	0.75	0.59	0.57	0.64	0.87	0.71	0.50	0.60	0.53	0.85	0.69	0.44	0.57	0.84	0.49
8.5	43.35	29376	30600	30600	30600	30600	30845	36720	38250	38250	38556	39168	42840	45900	47813	48195	48960	48960
		1.24	1.00	0.84	0.66	0.64	0.72	0.97	0.80	0.56	0.67	0.59	0.95	0.77	0.49	0.64	0.94	0.55
9	48.60	31104	32400	32400	32400	32400	32659	38880	40500	40500	40824	41472	45360	48600	50625	51030	51840	51840
		1.38	1.12	0.93	0.74	0.71	0.81	1.09	0.89	0.63	0.75	0.66	1.06	0.86	0.55	0.71	1.05	0.61
9.5	54.15	32832	34200	34200	34200	34200	34474	41040	42750	42750	43092	43776	47880	51300	53438	53865	54720	54720
		1.53	1.24	1.04	0.82	0.79	0.89	1.20	0.99	0.70	0.83	0.73	1.18	0.95	0.61	0.79	1.16	0.67
10	60.00	34560	36000	36000	36000	36000	36288	43200	45000	45000	45360	46080	50400	54000	56250	56700	57600	57600
		1.69	1.37	1.14	0.90	0.87	0.99	1.33	1.09	0.77	0.92	0.81	1.30	1.05	0.67	0.87	1.28	0.74
10.5	66.15	36288	37800	37800	37800	37800	38102	45360	47250	47250	47628	48384	52920	56700	59063	59535	60480	60480
		1.86	1.50	1.25	0.99	0.96	1.08	1.46	1.19	0.85	1.01	0.89	1.43	1.15	0.73	0.95	1.41	0.82
11	72.60	38016	39600	39600	39600	39600	39917	47520	49500	49500	49896	50688	55440	59400	61875	62370	63360	63360
		2.03	1.64	1.37	1.08	1.05	1.18	1.59	1.31	0.92	1.10	0.97	1.56	1.26	0.80	1.04	1.54	0.89
11.5	79.35	39744	41400	41400	41400	41400	41731	49680	51750	51750	52164	52992	57960	62100	64688	65205	66240	66240
		2.21	1.79	1.49	1.18	1.14	1.29	1.74	1.42	1.01	1.20	1.06	1.70	1.37	0.87	1.13	1.67	0.97

（续）

风速/(m/s)	动压/Pa	风管断面尺寸——上行：宽/mm 下行：高/mm																
		3000	2500	2000	1250	1000	1600	3000	2500	1250	2000	1600	3500	3000	1250	2500	4000	2000
		320	400	500	800	1000	630	400	500	1000	630	800	400	500	1250	630	400	800
		上行：风量/(m^3/h) 下行：单位长度摩擦阻力/(Pa/m)																
12	86.40	41472	43200	43200	43200	43200	43546	51840	54000	54000	54432	55296	60480	64800	67500	68040	69120	69120
		2.40	1.94	1.62	1.28	1.24	1.40	1.88	1.54	1.09	1.30	1.15	1.85	1.49	0.95	1.23	1.82	1.06
12.5	93.75	43200	45000	45000	45000	45000	45360	54000	56250	56250	56700	57600	63000	67500	70313	70875	72000	72000
		2.59	2.10	1.75	1.38	1.34	1.51	2.04	1.67	1.18	1.41	1.24	2.00	1.61	1.03	1.33	1.97	1.14
13	101.40	44928	46800	46800	46800	46800	47174	56160	58500	58500	58968	59904	65520	70200	73125	73710	74880	74880
		2.80	2.26	1.89	1.49	1.44	1.63	2.20	1.80	1.27	1.52	1.34	2.15	1.74	1.11	1.43	2.12	1.23
13.5	109.35	46656	48600	48600	48600	48600	48989	58320	60750	60750	61236	62208	68040	72900	75938	76545	77760	77760
		3.01	2.43	2.03	1.60	1.55	1.75	2.36	1.93	1.37	1.64	1.44	2.31	1.87	1.19	1.54	2.28	1.32
14	117.60	48384	50400	50400	50400	50400	50803	60480	63000	63000	63504	64512	70560	75600	78750	79380	80640	80640
		3.22	2.61	2.18	1.72	1.67	1.88	2.53	2.07	1.47	1.75	1.54	2.48	2.01	1.28	1.65	2.44	1.42
14.5	126.15	50112	52200	52200	52200	52200	52618	62640	65250	65250	65772	66816	73080	78300	81563	82215	83520	83520
		3.45	2.79	2.33	1.84	1.78	2.01	2.71	2.22	1.57	1.88	1.65	2.66	2.15	1.37	1.77	2.62	1.52
15	135.00	51840	54000	54000	54000	54000	54432	64800	67500	67500	68040	69120	75600	81000	84375	85050	86400	86400
		3.68	2.98	2.49	1.96	1.90	2.15	2.89	2.37	1.68	2.00	1.76	2.84	2.29	1.46	1.89	2.79	1.62
15.5	144.15	53568	55800	55800	55800	55800	56246	66960	69750	69750	70308	71424	78120	83700	87188	87885	89280	89280
		3.92	3.17	2.65	2.09	2.03	2.29	3.08	2.53	1.79	2.14	1.88	3.02	2.44	1.55	2.01	2.98	1.73
16	153.60	55296	57600	57600	57600	57600	58061	69120	72000	72000	72576	73728	80640	86400	90000	90720	92160	92160
		4.17	3.37	2.82	2.22	2.16	2.43	3.28	2.69	1.90	2.27	2.00	3.21	2.60	1.65	2.14	3.16	1.84

（续）

风速/(m/s)	动压/Pa	风管断面尺寸——上行：宽/mm 下行：高/mm															
		1600	3500	3000	4000	2500	2000	1600	3500	3000	2500	2000	4000	1600	3500	3000	2500
		1000	500	630	500	800	1000	1250	630	800	1000	1250	630	1600	800	1000	1250
		上行：风量/(m^3/h) 下行：单位长度摩擦阻力/(Pa/m)															
2	2.40	11520	12600	13608	14400	14400	14400	14400	15876	17280	18000	18000	18144	18432	20160	21600	22500
		0.03	0.05	0.04	0.05	0.03	0.03	0.03	0.04	0.03	0.03	0.02	0.04	0.02	0.03	0.03	0.02
2.5	3.75	14400	15750	17010	18000	18000	18000	18000	19845	21600	22500	22500	22680	23040	25200	27000	28125
		0.05	0.08	0.06	0.07	0.05	0.05	0.04	0.06	0.05	0.04	0.04	0.06	0.04	0.05	0.04	0.03
3	5.40	17280	18900	20412	21600	21600	21600	21600	23814	25920	27000	27000	27216	27648	30240	32400	33750
		0.07	0.11	0.09	0.10	0.07	0.06	0.06	0.08	0.07	0.06	0.05	0.08	0.05	0.07	0.06	0.05
3.5	7.35	20160	22050	23814	25200	25200	25200	25200	27783	30240	31500	31500	31752	32256	35280	37800	39375
		0.09	0.14	0.11	0.14	0.10	0.09	0.08	0.11	0.09	0.08	0.07	0.11	0.07	0.09	0.07	0.07
4	9.60	23040	25200	27216	28800	28800	28800	28800	31752	34560	36000	36000	36288	36864	40320	43200	45000
		0.12	0.18	0.15	0.18	0.12	0.11	0.10	0.14	0.12	0.10	0.09	0.14	0.09	0.11	0.09	0.08
4.5	12.15	25920	28350	30618	32400	32400	32400	32400	35721	38880	40500	40500	40824	41472	45360	48600	50625
		0.15	0.23	0.18	0.22	0.15	0.14	0.13	0.18	0.15	0.13	0.11	0.17	0.11	0.14	0.12	0.10
5	15.00	28800	31500	34020	36000	36000	36000	36000	39690	43200	45000	45000	45360	46080	50400	54000	56250
		0.18	0.28	0.22	0.27	0.19	0.17	0.16	0.22	0.18	0.15	0.14	0.21	0.13	0.17	0.14	0.13
5.5	18.15	31680	34650	37422	39600	39600	39600	39600	43659	47520	49500	49500	49896	50688	55440	59400	61875
		0.22	0.33	0.27	0.32	0.22	0.20	0.19	0.26	0.21	0.18	0.17	0.25	0.16	0.20	0.17	0.15
6	21.60	34560	37800	40824	43200	43200	43200	43200	47628	51840	54000	54000	54432	55296	60480	64800	67500
		0.26	0.39	0.32	0.38	0.26	0.23	0.22	0.31	0.25	0.22	0.20	0.30	0.19	0.24	0.20	0.18
6.5	25.35	37440	40950	44226	46800	46800	46800	46800	51597	56160	58500	58500	58968	59904	65520	70200	73125
		0.30	0.45	0.37	0.44	0.31	0.27	0.26	0.36	0.29	0.25	0.23	0.35	0.22	0.28	0.24	0.21

（续）

风速/(m/s)	动压/Pa	风管断面尺寸——上行：宽/mm　下行：高/mm															
		1600	3500	3000	4000	2500	2000	1600	3500	3000	2500	2000	4000	1600	3500	3000	2500
		1000	500	630	500	800	1000	1250	630	800	1000	1250	630	1600	800	1000	1250
		上行：风量/(m^3/h)　下行：单位长度摩擦阻力/(Pa/m)															
7	29.40	40320	44100	47628	50400	50400	50400	50400	55566	60480	63000	63000	63504	64512	70560	75600	78750
		0.35	0.52	0.42	0.51	0.35	0.31	0.29	0.41	0.33	0.29	0.26	0.40	0.25	0.32	0.27	0.24
7.5	33.75	43200	47250	51030	54000	54000	54000	54000	59535	64800	67500	67500	68040	69120	75600	81000	84375
		0.39	0.59	0.48	0.58	0.40	0.36	0.34	0.47	0.38	0.33	0.30	0.46	0.29	0.37	0.31	0.27
8	38.40	46080	50400	54432	57600	57600	57600	57600	63504	69120	72000	72000	72576	73728	80640	86400	90000
		0.44	0.67	0.54	0.66	0.45	0.40	0.38	0.53	0.43	0.37	0.34	0.52	0.33	0.42	0.35	0.31
8.5	43.35	48960	53550	57834	61200	61200	61200	61200	67473	73440	76500	76500	77112	78336	85680	91800	95625
		0.50	0.75	0.61	0.74	0.51	0.45	0.43	0.59	0.48	0.42	0.38	0.58	0.36	0.47	0.39	0.35
9	48.60	51840	56700	61236	64800	64800	64800	64800	71442	77760	81000	81000	81648	82944	90720	97200	101250
		0.56	0.84	0.68	0.82	0.57	0.51	0.48	0.66	0.54	0.47	0.43	0.65	0.41	0.52	0.44	0.39
9.5	54.15	54720	59850	64638	68400	68400	68400	68400	75411	82080	85500	85500	86184	87552	95760	102600	106875
		0.62	0.93	0.75	0.91	0.63	0.56	0.53	0.73	0.60	0.52	0.47	0.72	0.45	0.58	0.49	0.43
10	60.00	57600	63000	68040	72000	72000	72000	72000	79380	86400	90000	90000	90720	92160	100800	108000	112500
		0.68	1.03	0.83	1.01	0.69	0.62	0.58	0.81	0.66	0.57	0.52	0.79	0.50	0.64	0.54	0.47
10.5	66.15	60480	66150	71442	75600	75600	75600	75600	83349	90720	94500	94500	95256	96768	105840	113400	118125
		0.75	1.13	0.91	1.10	0.76	0.68	0.64	0.89	0.72	0.63	0.57	0.87	0.55	0.70	0.59	0.52
11	72.60	63360	69300	74844	79200	79200	79200	79200	87318	95040	99000	99000	99792	101376	110880	118800	123750
		0.82	1.23	1.00	1.21	0.83	0.74	0.70	0.97	0.79	0.68	0.63	0.95	0.60	0.76	0.65	0.57
11.5	79.35	66240	72450	78246	82800	82800	82800	82800	91287	99360	103500	103500	104328	105984	115920	124200	129375
		0.89	1.34	1.09	1.32	0.91	0.81	0.76	1.06	0.86	0.74	0.68	1.03	0.65	0.83	0.70	0.62

12	86.40	69120	75600	81648	86400	86400	86400	86400	95256	103680	108000	108000	108864	110592	120960	129600	135000
		0.97	1.45	1.18	1.43	0.98	0.88	0.83	1.15	0.94	0.81	0.74	1.12	0.71	0.90	0.76	0.67
12.5	93.75	72000	78750	85050	90000	90000	90000	90000	99225	108000	112500	112500	113400	115200	126000	135000	140625
		1.04	1.57	1.28	1.54	1.06	0.95	0.89	1.24	1.01	0.87	0.80	1.21	0.76	0.98	0.83	0.73
13	101.40	74880	81900	88452	93600	93600	93600	93600	103194	112320	117000	117000	117936	119808	131040	140400	146250
		1.13	1.70	1.38	1.66	1.15	1.02	0.96	1.34	1.09	0.94	0.86	1.31	0.82	1.05	0.89	0.78
13.5	109.35	77760	85050	91854	97200	97200	97200	97200	107163	116640	121500	121500	122472	124416	136080	145800	151875
		1.21	1.82	1.48	1.79	1.23	1.10	1.04	1.44	1.17	1.01	0.93	1.40	0.89	1.13	0.96	0.84
14	117.60	80640	88200	95256	100800	100800	100800	100800	111132	120960	126000	126000	127008	129024	141120	151200	157500
		1.30	1.96	1.59	1.92	1.32	1.18	1.11	1.54	1.26	1.09	1.00	1.51	0.95	1.21	1.03	0.91
14.5	126.15	83520	91350	98658	104400	104400	104400	104400	115101	125280	130500	130500	131544	133632	146160	156600	163125
		1.39	2.09	1.70	2.05	1.42	1.26	1.19	1.65	1.35	1.16	1.07	1.61	1.02	1.30	1.10	0.97
15	135.00	86400	94500	102060	108000	108000	108000	108000	119070	129600	135000	135000	136080	138240	151200	162000	168750
		1.48	2.24	1.81	2.19	1.51	1.35	1.27	1.76	1.44	1.24	1.14	1.72	1.09	1.39	1.17	1.03
15.5	144.15	89280	97650	105462	111600	111600	111600	111600	123039	133920	139500	139500	140616	142848	156240	167400	174375
		1.58	2.38	1.93	2.34	1.61	1.44	1.35	1.88	1.53	1.32	1.21	1.83	1.16	1.48	1.25	1.10
16	153.60	92160	100800	108864	115200	115200	115200	115200	127008	138240	144000	144000	145152	147456	161280	172800	180000
		1.68	2.53	2.05	2.48	1.71	1.53	1.44	1.99	1.63	1.41	1.29	1.95	1.23	1.57	1.33	1.17

7.2.3 标准计算表的套用

(1) 非标准断面风管的套用 非标准断面风管套用标准计算表的步骤如下：

1）算出风管的净断面面积 $F(\mathrm{m}^2)$。

2）根据风管的净断面面积 F 和风管的计算风量，算出风速 $v(\mathrm{m/s})$。

3）按式（7-6）求出风管当量直径 $d_\mathrm{e}(\mathrm{m})$。

4）最后，根据风速 v 和当量直径 d_e 查圆形风管标准计算表，得出该非标准断面风管的单位长度摩擦阻力。

(2) 绝对粗糙度的修正 对于内壁的绝对粗糙度 $K \neq 0.15\times10^{-3}\mathrm{m}$ 的风管，其单位长度摩擦阻力值，可以先查风管标准计算表，之后乘以表 7-6 给出的修正系数。

表 7-6 绝对粗糙度的修正系数

<table>
<tr><th rowspan="2">风速/(m/s)</th><th colspan="5">下列绝对粗糙度（mm）时的修正系数</th></tr>
<tr><th>0.03</th><th>0.09</th><th>0.15</th><th>0.90</th><th>3.00</th></tr>
<tr><td>2</td><td rowspan="2">0.95</td><td>1</td><td rowspan="7">1</td><td>1.20</td><td>1.50</td></tr>
<tr><td>3</td><td rowspan="5">0.95</td><td>1.25</td><td>1.60</td></tr>
<tr><td>4</td><td rowspan="2">0.90</td><td>1.30</td><td>1.70</td></tr>
<tr><td>5~7</td><td>1.35</td><td>1.80</td></tr>
<tr><td>8~12</td><td rowspan="2">0.85</td><td>1.40</td><td>1.85</td></tr>
<tr><td>13</td><td rowspan="2">1.45</td><td>1.90</td></tr>
<tr><td>14~16</td><td>0.80</td><td>0.90</td><td>1.95</td></tr>
</table>

(3) 空气状态的修正 当风管内的空气处于非标准状态时，风管单位长度摩擦阻力实际值的确定方法是：先由计算表查出风管单位长度摩擦阻力的标准值，然后再乘以 $\rho/1.2$ 的修正系数，其中 $\rho(\mathrm{kg/m^3})$ 为实际状态下的空气密度，可近似按下式确定：

$$\rho = 3.47\frac{p_\mathrm{b}}{273+t} \tag{7-11}$$

式中 p_b——实际大气压（kPa）；

t——风管内的空气温度（℃）。

7.3 风管的局部压力损失

7.3.1 局部压力损失计算

当空气流经风管系统的配件及设备时，由于气流流动方向的改变，流过断面的变化和流量的变化而出现涡流时产生了局部阻力，为克服局部阻力而引起的能量损失，称为局部阻力损失 $\Delta p_\mathrm{j}(\mathrm{Pa})$，并按下式计算：

$$\Delta p_\mathrm{j} = \zeta\frac{v^2\rho}{2} \tag{7-12}$$

式中 ζ——局部阻力系数；

v——风管内部局部压力损失发生处的空气流速（m/s）；

ρ——空气密度（$\mathrm{kg/m^3}$）。

通风空调风管系统中产生局部阻力的配件，主要包括空气进口、弯管、变径管、三通管、风量调节阀和空气出口等。大多数配件的局部阻力系数 ζ 值是通过试验确定的。选用局部阻力系数计算局部压力损失时，必须采用试验时所对应的流速和动压（$v^2\rho/2$）。

需要说明的是，局部压力损失沿着风管长度产生，不能将它从摩擦损失中分离出来。为了简化计算，假定局部压力损失集中在配件的一个断面上，不考虑摩擦损失。只有对长度相当长的配件才考虑摩擦损失。通常，利用在丈量风管长度时从一个配件的中心线量到下一个配件的中心线的办法，来计算配件的摩擦损失。

7.3.2　局部阻力系数计算

本节主要给出风管三通、风口、风阀等风管附件的局部阻力系数。

1）通风空调风管系统常用三通的局部阻力系数见表7-7。

表7-7　风管常用三通的局部阻力系数

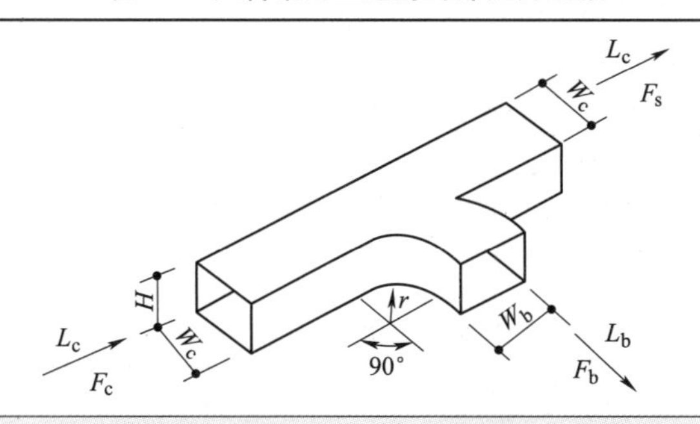

F_s/F_c	F_b/F_c	旁通管ζ_b								
		0.1	0.2	0.3	0.4	0.5	0.6	0.7	0.8	0.9
0.5	0.25	3.44	0.70	0.30	0.20	0.17	0.16	0.16	0.17	0.18
	0.50	11.00	2.37	1.06	0.64	0.52	0.47	0.47	0.47	0.48
	1.00	60.00	13.00	4.78	2.06	0.96	0.47	0.31	0.27	0.26
0.75	0.25	2.19	0.55	0.36	0.31	0.33	0.36	0.36	0.37	0.39
	0.50	13.00	2.50	0.89	0.47	0.34	0.31	0.32	0.36	0.43
	1.00	70.00	15.00	5.67	2.62	1.36	0.78	0.53	0.41	0.36
1	0.25	3.44	0.78	0.42	0.33	0.30	0.31	0.40	0.42	0.46
	0.50	15.50	3.00	1.11	0.62	0.48	42.00	0.40	0.42	0.46
	1.00	67.00	13.75	5.11	2.31	1.28	0.81	0.59	0.47	0.46

F_s/F_c	F_b/F_c	直通管ζ_s								
		0.1	0.2	0.3	0.4	0.5	0.6	0.7	0.8	0.9
0.5	0.25	8.75	1.62	0.50	0.17	0.05	0.00	−0.02	−0.02	0.00
	0.50	7.50	1.12	0.25	0.06	0.05	0.09	0.14	0.19	0.22
	1.00	5.00	0.62	0.17	0.08	0.08	0.09	0.12	0.15	0.19
0.75	0.25	19.13	3.38	1.00	0.28	0.05	−0.02	−0.02	0.00	0.06
	0.50	20.81	3.23	0.75	0.14	−0.02	−0.05	−0.05	−0.02	0.03
	1.00	16.88	2.81	0.63	0.11	−0.02	−0.05	0.01	0.00	0.07
1	0.25	46.00	9.50	3.22	1.31	0.52	0.14	−0.02	−0.05	−0.01
	0.50	35.00	6.75	2.11	0.75	0.24	0.00	−0.10	−0.09	−0.04
	1.00	38.00	7.50	2.44	0.81	0.24	−0.03	−0.08	−0.06	−0.02

2）风口的局部阻力系数见表 7-8。

表 7-8　风口的局部阻力系数

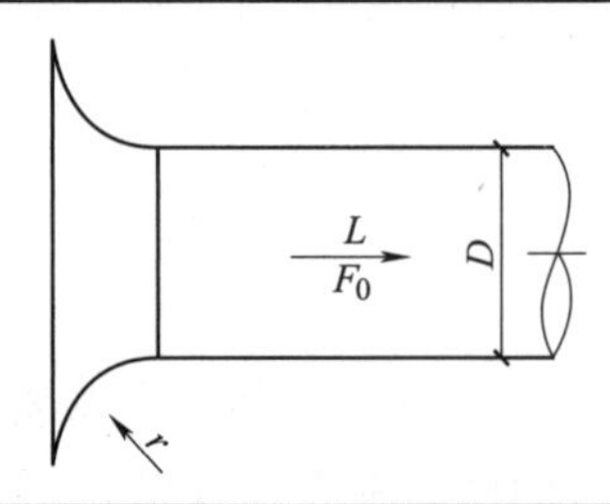

r/D	0	0.01	0.02	0.03	0.04	0.05
ζ	1.0	0.87	0.74	0.61	0.51	0.4
r/D	0.06	0.08	0.1	0.12	0.16	≥0.20
ζ	0.32	0.20	0.15	0.10	0.06	0.03

3）风阀的局部阻力系数见表 7-9。

表 7-9　风阀的局部阻力系数

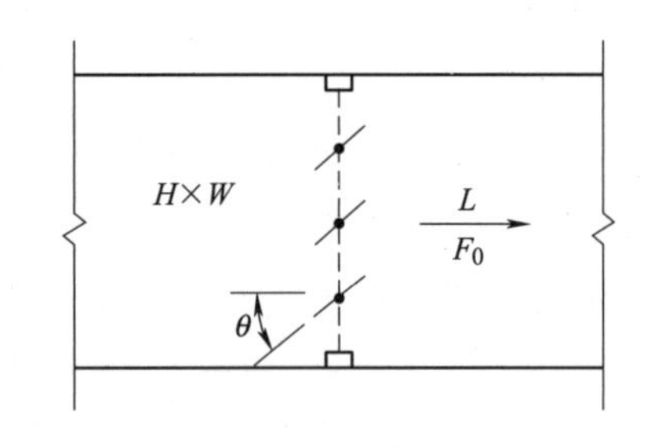

$$l/R=\frac{NW}{2(H+W)}$$

式中　N——风阀叶片数；

H——风管高度（mm）；

W——平行于叶片轴线的风管尺寸（mm）；

l——风阀叶片长度之和（mm）；

R——风管周长（mm）。

θ/(°)	0	10	20	30	40	50	60	70	80
0.3	0.52	0.79	1.49	2.20	4.95	8.73	14.15	32.11	122.06
0.4	0.52	0.84	1.56	2.25	5.03	9.00	16.00	37.73	156.58
0.5	0.52	0.88	1.62	2.35	5.11	9.52	18.88	44.79	187.85
0.6	0.52	0.92	1.66	2.45	5.20	9.77	21.75	53.78	288.89
0.8	0.52	0.96	1.69	2.55	5.30	10.03	22.80	65.46	295.22
1.0	0.52	1.00	1.76	2.66	5.40	10.53	23.84	73.23	361.00
1.5	0.52	1.08	1.83	2.78	5.44	11.21	27.56	97.41	495.31

7.4　风管系统压力分布

7.4.1　通风系统风管内的压力分布

绘制风管内压力分布图时，可采用两种不同的基准，即以大气压力为基准和以绝对真空为基准。

若以大气压力作为基准，其静压称为相对静压，高于大气压力者为正，低于大气压力者为负。显然，在风机的吸风管段，其静压、全压都是负值；而在风机的送风管段，其静压、全压都是正值。动压总是正值。

若以绝对真空作为基准，其静压称为绝对静压，绝对静压与动压之和就是绝对全压。不论是处在风机的吸风管段还是送风管段，绝对静压、绝对全压只有大小之分，没有正负之分。

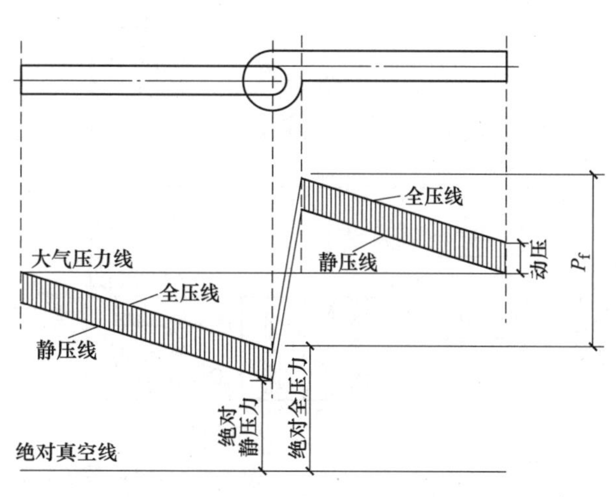

图 7-1 仅有沿程压力损失的风管内压力分布

1）仅有沿程压力损失的风管内压力分布（图 7-1）。

2）有沿程压力损失和局部压力损失的风管内压力分布（图 7-2）。

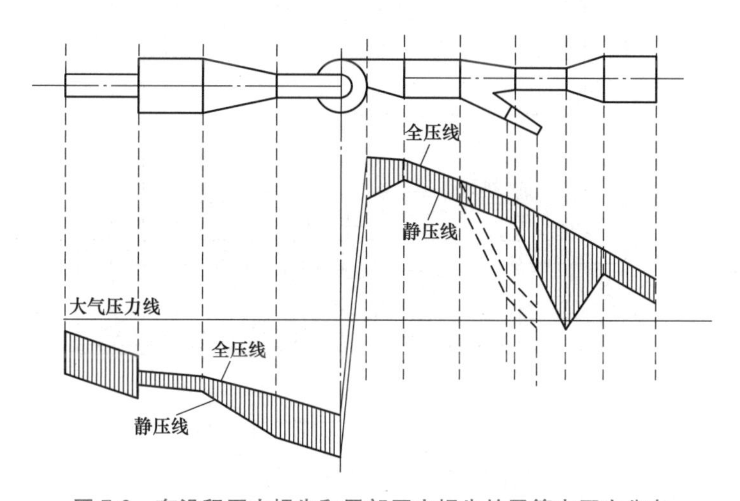

图 7-2 有沿程压力损失和局部压力损失的风管内压力分布

7.4.2 空调系统风管内的压力分布

（1）单风机系统风管的压力分布（图 7-3） 只设一台送风机的空调系统称为单风机系统。风机的作用压力要克服从新风进口至空气处理机组的整个吸入侧的全部阻力、送风风管系统的阻力和回风风管系统的阻力。为了维持房间内的正压，需要使送入的风量大于从房间抽回的风量。多余的送风量就是维持正压的风量，它通过门、窗缝隙渗透出去。

（2）双风机系统风管的压力分布（图 7-4） 设有送风机和回风机的空调系统称为双风机系统。送风机的作用压力用来克服从新风进口至空气处理机组整个吸入侧的阻力和送风风管系统的阻力，并为房间提供正压值；回风机的作用压力用来克服回风风管系统的阻力并减去一个正压值。两台风机的风压之和应等于系统的总阻力。在双风机系统中，排风口应设在回风机的压出管上；新风进口应处在送风机的吸入段上。

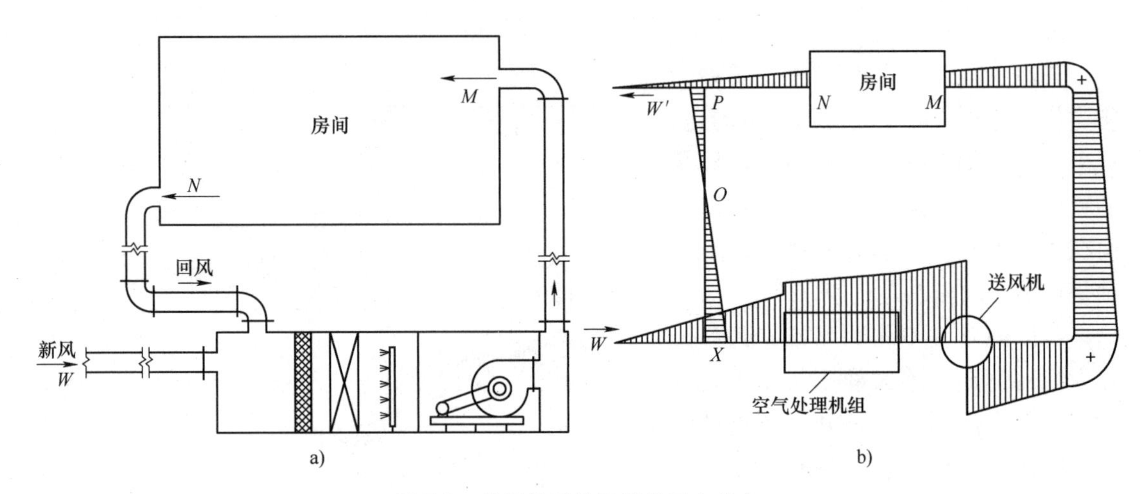

图 7-3 单风机系统风管的压力分布

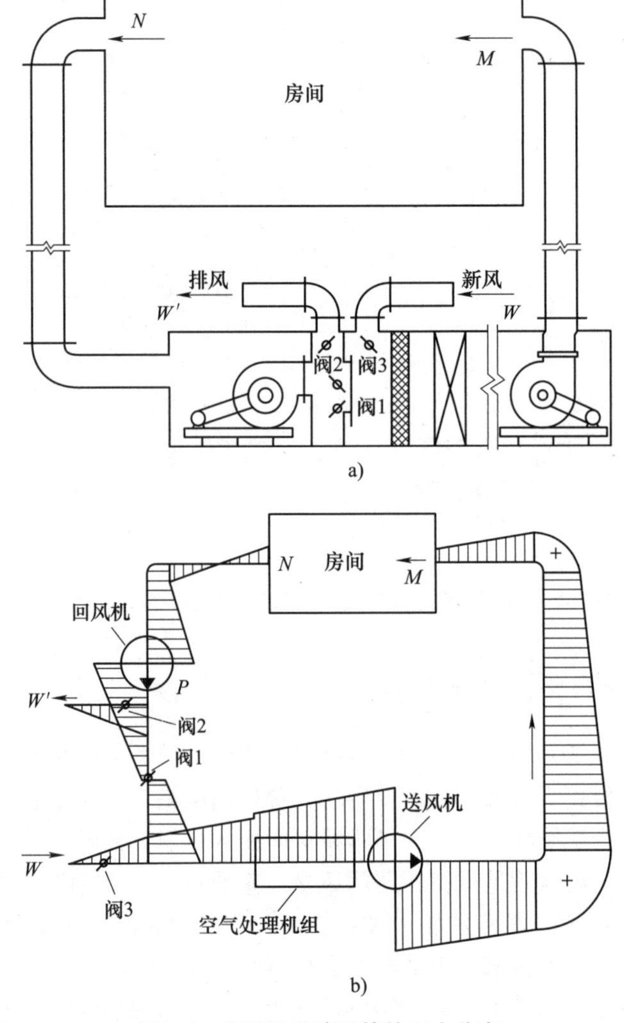

图 7-4 双风机系统风管的压力分布

7.5　风管的水力计算

7.5.1　水力计算方法简述

目前，风管常用的水力计算方法有压损平均法、假定流速法、静压复得法等几种。

(1) 压损平均法　压损平均法（又称为等摩阻法）是以单位长度风管具有相等的沿程压力损失 Δp_m 为前提的。其特点是，将已知总的作用压力按干管长度平均分配给每一管段，再根据每一管段的风量和分配到的作用压力，确定风管的尺寸，并结合各环路间压力损失的平衡进行调整，以保证各环路间的压力损失的差额小于设计规范的规定值。这种方法对于系统所用的风机压力已定，或对分支管路进行压力损失平衡时，使用起来比较方便。

(2) 假定流速法　假定流速法是以风管内空气流速作为控制指标的，这个空气流速应按照噪声控制、风管本身的强度，并考虑运行费用等因素来进行设定。根据风管的风量和选定的流速，确定风管的断面尺寸，进而计算压力损失，再按各环路的压力损失进行调整，以达到平衡。各并联环路压力损失的相对差额不宜超过15%。当通过调整管径仍无法达到要求时，应设置调节装置。

(3) 静压复得法　对于低速机械送（排）风系统和空调风系统风管的水力计算，大多采用假定流速法和压损平均法；对于高速送风系统或变风量空调系统风管的水力计算宜采用静压复得法。

7.5.2　通风、防排烟、空调系统风管内的空气流速

1）通风与空调系统风管内的空气流速宜按表7-10采用。

表7-10　风管内的空气流速（低速风管）　（单位：m/s）

风管类别	住宅	公共建筑
干管	$\frac{3.5 \sim 4.5}{6.0}$	$\frac{5.0 \sim 6.5}{8.0}$
支管	$\frac{3.0}{5.0}$	$\frac{3.0 \sim 4.5}{6.5}$
从支管上接出的风管	$\frac{2.5}{4.0}$	$\frac{3.0 \sim 3.5}{6.0}$
通风机入口	$\frac{3.5}{4.5}$	$\frac{4.0}{5.0}$
通风机出口	$\frac{5.0 \sim 8.0}{8.5}$	$\frac{6.5 \sim 10}{11.0}$

注：表列值的分子为推荐流速，分母为最大流速。

2）有消声要求的通风与空调系统，其风管内的空气流速宜按表7-11选用。

表7-11　风管内的空气流速

室内允许噪声级/dB（A）	主管风速	支管风速
25~35	3~4	≤2
35~50	4~7	2~3

注：通风机与消声装置之间的风管，其风速可采用8~10m/s。

3）机械通风系统的进排风口空气流速宜按表7-12采用。

表 7-12 机械通风系统的进排风口空气流速

部位	新风入口	风机出口
住宅和公共建筑	3.5~4.5	5.0~10.5
机房、库房	4.5~5.0	8.0~14.0

4）暖通空调部件的典型设计风速按表 7-13 采用。

表 7-13 暖通空调部件的典型设计风速

部件名称	迎面风速	部件名称	迎面风速
一、加热盘管		三、冷却减湿盘管	2.0~3.0
1. 蒸汽和热水盘管	2.5~5.0（最小 1.0，最大 8.0）	四、空气喷淋室	
		1. 喷水型	参见生产厂家资料
2. 电加热器		2. 填料型	参见生产厂家资料
1）裸线式	参见生产厂家资料	3. 高速喷水型	6.0~9.0
2）肋片管式	参见生产厂家资料		
二、空气过滤器			
1. 板式过滤器			
1）黏性虑料	1.0~4.0		
2）干式带扩展表面，平板型（粗效）	同风管风速		
3）折叠式（中效）	≤3.8		
4）高效过滤器（HEPA）	1.3		
2. 可更换滤料的过滤器			
1）卷绕型黏性滤料	2.5		
2）卷绕型干式滤料	1.0		
3. 电子空气过滤器			
电离式	0.8~1.8		

5）送风口的出口风速应根据建筑物的使用性质、对噪声的要求、送风口形式及安装高度和位置等确定，可参照表 7-14。散流器颈部最大送风速度见表 6-3。

表 7-14 各类送风口的出口风速

送风口形式	场所示例	出口风速/(m/s)	备 注
侧送百叶	公寓、客房、别墅、会堂、剧场、展厅	2.5~3.8	送风口位置高、工作区允许风速高和噪声标准低时取较大值
	一般办公室	5.0~6.0	
	高级办公室	2.5~4.0	
	电影院	5.0~6.0	
	录音、广播室	1.5~2.5	
	商店	5.0~7.5	
	医院病房	2.5~4.0	
条缝风口顶送	—	2~4	

（续）

送风口形式	场所示例	出口风速/(m/s)	备　注
孔板顶送	—	3~5	送风均匀性要求高或送热风时，取较大值
喷口	—	4~8	空调区域内噪声要求不高时，最大值可取 10m/s
地板下送	—	≤2	—
置换通风下送	—	0.2~0.5	—

6）回风口的风速可按表 7-15 选用；当房间内噪声标准要求较高时，回风口风速应适当降低。

表 7-15　回风口吸风速度

回风口位置	位于人的活动区之上	在人的活动区内离座位较远	在人的活动区内离座位较近	门上格栅或墙上回风口	门下端缝隙	走廊回风断面
吸风速度/(m/s)	≥4.0	3.0~4.0	1.5~2.0	2.5~5.5	3.0	1.0~1.5

7）高速送风系统中风管内的最大允许风速按表 7-16 采用。

表 7-16　高速送风系统中风管内的最大允许风速

风量范围/(m^3/h)	最大允许风速/(m/s)	风量范围/(m^3/h)	最大允许风速/(m/s)
100000~68000	30	22500~17000	20.5
68000~42500	25	17000~10000	17.5
42500~22500	22.5	10000~5050	15

8）机械加压送风系统、机械排烟系统及机械补风系统采用金属管道时，风速不宜大于 20m/s；采用非金属管道时，风速不宜大于 15m/s；机械排烟口风速不宜大于 10m/s；机械加压送风系统送风口风速不宜大于 7m/s。

9）自然通风系统的进排风口空气流速宜按表 7-17 采用。自然通风系统的风道空气流速宜按表 7-18 采用。

表 7-17　自然通风系统的进排风口空气流速　（单位：m/s）

部位	进风百叶	排风口	地面出风口	顶棚出风口
风速	0.5~1.0	0.5~1.0	0.2~0.5	0.5~1.0

表 7-18　自然进排风系统的风道空气流速

部位	进风竖井	水平干管	通风竖井	排风道
风速	1.0~1.2	0.5~1.0	0.5~1.0	1.0~1.5

7.5.3　风管管网总压力损失的估算法

1）通风空调系统的压力损失（包括摩擦损失和局部阻力损失）应通过计算确定。一般的通风和空调系统，管网总压力损失 Δp(Pa) 可按下式进行估算：

$$\Delta p = R_m l(1 + k) \quad (7\text{-}13)$$

式中 R_m——单位长度摩擦阻力（Pa/m），当系统风量 $L<10000\mathrm{m}^3/\mathrm{h}$ 时、$R_m=1.0\sim1.5\mathrm{Pa/m}$；风量 $L\geqslant10000\mathrm{m}^3/\mathrm{h}$ 时，R_m 按照选定的风速查风管单位长度沿程压力损失的标准计算表，即表 7-4 和表 7-5 确定；

l——风管总长度，是指到最远送风口的送风管总长度加上到最远回风口的回风管总长度（m）；

k——整个管网局部压力损失与沿程压力损失的比值。弯头、三通等配件较少时，$k=1.0\sim2.0$；弯头、三通等配件较多时，$k=3.0\sim5.0$。

2）通风空调系统送风机静压的估算。送风机的静压应等于管网的总压力损失加上空气通过过滤器、表冷器或喷水室、加热器等空气处理设备的压力损失之和，可按表 7-19 给出的推荐值采用。

表 7-19 推荐的送风机静压值

类型		风机静压值/Pa
送、排风系统	小型系统	100~250
	一般系统	300~400
空调系统	小型（空调面积 $300\mathrm{m}^2$ 以内）	400~500
	中型（空调面积 $2000\mathrm{m}^2$ 以内）	600~750
	大型（空调面积大于 $2000\mathrm{m}^2$）	650~1100
	高速系统（中型）	1000~1500
	高速系统（大型）	1500~2500

3）机械加压送风系统管网的总阻力损失应包括防烟楼梯间、前室、消防前室、合用前室、封闭避难层的正压值。其中防烟楼梯间正压值为 40~50Pa；前室、消防前室、合用前室、封闭避难层的正压值为 25~30Pa。

7.6 风管的水力计算流程与示例

风管的水力计算步骤（以假定流速法为例）：

1）绘制风管系统示意图。

2）确定最不利环路、通常为最远回风口至风机入口及风机出口至送风系统最远点；对各段风管进行编号。

3）确定各段风管的风速，根据风量确定风管尺寸。

4）根据风管尺寸，重新计算流速，计算动压、查表获得单位长度摩擦阻力（即比摩阻）。

5）查表获得局部阻力系数，计算局部阻力损失。

6）列表，阻力汇总。

以某民用建筑一层的空调新风系统为例。该空调区域风管布置示意图如图 7-5 所示，最不利环路管段编号为 1—3—4—8—12—16—18—22。

①对管段进行编号，标注长度和风量，如图 7-5 所示。

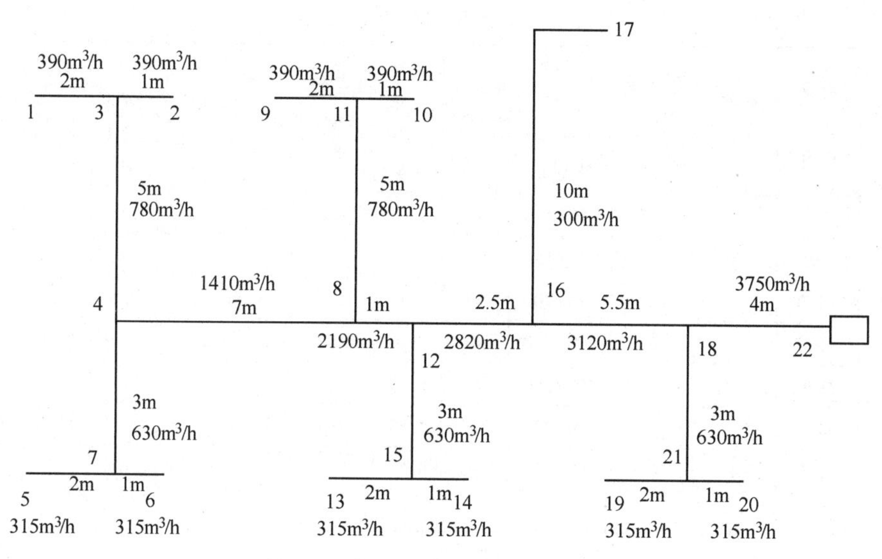

图 7-5 新风系统风管布置示意图

②确定各管段气流速度，查表 7-20。

表 7-20 空调系统中的空气流速 （单位：m/s）

部位	低速风管						高速风管	
	推荐风速			最大风速			推荐风速	最大风速
	居住建筑	公共建筑	工业建筑	居住建筑	公共建筑	工业建筑	一般建筑	
新风入口	2.5	2.5	2.5	4.0	4.5	6	3	5
风机入口	3.5	4.0	5.0	4.5	5.0	7.0	8.5	16.5
风机出口	5~8	6.5~10	8~12	8.5	7.5~11	8.5~14	12.5	25
主风道	3.5~4.5	5~6.5	6~9	4~6	5.5~8	6.5~11	10	30
水平支风道	3.0	3.0~4.5	4~5	3.5~4.0	4.0~6.5	5~9	10	22.5
垂直支风道	2.5	3.0~3.5	4.0	3.25~4.0	4.0~6.0	5~8	4	22.5
送风口	1~2	1.5~3.5	3~4.0	2.0~3.0	3.0~5.0	3~5		

③确定最不利环路，该系统 1—3—4—8—12—16—18—22 为最不利环路。

④根据各管段风量及流速，确定各管段的管径及比摩阻，计算沿程损失，应首先计算最不利环路，然后计算其余分支环路。

如管段 1—3，根据 $L=390\text{m}^3/\text{h}$，$v=3\sim4.5\text{m/s}$，查表 7-5 可得出矩形风管尺寸为 250mm×120mm，可计算知当量管径 $D=162$ mm，$v=3.61\text{m/s}$，$R_m=1.2\text{Pa/m}$。

同理可查出其余管段的管径、实际流速、比摩阻，计算出沿程损失。

⑤计算各管段局部损失。

如管段 1—3，合流三通分支段，$\zeta=0.65$，具体结果见表 7-21。

⑥计算各管段的总损失，最不利环路的阻力是 125.1Pa，风量为 $3750\text{m}^3/\text{h}$。

结果见表 7-21。

表 7-21 最不利环路水力计算

管段编号		风量 L/(m³/h)	管长 l/m	初选风速 u/(m/s)	风道尺寸 a/mm×b/mm	流速当量直径 D/mm	实际流速 u/(m/s)	比摩阻/(Pa/m)	摩擦阻力/Pa	动压/Pa	局部阻力系数	局部阻力/Pa	总阻力/Pa	备注
最不利管路	1—3	390	2	3.5	250×120	162	3.61	1.1	2.4	7.8	0.65	5.1	7.5	三通
	3—4	780	5	4.5	250×160	195	5.4	2	10	17.5	0.48	8.4	18.4	三通
	4—8	1410	7	6	320×200	246	6.12	1.9	13.3	22.5	0.5	11.2	24.5	三通
	8—12	2190	1	6	400×250	308	6.1	1.5	1.5	22.3	0.69	15.4	16.9	三通
	12—16	2820	2.5	6	400×320	356	6.12	1.2	3	22.5	1	22.5	25.5	三通
	16—18	3120	5.5	6	400×320	356	6.77	1.4	7.7	27.5	0.72	19.8	27.5	三通
	18—22	3750	4	6	500×320	390	6.51	1.2	4.8	25.4	0	0	4.8	三通
小计													125.1	

从表 7-21 中可以看出，该新风系统干管风速均在 5~7m/s，支管风速均为 3~4m/s，满足规范推荐风管流速。系统风管总阻力损失为 125.1Pa。考虑 10%的余量后，风系统要求的最低机组余压为 125.1Pa×1.1 = 137.6Pa。进一步考虑新风机组盘管及过滤网等阻力为 250Pa，系统总阻力约 390Pa，可选择新风机组余压为 450Pa，大于系统所需余压。

根据图 7-5，管长约 26m，风量 $L<10000\text{m}^3/\text{h}$，$R_m = 1.5\text{Pa/m}$，可估算风管阻力为 $p = 1.5\text{Pa/m}\times26\text{m}\times(1+3) = 156\text{Pa}$。考虑 10%的余量后，风系统要求的最低机组余压为 156Pa×1.1=171Pa。进一步考虑新风机组盘管及过滤网等阻力为 250Pa，系统总阻力约 420Pa，可选择新风机组余压为 450Pa，大于系统所需余压。

风管布置时，要尽量减少局部阻力，弯曲的中心曲率半径要不小于其风管直径或边长，一般可采用 1.25 倍直径或边长。大断面风管，为减少阻力，可做导流叶片，导流叶片以流线型为佳。

7.7 室内噪声标准与消声原理

7.7.1 噪声的来源

噪声的发生源很多，空调工程中的主要噪声源是通风、制冷机、水泵等。空调系统的风机噪声通过风道传入室内，设备的振动与噪声也可通过建筑结构传入室内。空调系统除了要满足室内温湿度要求外，还应满足噪声的有关措施，其中重要的手段就是通风系统的消声与设备的防振。

7.7.2 室内噪声相关标准要求

在声学测量仪器中，为模拟人耳对声音响度的感觉特性，在声级计上设计了 A 计权网络、B 计权网络、C 计权网络。A 网络让中低频段（500Hz 以下）有较大的衰减，对高频敏感，对低频不敏感，这与人耳对噪声的感觉相一致。因此在噪声测量中，通常用 A 网络测得的声级来代表噪声的大小，称 A 声级，即 dBA 或 dB(A)

（1）睡眠、交谈及听力保护的建议标准（表 7-22）

表 7-22　睡眠、交谈及听力保护的建议标准

适用范围	理想值/dB(A)	较大值/dB(A)
睡眠	30	50
交谈思考（脑力劳动）	40	60
听力保护（体力劳动）	70	90

（2）民用建筑室内噪声允许标准　《民用建筑隔声设计规范》（GB 50118—2010）中对住宅、学校、旅馆、办公等四类建筑物室内允许噪声做了规定，见表 7-23~表 7-26。

表 7-23　住宅室内卧室、起居室等允许噪声级

房间类别	允许噪声级/dB(A)		
	一级	二级	三级
卧室	≤40	≤45	≤50
书房	≤40	≤45	≤50
起居室	≤45	≤50	—

表 7-24　病房、医疗室等允许噪声级

房间类别	允许噪声级/dB(A)		
	一级	二级	三级
病房、医护人员休息室	≤40	≤45	≤50
门诊室	≤55	≤60	—
听力测听室	≤25	≤30	—
无特殊安静要求的房间	≤45	≤50	—

表 7-25　学校室内允许噪声级

房间类别	允许噪声级/dB(A)		
	一级	二级	三级
有特殊安静要求的房间	≤40	—	—
一般教室	≤45	—	—
无特殊安静要求的房间	≤55	—	—

注：1. 特殊安静要求的房间指语言教室、录音室、阅览室等。一般教室指普通教室、史地教室、合班教室、自然教室、音乐教室、琴房、视听教室、美术教室等。
2. 无特殊安静要求的房间指健身房、舞蹈教室、以操作为主的试验室，及教师的办公及休息室等。
3. 对于邻近有特别容易分散学生听课注意力的干扰噪声（如演唱）时，表 7-23 中的允许噪声级应降低 5dB。

表 7-26　旅馆室内允许噪声级

房间类别	允许噪声级/dB(A)			
	特级	一级	二级	三级
客房	≤35	≤40	≤45	≤55
会议室	≤40	≤45	≤50	≤50
多用途大厅	≤40	≤45	≤50	—
办公室	≤45	≤50	≤55	≤55
餐厅、宴会厅	≤50	≤55	≤60	—

7.7.3 消声原理

空调风系统通风机的噪声沿风道传播，也会不断衰减，即沿直管道的声衰减、弯头三通与变径管的声衰减、风口的末端声衰减、风口噪声向房间内传播途径等的声衰减。虽然风道有自然声衰减，但一般难以满足室内噪声的有关措施，通常需要设计通风系统的消声装置进行进一步消声。

声能之所以能被吸收，是由于吸声材料具有大量内外连通的微小空隙和孔洞。当声波进入孔隙，引起孔隙中的空气和材料产生微小的振动，由于摩擦和黏滞阻力，使相当一部分声能转化为热能而被吸收。因此，只有孔洞对外开口，孔洞之间相互连通，且孔洞深入材料内部，才可以有效地吸收声能。

当气流经过风管系统的各个部件时，会产生气流再生噪声，并直接影响管路各部件的自然声衰减效果，同样的气流通过消声器时也会产生气流再生噪声并影响消声器的实际消声性能。在通风空调系统消声设计中也必须注意风管系统的气流再生噪声所产生的影响。因此考虑到管道部件内会产生气流再生噪声，影响消声效果，必须合理控制管道与消声器内的流速，见表 7-27 和表 7-28。

表 7-27 消声器内流速控制值

条件	降噪要求/dB(A)	流速范围/(m/s)	条件	降噪要求/dB(A)	流速范围/(m/s)
特殊安静要求空调消声	≤30	3~5	一般安静要求空调消声	≤50	8~10
较高安静要求空调消声	≤40	5~8	工业通风消声	≤70	10~18

表 7-28 空调风管流速控制值

允许噪声/dB(A)	风管流速控制值/(m/s)			允许噪声/dB(A)	风管流速控制值/(m/s)		
	主风管	支风管	风口		主风管	支风管	风口
20	4.0	2.5	1.5	35	6.5	5.5	3.5
25	4.5	3.5	2.0	40	7.5	6.0	4.0
30	5.0	4.5	2.5	45	9.0	7.0	5.0

《民用建筑供暖通风与空气调节设计规范》（GB 50736—2012）给出了有消声要求的通风与空调系统的风管内的推荐空气流速，宜按表 7-29 选用。

表 7-29 风管内的空气流速 （单位：m/s）

室内允许噪声级/dB(A)	主管风速	支管风速
25~35	3~4	≤2
35~50	4~7	2~3

注：通风机与消声装置之间的风管，其风速可采用 8~10m/s。

当通风机的噪声在经过各种自然衰减后仍然不能满足室内噪声标准时，就必须在管路上设置专门的消声装置——消声器。

7.7.4 消声器

空调系统中所用消声器大多是根据消声原理来制作的。用于制作消声器的材料一般都是吸声材料。吸声材料能够把入射在其上的声能部分吸收掉。吸声材料大多都是疏松或多孔性的，其主要特点是具有贯穿材料的许多细孔，即所谓开孔结构。而大多数隔热材料则要求有封闭的空隙，故两者是不同的。

消声器是一种可使气流通过而能降低噪声的装置。对于消声器有三个方面的基本要求：一是有较好的消声频率特性；二是空气阻力损失小；三是结构简单，使用寿命长，体积小，造价低。以上三个方面，根据具体要求可以有所侧重，但这三个方面的基本要求是缺一不可的。

消声器种类很多，但根据其消声原理，大致可分为阻性消声器和抗性消声器两大类。根据其消声原理的不同，不同种类的消声器有不同的频率作用范围。

阻性消声器：利用布置在管内壁上的吸声材料或吸声结构的吸声作用，使沿管道传播的噪声迅速随距离衰减，从而达到消声的目的，对中、高频率噪声的消声效果较好。阻性消声器的种类很多，按气流通道的几何形状可分为直管式、片式、折板式、迷宫式、蜂窝式、声流式、障板式和弯头式等，如图7-6所示。

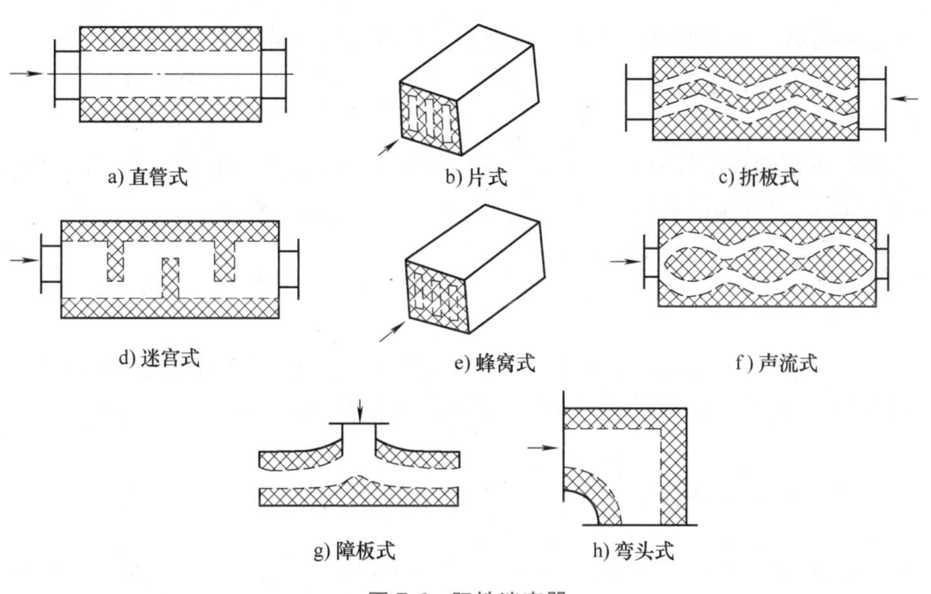

图7-6 阻性消声器

抗性消声器（图7-7）：抗性消声器不使用吸声材料，主要是利用声阻抗的不连续性来产生传输损失，利用声音的共振、反射、叠加、干涉等原理达到消声目的。抗性消声器适用于中、低频噪声的控制，常用的有扩张室消声器和共振腔消声器两大类。抗性消声器常用的形式有干涉式、膨胀式和共振式等。

阻抗复合式消声器（图7-8）：阻性消声器适宜消除中、高频噪声，而抗性消声器适宜消除中、低频噪声。在实际中为了在较宽的频率范围内获得较好的消声效果，通常采用宽频带的阻抗复合式消声器。其有二次产尘的缺点，不能用于洁净空调系统。

图 7-7 抗性消声器

图 7-8 阻抗复合式消声器

7.8 消声设计

确定消声器安装位置的主要原则：

1）消声器应尽可能设置在气流比较稳定的管道段。

2）消声器应尽量设在刚出风机房前后或者空气处理机组的出风口附近或进风口附近的风管段上。

3）安装长度及空间有限的空调系统可利用消声弯头及直管消声器的作用。

4）当消声器安装位置有限时，可利用建筑空间、空调箱的出风段位置等设计并安装消声静压箱。

5）回风系统也同样应设置足够的消声器，而且应注意回风的通畅性和末端流速，以避免回风口产生过高的气流再生噪声。

消声器外壳应与风管同样做保温处理。

必须指出的是，只有对声学要求较严格的空调系统（如剧院空调、音乐厅空调）才需要进行消声设计。

一般在民用要求不是很高的空调系统中，通常在空气处理机组的出风口附近安装直管消声器、消声弯头或消声静压箱，在回风管上安装消声器即可。

7.9 风系统的隔振减振

热泵、冷水机组、风机、水泵等设备在运转过程中会产生振动，这是由于旋转部件的惯性力、偏心不平衡产生的扰动力而引起的强迫振动。振动除产生高频噪声外，还通过设备底座、管道与构筑物的连接部分引起建筑结构的振动。振动的运动形式为波动，它传播的是物质运动能量而不是物质本身。振动达到一定能量也会影响建筑物的使用寿命。在建筑结构中，这部分振动能量以声的形式向空间辐射产生固体噪声，从而污染环境，影响工作和身体健康。

为防止和减小空调器、热泵、冷水机组、风机、水泵等产生的振动沿楼板、梁柱、墙体的传递，在设备底部安装隔振元件（阻尼弹簧隔振器、橡胶隔振器）、在管道上采用橡胶挠性接管（或金属波纹管、金属软管）、风机进出口处用帆布接头等变刚性连接为柔性连接，并对管道支架、吊架、托架等同时进行隔振处理，可达到防止或减小振动的传递的目的。

明确隔振设计任务性质是积极隔振还是消极隔振。积极隔振是防止或减少设备振动对外界的影响；消极隔振是防止或减少外界振动对精密设备的影响。这两种隔振方式均是通过在设备基座与支承结构之间设置弹性元件来实现的。隔振方式一般为支承式、悬挂式或悬挂支承式。设计选用隔振元件来达到预期的隔振目的。

参 考 文 献

[1] 陆耀庆．实用供热空调设计手册［M］．2版．北京：中国建筑工业出版社，2008.
[2] 中华人民共和国住房和城乡建设部．风口选用与安装：10K121［S］．北京：中国计划出版社，2010.
[3] 中华人民共和国建设部．风阀选用与安装：07K120［S］．北京：中国建筑标准设计研究院，2007.
[4] 中华人民共和国住房和城乡建设部．民用建筑供暖通风与空气调节设计规范：GB 50736—2012［S］．北京：中国建筑工业出版社，2012.
[5] 中华人民共和国住房和城乡建设部．民用建筑隔声设计规范：GB 50118—2010［S］．北京：中国建筑工业出版社，2010.

第 8 章 水系统设计与阻力计算

8.1 水系统设计原则

空调水管路系统设计主要原则如下：

1）空调管路系统应具备足够的输送能力。例如，在中央空调系统中通过水系统来确保经过每台空调机组或风机盘管的循环水量达到设计流量，以确保机组的正常运行；又如，在蒸汽型吸收式冷水机组中通过蒸汽系统来确保吸收式冷水机组所需要的热能动力。

2）合理布置管道。管道的布置要尽可能地选用同程式系统，虽然初投资略有增加，但易于保持环路的水力稳定性。若采用异程式系统时，设计中应注意各支管间的阻力平衡问题。

3）确定系统的管径时，应保证能输送设计流量，并使阻力损失和水流噪声小，以获得经济合理的效果。管径大则投资多，但流动阻力小，循环水泵的耗电量就小，使运行费用降低。因此，应当确定一种能使投资和运行费用之和最低的管径。同时，设计中要杜绝大流量、小温差问题，这是管路系统设计的经济原则。

4）在设计中，应进行严格的水力计算，以确保各个环路之间符合水力平衡要求，使空调水系统在实际运行中有良好的水力工况和热力工况。

5）空调管路系统应满足中央空调部分负荷运行时的调节要求。

6）空调管路系统设计中要尽可能多地采用节能技术措施。

7）管路系统选用的管材、配件要符合有关的规范要求。

8）管路系统设计中要注意便于维修管理，操作、调节方便。

8.2 水系统分类

8.2.1 水系统的分类

空调水系统包含冷水（即冷冻水）和冷却水两部分，根据配管形式、水泵配置、调节方式等的不同，可以设计成各种不同的系统类型，详见表 8-1。

表 8-1 水系统的类型及其优缺点

类型	特征	优点	缺点
开式	管路系统与大气相通	与水蓄冷系统的连接相对简单	系统中溶解氧多

（续）

类型	特征	优点	缺点
闭式	管路系统与大气不相通或仅在膨胀水箱处局部与大气有接触	氧腐蚀的概率小；不需要克服静水压力，水泵扬程低，输送能耗少	与水蓄冷系统的连接相对复杂
同程式（顺流式）	供水与回水管中水的流向相同，流经每个环路的管路长度相等	水量分配比较均匀；便于水力平衡	需设回程管道，管道长度增加，压力损失相应增大，初投资高
异程式（逆流式）	供水与回水管中水的流向相反，流经每个环路的管路长度不等	不需要设回程管道，不增加管道长度；初投资相对较低	当系统较大时，水力平衡较困难，应用平衡阀时，不存在此缺点
两管制	供冷与供热合用同一管网系统，随季节的变化而进行转换	管网系统简单，占用空间少；初投资低	无法同时满足供冷与供热的要求
三管制	分别设供冷和供热管，但冷、热回水合用同一管路	能同时满足供冷与供热的要求；管道系统比四管制简单；初投资居中	冷、热回水流入同一管路，能量有混合损失，占用建筑空间较多
四管制	供冷与供热分别设置两套管网系统，可以同时进行供冷或供热	能同时满足供冷或供热要求；没有混合损失	管路系统复杂，占用建筑空间多，初投资高
分区两管制	分别设置冷、热源并同时进行供冷与供热运行，但输送管路为两管制，冷热分别输送	能同时对不同的区域（如内区和外区）进行供冷和供热；管路系统简单，节省初投资和运行费	需要同时分区设置冷源与热源
定流量	冷（热）水流量保持恒定，通过改变供水温度来适应负荷的变化	系统简单，操作方便；不需要复杂的控制系统	配管设计时，不能考虑同时使用系数；输送能耗始终处于额定的最大值，不利于节能
变流量	冷（热）水的供水温度保持恒定，通过改变循环水量来适应负荷的变化	输送能耗随负荷的减少而降低；可以考虑同时使用系数，使得管道尺寸、水泵容量和能耗都减少	系统相对复杂些；必须配置自控装置；单式泵时若控制不当有可能产生蒸发器结冰事故
单式泵（一次泵）	冷、热源侧与负荷侧合用一套循环水泵	系统简单，初投资低；运行安全可靠，不存在蒸发器结冰的危险	不能适应各区压力损失悬殊的情况；在绝大部分运行时间内，系统处于大流量、小温差的状态，不利于节约水泵能耗
复式泵（二次泵）	冷、热源侧与负荷侧分成两个环路，冷源侧配置定流量循环即一次泵，负荷侧配置变流量循环即二次泵	能适应各区压力损失悬殊的情况，水泵扬程有把握降低；能根据负荷侧的需求调节流量；由于流过蒸发器的流量不变，能防止蒸发器发生结冰事故，确保冷水机组出水温度稳定；能节约一部分水泵能耗	总装机功率大于单式泵系统；自控复杂，初投资高；容易引起控制失调的问题；在绝大部分运行时间内，系统处于大流量、小温差状态，不利于节约水泵的能耗

8.2.2 一次泵系统

一次泵系统是我国工程设计中应用最多的一种系统形式，分为一次泵定流量系统与一次泵变流量系统。

一次泵定流量系统的特点：通过蒸发器的冷水流量不变，因此蒸发器不会出现结冰的危险，从而引起制冷机的保护停机。当系统中负荷侧冷负荷减少时，通过减小冷水的供、回水温差来适应负荷的变化，所以在绝大部分运行时间内，空调水系统处于大流量、小温差的状态，不利于节约水泵的能耗。图 8-1 与图 8-2 是典型的一次泵定流量系统的两种配置形式示意图。当末端水阀采用连续调节或通断调节时，为保证冷水机组的蒸发器流量恒定，需要设置旁通管，并采用压差旁通控制。旁通管上设置有压差旁通控制阀。

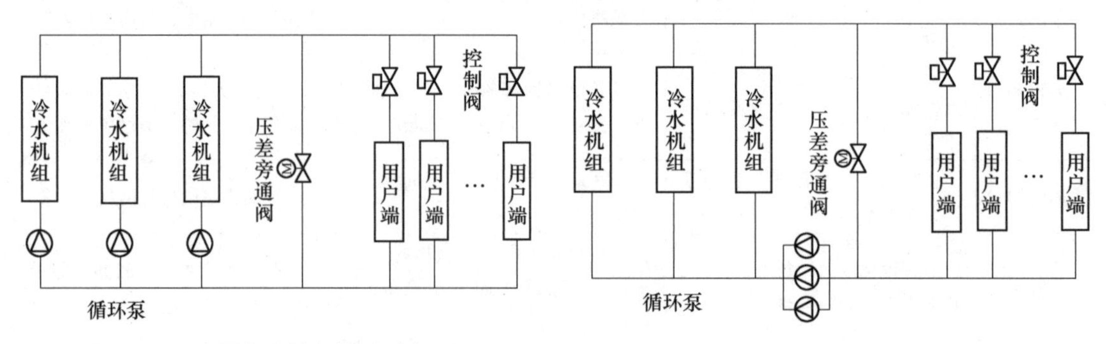

图 8-1　一次泵定流量系统（形式一）　　图 8-2　一次泵定流量系统（形式二）

一次泵变流量系统的特点：一次泵变流量系统选择可变流量的冷水机组，使蒸发器侧流量随负荷侧流量的变化而改变，从而最大限度地降低水泵的能耗。与一次泵定流量系统相比，显然把工频水泵改为变频水泵，水系统的运行调节方法不同，控制较为复杂，但节能效果更明显。一次泵变流量系统的典型配置与一次泵定流量系统的配置一样。变频水泵的转速一般根据最不利环路压差，或者分集水器压差，或者供回水干管压差进行控制。一次泵变流量系统通常也设置旁通管并设置控制阀。当负荷侧冷水量小于单台冷水机组蒸发器的最小允许流量时，旁通阀打开，保证冷水机组的流量不小于最小允许流量。

8. 2. 3　二次泵系统

二次泵变流量系统，是在冷水机组蒸发器侧流量恒定的前提下，把传统的一次泵分解为两级，它包括冷源侧和负荷侧两个水环路，如图 8-3 所示。

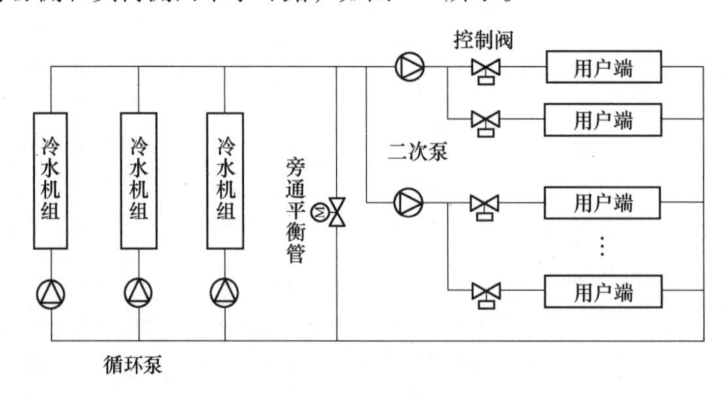

图 8-3　二次泵系统

二次泵变流量系统的最大特点是由于不同区域的水系统阻力差异大，为满足不同区域的流量及克服水系统阻力的需要而设置二次泵，二次泵则能根据末端负荷的需求调节流量。

对于适应水流量变化能力较弱的一些冷水机组产品来说，需要保证流过蒸发器的流量保持不变，防止蒸发器发生结冰现象，影响冷水机组的正常运行。随着技术的进步与市场的需求的变化，许多冷水机组能适应大范围流量的变化（比如50%~100%），这样一次泵也可以进行变流量控制以便节能。

二次泵系统设置平衡管，可以起到平衡一次和二次水系统水量的作用。当末端负荷增大时，回水经旁通管流向供水总管；当末端水流量减小时，供水经旁通管流向回水总管。平衡管是一次泵与二次泵扬程计算的分界线，由于一次泵和二次泵是串联运行，需要根据管道阻力确定各自的扬程，在设计状态下平衡管的阻力为零。

8.3 水系统设计

8.3.1 水系统的最高压力点

闭式空调水系统的定压可以采取膨胀水箱定压和定压罐定压。在不能或者不易设置膨胀水箱定压时采用定压罐进行定压。水系统的最高压力点，一般位于水泵出口处的“A”点，如图8-4所示（采用膨胀水箱定压）。通常，系统运行有下列三种状态：

1）系统停止运行时：系统最高压力点p_A(Pa)等于系统的静水压力，即

$$p_A=\rho hg \tag{8-1}$$

2）系统开始运行的瞬间：水泵刚起动的瞬间，由于动压尚未形成，出口压力p_A(Pa)等于该点静水压力p_A(Pa)与水泵的全压p(Pa)之和，即

$$p_A=\rho hg+p \tag{8-2}$$

3）系统正常运行时：出口压力等于该点静水压力与水泵静压之和，即

$$p_A=\rho hg+p-p_d;\quad p_d=v^2\rho/2 \tag{8-3}$$

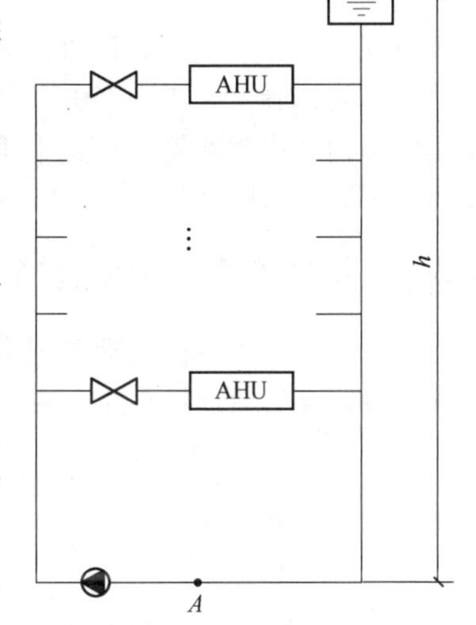

图8-4 水系统的静水压力图

式中 ρ——水的密度（kg/m^3）；

g——重力加速度（m/s^2）；

h——水箱液面至叶轮中心的垂直距离（m）；

p_A——水泵出口处的动压（Pa）；

v——水泵出口处水的流速（m/s）。

8.3.2 管道及各设备的承压能力

在水系统进行设计及设备选型时，需要考虑设备与管道的承压能力。系统的承压要求直接影响设备、管道、施工等的成本。

1）冷水机组、盘管（加热器或表冷器）、水泵等的额定工作压力p_W：

普通型冷水机组：$p_W=1.0$MPa

加强型冷水机组：$p_W=1.7$MPa

特加强型冷水机组：$p_W=2.0$MPa

空气处理机组盘管、风机盘管：$p_W=1.6$MPa

水泵壳体：采用填料密封时：$p_W=1.0$MPa

采用机械密封时：p_W=1.6MPa

2）管材和管件的公称压力 PN（MPa）：

低压管道：PN=2.5MPa

中压管道：PN=4~6.4MPa

高压管道：PN=10~100MPa

低压阀门：PN=1.6MPa

中压阀门：PN=2.5~6.4MPa

高压阀门：PN=10~100MPa

普通焊接钢管：PN=1.0MPa

加厚焊接钢管：PN=1.6MPa

直缝、螺旋缝焊接钢管：PN=1.6MPa

无缝钢管：PN > 1.6MPa

8.3.3 管材选择

不同的承压系统，对管道连接等施工工艺有明确的要求。低压系统，小于或等于 DN50 的可用焊接钢管，大于 DN50 的用无缝钢管；高压系统可以一律采用无缝钢管。冷凝水管可采用镀锌钢管或塑料管，不宜采用焊接钢管。管道一般都需要保温，管道保温前系统要进行试压，再刷两道防锈底漆。

8.3.4 管内流速与管径选择

流速主要考虑经济及噪声因素。管道流速太大，对环路平衡不利。通常总管流速可以取得大一点，支管流速取得小一点。管内水流速最大值及推荐值见表 8-2 和表 8-3。

表 8-2 冷热水管最大流速 （单位：m/s）

公称直径/mm	15	20	25	32	40	50	>50
一般管网	0.8	1.0	1.2	1.4	1.7	2.0	3.0
有特安静要求的室内管网	0.5	0.65	0.8	1.0	1.2	1.3	1.5

表 8-3 管内水流速推荐值 （单位：m/s）

管径/mm	15	20	25	32
闭式系统	0.4~0.5	0.5~0.6	0.6~0.7	0.7~0.9
开式系统	0.3~0.4	0.4~0.5	0.5~0.6	0.6~0.8
管径/mm	40	50	65	80
闭式系统	0.8~1.0	0.9~1.2	1.1~1.4	1.2~1.6
开式系统	0.7~0.9	0.8~1.0	0.9~1.2	1.1~1.4
管径/mm	100	125	150	200
闭式系统	1.3~1.8	1.5~2.0	1.6~2.2	1.8~2.5
开式系统	1.2~1.6	1.4~1.8	1.5~2.0	1.6~2.3
管径/mm	250	300	350	400
闭式系统	1.8~2.6	1.9~2.9	1.6~2.5	1.8~2.6
开式系统	1.7~2.4	1.7~2.4	1.6~2.1	1.8~2.3

8.3.5 水系统水温、竖向分区及设计注意事项

(1) 冷、热水温度 一般舒适性空调水系统的冷、热水温度，可以按照下列推荐值采用：

1) 冷水供水温度：5~9℃，一般取7℃；供、回水温度差：5~10℃，一般取5℃。

2) 热水供水温度：40~65℃，一般取60℃；供、回水温度差：4.2~15℃，一般取10℃；宜加大至15℃。

(2) 竖向分区

1) 系统静水压力 $p_s \leq 1.0$MPa时，冷水机组可集中设于地下室，水系统竖向可不分区。

2) 系统静水压力 $p_s > 1.0$MPa时，竖向应分区。一般宜采用中间设备布置换热器的供水模式，换热器冷水换热温差宜取1~1.5℃，热水换热温差宜取2~3℃。

(3) 空调水系统中阀门、过滤器、温度计和压力表的设置 空调水系统中阀门、过滤器、温度计和压力表的设置，见表8-4。

表8-4 空调水系统中的阀门、过滤器、温度计和压力表的设置

部位	过滤器	温度计	压力表	阀门	备注
空气处理设备的进水管	▲			▲	必要时进水管上应装温度计
空气处理设备的出水管		▲		▲	
冷水机组的进水管	▲	▲	▲	▲	
冷水机组的出水管		▲	▲	▲	
换热器一、二次侧的进水管	▲	▲	▲	▲	
换热器一、二次侧的出水管		▲	▲	▲	
分、集水器本体上		▲	▲		
分、集水器的进、出水干管				▲	
集水器分路阀门前的管道上		▲			
水泵的出水管		▲	▲	▲	闭式系统、并联水泵及开式系统在阀前还应设止回阀
水泵的进水管	▲			▲	
过滤器的进、出口			▲		
与立管连接的水平供回水干管				▲	水平分配系统
与水平干管连接的供回水立管				▲	垂直分配系统

8.3.6 冷凝水的管径选择

冷凝水管可以不采用金属材质管道，可以采用PPR等塑料管道。一般可以按照1kW冷负荷的冷凝水量为0.4~0.8kg进行计算。表8-5所示为冷凝水管径与冷负荷对照。

表8-5 冷凝水管径与冷负荷对照

管道最小坡度	冷负荷/kW								
0.001	<7	7.1~17.6	17.7~100	101~176	177~598	599~1055	1056~1512	1513~12462	>12462
0.003	<17	17~42	42~230	230~400	400~1100	1100~2000	2000~3500	3500~15000	>15000
管道公称直径	DN20	DN25	DN32	DN40	DN50	DN80	DN100	DN125	DN150

8.4 冷冻水系统阻力计算

冷冻水系统一般为闭式系统，冷冻水系统阻力构成一般来源于以下几部分：①设备阻力；②管道沿程阻力；③局部阻力（弯头、截止阀等）；④调节阀门阻力。

8.4.1 设备阻力与管道阻力

（1）设备阻力

1）冷水机组阻力：由机组制造厂提供，一般为50~100kPa。

2）空调末端装置阻力是指末端装置盘管的阻力。末端装置的类型有风机盘管、空调风柜、组合式空调器等。它们的阻力是根据设计提出的空气进、出空调盘管的参数、冷量、水温差等由制造厂经过盘管配置计算后提供的，额定工况值一般在产品样本上能查到。此项阻力一般在10~50kPa。

3）组合式空调器的盘管阻力（30~50kPa）一般比风机盘管阻力（10~40kPa）大，一般取大末端的阻力。

（2）管道阻力 管道阻力包括管道沿程阻力和管道局部阻力两部分。

1）管道沿程阻力。管道沿程阻力为管道摩擦阻力。单位长度的摩擦阻力即比摩阻取决于技术经济比较。若取值大则管径小，初投资省，但水泵运行能耗大；若取值小则反之。目前设计中冷水管道的比摩阻宜控制在150~200Pa/m，管径较大时，取值可小些。管道沿程阻力应按照实际的管道长度、管径、流速进行计算。

2）管道局部阻力。主要由水系统的局部阻力件产生。水系统的局部阻力件主要包括弯头、过滤器、截止阀等，其阻力按照部件的阻力系数进行计算。

8.4.2 管道阻力计算方法

管道阻力计算包括管道沿程阻力和管道局部阻力两部分计算。计算管道阻力需要先确定管道的流量与流速。

（1）管道流量计算 管段的冷水流量G(L/s)，可按下式计算：

$$G=\frac{\sum_{i=1}^{n}q_i}{1.163\Delta t} \tag{8-4}$$

式中 $\sum_{i=1}^{n}q_i$——计算管段的空调冷负荷（W）；

Δt——供回水温差（℃）。

确定计算管段的冷水量$\sum_{i=1}^{n}q_i$时，可以根据管道所连接的末端设备（如AHU、FCU等）的额定流量进行计算（叠加）。但必须注意，当总水量达到与系统总流量（水泵流量）相等时，干管的水量不应再增加。

根据管道流量及管径即可计算管道的流速。

（2）沿程阻力的计算 沿程阻力也称摩擦阻力Δp_m(Pa)，可按下式计算：

$$\Delta p_m=\lambda\frac{l}{d}\cdot\frac{\rho v^2}{2} \tag{8-5}$$

当直管段长度 $l=1\text{m}$ 时，$R=\dfrac{\lambda}{d}\cdot\dfrac{\rho v^2}{2}$，则

$$\Delta p_{\text{m}}=Rl \tag{8-6}$$

式中　R——单位长度直管段的摩擦阻力（称为比摩阻）(Pa/m)；

λ——摩擦阻力系数（m）；

ρ——水的密度（kg/m^3）；

v——水的流速（m/s）；

d——管道直径（m）。

常用的冷水管道的摩擦阻力计算表，见表8-6。

表8-6　冷水管道的摩擦阻力计算表

流速/(m/s)	动压/Pa	DN=15mm			DN=20mm			DN=25mm			DN=32mm		
		G	R_C	R_O	G	R_C	R_O	G	R_C	R_O	G	R_C	R_O
0.20	20	0.04	68	85	0.07	45	56	0.11	33	40	0.20	23	27
0.30	45	0.06	143	183	0.11	95	120	0.17	69	86	0.30	48	59
0.40	80	0.08	244	319	0.14	163	209	0.23	111	150	0.40	82	102
0.50	125	0.10	371	492	0.18	248	323	0.29	180	231	0.50	125	158
0.60	180	0.12	525	702	0.21	351	460	0.34	255	330	0.60	176	225
0.70	245	0.14	705	948	0.25	471	622	0.40	343	446	0.70	237	304
0.80	319	0.16	911	1232	0.28	609	808	0.45	443	580	0.80	306	395
0.90	404	0.18	1142	1553	0.32	764	1019	0.51	555	731	0.90	384	498
1.00	499	0.19	1400	1912	0.35	936	1254	0.57	681	900	1.00	471	613
1.10	604	0.21	1685	2307	0.39	1126	1513	0.63	819	1086	1.10	566	739
1.20	719	0.23	1995	2739	0.42	1334	1797	0.69	970	1289	1.20	671	878
1.30	844	0.25	2331	3208	0.46	1595	2105	0.74	1134	1510	1.30	784	1029
1.40	978	0.27	2693	3714	0.50	1801	2437	0.80	1310	1748	1.40	906	1191
1.50	1123	0.29	3082	4258	0.53	2061	2793	0.86	1499	2004	1.50	1036	1365
1.60	1278	0.31	3496	4838	0.57	2338	3174	0.91	1701	2277	1.60	1176	1551
1.70	1422	0.33	3737	5456	0.60	2633	3579	0.97	1915	2568	1.70	1324	1749
1.80	1617	0.35	4404	6110	0.64	2945	4009	1.03	2142	2876	1.80	1481	1959
1.90	1802	0.37	4896	6802	0.67	3274	4462	1.09	2382	3202	1.90	1647	2181
2.00	1996	0.39	5415	7531	0.71	3621	4940	1.14	2634	3545	2.00	1821	2415
2.10	2201							1.20	2899	3905	2.10	2004	2660
2.20	2416							1.26	3177	4283	2.20	2196	2918
2.30	2640												
2.40	2875												
2.50	3119												
2.60	3374												
2.70	3639												
2.80	3913												
2.90	4198												
3.00	4492												

（续）

流速/(m/s)	动压/Pa	DN=40mm			DN=50mm			DN=65mm			DN=80mm		
		G	R_C	R_O	G	R_C	R_O	G	R_C	R_O	G	R_C	R_O
0.20	20	0.31	19	23	0.44	14	16	0.73	10	11	1.03	8	9
0.30	45	0.40	40	49	0.66	29	35	1.09	21	25	1.54	17	20
0.40	80	0.53	63	85	0.88	49	60	1.45	36	43	2.06	28	34
0.50	125	0.66	101	131	1.10	75	93	1.81	54	67	2.57	43	53
0.60	180	0.79	147	187	1.32	106	132	2.18	77	95	3.09	61	76
0.70	245	0.92	193	253	1.54	142	179	2.54	103	129	3.60	82	102
0.80	319	1.05	256	328	1.76	183	233	2.90	133	167	4.12	106	133
0.90	404	1.19	321	414	1.93	230	293	3.26	167	210	4.63	134	167
1.00	499	1.32	394	509	2.20	282	361	3.63	205	259	5.14	164	206
1.10	604	1.45	473	614	2.42	339	435	3.99	246	313	5.66	197	248
1.20	719	1.53	561	729	2.64	402	517	4.35	292	371	6.17	233	295
1.30	844	1.71	655	854	2.86	470	605	4.71	341	435	6.69	273	345
1.40	978	1.85	757	989	3.08	543	701	5.08	394	503	7.20	315	400
1.50	1123	1.98	867	1134	3.30	621	803	5.44	451	577	7.72	361	458
1.60	1278	2.11	983	1289	3.52	705	913	5.80	512	656	8.23	409	521
1.70	1422	2.24	1107	1453	3.74	794	1029	6.16	576	739	8.74	461	587
1.80	1617	2.37	1238	1627	3.96	888	1153	6.53	644	828	9.26	515	658
1.90	1802	2.50	1377	1812	4.18	987	1284	6.89	717	922	9.77	573	732
2.00	1996	2.64	1532	2002	4.40	1092	1421	7.25	793	1021	10.3	643	811
2.10	2201	2.77	1676	2210	4.62	1202	1566	7.61	872	1124	10.8	698	893
2.20	2416				4.85	1317	1717	7.98	956	1233	11.3	765	979
2.30	2640							8.70	1135	1466	12.4	907	1164
2.40	2875							9.06	1230	1590	12.9	984	1263
2.50	3119										13.4	1063	1365
2.60	3374										13.9	1145	1471
2.70	3639												
2.80	3913												
2.90	4198												
3.00	4492												

流速/(m/s)	动压/Pa	DN=100mm			DN=125mm			DN=150mm			DN=200mm		
		G	R_C	R_O	G	R_C	R_O	G	R_C	R_O	G	R_C	R_O
0.20	20												
0.30	45	2.35	13	15	3.68	10	11						
0.40	80	3.14	22	26	4.90	16	20	7.06	13	15	13.4	9	10
0.50	125	3.92	33	40	6.13	25	30	8.82	20	24	16.8	13	16
0.60	180	4.70	47	57	7.35	35	43	10.6	28	34	20.2	19	22

（续）

流速/(m/s)	动压/Pa	DN=100mm			DN=125mm			DN=150mm			DN=200mm		
		G	R_C	R_O	G	R_C	R_O	G	R_C	R_O	G	R_C	R_O
0.70	245	5.49	63	73	8.50	48	58	12.4	38	40	23.5	25	30
0.80	319	6.27	81	101	9.80	60	75	14.1	49	60	23.9	33	40
0.90	404	7.06	102	127	11.0	77	95	15.9	61	75	30.2	41	50
1.00	499	7.84	125	153	12.3	95	117	17.6	75	92	33.6	50	61
1.10	604	8.62	151	188	13.5	114	141	19.4	90	112	37.0	61	74
1.20	719	9.41	179	224	14.7	135	163	21.2	107	132	40.3	72	88
1.30	844	10.2	209	262	15.9	157	196	22.9	125	155	43.7	84	103
1.40	978	11.0	241	304	17.2	182	227	24.7	145	180	47.0	97	119
1.50	1123	11.8	276	348	18.4	208	260	26.5	166	206	50.4	111	136
1.60	1278	12.5	313	395	19.6	236	296	28.2	188	234	53.8	126	155
1.70	1422	13.3	353	446	20.8	266	334	30.0	212	264	57.1	142	175
1.80	1617	14.1	394	499	22.1	298	374	31.8	237	295	60.5	158	196
1.90	1802	14.9	439	556	23.3	331	416	33.5	263	329	63.8	176	218
2.00	1996	15.7	485	615	24.5	366	461	35.3	291	364	67.2	195	241
2.10	2201	16.5	534	678	25.7	403	508	37.0	320	401	70.6	214	266
2.20	2416	17.3	585	744	27.0	441	557	38.8	351	440	73.9	235	292
2.30	2640	18.0	639	812	28.2	482	608	40.6	383	481	77.3	256	318
2.40	2875	18.8	694	884	29.4	524	662	42.3	417	523	80.6	279	347
2.50	3119	19.6	753	959	30.6	568	718	44.1	452	567	84.0	302	376
2.60	3374	20.4	813	1036	31.9	614	776	45.9	488	613	87.3	327	406
2.70	3639	21.2	876	1117	33.1	661	836	47.6	526	661	90.7	352	438
2.80	3913	22.0	941	1201	34.3	710	899	49.9	565	711	94.1	378	471
2.90	4198	22.7	1009	1288	35.5	761	964	51.2	605	762	97.4	405	505
3.00	4492	23.5	1079	1378	36.8	814	1031	52.9	647	815	101	433	540

流速/(m/s)	动压/Pa	DN=250mm			DN=300mm			DN=350mm			DN=400mm		
		G	R_C	R_O	G	R_C	R_O	G	R_C	R_O	G	R_C	R_O
0.20	20												
0.30	45												
0.40	80												
0.50	125	26.3	10	12	37.4	8	10						
0.60	180	31.6	14	17	44.9	11	14	63.7	9	11			
0.70	245	36.8	19	23	52.4	13	19	74.3	12	15	91.4	11	13
0.80	319	42.1	25	30	59.9	20	24	84.9	16	19	104.4	14	17
0.90	404	47.3	31	37	67.4	25	30	95.6	20	24	117	18	21
1.00	499	52.6	38	46	74.9	31	37	106	25	30	131	22	26
1.10	604	57.9	46	56	82.3	37	44	117	30	36	144	26	31
1.20	719	63.1	54	66	89.8	44	53	127	35	42	157	31	37
1.30	844	68.4	63	77	97.3	51	62	138	41	50	170	36	44
1.40	978	73.6	73	90	105	59	72	149	48	58	183	42	51
1.50	1123	78.9	84	103	112	67	82	159	54	66	196	48	58

（续）

流速/(m/s)	动压/Pa	DN=250mm			DN=300mm			DN=350mm			DN=400mm		
		G	R_C	R_O	G	R_C	R_O	G	R_C	R_O	G	R_C	R_O
1.60	1278	84.2	95	117	120	77	93	170	62	75	209	54	66
1.70	1422	89.4	107	132	127	86	105	180	70	85	222	61	74
1.80	1617	94.7	120	147	135	96	118	191	78	95	235	69	83
1.90	1802	99.9	133	164	142	107	131	201	87	105	248	76	93
2.00	1996	105	148	182	150	119	145	212	96	117	261	84	103
2.10	2201	110	162	200	157	131	160	223	105	129	274	93	113
2.20	2416	116	178	219	165	143	176	234	115	144	287	102	124
2.30	2640	121	194	240	172	156	192	244	126	154	300	111	135
2.40	2875	126	211	261	180	170	209	255	137	168	313	121	147
2.50	3119	131	229	283	187	184	226	265	149	182	326	131	160
2.60	3374	137	247	306	195	199	245	276	161	196	339	141	173
2.70	3639	142	266	330	202	214	264	287	173	212	352	152	186
2.80	3913	147	286	354	210	230	284	297	186	228	365	164	200
2.90	4198	153	307	380	217	247	304	308	199	244	378	175	215
3.00	4492	158	328	406	225	264	325	319	213	261	392	188	230

注：G——冷水流量（L/s）；

R_C——闭式水系统（当量绝对粗糙度 k=0.2mm）的比摩阻（Pa/m）；

R_O——开式水系统（当量绝对粗糙度 k=0.5mm）的比摩阻（Pa/m）。

计算管段沿程阻力时，单位长度摩擦阻力（比摩阻）宜控制在150~200Pa/m。

（3）局部阻力的计算方法 水在管内流动过程中，当遇到各种配件如弯头、三通、阀门等时，由于摩擦和涡流而导致能量损失，这部分能量损失称为局部压力损失，习惯上简称为局部阻力。局部阻力 p_j(Pa) 可按下式计算：

$$\Delta p_j = \zeta \frac{\rho v^2}{2} \tag{8-7}$$

式中 ζ——管道配件的局部阻力系数；

v——水流速度（m/s）；

ρ——水的密度（kg/m³）。

常用的管道配件局部阻力系数，可以由表8-7查得。

表8-7 常用管道配件的局部阻力系数

序号	名称	局部阻力系数 ζ							
1	截止阀：	DN	15	20	25	32	40	50	
	直杆式	ζ	16.0	10.0	9.0	9.0	8.0	7.0	
	斜杆式	ζ	1.5	0.5	0.5	0.5	0.5	0.5	
2	止回阀：	DN	15	20	25	32	40	50	
	升降式	ζ	16.0	10.0	9.0	9.0	8.0	7.0	
	旋启式	ζ	5.1	4.5	4.1	4.1	3.9	3.4	
3	旋塞阀（全开时）	DN	15	20	25	32	40	50	
		ζ	4.0	2.0	2.0	2.0	—	—	
4	蝶阀（全开时）	0.1~0.3							

（续）

序号	名称	局部阻力系数ζ									
5	闸阀（全开时）	DN	15	20~50	80	100	150	200~250	300~450		
		ζ	1.5	0.5	0.4	0.2	0.1	0.08	0.07		
6	变径管：渐缩	0.10（对应小断面的流速）									
	渐扩	0.30（对应小段面的流速）									
7	焊接弯头：	DN	80	100	150	200	250	300	350		
	90°	ζ	0.51	0.63	0.72	0.72	0.78	0.87	0.89		
	45°	ζ	0.26	0.32	0.36	0.36	0.39	0.44	0.45		
8	普通弯头：	DN	15	20	25	32	40	50	65		
	90°	ζ	2.0	2.0	1.5	1.5	1.0	1.0	1.0		
	45°	ζ	1.0	1.0	0.8	0.8	0.5	0.5	0.5		
9	弯管（煨弯）（*R*—弯曲半径；*D*—直径）	*D/R*	0.5	1.0	1.5	2.0	3.0	4.0	5.0		
		ζ	1.2	0.8	0.6	0.48	0.36	0.30	0.29		
10	括弯	DN	15	20	25	32	40	50			
		ζ	3.0	2.0	2.0	2.0	2.0	2.0			
11	水箱接管 进水口	1.0									
	出水口	0.50（箱体上的出水管在箱内与壁面保持平直，无凸出部分）									
	出水口	0.75（箱体上的出水管在箱体内凸出一定长度）									
12	水泵入口	1.0									
13	过滤器	2.0~3.0									
14	除污器	4.0~6.0									
15	吸水底阀：无底阀	2.0~3.0									
	有底阀	DN	40	50	80	100	150	200	250	300	350
		ζ	12	10	8.5	7	6	5.2	4.4	3.7	2.5

三通的局部阻力系数，见表8-8。

表8-8 三通的局部阻力系数

序号	形式简图	流向	局部阻力系数ζ	序号	形式简图	流向	局部阻力系数ζ
1	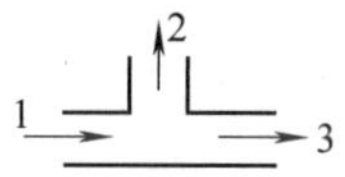	2→3	1.5	6	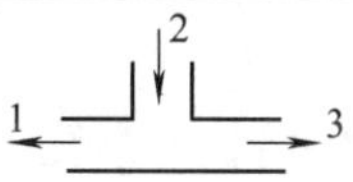	2 1→3	1.5
2	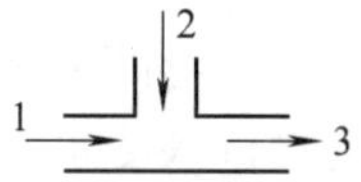	1→3	0.1	7	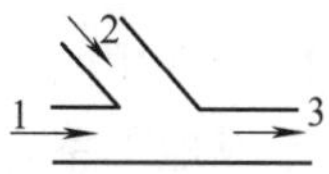	2→3	0.5
3	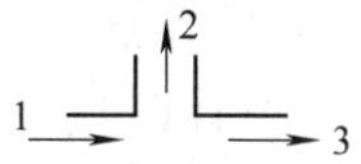	1→2	1.5	8	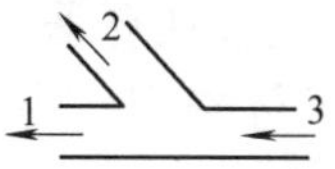	3→2	1.0
4	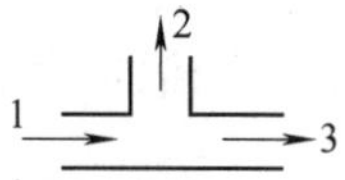	1→3	0.1	9	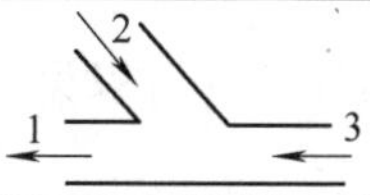	2→1	3.0
5	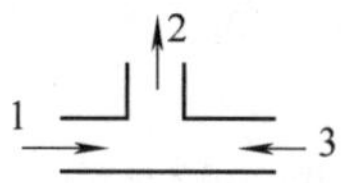	3 1→2	3.0	10	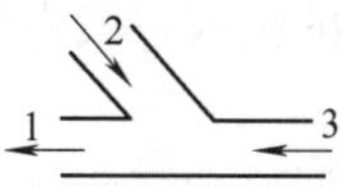	3→1	0.1

8.4.3 调节阀门阻力

空调房间总是要求控制室温的，在空调末端装置的水路上设置电动二通调节阀是实现室温控制的一种手段。二通阀的规格由阀门全开时的流通能力与允许压力降来选择。如果此允许压力降取值大，则阀门的控制性能好；若取值小，则控制性能差。阀门全开时的压力降占该支路总压力降的百分数被称为阀权度。

水系统设计时要求阀权度 $S>0.3$。二通调节阀的允许压力降一般为30~80kPa。

8.4.4 冷冻水系统阻力估算示例

1）冷水机组阻力：由机组制造厂提供，一般为50~100kPa。

2）管路阻力：设计中冷水管路的比摩阻一般控制在150~200Pa/m，管径较大时，取值可小些。

3）空调末端装置阻力：一般在10~50kPa。

4）调节阀的阻力：二通调节阀的允许压力降一般为30~80kPa。

案例分析：

根据以上所述，可以粗略估计出一幢约100m高的高层建筑空调水系统的压力损失。

1）冷水机组阻力：取70kPa（7m H_2O）。

2）管路阻力：取冷冻机房内的除污器、集水器、分水器及管路等的阻力为50kPa；取输配侧管路长度300m、比摩阻200Pa/m，则摩擦阻力为300×200Pa=60000Pa=60kPa；如考虑输配侧的局部阻力为摩擦阻力的50%，则局部阻力为60kPa×0.5=30kPa；系统管路的总阻力为50kPa+60kPa+30kPa=140kPa（14m H_2O）。

3）空调末端装置阻力：组合式空调器的阻力一般比风机盘管阻力大，故取前者的阻力为45kPa（4.5m H_2O）。

4）二通调节阀的阻力：取40kPa（4m H_2O）。

5）水系统的各部分阻力之和为：70kPa+140kPa+45kPa+40kPa=295kPa（29.5m H_2O）。

6）水泵扬程：取10%的安全系数，则扬程 $H=29.5\text{m}\times1.1=32.45\text{m}$。

8.5 冷却水系统设计与阻力计算

8.5.1 冷却水系统的设计注意事项

一般为开式系统。目前最常用的冷却水系统设计方式是冷却塔设在建筑物的屋顶上，空调冷冻站设在建筑物的底层或地下室。水从冷却塔的集水槽出来后，直接进入冷水机组而不设水箱。当空调冷却水系统仅在夏季使用时，该系统是合理的，它运行管理方便，可以减小循环水泵的扬程，节省运行费用。为了使系统安全可靠地运行，实际设计时应注意以下几点：

1）冷却塔上的自动补水管可以设置稍大一点，有的按补水能力大于2倍的正常补水量设计。

2）在冷却水循环泵的吸入口段再设一个补水管，这样可缩短补水时间，有利于系统中空气的排出。

3）冷却塔选用蓄水型冷却塔或订货时要求适当加大冷却塔的集水槽的贮水能力。

4）设计时要注意各冷却塔之间管道阻力平衡问题；接管时，注意各塔至总干管上的水力平衡。

5）供水支管上应加电动阀，以便在停某台冷却塔时用来关闭。

6）并联冷却塔集水槽之间设置平衡管（图8-5）。管径一般取与进水干管相同的管径（可以加大1倍），以防冷却塔集水槽内水位高低不同。避免出现有的冷却塔溢水，还有冷却塔补水的现象。

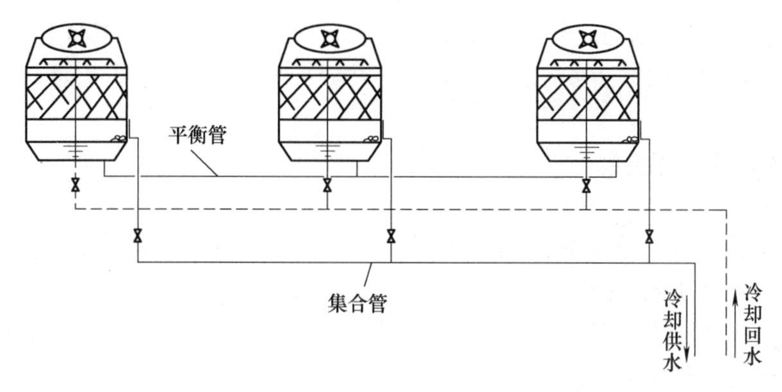

图8-5　平衡管设置示意图

8.5.2　冷却水系统阻力构成

冷却水系统一般为开式系统，冷却水系统阻力构成一般来源于以下几部分：①设备阻力；②管道沿程阻力；③局部阻力（弯头、截止阀等）；④冷却塔布水器压力；⑤布水器到集水器高差。冷却水系统管道的阻力计算方法与冷冻水系统相同。

8.5.3　冷却水系统阻力估算及示例

设备阻力：各种设备的压力损失，因设备型号和运行条件、工况等的不同而有一定的差异，其值通常应由制造商提供。当缺乏这方面的数据时，可按表8-9中数值进行估算。

表8-9　常用设备阻力

设备名称	压力损失/kPa	备注	设备名称	压力损失/kPa	备注
离心式冷水机组： 蒸发器 冷凝器	 30~80 50~80		吸收式冷热水机组： 蒸发器 冷凝器	 40~100 50~140	
螺杆式冷水机组 蒸发器 冷凝器	 30~80 50~80		热交换器	20~50	
			风机盘管机组	10~20	随容量的增大而增大
冷热水盘管	20~50	水流速度：v=0.8~1.5m/s	自动控制调节阀	30~50	
			冷却塔	20~80	

案例分析：

根据以上所述，可以粗略估计出一幢约100m高的高层建筑空调水系统的压力损失。

1）冷凝器阻力：冷凝器局部阻力约为60~100kPa，取80kPa（8m H_2O）。

2）管路阻力：取冷却侧路长度100m与比摩阻200Pa/m，则摩擦阻力为100m×200Pa/m=

20kPa；如考虑输配侧的局部阻力为摩擦阻力的50%，则局部阻力为20kPa×0.5=10kPa；系统管路的总阻力为20kPa+10kPa=30kPa（3m H_2O）。

3）冷却塔布水器压力和布水器到集水器高差：冷却塔喷雾压力50kPa，再加上冷却塔水的提升高度30kPa（3m）。有的冷却塔产品样本中提出了“进塔水压”的要求，即包括了冷却塔水位差以及布水器等冷却塔的全部水流阻力，此部分可直接采用，可估算为80kPa（8m H_2O）。

4）水系统的各部分阻力之和为：80kPa+30kPa+80kPa=190kPa（19m H_2O）。

5）水泵扬程：取10%的安全系数，则扬程 H=19m×1.1=21m，通常在25m H_2O 左右。

8.6 水管保温（保冷）

在管道与设备的表面进行保冷、保温主要为了满足以下三方面的需要：首选是满足用户的使用需要，防止介质温度的过度升高或降低，保证介质一定的参数；其次是节约能源，减少热损失，降低产品成本，提高经济效益；再次是改善工作环境，保护操作人员的安全，避免发生烫伤或冻伤等伤害事故。

8.6.1 设备、管道保冷

1）具有下列情形之一的设备、管道（包括阀门、管附件等）应进行保冷：

① 冷介质低于常温，需要减少设备与管道的冷损失时。

② 冷介质低于常温，需要防止设备与管道表面凝露时。

③ 需要减少冷介质在生产和输送过程中的温升或汽化时。

④ 设备、管道不保冷时，散发的冷会对房间温、湿度参数产生不利影响或不安全因素。

2）设备与管道的保冷层厚度应按下列原则计算确定：

① 供冷或供热共用时，应按现行国家标准《设备及管道绝热设计导则》（GB/T 8175—2008）中经济厚度和防止表面结露的保冷层厚度方法计算，并取厚值，或按表8-10、表8-11中给出的厚度选用。

② 冷凝水管应按《设备及管道绝热设计导则》（GB/T 8175—2008）中防止表面结露保冷厚度方法计算，或按表8-12选用。

表8-10 室内机房冷水管道最小绝热层厚度（介质温度≥5℃） （单位：mm）

地区	柔性泡沫橡塑		玻璃棉管壳	
	管径	厚度	管径	厚度
Ⅰ	≤DN40	19	≤DN40	25
	DN50~DN150	22	DN40~DN100	30
	≥DN200	25	DN125~DN900	35
Ⅱ	≤DN25	25	≤DN25	25
	DN32~DN50	28	DN32~DN80	30
	DN70~DN150	32	DN100~DN400	35
	≥DN200	36	≥DN450	40

表 8-11　室内机房冷水管道最小绝热层厚度（介质温度≥-10℃）　（单位：mm）

地区	柔性泡沫橡塑		聚氨酯发泡	
	管径	厚度	管径	厚度
Ⅰ	≤DN32	28	≤DN32	25
	DN40～DN80	32	DN40～DN150	30
	DN100～DN200	36	≥DN200	35
	≥DN250	40	—	—
Ⅱ	≤DN50	40	≤DN50	35
	DN70～DN100	45	DN70～DN125	40
	DN125～DN250	50	DN150～DN500	45
	DN300～DN2000	55	≥DN600	50
	≥DN2100	60	—	—

注：管道与设备保冷制表条件：

1. 均采用经济厚度和防结露要求确定的绝热层厚度。冷价按 75 元/GJ；还贷 6 年，利息 10%；使用期按 120 天，2880 小时。
2. Ⅰ区指较干燥地区，室内机房环境温度不高于 31℃、相对湿度不大于 75%；Ⅱ区指较潮湿地区，室内机房环境温度不高于 33℃、相对湿度不大于 80%；各城市或地区可对照使用。
3. 导热系数 λ：柔性泡沫橡塑 $\lambda=0.034+0.00013t_m$；离心玻璃棉 $\lambda=0.031+0.00017t_m$；聚氨酯发泡 $\lambda=0.275+0.00009t_m$。t_m 为管道或保温材料内部平均温度。
4. 蓄冰设备保冷厚度应按最大口径管道的保冷厚度再增加 5～10mm。

表 8-12　空调冷凝水管防结露最小绝热层厚度　（单位：mm）

位置	材料			
	柔性泡沫橡塑管套		离心玻璃棉管壳	
	Ⅰ类地区	Ⅱ类地区	Ⅰ类地区	Ⅱ类地区
在空调房吊顶内	9		10	
在非空调房间内	9	13	10	15

注：Ⅰ类指较干燥地区，室内机房环境温度不高于 31℃、相对湿度不大于 75%；Ⅱ类指较潮湿地区，室内机房环境温度不高于 33℃、相对湿度不大于 80%。

8.6.2　设备、管道保温

1）具有下列情形之一的设备、管道（包括管件、阀门等）应进行保温：

① 设备与管道的外表面温度高于 50℃ 时（不包括室内供暖管道）。

② 热介质必须保证一定状态或参数时。

③ 不保温时，热损耗量大，且不经济时。

④ 安装或敷设在有冻结危险场所时。

⑤ 不保温时，散发的热会对房间温、湿度参数产生不利影响或不安全因素。

2）空调设备与管道保温厚度可按表 8-13～表 8-15 中给出的厚度选用。

表 8-13 热管道柔性泡沫橡塑经济绝热厚度（热价 85 元/GJ）

最高介质温度/℃	绝热层厚度/mm						
	25	28	32	36	40	45	50
60	≤DN20	DN25～DN40	DN50～DN125	DN150～DN400	≥DN450	—	—
80	—	—	≤DN32	DN40～DN70	DN80～DN125	DN150～DN450	≥DN50

表 8-14 热管道离心玻璃棉经济绝热厚度（热价 35 元/GJ）

最高介质温度/℃		绝热层厚度/mm						
		35	40	50	60	70	80	90
室内	95	≤DN40	DN50～DN100	DN125～DN1000	≥DN1100	—	—	—
	140	—	≤DN25	DN32～DN80	DN100～DN300	≥DN350	—	—
	190	—	—	≤DN32	DN40～DN80	DN100～DN200	DN250～DN900	≥DN1000
室外	95	≤DN25	DN32～DN50	DN70～DN250	≥DN300	—	—	—
	140	—	≤DN20	DN25～DN70	DN80～DN200	DN250～DN1000	≥DN1100	—
	190	—	—	≤DN25	DN32～DN70	DN80～DN150	DN200～DN500	≥DN600

表 8-15 热管道离心玻璃棉经济绝热厚度（热价 85 元/GJ）

最高介质温度/℃		绝热层厚度/mm							
		50	60	70	80	90	100	120	140
室内	95	≤DN40	DN50～DN100	DN125～DN300	DN350～DN2000	≥DN2500	—	—	—
	140	—	≤DN32	DN40～DN70	DN80～DN150	DN200～DN300	DN300～DN900	≥DN1000	—
	190	—	—	≤DN32	DN40～DN50	DN70～DN100	DN125～DN150	DN200～DN700	≥DN800
室外	95	≤DN25	DN32～DN70	DN80～DN150	DN200～DN400	DN450～DN2000	≥DN2500	—	—
	140	—	≤DN25	DN32～DN50	DN70～DN100	DN125～DN200	DN250～DN450	≥DN500	—
	190	—	—	≤DN25	DN32～DN50	DN70～DN80	DN100～DN150	DN200～DN450	≥DN500

注：管道与设备保温制表条件：

1. 全部按经济厚度计算，还贷 6 年，利息 10%，使用期按 120 天，2880 小时。热价 35 元/GJ 相当于城市供热；热价 85 元/GJ 相当于天然气供热。
2. 导热系数 λ：柔性泡沫橡塑 $\lambda=0.034+0.00013t_m$；离心玻璃棉 $\lambda=0.031+0.00017t_m$。
3. 适用于室内环境温度 20℃，风速 0m/s；室外温度为 0℃，风速 3m/s。
4. 设备保温厚度可按最大口径管道的保温厚度再增加 5mm。
5. 当室外温度非 0℃时，实际采用的厚度 $\sigma=[(T_0-T_w)/T_0]^{0.36}\delta$。其中 δ 为环境温度 0℃时的查表厚度，T_0 为管内介质温度（℃），T_w 为实际使用平均环境温度（℃）。

3）当选择复合型风管时，复合型风管绝热材料的热阻按照表8-16选用。

表8-16　室内空气调节风管绝热层的最小热阻

风管类型	适用介质温度/℃		最小热阻/（$m^2 \cdot K/W$）
	冷介质最低温度	热介质最低温度	
一般空调风管	15	30	0.81
低温风管	6	39	1.14

注：技术条件：

1. 建筑物内环境温度：冷风时26℃，暖风时20℃。
2. 以玻璃棉为代表材料，冷价为75元/GJ，热价为85元/GJ。

参考文献

[1] 陆耀庆．实用供热空调设计手册［M］．2版．北京：中国建筑工业出版社，2008.
[2] 全国能源基础与管理标准化技术委员会省能材料应用技术分委员会．设备及管道绝热设计导则：GB/T 8175—2008［S］．北京：中国标准出版社，2009.
[3] 徐新华，蔡得路．蓄冰系统设备管道保冷厚度的确定［J］．暖通空调，2001，31（2）：42-43.

第 9 章 水泵、冷却塔及附件

9.1 水泵

暖通空调工程中常用水泵有单级单吸清水离心泵和管道泵两种。当流量大时，也采用单级双吸离心泵。高层建筑供暖、空调系统及锅炉的定压、补水、给水泵，要求高扬程、小流量，一般可采用多级泵。

9.1.1 单台水泵的工作特性

(1) 水泵的性能曲线 离心泵的性能根据其流量-压头曲线特点的不同，分为三种类型，即平坦型、陡降型、驼峰型。其性能曲线如图 9-1 所示。

1) 平坦型——流量变化很大时能保持基本恒定的扬程。

2) 陡降型——流量变化时，扬程的变化相对地较大。

3) 驼峰型——当流量自零逐渐增加时，相应的扬程最初上升，达到最高值后开始下降。此种类型的泵，在一定运行的条件下可能出现不稳定工作。

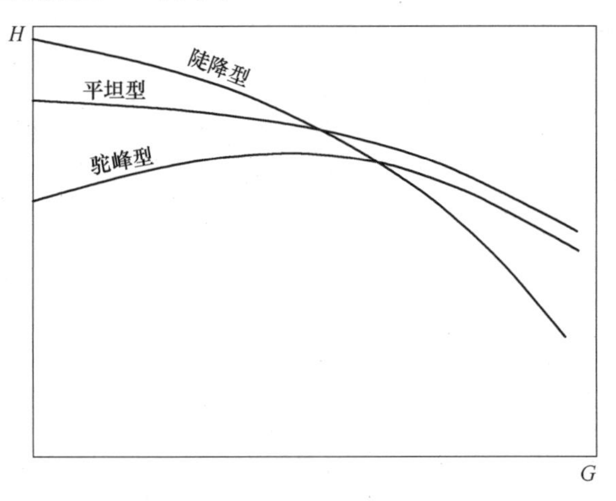

图 9-1 三种不同的流量-压头曲线

水泵的流量、扬程、轴功率和转速间的关系为

$$G/G_1 = n/n_1 \tag{9-1}$$

$$H/H_1 = (n/n_1)^2 \tag{9-2}$$

$$N/N_1 = (n/n_1)^3 \tag{9-3}$$

式中 G、H、N——叶轮转速为 n(r/min) 时的流量 (m^3/h)、扬程 (m) 和轴功率 (kW)；

G_1、H_1、N_1——叶轮转速为 n_1(r/min) 时的流量 (m^3/h)、扬程 (m) 和轴功率 (kW)。

(2) 管路的特性曲线 水泵总是与一定的管路系统相连接的，在管路系统中，工作状况不仅取决于泵本身的性能，还和管路系统的状况有关。图 9-2 所示即为管网性能曲线与水泵性能曲线共同决定的工况点。将泵的性能曲线和管网特性曲线按同一比例画在同一张图上，可得出两条曲线的交点 A，A 点即为水泵在系统中运行的工作点。

管网特性曲线方程通常写成：

$$H = H_1 + h = H_1 + KG^2 \tag{9-4}$$

式中 H_1——整个管路系统两端的压差 (m)，当水系统不采用压差控制时（如闭式管网系统），H_1 为 0；当水系统采用压差控制时，H_1 不为 0，该值为压差控制设定值；

K——综合反映管网阻力特性的系数，称为管道阻抗；

H——总扬程（m）。

$$h = \frac{\sum(\Delta p_{\mathrm{m}} + \Delta p_{\mathrm{j}})}{\rho g} \tag{9-5}$$

式中 Δp_{m}、Δp_{j}——整个管路（包括吸入管路和压出管路）的沿程阻力损失和局部阻力损失（Pa）；

ρ——流体的密度（$\mathrm{kg/m^3}$）；

g——重力加速度（$\mathrm{m/s^2}$）。

当水系统不采用压差控制时，H_1 为0。当水系统采用压差控制时，H_1 不为0，该值为压差控制设定值。此时沿程阻力损失和局部阻力损失要说明一下，即沿水泵侧两压力测点之间的摩擦损失与局部阻力损失。

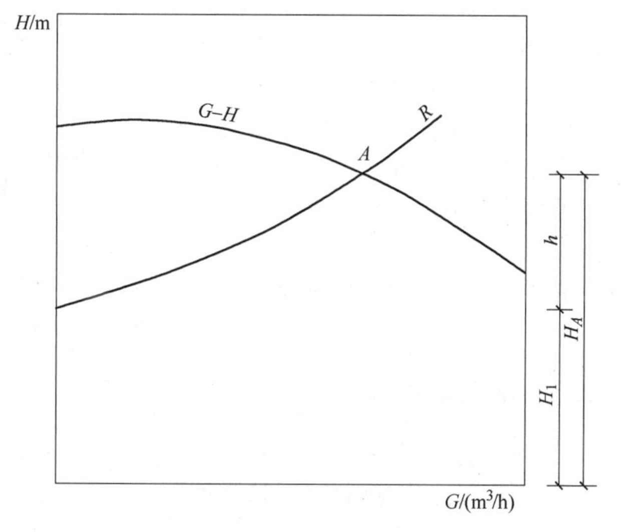

图 9-2 管网特性曲线

G-H—水泵性能曲线 R—管网特性曲线

9.1.2 水泵并联运行

水泵并联运行一般应用于以下情况，即当用户需要流量大，而大流量的水泵制造困难或造价太高时；流量需求变化幅度大，通过启停设备台数以调节流量；有一台设备损坏，仍需保证供液，作为检修及事故备用时。

（1）型号相同水泵并联工作的管网特性曲线 型号相同的水泵并联的管网特性曲线如图 9-3 所示，图中点 1 是两台水泵并联时的工作点，点 2 是并联工作时每台水泵的工作点，点 3 是一台水泵单独工作时的工作点。

由图可以看出：

$$G_{1+2} = 2G_1' < 2G_1$$

$$G_1' < G_1$$

这就说明，一台水泵单独工作时的流量大于并联工作时每台水泵的流量。两台水泵并联工作时，其并联工作的流量不可能比单台水泵工作时的流量成倍增加。

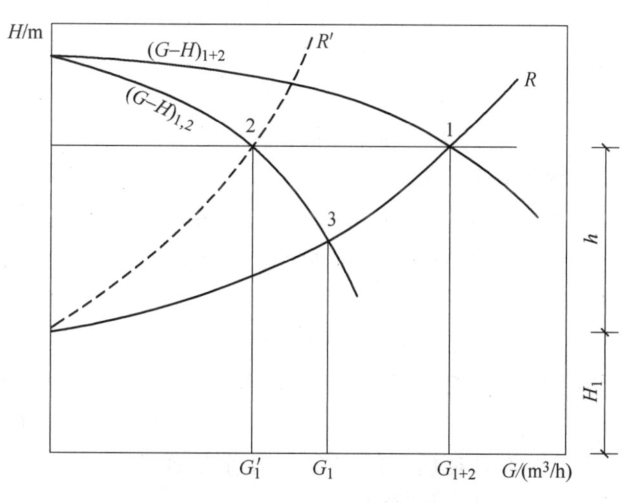

图 9-3 两台相同型号水泵并联曲线

G-H—水泵性能曲线 R—管网特性曲线

以两台相同水泵并联工作的系统为例：水泵应以系统所需扬程和单台水泵需承担的流量（2点）为选择依据。显然，这样确定的水泵在并联工作时，均处在高效率工作点。如果在管网特性不变的前提下，仅开启一台水泵，其工作点（3点）则处在较大流量和较低扬程下运行，此时水泵的效率较低，通常消耗功率也会更大。欲使单台水泵运行处于高效率工作点（2点），只要改变管网特性曲线 R 至 R'（如阀门节流）。

（2）型号不同水泵并联工作的管网特性曲线　两台不同型号水泵的并联的管网特性曲线如图9-4所示。当工作扬程大于 A 点时，性能曲线同第一台水泵。只有当扬程小于 A 点时，第2台水泵才能投入工作。图中点1为并联工作时的工作点，点2、点3为两台水泵在联合工作时各自的工作点，点4、点5为两台水泵单独工作时的工作点。

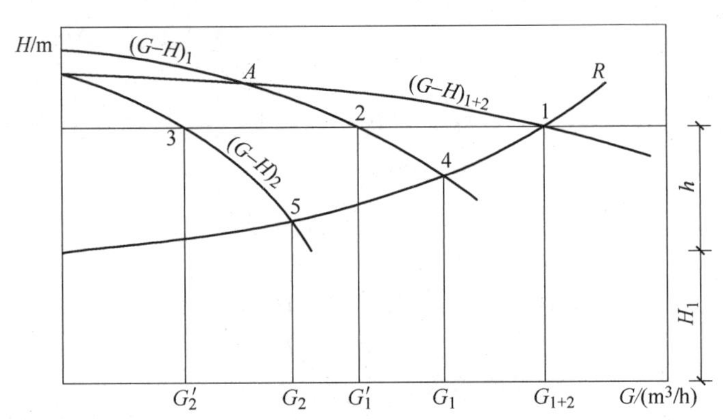

图9-4　两台不同型号水泵的并联曲线
G-H—水泵性能曲线　R—管网特性曲线

水泵并联时的工作流量是

$$G_{1+2} = G_1' + G_2' \tag{9-6}$$

在联合工作中水泵的流量小于单台工作时的流量，即

$$G_1' < G_1,\ G_2' < G_2 \qquad G_{1+2} < G_1 + G_2$$

9.1.3　水泵串联运行

当水系统阻力很大时，可采用泵串联形式，其特性曲线如图9-5所示。串联运行水泵的总扬程等于两台泵在同一流量时的扬程之和，见式（9-7）。图中点1为串联工作点，点2、点3为两台水泵单独运行时的工作点，点4、点5分别为两台水泵串联工作的工作点。

$$H_{1+2} = H_1' + H_2' \tag{9-7}$$

在联合工作中泵的扬程小于单台工作时的扬程，即

$$H_1' < H_1,\ H_2' < H_2 \quad H_{1+2} < H_1 + H_2$$

两台水泵串联工作时应注意下列事项：

1）两台水泵的流量应该相近，否则容量较小的一台会产生严重的超负荷。

2）串联在后面的水泵，构造必须坚固，否则易遭到损坏。

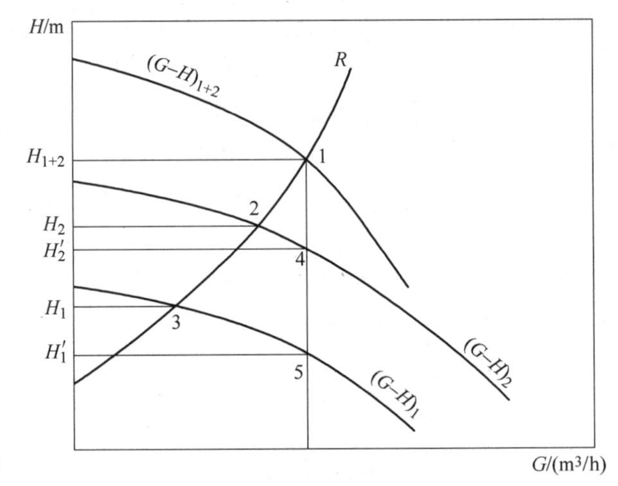

图9-5　两台水泵串联运行曲线
G-H—水泵性能曲线　R—管网特性曲线

9.1.4　水泵分类与型号

离心式泵是叶片式泵。根据泵转轴的位置不同可以分为卧式泵和立式泵两类，分别如

图 9-6 与图 9-7 所示。再可按机壳形式、吸入方式、叶轮级数等分成若干种类，见表 9-1。

表 9-1　离心式泵的类型

泵轴位置	机壳形式	吸入方式	叶轮级数	泵 类 举 例
卧式	蜗壳式	单吸	单级 多级	单吸单级泵、屏蔽泵、自吸泵、水轮泵 蜗壳式多级泵、两级悬臂泵
		双吸	单级 多级	双吸单级泵 高速大型多级泵（第一级双吸）
	导叶式	单吸 双吸	多级 多级	分段多级泵 高速大型多级泵（第一级双吸）
立式	蜗壳式	单吸	单级 多级	屏蔽泵、水轮泵、大型立式泵 立式船用泵
		双吸	单级	双吸单级涡轮泵
	导叶式	单吸	单级 多级	作业面潜水泵 深井泵、潜水电泵

图 9-6　卧式泵

图 9-7　立式泵

水泵型号的命名要遵循一定的规则。下面给出几种泵的命名方式。

（1）单级单吸清水离心泵

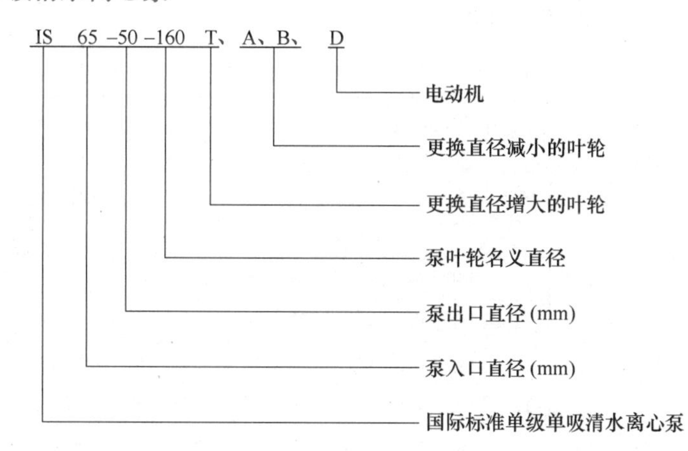

（2）单级双吸离心泵

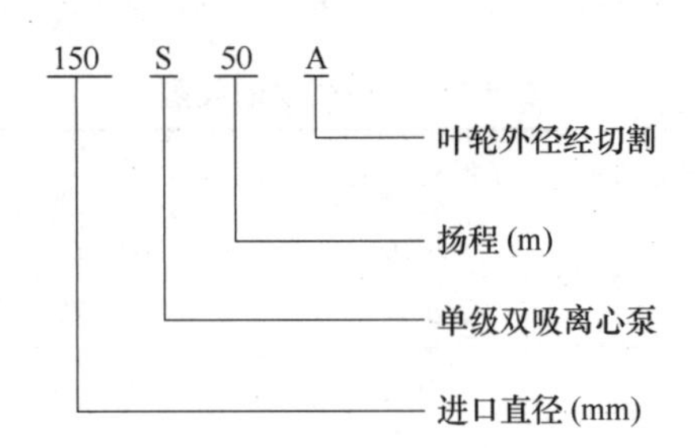

（3）多级离心泵

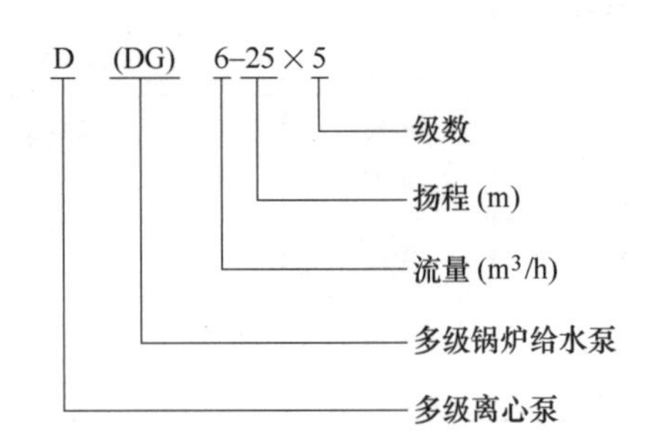

（4）管道泵

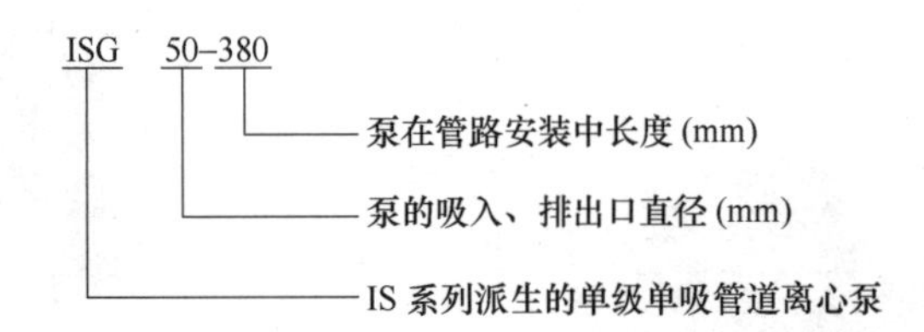

9.1.5 水泵示例

根据计算得到的水泵所需流量及扬程，可参照水泵系列型谱图以选择合适的水泵系列，进而根据水泵性能曲线图或水泵性能参数表选定该系列下具体的水泵型号。水泵厂家众多，本节列出了在暖通空调系统设计过程中一些常用的厂家水泵系列，仅供参考。

1. 威乐水泵

威乐水泵的型谱图如图 9-8 所示；性能曲线图如图 9-9 所示；规格尺寸见表 9-2；水泵安装示意图及其具体尺寸标识如图 9-10 与图 9-11 所示。水泵型号含义：NL，卧式端吸离心泵；125，公称直径 DN；315，名义叶轮直径。

表 9-2 威乐 125/315 系列规格尺寸

NL	电动机额定功率	电动机编码	公称直径		外形尺寸												质量
	P_2	—	DN_1	DN_2	A	H	H_3	H_4	S_4	L	L_1	L_2	L_3	B_2	B_3	X	M
	kW	MG	mm														kg
125/315	15	160L	150	125	140	663	403	758	29	1480	1640	1060	670	660	600	140	567
	18.5	180M	150	125	140	678	403	758	29	1510	1640	1060	700	660	600	140	608
	22	180L	150	125	140	678	403	758	29	1550	1640	1060	740	660	600	140	634
	30	200L	150	125	140	708	403	758	29	1580	1640	1060	770	660	600	140	687
	37	225S	150	125	140	738	403	758	29	1625	1640	1060	815	660	600	140	813

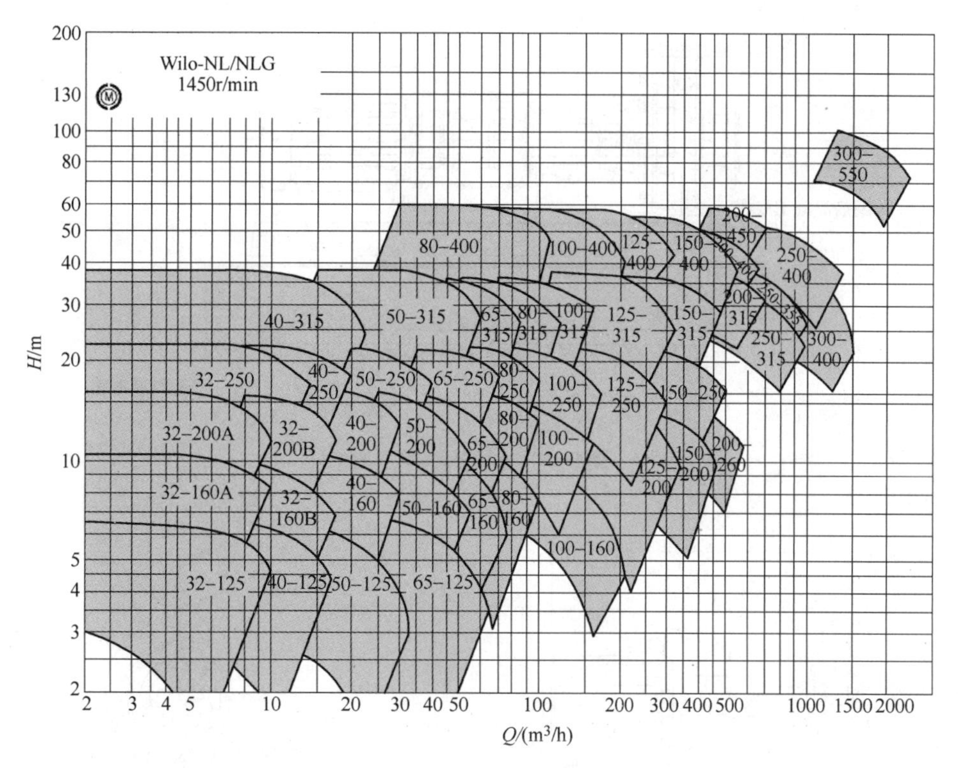

图 9-8　威乐水泵型谱图

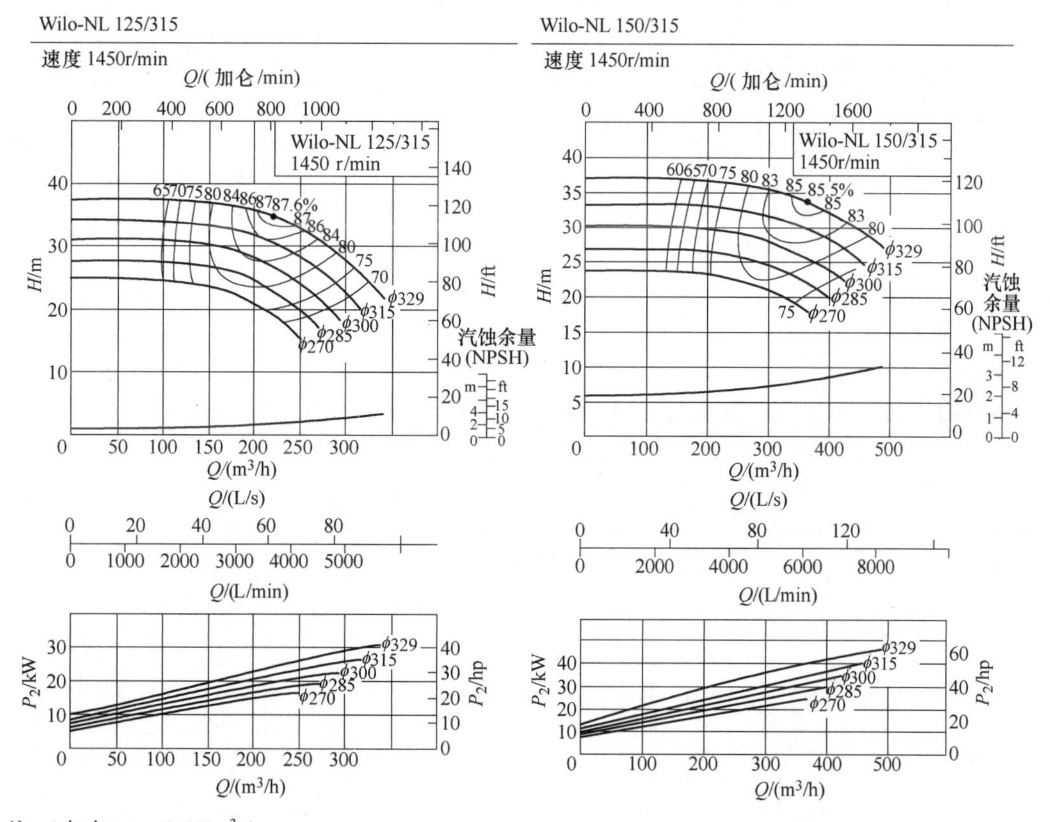

注：1 加仑/min = 0. 273m³/h

图 9-9　威乐 125/315 和 150/315 系列性能曲线图

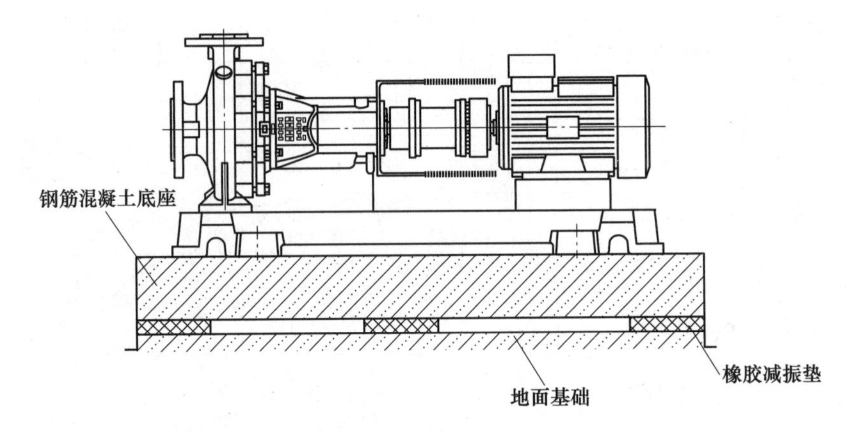

图 9-10 水泵安装示意图

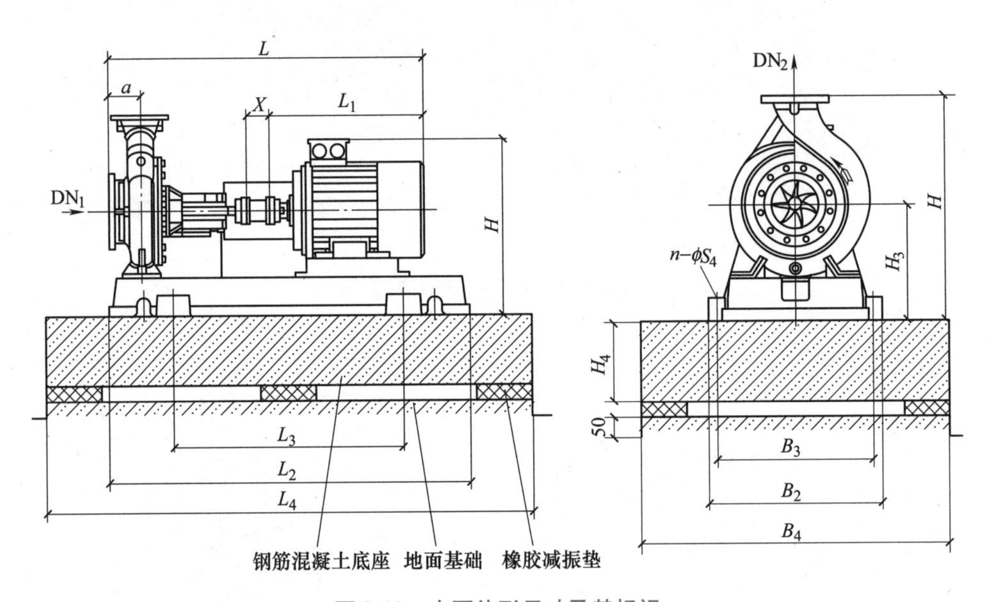

图 9-11 水泵外形尺寸及其标识

2. 凯泉水泵

本节给出凯泉的单级双吸水泵。型谱图如图 9-12 所示，性能曲线图如图 9-13 所示；性能参数见表 9-3。水泵具体规格尺寸及标识图见表 9-4 与图 9-14。

表 9-3 凯泉 150-M13/N13 系列性能参数

泵型号	规格	流量		扬程/m	转速/(r/min)	功率/kW		效率(%)	汽蚀余量(NPSHr)/m	泵重/kg
		m^3/h	L/s			轴功率	电动机功率			
KQSN150-M13	169	96	26.7	37	2960	13.3	22	73	4.0	143
		160	44.4	30		15.7		83		
		220	61.1	20		15.2		79		
	164	93	25.9	34	2960	12.1	18.5	71	4.0	142
		155	43.1	27		14.3		81		
		213	59.3	18		13.6		77		

（续）

泵型号	规格	流量		扬程/m	转速/(r/min)	功率/kW		效率(%)	汽蚀余量(NPSHr)/m	泵重/kg
		m^3/h	L/s			轴功率	电动机功率			
KQSN150-M13	152	86 144 198	24.0 40.0 55.0	29 24 15	2960	10.0 11.7 11.1	15	69 79 75	3.8	140
	144	82 136 187	22.7 37.8 51.9	26 21 14	2960	8.7 10.1 9.6	15	67 77 73	3.6	138
KQSN150-N13	169	81 136 187	22.6 37.7 51.9	36 29 20	2960	12.1 12.9 12.7	15	66 83 78	3.6	141
	157	76 126 174	21.5 35.8 49.3	31 25 17	2960	10.0 10.7 10.5	15	64 81 76	3.5	140
	147	71 118 162	20.1 33.6 46.2	27 22 15	2960	8.5 8.9 8.8	11	62 79 74	3.3	139
	144	69 115 159	19.2 32.1 44.1	26 21 14	2960	8.2 8.6 8.5	11	60 77 72	3.2	138

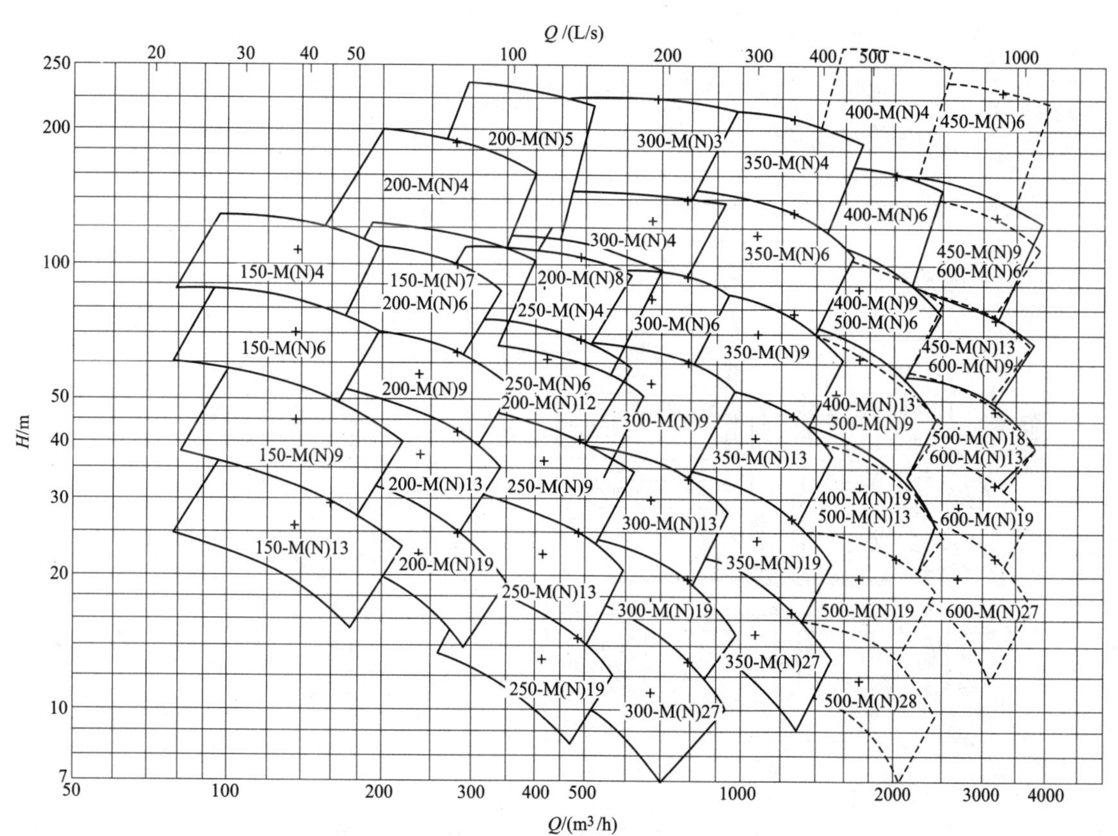

图 9-12 凯泉水泵型谱图

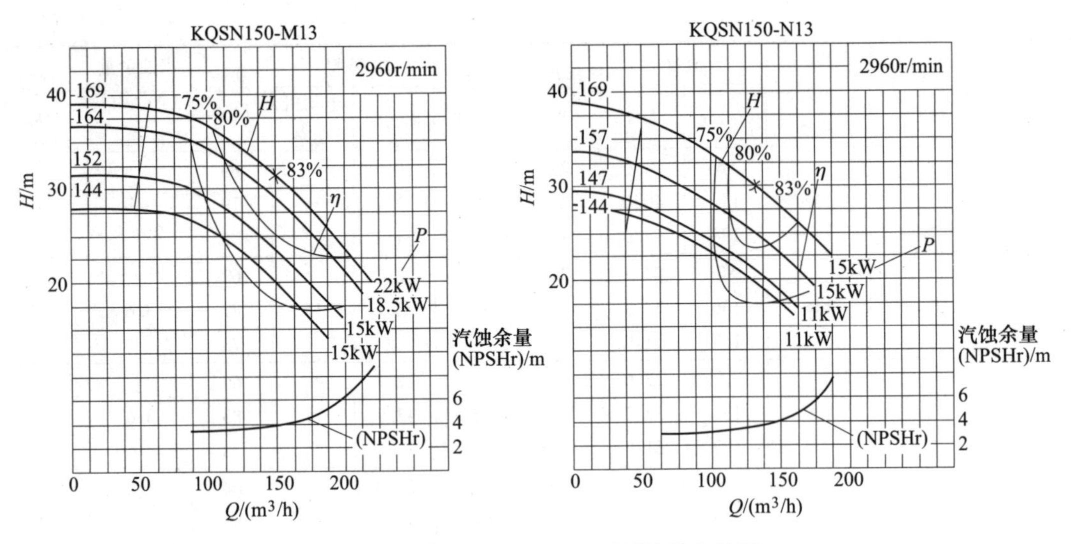

图 9-13 凯泉 150-M13/N13 系列性能曲线图

表 9-4 凯泉 150-M13/N13 系列规格尺寸

泵型号	电动机			尺寸/mm						质量/kg	
	型号	电压/V	功率/kW	L	L_1	L_2	L_3	B	H	电动机	底座
KQSN150-M13/N13	Y180M-2	380	22	1405	670	390	1120	290	645	169	105
	Y160L-2	380	18.5	1385	650	390	1120	290	620	134	106
	$Y160M_2$-2	380	15	1340	605	390	1080	290	620	117	104
	$Y160M_1$-2	380	11	1340	605	390	1080	290	620	107	104

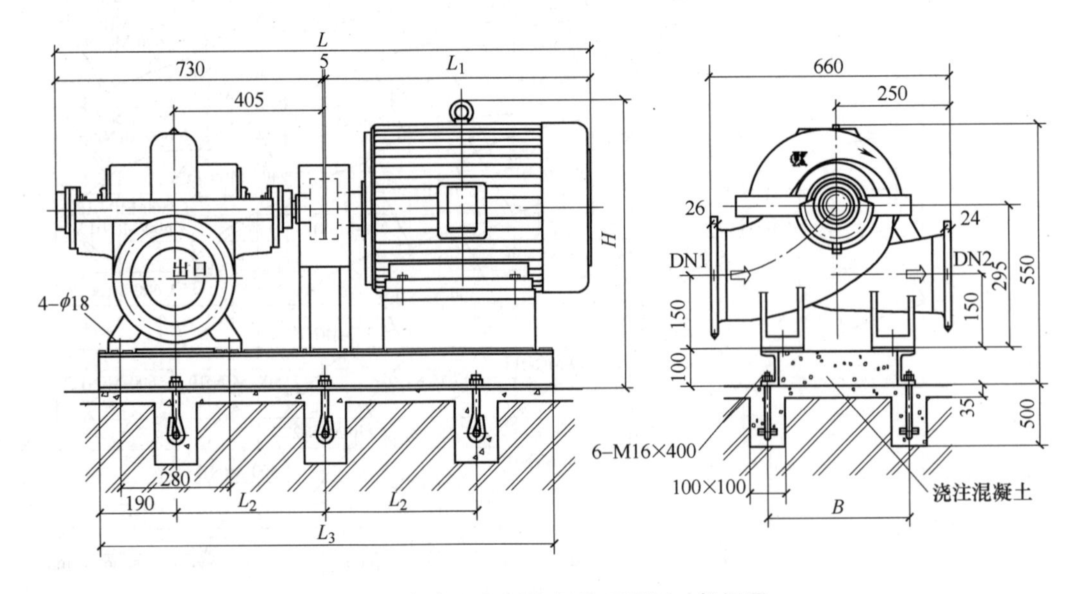

图 9-14 凯泉 150-M13/N13 系列尺寸标识图

9.1.6　空调水系统设计与水泵

空调水系统水泵选择的原则是：设备在系统中能够安全、高效、经济地运行。选择的内容主要是确定它的形式、台数、规格、转速以及与之配套的电动机功率。

(1) 水系统循环泵的设计与配置　空调水系统循环水泵的设计与配置，应遵循以下原则：

1）两管制空调水系统，宜分别设置冷水和热水循环泵。

2）如果冷水循环泵要兼做热水循环泵使用时，冬季输送热水时宜改变水泵的转速，使水泵运行的台数和单台水泵的流量、扬程与系统的工况相吻合。

3）复式泵系统中的一次泵，宜与冷水机组的台数和流量相对应，即"一机对一泵"，一般不设备用泵。

4）复式泵系统中二次泵的台数，应按系统的分区和每个分区的流量调节方式确定，每个分区的水泵数量不宜少于两台。

5）热水循环泵的台数不应少于两台，应考虑设备用泵，且宜采用变频调速。

6）选择配置水泵时，不仅应分析和考虑在部分负荷条件下水泵运行和调节的对策，特别是非24h连续使用的空调系统，如办公楼、教学楼等，还应考虑每天下班前能提前减少流量、降低扬程的可能性。

7）根据减振要求宜在水泵底座下设置具有较大质量的钢筋混凝土板惰性块，再在板下配置减振器。

8）应用在高层建筑中的循环水泵，必须考虑泵体所能承受的静水压力，并提出对水泵的承压要求。

9）冷水系统的循环水泵，宜选择低比转速的单级离心泵；一般可选用单吸泵，流量 $G>500m^3/h$，宜选用双吸泵。

10）在水泵的进出水管接口处，应安装减振接头。

11）在水泵出水管上装设止回阀。

12）水泵进水和出水管上的阀门，宜采用截止阀或蝶阀，并应装置在止回阀之后。

13）对于仅夏季使用的冷水机组不作备用泵设置要求，对于全年要求冷水机组连续运行工程比如数据中心，可根据工程的重要程度和设计标准确定是否设置备用泵。

14）对于冷却水系统，为保证流经冷水机组冷凝器的水量恒定，要求与冷水机组"一对一"设置冷却水循环泵，但小型分散的水冷柜式空调器、小型户式冷水机组等可以合用冷却水系统。

(2) 空调水系统的补水及补水泵选择　水系统的补水设计，应遵循下列原则：

1）循环水系统的小时泄漏量，可按系统水容量 V_c 的1%计算。系统的补水量，宜取系统水容量的2%。

2）空调水系统的补水，应经软化处理。仅供夏季供冷使用的单冷空调系统，可采用电磁水处理器。补水软化处理系统宜设软化水箱，补水箱的贮水容积，可按补水泵小时流量的0.5~1.0倍配置（系统较小时取上限，系统较大时取下限）。补水箱或软水箱的上部，应留有能容纳相当于系统最大膨胀水量的泄压排水容积。

3）循环水系统的补水点，宜设在循环水泵的吸入侧；当补水压力低于补水点的压力时，应设置补水泵。仅夏季使用的单冷空调系统，如未设置软化设备，且市政自来水压力大于系统的静水压力时，则可不设补水泵而用自来水直接补水。

4）补水泵的选择与设置，可按下列要求进行：各循环水系统宜分别设置补水泵；补水泵的扬程，一般应比系统补水点的压力高30～50kPa；当补水管的长度较长时，应注意校核计算补水管的阻力；补水泵的小时流量，宜取系统水容量的5%，不应大于10%；水系统较大时，宜设两台补水泵，平时使用一台，初期上水或事故补水时，两台泵同时运行；冷/热水合用的两管制水系统，宜配置备用泵。

5）循环水系统的补水、定压与膨胀，一般可通过膨胀水箱来完成。水系统的定压与膨胀，可按下列原则进行设计。系统的定压点，宜设在循环水泵的吸入侧；水温95℃ $\geqslant t >$ 60℃的水系统：定压点的最低压力可取系统最高点的压力高于大气压力10kPa；水温 $t \leqslant$ 60℃水系统：定压点的最低压力可取系统最高点的压力高于大气压力5kPa；系统的膨胀水量应能回收；膨胀管上禁止设置阀门。

6）补水泵扬程是根据补水点压力确定的，但还应注意计算水泵至补水点的管道阻力。

7）补水泵间歇运行有检修时间，即使仅设置1台，也不强行规定设置备用泵；但考虑到严寒及寒冷地区冬季运行应有更高的可靠性，当因水泵过小等原因只能选择1台泵时宜再设一台备用泵。

9.1.7 水泵选型

泵的选用要遵循以下原则：

1）根据输送液体物理化学性质（温度、腐蚀性等）选取适用种类的泵。

2）泵的流量和扬程能满足使用工况下的要求，并且应有10%～20%的富余量。

3）应使工作状态点经常处于较高效率值范围内。

4）当流量较大时，宜考虑多台并联运行；但并联台数不宜过多，尽可能采用同型号泵并联。

5）选泵时必须考虑系统静压对泵体的作用，注意工作压力应在泵壳体和填料的承压能力范围之内。

水泵选型时要明确水泵的流量与扬程，计算过程如下：

（1）水泵流量的确定 水泵流量 G（m^3/h）可按式（9-8）计算：

$$G = 1.1\frac{Q}{\Delta tc\rho} \tag{9-8}$$

式中 Q——担负系统的总负荷（W）；

Δt——系统的供、回水温差（℃）；

ρ——水的密度（kg/m^3）；

c——水的比热容［J/(kg·℃)］；

1.1——安全系数。

（2）水泵压力（扬程）H 的确定

$$\Delta p = (1.1 \sim 1.2)\sum(\Delta p_m + \Delta p_j); \tag{9-9}$$

$$H = \frac{\Delta p}{\rho g} \tag{9-10}$$

式中 Δp——水泵扬程（Pa），进一步需要表示成米水柱；

$\sum(\Delta p_m+\Delta p_j)$——系统摩擦阻力和局部阻力损失的总和（Pa）；

H——水泵扬程（m）；

ρ——水的密度（kg/m^3）；

g——重力加速度（m/s^2）；

1.1~1.2——安全系数。

（3）泵的轴功率 N_z（kW） 水泵的轴功率 N_z（kW），可按式（9-11）计算：

$$N_z = \frac{\rho GH}{102\eta} \quad (9\text{-}11)$$

式中 η——水泵的效率，一般为0.5~0.8。

水泵配用的电动机容量 N(kW)：

$$N = K_A N_z \quad (9\text{-}12)$$

式中 K_A——电动机容量安全系数，其值见表9-5。

表9-5 电动机容量安全系数

水泵轴功率/kW	<1	1~2	2~5	5~10	10~25	25~60	60~100	>100
K_A	1.7	1.7~1.5	1.5~1.3	1.3~1.25	1.25~1.15	1.15~1.10	1.10~1.08	1.08~1.05

目前，很多都是水泵与电动机一体化的，不需要专门配电动机。

（4）选型示例 某闭式空调水系统要求循环水量为230m^3/h，计算的管路系统的沿程阻力损失及局部阻力损失的总和是28m H_2O。为保证系统正常运行，需确定水泵的具体型号。

用以选择水泵的流量与扬程均考虑1.1的附加安全系数：

$$Q = (1.1 \times 230)m^3/h = 253m^3/h \qquad H = (1.1 \times 28)m = 30.8m$$

考虑选择威乐水泵，根据其性能曲线图选取流量与扬程分别为260m^3/h、32m的150/315系列泵，样本配电动机功率与额定转速见表9-6。

表9-6 水泵选型参数

品牌	型号	流量/(m^3/h)	扬程/m	电动机功率/kW	额定转速/(r/min)
威乐	Wilo-1L 150/315-30/4	260	32	30	1450

9.2 冷却塔

9.2.1 冷却塔基本原理

冷却塔是利用环境空气处理用于冷却制冷机组冷凝器的冷却循环水。冷却塔内水的降温主要是由于水的蒸发换热和气水之间的接触传热。

在冷却塔中，一般空气量很大，且空气温度变化较小。当水温高于气温时，蒸发散热和接触传热均向着同一方向（即由水向空气）传热，其结果是使水温下降。当水温下降到等于空气温度时，二者接触传热量为零，但蒸发散热仍在进行。当水温继续下降到低于空气干球温度但高于湿球温度时，接触传热量的热流方向从空气流向水，与蒸发散热的方向相反。若蒸发所消耗的热量大于接触传热量，水温将继续下降。随着蒸发消耗的热量逐渐减少，而空气向水的接触传热量逐渐增加，于是总存在一个平衡点使得二者相等。此后，总传热量等于零，水温不再下降，这时达到了水的冷却极限。

冷却塔主要包括三个组成部分，如图9-15所示。

1）淋水装置：又被称作填料，其作用在于将进塔的温度较高的水尽可能形成细小的水滴或水膜，增加水和空气的接触面积，延长接触时间，以增进水气之间的热质交换。

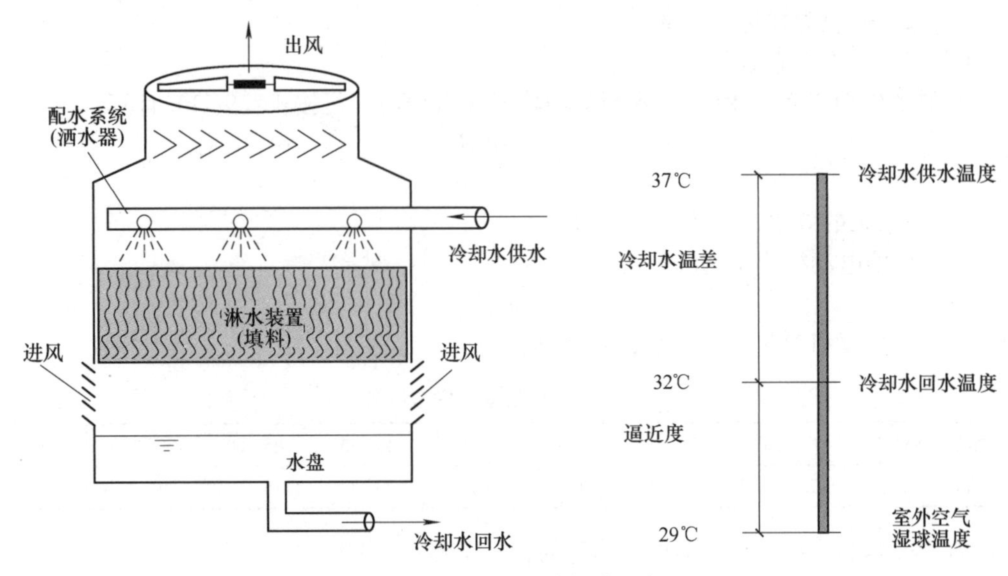

图 9-15　一种逆流式冷却塔示意图

2）配水系统：其作用在于将温度较高的水均匀地分配到整个淋水面积上，从而使淋水装置发挥最大的冷却能力，如洒水盘等。

3）通风筒：即冷却塔的外壳，气流的通道。

9.2.2　冷却塔的分类及其特点

冷却塔可简单地可分为开式冷却塔和闭式冷却塔两种。

闭式冷却塔（图 9-16）：冷却水在密闭盘管中进行冷却，管外循环水蒸发冷却对盘管间接换热。适用于要求冷却水很干净的场所，如小型水环热泵系统。其特点如下：冷却水全封闭，不易被污染；盘管水阻大，冷却水泵扬程高，能耗大；质量重，占地大；盘管内宜采用经特殊处理的洁净水。

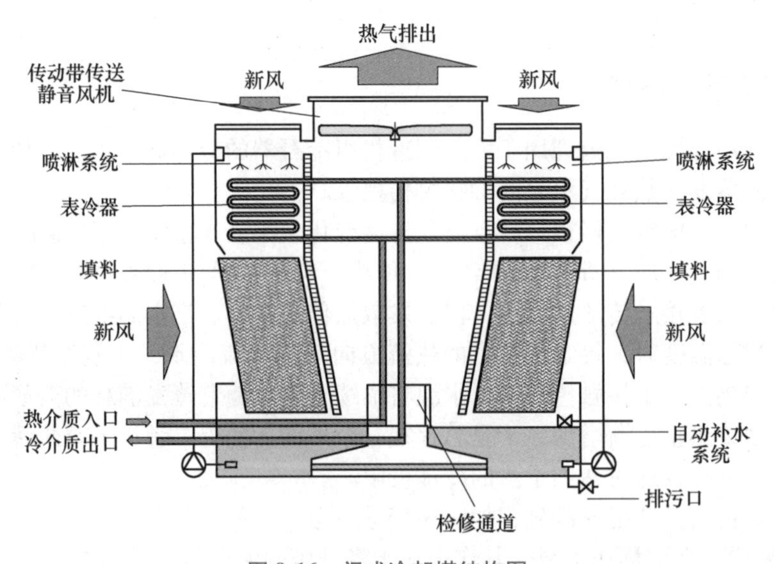

图 9-16　闭式冷却塔结构图

开式冷却塔（图 9-17～图 9-19）：将循环水以喷雾方式，喷淋到 PVC 填料上，通过水与空气的接触，达到换热效果，再由风机带动塔内气流循环，将与水换热后的热气流带出，从而达到冷却效果。

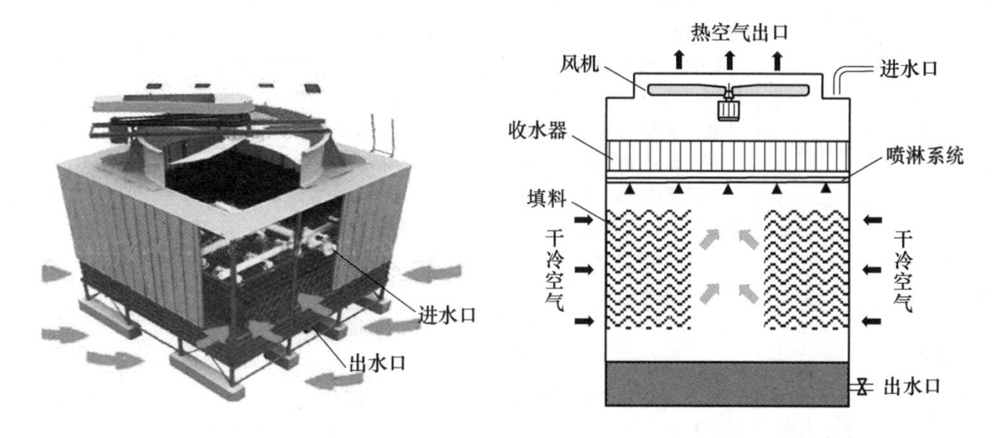

图 9-17　开式冷却塔结构图

图 9-18　开式冷却塔工程实物图

图 9-19　开式冷却塔风扇及填料实物图

按照更为详细的标准分类，又可以分为以下几种形式，见表 9-7。

表 9-7　空调制冷常用的冷却塔分类

分类		形式	结构特点	性能特点	适用范围
湿式机械通风型	逆流式（圆形、方形）（抽风式、鼓风式）	普通型	1. 空气与水逆向流动，进出风口高差较大 2. 圆形塔比方形塔气流组织好；适合单独布置、整体吊装，大塔可现场拆装；塔稍高，湿热空气回流影响小 3. 方形塔占地较少，适合多台组合，可现场组装 4. 当循环水对风机的侵蚀性较强时，可采用鼓风式	1. 逆流式冷效优于其他形式；可实现较高的供回水温差 2. 噪声较大 3. 空气阻力较大 4. 检修空间小，维护困难 5. 喷嘴阻力大，水泵扬程高 6. 造价较低 7. 占地面积较横流塔少	1. 对环境噪声要求不太高的场所 2. 温差要求在10℃以上的建筑
		低噪声型（阻燃型）	1. 冷却塔采用降低噪声的结构措施 2. 阻燃型系在玻璃钢中掺加阻燃剂	1. 噪声值比普通型低 4～8dB(A) 2. 空气阻力较大 3. 检修空间小，维护困难 4. 喷嘴阻力大，水泵扬程高 5. 阻燃型有自熄作用，氧指数不低于28，造价比普通型贵10%左右	1. 对环境噪声有一定要求的场所 2. 阻燃型对防火有一定要求的建筑
		超低噪声型（阻燃型）	1. 在低噪声基础上增强减噪措施 2. 阻燃型系在玻璃钢中掺加阻燃剂	1. 噪声比低噪声型低 3～5dB(A) 2. 空气阻力较大 3. 检修空间小，维护困难 4. 喷嘴阻力大，水泵扬程高 5. 阻燃型自熄作用氧指数不低于28，造价比低噪声型贵30%左右	1. 对环境噪声有较严格要求的场所 2. 阻燃型对防火有一定要求的建筑
	横流式（抽风式）	普通型 低噪声型	1. 空气沿水平方向流动，冷却水流垂直于空气流向 2. 与逆流式相比，进出口高差小，塔稍矮 3. 维修方便 4. 长方形，可多台组装，运输方便 5. 占地面积较大	1. 冷效比逆流式差，回流空气影响稍大 2. 有检修通道，日常检查、清理、维修更便利 3. 布水阻力小，水泵所需扬程低，能耗小 4. 进风风速低、阻力小、塔高小、噪声较同水量逆流塔低	1. 建筑立面和布置有要求的场所 2. 适用于温差要求在10℃以内、噪声控制要求较严的场所
引射式	横流式	无风机型	1. 高速喷水引射空气进行换热 2. 取消风机，设备尺寸较大	1. 噪声、振动较低，省水，故障少 2. 水泵扬程高，能耗大 3. 喷嘴易堵，对水质要求高 4. 造价高	对环境噪声要求较严的场所
干湿式机械通风型	密闭式	蒸发型	冷却水在密闭盘管中进行冷却，管外循环水蒸发冷却对盘管间接换热	1. 冷却水全封闭，不易被污染 2. 盘管水阻大，冷却水泵扬程高，电耗大，为逆流塔的4.5～5.5倍 3. 质量大，占地大 4. 盘管内宜采用经特殊处理的洁净水	要求冷却水很干净的场所，如小型水环热泵

通常，在民用建筑和小型工业建筑空调制冷中，宜采用开式冷却塔，但在冷却水水质要求很高的场所，则宜采用闭式冷却塔。

9.2.3　标准设计工况与冷却塔的基本技术参数

（1）冷却塔标准工况　冷却塔标准设计工况见表9-8。

表9-8　冷却塔标准设计工况

标准设计＼塔型	普通型（P）	工业型（G）
进水温度/℃	37	43
出水温度/℃	32	33
设计温差/℃	5	10
湿球温度/℃	28	28
干球温度/℃	31.5	31.5
大气压力/hPa	994	994

注：对取其他设计工况的产品，必须换算到标准设计工况，并在样本或产品说明书中，按标准设计工况标记冷却塔水流量。

（2）冷却塔基本参数　冷却塔基本参数包括总热负荷（kW）；冷却水量（m^3/h）；进出冷却塔水温（℃）等。

9.2.4　冷却塔标识及示例

不同的冷却塔厂家有不同的表示方法。一种很简单的标识如下：

冷却塔的标记为

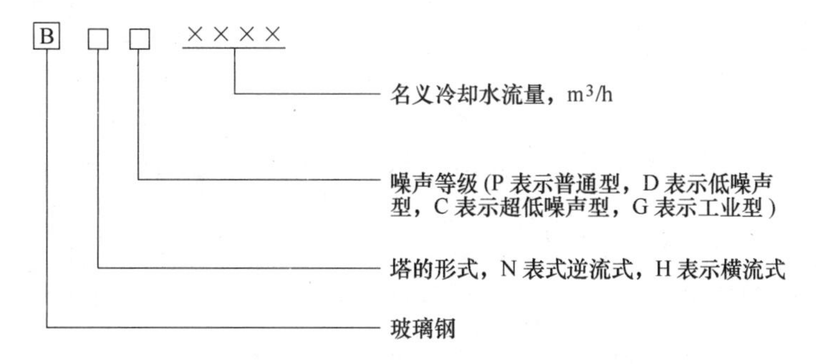

示例：

BNC-50：表示名义冷却水流量为$50m^3/h$的逆流、超低噪声型玻璃钢冷却塔。

BHG-1000：表示名义冷却水流量为$1000m^3/h$的横流、工业型玻璃钢冷却塔。

注：B为国标标记符号，但目前在一些厂家未贯彻采用。

本节给出几个常用冷却塔厂家及其样本以供参考。

1. 河北可耐特圆形逆流式玻璃钢冷却塔

河北可耐特圆形逆流式玻璃钢冷却塔参数见表9-9～表9-11。

2. 荏原CDW系列角型横流式冷却塔

荏原CDW系列角型横流式冷却塔的参数见表9-12～表9-15。

表 9-9 $DBNL_3$ 系列低噪声型逆流冷却塔主要性能参数

型号 \ 参数	$T=28℃$冷却水量/(m^3/h)		$T=27℃$冷却水量/(m^3/h)		主要尺寸/mm		风量/(m^3/h)	风机直径/mm	电动机功率/kW	质量/kg		进水压力/10^4Pa	噪声/dB(A)			直径 D/m
	$\Delta t=5℃$	$\Delta t=8℃$	$\Delta t=5℃$	$\Delta t=8℃$	总高度	最大直径				自重	运行质量		D_m	10m	16m	
$DBNL_3$-12	12	9	15	10	2033	1210	7200	700	0.6	206	484	1.96	54	40.3	36.6	1.5
$DBNL_3$-20	20	15	24	17	2123	1460	12400	800	0.8	230	514	2.00	54	41.1	37.5	1.5
$DBNL_3$-30	30	22	35	27	2342	1912	18000	1200	0.8	406	956	2.21	55	43.5	39.9	1.8
$DBNL_3$-40	40	30	46	34	2842	1912	21500	1200	1.1	478	1118	2.60	55	43.5	39.9	1.8
$DBNL_3$-50	50	37	57	44	2830	2215	28000	1400	1.5	596	1480	2.65	55	44.7	41.1	2.1
$DBNL_3$-60	60	44	68	51	3080	2215	32300	1400	1.5	642	1592	2.90	56	45.7	42.1	2.1
$DBNL_3$-70	70	51	79	60	3094	2629	39200	1600	2.2	790	2064	2.78	56	47.0	43.0	2.5
$DBNL_3$-80	80	61	92	70	3344	2629	43400	1600	2.2	875	2243	3.03	56.5	47.5	43.5	2.5
$DBNL_3$-100	100	74	114	86	3294	3134	56000	1800	3.0	973	3064	2.86	57	50.0	46.0	3.0
$DBNL_3$-125	125	92	142	108	3544	3134	67200	1800	4.0	1063	3290	3.15	58	50.7	47.4	3.0
$DBNL_3$-150	150	112	171	129	3553	3732	84000	2400	4.0	1695	4125	2.90	58.5	52.0	48.6	3.6
$DBNL_3$-175	175	131	200	150	3803	3732	94300	2400	5.5	1835	4461	3.15	59.5	53.0	49.6	3.6
$DBNL_3$-200	200	153	231	180	3835	4342	112000	2800	5.5	2132	5592	3.01	60	54.6	51.3	4.2
$DBNL_3$-250	250	186	283	215	4085	4342	134300	2800	7.5	2344	6365	3.26	61	55.6	52.3	4.2
$DBNL_3$-300	300	225	334	260	4223	5134	168000	3400	7.5	3558	9229	3.50	61	56.8	53.5	5.0
$DBNL_3$-350	350	267	395	304	4473	5134	187400	3400	11.0	3860	9906	3.75	61.5	57.3	54.0	5.0
$DBNL_3$-400	400	301	455	341	4618	6044	224000	3800	11.0	4300	12086	3.60	62	58.8	55.7	5.9
$DBNL_3$-450	450	343	514	387	4868	6044	242000	3800	11.0	4646	13464	3.85	62	58.8	55.7	5.9
$DBNL_3$-500	500	375	576	427	5219	6746	280000	4200	15.0	5768	16258	3.70	62	60.0	56.9	6.6
$DBNL_3$-600	600	454	680	516	5719	6746	302200	4200	18.5	6570	18360	4.20	63	61.0	57.4	6.6
$DBNL_3$-700	700	528	790	600	5589	7766	393500	5000	18.5	6915	23194	3.95	63	61.4	58.4	7.6
$DBNL_3$-800	800	590	890	685	6089	7766	408000	5000	22.0	7983	25982	4.45	63	61.4	58.4	7.6
$DBNL_3$-900	900	685	1035	790	6040	8836	505200	6000	22.0	8934	32568	4.25	63.5	62.6	59.7	8.6
$DBNL_3$-1000	1000	783	1139	880	6540	8836	510300	6000	30.0	10560	36420	4.75	64	63.1	60.2	8.6

注：1. 噪声标准点 D_m 测定值，即距塔壁直径远，距基础 1.5m 高（当塔径小于 1.5m 时取 $D_m=1.5m$）。

2. 本系列标准设计工况为湿球温度 $T=28℃$，进水温度 $t_1=37℃$，出水温度 $t_2=32℃$，即水温降 $\Delta t=5℃$，逼近温度 $t_2-T=4℃$。

3. 本系列中列出 $T=28℃$ 时，$\Delta t=5℃$ 及 8℃，$t_2=32℃$ 和 $T=27℃$，$\Delta t=5℃$ 及 8℃，$t_2=32℃$ 的冷却水量供选用时参考，其他参数的冷却水量请查热力性能曲线。

4. 进水压力指接管点处水压，因此本系列水压在 0.2~0.49kgf/cm^2 之间，$1kgf/cm^2=9.8\times10^4Pa$。

表 9-10 $CDBNL_3$ 系列低噪声型逆流冷却塔主要性能参数

参数 / 型号	T=28℃冷却水量/(m^3/h)		T=27℃冷却水量/(m^3/h)		主要尺寸/mm		风量/(m^3/h)	风机直径/mm	电动机功率/kW	质量/kg		进水压力/10^4Pa	噪声/dB(A)			直径 D/m
	Δt=5℃	Δt=8℃	Δt=5℃	Δt=8℃	总高度	最大直径				自重	运行质量		D_m	10m	16m	
$CDBNL_3$-12	12	9	15	10	2972	1600	7200	700	0.6	306	584	1.90	50.0	37.1	33.5	1.5
$CDBNL_3$-20	20	15	24	17	3062	2000	12400	800	0.8	330	644	2.00	50.0	36.3	32.6	1.5
$CDBNL_3$-30	30	22	35	27	3281	2400	18000	1200	0.8	546	1100	2.21	51.0	39.5	35.9	1.8
$CDBNL_3$-40	40	30	46	34	3781	2400	21500	1200	1.1	618	1258	2.60	51.0	39.5	35.9	1.8
$CDBNL_3$-50	50	37	57	44	3816	2800	28000	1400	1.5	756	1640	2.65	51.0	40.7	37.1	2.1
$CDBNL_3$-60	60	44	68	51	4066	2800	32300	1400	1.5	950	1752	2.90	52.0	41.7	38.1	2.1
$CDBNL_3$-70	70	51	79	60	4153	3300	39200	1600	2.2	998	2272	2.78	52.0	43.0	39.0	2.5
$CDBNL_3$-80	80	61	92	70	4403	3300	43400	1600	2.2	1083	2451	3.03	52.0	43.5	39.5	2.5
$CDBNL_3$-100	100	74	114	86	4410	3900	56000	1800	3.0	1230	3322	2.86	53.0	46.0	42.0	3.0
$CDBNL_3$-125	125	92	142	108	4690	3900	67200	1800	4.0	1320	3422	3.15	54.0	46.7	43.4	3.0
$CDBNL_3$-150	150	112	171	129	4765	4600	84000	2400	4.0	2045	4475	2.90	54.0	47.5	44.1	3.6
$CDBNL_3$-175	175	131	200	150	5015	4600	94300	2400	5.5	2182	4808	3.15	55.0	48.5	45.1	3.6
$CDBNL_3$-200	200	153	231	180	5194	5700	112000	2800	5.5	2663	6123	3.01	55.0	49.6	46.3	4.2
$CDBNL_3$-250	250	186	283	215	5444	5700	134300	2800	7.5	2875	6892	3.26	56.0	50.6	47.3	4.2
$CDBNL_3$-300	300	225	334	260	5713	6400	168000	3400	7.5	4132	9805	3.50	56.0	51.8	48.5	5.0
$CDBNL_3$-350	350	267	395	304	5963	6400	187400	3400	11.0	4434	10479	3.75	56.5	52.3	49.0	5.0
$CDBNL_3$-400	400	301	455	341	6269	7400	224000	3800	11.0	4995	12782	3.60	57.0	53.8	50.7	5.9
$CDBNL_3$-450	450	343	514	387	6519	7400	242000	3800	11.0	5341	14610	3.85	57.0	53.8	50.7	5.9
$CDBNL_3$-500	500	375	576	427	6890	8200	280000	4200	15.0	6612	17102	3.70	57.0	55.0	51.9	6.6
$CDBNL_3$-600	600	454	680	516	7390	8200	302200	4200	18.5	7414	12904	4.20	58.0	56.0	52.4	6.6

注：1. 噪声标准点 D_m 测定值，即距塔壁直径远，距基础 1.5m 高（当塔径小于 1.5m 时取 D_m=1.5m）。

2. 本系列标准设计工况为湿球温度 T=28℃，进水温度 t_1=37℃，出水温度 t_2=32℃，即水温降 Δt=5℃，逼近温度 t_2-T=4℃。

3. 本系列中列出 T=28℃时，Δt=5℃及 8℃，t_2=32℃和 T=27℃，Δt=5℃及 8℃，t_2=32℃的冷却水量供选用时参考，其他参数的冷却水量请查热力性能曲线。

4. 进水压力指接管点处水压，因此本系列水压在 0.2~0.43kgf/cm^2 之间，1kgf/cm^2=9.8×10^4Pa。

表 9-11　$GBNL_3$ 系列工业型逆流式冷却塔主要性能参数

型号 \ 参数	$T=28℃$冷却水量/(m^3/h)			$T=27℃$冷却水量/(m^3/h)			风量/(m^3/h)	风机直径/mm	电动机功率/kW	质量/kg		进水压力/10^4Pa	主要尺寸/mm	
	$\Delta t=10℃$	$\Delta t=20℃$	$\Delta t=25℃$	$\Delta t=10℃$	$\Delta t=20℃$	$\Delta t=25℃$				自重	运行质量		总高度	最大直径
$GBNL_3$-70	70	64	56	77	68	60	40800	1800	2. 2	943	3043	2. 86	3294	3134
$GBNL_3$-80	80	73	65	88	78	68	54000	1800	3. 0	1003	3230	3. 15	3544	3134
$GBNL_3$-100	100	91	83	110	96	85	71300	2400	3. 0	1695	4125	2. 90	3553	3732
$GBNL_3$-125	125	114	100	137	120	106	84000	2400	4. 0	1835	4461	3. 15	3803	3732
$GBNL_3$-150	150	136	119	166	145	127	106000	2800	4. 0	2132	5592	3. 01	3835	4342
$GBNL_3$-175	175	157	139	192	168	148	118000	2800	5. 5	2344	6365	3. 26	4085	4342
$GBNL_3$-200	200	180	159	220	191	169	141300	3400	5. 5	3408	9080	3. 50	4223	5134
$GBNL_3$-250	250	225	199	275	239	212	167900	3400	7. 5	3697	9743	3. 75	4473	5134
$GBNL_3$-300	300	270	240	332	290	253	212000	3800	11. 0	4180	12560	3. 60	4618	6044
$GBNL_3$-350	350	316	276	386	336	296	235300	3800	11. 0	4526	13344	3. 85	4868	6044
$GBNL_3$-400	400	360	315	442	383	338	282800	4200	11. 0	5588	16078	3. 70	5219	6746
$GBNL_3$-450	450	406	358	495	431	381	285000	4200	15. 0	6390	18180	4. 20	5719	6746
$GBNL_3$-500	500	449	393	550	477	422	353200	5000	15. 0	6430	22709	3. 95	5589	7766
$GBNL_3$-600	600	545	480	660	576	507	381400	5000	18. 5	7566	25565	4. 45	6089	7766
$GBNL_3$-700	700	629	558	775	673	591	495500	6000	22. 0	8574	32210	4. 25	6040	8836
$GBNL_3$-800	800	728	644	880	772	680	507600	6000	30. 0	10200	36040	4. 75	6540	8836

注：1. 使用行星齿轮减速器时标准点<72dB(A)，使用动力带减速器时标准点噪声值与等直径低噪声型冷却塔相同。

2. 表中所列出的湿球温度 $T=28℃$ 及 $T=27℃$ 的冷却水量，其工况如下：

当水温降为 $\Delta t=10℃$ 时，其进水温度 $t_1=43℃$，出水温度 $t_2=33℃$，当水温降 $\Delta t=20℃$ 及 25℃时，其进水温度 t_1 分别为 60℃及 55℃，出水温度 $t_2=35℃$。本系列中列出 $T=28℃$ 时，$\Delta t=5℃$ 及 8℃，$t_2=32℃$ 和 $T=27℃$，$\Delta t=5℃$ 及 8℃，$t_2=32℃$ 的冷却水量供选用时参考，其他参数的冷却水量请查热力性能曲线。

3. 进水压力指接管点处水压，因此本系列水压在 0. 3～0. 5kgf/cm^2 之间，$1kgf/cm^2=9.8\times10^4Pa$。

表 9-12 ASY/ASSY 通用选型表（1）

湿球温度/℃		27																			
冷却水	入口温度/℃	37	36	37.5	37.6	37.7	38	37	36	39	38	37	40	39	38	42	41	40	45	44	43
	出口温度/℃	32	31	32	32	32	32	31	30	32	31	30	32	31	30	32	31	30	32	31	30
温差/℃ 流量/（m³/h） 型号		5		5.5	5.6	5.7	6			7			8			10			13		
CDW-50		58.1	47.6	54.1	53.4	52.7	50.7	41.8	33.3	45.4	37.6	30.1	41.4	34.4	27.7	35.7	29.9	24.2	30.3	25.5	20.8
CDW-60		69.5	57.2	64.8	64.0	63.2	60.9	50.3	40.1	54.6	45.3	36.4	49.9	41.6	33.5	43.2	36.2	29.4	36.8	31.0	25.4
CDW-70		81.2	66.7	75.6	74.6	73.7	71.0	58.7	46.8	63.7	52.9	42.4	58.2	48.5	39.1	50.3	42.2	34.3	42.9	36.1	29.6
CDW-85		98.8	81.0	91.9	90.7	89.5	86.2	71.1	56.5	77.2	63.9	51.1	70.3	58.5	47.0	60.7	50.8	41.1	51.5	43.3	35.4
CDW-100		114.6	95.6	107.4	106.1	104.9	101.4	85.1	69.3	91.8	77.5	63.4	84.6	71.7	59.0	74.3	63.3	52.6	64.4	55.3	46.2
CDW-120		137.3	114.7	128.8	127.3	125.8	121.6	102.3	83.3	110.3	93.2	76.4	101.7	86.3	71.1	89.5	76.4	63.5	77.8	66.8	55.9
CDW-135		154.5	129.1	144.9	143.2	141.5	136.9	115.0	93.7	124.1	104.8	85.9	114.4	97.0	79.9	100.6	85.8	71.2	87.4	75.0	62.7
CDW-155		177.3	148.2	166.3	164.4	162.4	157.1	132.1	107.8	142.6	120.5	98.9	131.5	111.6	92.0	115.8	98.9	82.2	100.7	86.5	72.4
CDW-175		200.2	167.3	187.8	185.6	183.5	177.4	149.1	121.6	160.9	136.0	111.5	148.5	125.9	103.8	130.6	111.5	92.6	113.5	97.5	81.6
CDW-200		229.2	191.2	214.8	212.2	209.7	202.7	170.2	138.5	183.7	154.9	126.9	169.2	143.3	118.0	148.6	126.7	105.1	128.9	110.5	92.4
CDW-240		274.6	229.5	257.6	254.5	251.6	243.3	204.5	166.7	220.7	186.3	152.9	203.5	172.6	142.3	179.0	152.7	126.9	155.6	133.5	111.8
CDW -270		309.1	258.1	289.9	286.3	283.1	273.7	230.0	187.4	248.2	209.5	171.7	228.8	193.9	159.8	201.1	171.6	142.5	174.7	149.9	125.4
CDW-310		354.6	296.4	332.6	328.8	324.9	314.3	264.2	215.5	285.2	241.0	197.7	263.0	223.2	184.1	231.6	197.7	164.3	201.4	173.0	144.9
CDW-350		400.6	334.8	375.7	371.3	366.9	354.9	298.4	243.3	322.0	271.9	223.1	296.9	251.8	207.6	261.2	223.0	185.3	227.1	195.0	163.2
CDW-405		463.6	387.2	434.8	429.5	424.6	410.6	345.0	281.1	372.2	314.3	257.6	343.2	290.9	239.7	301.7	257.4	213.7	262.1	224.9	188.2
CDW-465		531.9	444.7	499.1	493.2	487.5	417.6	396.5	323.5	427.9	361.5	296.7	394.7	334.9	276.8	347.5	296.6	246.6	302.3	259.5	217.4
CDW-525		600.7	502.0	563.5	556.8	550.4	532.3	447.4	364.8	482.8	407.9	334.5	445.4	377.6	311.4	391.9	334.4	277.8	340.6	292.4	244.8
CDW-540		618.2	516.3	579.7	572.7	566.1	547.4	460.0	374.8	496.3	419.0	343.5	457.6	387.9	319.6	402.3	343.1	285.0	349.4	299.8	250.9
CDW-620		709.2	592.9	665.5	657.5	650.1	628.8	528.7	431.3	570.5	482.0	395.6	526.3	446.5	368.3	463.3	395.5	328.8	403.0	346.1	289.8
CDW-700		800.9	669.3	751.4	742.4	733.9	709.8	596.5	486.4	643.8	543.8	446.0	593.8	503.5	415.2	522.5	445.8	370.5	454.2	389.8	326.3
CDW-775		886.6	741.1	831.9	821.9	812.6	786.0	660.9	539.1	713.1	602.6	494.5	657.9	558.1	460.4	579.1	494.3	411.0	503.8	432.6	362.3
CDW-875		1001.2	836.6	939.2	927.9	917.3	887.2	745.7	608.0	804.7	679.8	557.5	742.3	629.4	519.0	653.1	557.3	463.1	567.7	487.5	407.9

表 9-13 ASY/ASSY 通用选型表（2）

湿球温度/℃	28																			
冷却水 入口温度/℃	37	36	37.5	37.6	37.7	39	38	37	40	39	38	41	40	39	43	42	41	46	45	44
冷却水 出口温度/℃	32	31	32	32	32	33	32	31	33	32	31	33	32	31	33	32	31	33	32	31
温差/℃ 流量/(m³/h) 型号	5		5.5	5.6	5.7	6			7			8			10			13		
CDW-50	50.0	39.4	46.7	46.1	45.5	53.2	43.9	34.9	47.7	39.5	31.6	43.5	36.1	29.0	37.6	31.4	25.4	31.9	26.8	21.9
CDW-60	60.0	47.5	56.1	55.4	54.7	63.9	52.8	42.1	57.4	47.6	38.2	52.4	43.7	35.2	45.4	38.1	30.9	38.7	32.6	26.7
CDW-70	70.0	55.4	65.1	64.6	63.8	74.6	61.6	49.1	66.9	55.5	44.5	61.1	50.9	41.0	52.9	44.3	36.0	45.1	38.0	31.1
CDW-85	85.0	67.1	79.3	78.3	77.3	90.5	74.6	59.3	81.1	67.1	53.7	73.9	61.4	49.4	63.8	53.4	43.2	54.2	45.6	37.2
CDW-100	100.0	80.7	94.0	92.9	91.9	106.1	89.0	72.4	96.1	81.0	66.3	88.6	75.0	61.7	77.8	66.3	55.0	67.5	57.9	48.4
CDW-120	120.0	97.0	112.9	111.6	110.4	127.3	106.9	87.1	115.5	97.5	79.9	106.5	90.3	74.4	93.7	80.0	66.4	81.5	70.0	58.5
CDW-135	135.0	109.1	127.0	125.6	124.2	143.2	120.2	97.9	129.9	109.6	89.8	119.7	101.5	83.6	105.4	89.8	74.6	91.6	78.5	65.7
CDW-155	155.0	125.4	145.9	144.2	142.6	164.4	138.2	112.7	149.3	126.0	103.4	137.7	116.8	96.3	121.3	103.5	86.0	105.6	90.6	75.8
CDW-175	175.0	141.5	164.6	162.8	161.0	185.7	156.0	127.1	168.5	142.3	116.6	155.4	131.7	108.6	136.8	116.7	96.9	119.0	102.1	85.5
CDW-200	200.0	161.4	188.0	185.9	183.8	212.1	178.0	144.8	192.2	162.1	132.7	177.1	150.0	123.4	155.6	132.6	110.0	135.1	115.8	96.8
CDW-240	240.0	194.0	255.8	223.3	220.8	254.6	213.9	174.3	231.0	195.0	159.8	213.0	180.6	148.8	187.5	159.9	132.8	163.0	139.9	117.1
CDW-270	270.0	218.1	254.0	251.1	248.3	286.4	240.5	195.9	259.7	219.2	179.6	239.5	202.9	167.1	210.7	179.6	149.2	183.1	157.1	131.4
CDW-310	310.0	250.8	291.7	288.5	285.3	328.8	276.4	225.3	298.5	252.1	206.8	275.5	233.6	192.5	242.6	207.0	172.0	211.1	181.2	151.7
CDW-350	350.0	283.0	329.4	325.7	322.2	371.3	312.0	254.3	337.0	284.5	233.3	310.9	263.6	217.2	273.7	233.4	193.9	238.1	204.3	170.9
CDW-405	405.0	327.2	380.9	376.7	372.5	429.6	360.7	293.8	389.6	328.8	269.4	359.2	304.4	250.7	316.1	269.5	223.7	274.7	235.6	197.1
CDW-465	465.0	376.2	437.7	432.7	428.1	493.5	414.7	338.1	447.8	378.3	310.2	413.2	350.4	289.0	364.0	310.6	258.1	316.8	272.0	227.6
CDW-525	525.0	424.5	493.9	488.5	483.1	557.0	468.0	381.4	505.4	426.8	349.9	466.2	395.2	325.7	410.4	350.1	290.8	356.9	306.3	256.4
CDW-540	540.0	436.3	507.9	502.2	496.6	572.8	481.0	391.8	519.4	438.4	359.2	479.0	405.9	334.2	421.4	359.3	298.3	366.2	314.1	262.8
CDW-620	620.0	501.6	583.6	577.0	570.8	658.0	556.0	450.9	597.1	504.4	413.6	550.9	467.2	385.3	485.4	414.2	344.1	422.3	362.7	303.5
CDW-700	700.0	566.1	658.6	651.4	644.1	742.7	624.0	508.6	673.9	569.0	466.5	621.6	526.9	434.2	547.2	466.8	387.7	475.9	408.4	341.8
CDW-775	775.0	627.1	729.5	721.2	713.5	822.5	691.2	563.6	746.3	630.4	517.0	688.7	584.1	481.6	606.7	517.7	430.1	527.9	453.2	379.4
CDW-875	875.0	707.6	823.2	814.2	805.1	928.4	780.1	635.7	842.4	711.3	583.2	777.0	658.6	542.8	684.0	583.5	484.6	594.8	510.5	427.3

表 9-14　CDW-ASY 低噪声冷却塔

型号	冷却水量/(m^3/h)		外形尺寸			风机功率	风机直径	扬程	产品净重	运行质量
	湿球温度 28℃	湿球温度 27℃	*L*/ mm	*W*/ mm	*H*/ mm	kW	mm	m	kg	kg
CDW-50ASY	50.0	58.1	2690	1550	2140	1.5	1200	3	470	1170
CDW-60ASY	60.0	69.5	2690	1550	2140	2.2	1200	3	480	1180
CDW-70ASY	70.0	81.2	2990	1850	2140	2.2	1500	3	560	1480
CDW-85ASY	85.0	98.8	2990	1850	2140	3.7	1500	3	570	1490
CDW-100ASY	100.0	114.6	3270	1750	2770	3.7	1500	4	810	2260
CDW-120ASY	120.0	137.3	3270	1950	2770	5.5	1500	4	880	2470
CDW-135ASY	135.0	154.5	3570	2150	2770	5.5	1800	4	980	2870
CDW-155ASY	155.0	177.3	3870	2350	2770	5.5	2100	4	1080	3170
CDW-175ASY	175.0	200.2	3870	2350	2770	7.5	2100	4	1100	3190
CDW-200ASY	200.0	229.2	3270	3500	2770	3.7×2	1500	4	1580	4480
CDW-240ASY	240.0	274.6	3270	3900	2770	5.5×2	1500	4	1720	4900
CDW-270ASY	270.0	309.1	3570	4300	2770	5.5×2	1800	4	1930	5710
CDW-310ASY	310.0	354.6	3870	4700	2770	5.5×2	2100	4	2120	6300
CDW-350ASY	350.0	400.6	3870	4700	2770	7.5×2	2100	4	2160	6340
CDW-405ASY	405.0	463.6	3570	6450	2770	5.5×3	1800	4	2880	8550
CDW-465ASY	465.0	531.9	3870	7050	2770	5.5×3	2100	4	3160	9430
CDW-525ASY	525.0	600.7	3870	7050	2770	7.5×3	2100	4	3220	9490
CDW-540ASY	540.0	618.2	3570	8600	2770	5.5×4	1800	4	3830	11390
CDW-620ASY	620.0	709.2	3870	9400	2770	5.5×4	2100	4	4200	12560
CDW-700ASY	700.0	800.9	3870	9400	2770	7.5×4	2100	4	4280	12640
CDW-775ASY	775.0	886.6	3870	11750	2770	5.5×5	2100	4	5240	15690
CDW-875ASY	875.0	1001.2	3870	11750	2770	7.5×5	2100	4	5340	15790

注：1. 标准设计条件为进口水温 37℃，出口水温 32℃，室外湿球温度 28℃。

2. CDW-5-ASY/CDW-60ASY 为电动机直接传动，其他为电动机传动带传动。

表 9-15　CDW-ASSY 超低噪声冷却塔

型号	冷却水量/(m^3/h)		外形尺寸			风机功率	风机直径	扬程	产品净重	运行质量
	湿球温度 28℃	湿球温度 27℃	*L*/ mm	*W*/ mm	*H*/ mm	kW	mm	m	kg	kg
CDW-50ASSY	50.0	58.1	2690	1550	2140	1.5	1200	3	480	1180
CDW-60ASSY	60.0	69.5	2690	1550	2140	2.2	1200	3	490	1190
CDW-70ASSY	70.0	81.2	2990	1850	2140	2.2	1500	3	570	1490
CDW-85ASSY	85.0	98.8	2990	1850	2140	3.7	1500	3	580	1500
CDW-100ASSY	100.0	114.6	3270	1750	2770	3.7	1500	4	820	2270
CDW-120ASSY	120.0	137.3	3270	1950	2770	5.5	1500	4	890	2480
CDW-135ASSY	135.0	154.5	3570	2150	2770	5.5	1800	4	990	2800

（续）

型号	冷却水量/(m^3/h)		外形尺寸			风机功率	风机直径	扬程	产品净重	运行质量
	湿球温度28℃	湿球温度27℃	L/mm	W/mm	H/mm	kW	mm	m	kg	kg
CDW-155ASSY	155.0	177.3	3870	2350	2770	5.5	2100	4	1100	3190
CDW-175ASSY	175.0	200.2	3870	2350	2770	7.5	2100	4	1120	3210
CDW-200ASSY	200.0	229.2	3270	3500	2770	3.7×2	1500	4	1600	4500
CDW-240ASSY	240.0	274.6	3270	3900	2770	5.5×2	1500	4	1740	4920
CDW-270ASSY	270.0	309.1	3570	4300	2770	5.5×2	1800	4	1950	5730
CDW-310ASSY	310.0	354.6	3870	4700	2770	5.5×2	2100	4	2160	6340
CDW-350ASSY	350.0	400.6	3870	4700	2770	7.5×2	2100	4	2200	6380
CDW-405ASSY	405.0	463.6	3570	6450	2770	5.5×3	1800	4	2910	8580
CDW-465ASSY	465.0	531.9	3870	7050	2770	5.5×3	2100	4	3220	9490
CDW-525ASSY	525.0	600.7	3870	7050	2770	7.5×3	2100	4	3280	9550
CDW-540ASSY	540.0	618.2	3570	8600	2770	5.5×4	1800	4	3870	11430
CDW-620ASSY	620.0	709.2	3870	9400	2770	5.5×4	2100	4	4280	12640
CDW-700ASSY	700.0	800.9	3870	9400	2770	7.5×4	2100	4	4360	12720
CDW-775ASSY	775.0	886.6	3870	11750	2770	5.5×5	2100	4	5340	15790
CDW-875ASSY	875.0	1001.2	3870	11750	2770	7.5×5	2100	4	5440	15890

注：1. 标准设计条件为进口水温 37℃，出口水温 32℃，室外湿球温度 28℃。
2. CDW-5-ASSY/CDW-60ASSY 为电动机直接传动，其他为电动机传动带传动。

9.2.5 冷却塔设计计算与选型

1. 冷却塔设计计算

1）冷却塔选型需根据建筑物功能、周围环境条件、场地限制与平面布局等诸多因素综合考虑。对塔型与规格的选择还要考虑当地气象参数、冷却水量、冷却塔进出水温、水质以及噪声、散热和水雾对周围环境的影响，最后经技术经济比较确定。即选择冷却塔时主要考虑热工指标、噪声指标和经济指标。

2）冷却水量 G(kg/s) 的确定：

$$G = \frac{kQ_0}{c(t_{w1} - t_{w2})} \tag{9-13}$$

式中 Q_0——制冷机冷负荷（kW）；

k——制冷机制冷时耗功的热量系数：对于压缩式制冷机，取 1.2~1.3；对于溴化锂吸收式制冷机，取 1.8~2.2；

c——水的比热容 [kJ/(kg·℃)]，取 4.19；

t_{w1}、t_{w2}——冷却塔的进、出水温度（℃）；($t_{w1}-t_{w2}$)：压缩式制冷机取 4~5℃，溴化锂吸收式制冷机取 6~9℃（采用 $\Delta t \geqslant 6$℃时，最好选用中温塔）；当地气候比较干燥，湿球温度较低时，可采用较大的进出水温差。

3）方案设计时，冷却水量可按式（9-14）估算：

$$G = aQ \tag{9-14}$$

式中 Q——制冷机制冷量（kW）；

a——单位制冷量的冷却水量，压缩式制冷机 $a=0.22$，溴化锂吸收式制冷机 $a=0.3$；选用冷却塔时，冷却水量应考虑1.1~1.2安全系数。

4）冷却塔的补水量，包括风吹飘逸损失、蒸发损失、排污损失和泄漏损失。一般按冷却水量的1%~2%作为补水量。不设集水箱的系统，应在冷水塔底盘处补水；设置集水箱的系统，应在集水箱处补水。

5）当运行工况不符合标准设计工况时，可以根据生产厂产品样本所提供的热力性能曲线和热力性能表进行选择。

6）冷却塔的材质应具有良好的耐腐蚀性和耐老化性能，塔体、围板、风筒、百叶格宜采用玻璃钢（FRP）制作，钢件应采用热浸镀锌，淋水填料、配水管、除水器采用聚氯乙烯（PVC），喷溅装置采用ABS工程塑料或PP改性聚丙烯制作。

2. 冷却塔选型示例

某设计需为制冷量为1049kW的压缩式制冷机配备合适的冷却塔，冷却水供回水温度为37/32℃，室外空气湿球温度为28℃。冷却塔的冷却水流量应满足：

$$G=\frac{1.2\times1049}{4.19\times(37-32)}\times1.1\text{kg/s}=66.1\text{kg/s}$$

$$=66.1\times3600\div1000\text{m}^3/\text{h}=238\text{m}^3/\text{h}$$

拟选用荏原CDW-ASY型，根据表9-13可选用冷却水流量为270m³/h的角型横流式冷却塔。其相关参数见表9-16。

表9-16 冷却塔选型参数

型号	标准水量/(m³/h)	外形尺寸/mm			风机直径/mm	电动机功率/kW
		宽度 W	长度 L	高度 H		
CDW-270	270	4300	3570	2770	1800	5.5×2

9.2.6 冷却塔设置要求等

1）同一型号的冷却塔，在不同的室外湿球温度条件和冷水机组进出口温差要求的情况下，散热量和冷却水量也不同。因此，选用时需按照工程实际，对冷却塔的标准气温和标准水温降下的名义工况冷却水量进行修正，使其满足冷水机组的要求，一般无备用要求。

2）对进口水压有要求的冷却塔的台数，应与冷却水泵台数相对应。

3）为了节水和防止对环境的影响，应严格控制冷却塔飘水率，宜选用飘水率为0.01%~0.005%的优质冷却塔。

4）供暖室外计算温度在0℃以下的地区，冬季运行的冷却塔应采取防冻措施，冬季不运行的冷却塔及其室外管道应能泄空。

5）冷却塔设置位置应通风良好，远离高温或有害气体，并应避免飘水对周围环境的影响。

6）冷却塔的噪声标准和噪声控制，应符合《民用建筑供暖通风与空气调节设计规范》（GB 50736—2012）的有关要求。

7）冷却塔的材质应具有良好的耐腐蚀性和耐老化性能，塔体、围板、风筒、百叶格宜采用玻璃钢（FRP）制作，钢件应采用热浸镀锌，淋水填料、配水管、除水器采用聚氯乙烯

(PVC)，喷溅装置采用 ABS 工程塑料或 PP 改性聚丙烯制作。

8）应采用阻燃型材料制作冷却塔，并应符合防火要求。

9）冷却塔的容量控制调节，宜采用双速风机或变频调速实现。

10）冷却塔管路流量平衡。冷却塔进出水管道设计时，应注意管道阻力平衡，以保证各台冷却塔的设计水量。在开式冷却塔之间设置平衡管或共用集水盘，是为了避免各台冷却塔补水和溢水不均衡造成浪费，同时这也是防止个别冷却塔抽空的措施之一。

11）冷却塔的空间布置应注意以下几点：

① 为节约占地面积和减少冷却塔对周围环境的影响，通常宜将冷却塔布置在裙房或主楼的屋顶上，冷水机组与冷却水泵布置在地下室或室内机房。

② 冷却塔应设置在空气流通、进出口无障碍物的场所。有时为了建筑外观而需设围挡时，必须保持足够的进风面积（开口净风速应小于 2m/s）。

③ 冷却塔的布置应与建筑协调，并选择较合适的场所。充分考虑噪声与飘水对周围环境的影响；如紧挨住宅和对噪声要求比较严的地方，应考虑消声与隔声措施。

④ 布置冷却塔时，应注意防止冷却塔排风与进风之间形成短路的可能性；同时，还应防止多个塔之间相互干扰。

⑤ 冷却塔宜单排布置，当必须多排布置时，长轴位于同一直线上的相邻塔排净距不小于 4m，长轴不在同一直线上的、相互平行布置的塔排之间的净距离不小于塔的进风口高度的 4 倍。每排的长度与宽度之比不宜大于 5∶1。

⑥ 冷却塔进风口侧与相邻建筑的净距不应小于塔进风口高度的 2 倍，周围进风的塔间净距不应小于塔进风口高度的 4 倍，才能使进风口区沿高度风速分布均匀和确保必需的进风量。

⑦ 冷却塔周边与塔顶应留有检修通道和管道安装位置，通道净宽不宜小于 1m。

⑧ 冷却塔不应布置在热源、废气和油烟气排放口附近。

⑨ 冷却塔设置在屋顶或裙房屋顶上时，应校核结构承压强度。并应设置在专用基础上，不得直接设置在屋面上。

9.3 膨胀水箱或定压罐

常见的定压方式有膨胀水箱定压、气压罐定压及补给水泵定压。

9.3.1 膨胀水箱定压

膨胀水箱的作用是收容冷热水水温上升时密度变化产生的额外膨胀体积，同时还起到恒定水系统压力的作用。因此，膨胀水箱是中央空调系统中的重要部件之一。膨胀水箱的底部标高至少比系统管道的最高点高出 1.5m，补给水量通常按系统水容积的 0.5%~1%考虑。膨胀水箱的接口应尽可能靠近循环泵的进口，以免泵吸入口内液体汽化造成汽蚀。

膨胀水箱通常为开式定压式，将膨胀水箱置于楼顶，其膨胀管接至冷冻水回水干管上或水泵的入口处。

膨胀水箱的容积是由系统中水容量和最大水温变化幅度所共同决定的，其有效容积可按下式计算：

$$V = V_t + V_p \tag{9-15}$$

式中 V_t——水箱的调节容量（m^3），一般不应小于 3min 平时运行的补水泵流量，且保持水箱调节水位高差不小于200mm，估算时一般取膨胀水量的一半；

V_p——系统最大膨胀水量（m^3）。

膨胀水量 V_p(m^3) 可按下式估算：

$$V_p = \alpha \Delta t V_s = 0.0006 \Delta t V_s \tag{9-16}$$

式中 α——水的体积膨胀系数，α = 0.0006L/℃；

Δt——水温的最大波动值（℃），制冷时取15，制热时取45；

V_s——系统的水容量（m^3），可按表9-17确定；

V_p——最大膨胀水量（m^3）。方案设计时，膨胀水量也可按下列数据进行估计：冷水系统取0.1L/kW，热水系统取0.3L/kW。

表9-17 系统水容量 （单位：L/m^2 建筑面积）

运行制式	系统形式	
	全空气系统	空气—水系统
供冷	0.40~0.55	0.70~1.30
供暖（热水锅炉）	1.25~2.00	1.20~1.90
供暖（换热器）	0.40~0.55	0.70~1.30

冷水系统膨胀水箱的有效容积也可通过建筑负荷根据式（9-17）进行估算：

$$V = 0.006 V_c Q \tag{9-17}$$

式中 V——膨胀水箱的有效容积（L）；

V_c——系统内单位水容量之和（L/kW），室内机械循环供冷参考取值31.2；

Q——建筑冷负荷kW。

计算出膨胀水箱有效容积后，可以从国家建筑标准设计图集《采暖空调循环水系统定压》（05K210）选择确定膨胀水箱的规格、型号及配管的直径，见表9-18。

表9-18 膨胀水箱的规格、型号及配管尺寸

形式	型号	公称容积/m^3	有效容积/m^3	长×宽或内径/mm	高/mm	配管公称直径/mm					水箱自重/kg
						溢流	排水	膨胀	信号	循环	
方形	1	0.5	0.6	900×900	900	50	32	40	20	25	200
	2	0.5	0.6	1200×700	900						209
	3	1.0	1.0	1100×1100	1100						288
	4	1.0	1.1	1400×900	1100						302
	5	2.0	2.0	1400×1400	1200						531
	6	2.0	2.2	1800×1200	1200						580
	7	3.0	3.1	1600×1600	1400						701
	8	3.0	3.4	2000×1400	1400						743
	9	4.0	4.2	2000×1600	1500	70	32	50	20	25	926
	10	4.0	4.2	1800×1800	1500						916
	11	5.0	5.0	2400×1600	1500						1037
	12	5.0	5.1	2200×1800	1500						1047

（续）

形式	型号	公称容积/m^3	有效容积/m^3	长×宽或内径/mm	高/mm	配管公称直径/mm					水箱自重/kg
						溢流	排水	膨胀	信号	循环	
圆形	1	0.5	0.5	900	1000	50	32	40	20	25	169
	2	0.5	0.6	1000	900						179
	3	1.0	1.0	1100	1300						255
	4	1.0	1.1	1200	1200						269
	5	2.0	1.9	1500	1300						367
	6	2.0	2.0	1400	1500						422
	7	3.0	3.2	1600	1800						574
	8	3.0	3.3	1800	1500						559
	9	4.0	4.1	1800	1800	70	32	50	20	25	641
	10	4.0	4.4	2000	1600						667
	11	5.0	5.1	1800	2200						724
	12	5.0	5.0	2000	1800						723

如机械制冷循环，假设建筑冷负荷为 1960kW，代入相关数据通过式（9-17）可以求得膨胀水箱的有效容积为

$$V = (0.006 \times 31.2 \times 1960)\text{L} = 367\text{L}$$

选择有效容积为 400L 的膨胀水箱，外形尺寸为 900mm×900mm×900mm。

膨胀水箱应该加盖和保温，常用带有网格线铝箔贴面的玻璃棉作为保温材料，保温层厚度为 25mm。膨胀水箱设置溢水管、排水管、膨胀管、循环管（根据条件设置）、带浮球阀的补水管、检查管/信号管（根据条件设置），如图 9-20 所示。膨胀管上不可设置阀门。

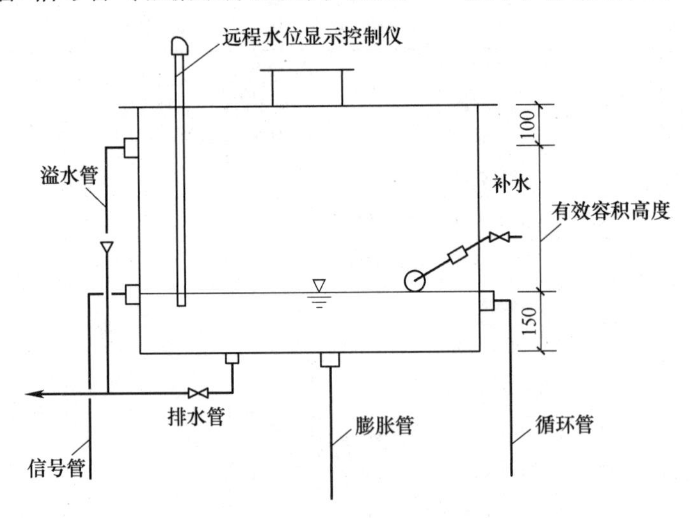

图 9-20　膨胀水箱安装示意图

闭式空调水系统的定压和膨胀设计应符合下列规定：

1）宜优先采用高位膨胀水箱定压（特别是当系统静水压力接近冷热源设备能承受的工作压力时），当缺乏安装开式膨胀水箱条件时，可考虑采用补水泵和气压罐定压。

2）定压点及其最低压力设置要求见 9.1.6 节补水泵的相关描述。

3）当水系统设置独立的定压设施时，膨胀管上不应设置阀门；当各系统合用定压设施且需要分别检修时，膨胀管上应设置带信号的检修阀，且各空调水系统应设置安全阀门。

4）系统的膨胀水量应进行回收。

5）膨胀管的公称直径，可按表 9-19 确定。

表 9-19　膨胀管公称直径确定

膨胀水量/L	空调冷水	<150	150~290	291~580	>580
	空调热水或供暖水	<600	600~3000	3001~5000	>5000
膨胀管的公称直径/mm		25	40	50	70

开式膨胀水箱设计注意事项：

1）膨胀水箱的安装高度，应保持水箱中的最低水位高于水系统的最高点 1m 以上。

2）在机械循环空调水系统中，为了确保膨胀水箱和水系统的正常工作，膨胀水箱的膨胀管应连接在循环水泵的吸入口前（该连接点即为水系统的定压点）。在重力循环系统中，膨胀管应连接在供水总立管的顶端。

3）两管制空调水系统，当冷、热水共用一个膨胀水箱时，应按供热工况确定水箱的有效容积。

4）水箱高度 $H \geqslant 1500$mm 时，应设内、外人梯；$H \geqslant 1800$mm，应设两组玻璃管液位计。

5）膨胀水箱上必须配置供连接各种功能用管的接口。

9.3.2　气压罐定压

气压罐定压适用于对水质净化要求高、对含氧量控制严格的循环水系统，气压罐定压的优点是易于实现自动补水、自动排气、自动泄水和自动过压保护，缺点是初投资较高。其原理图如图 9-21 所示。

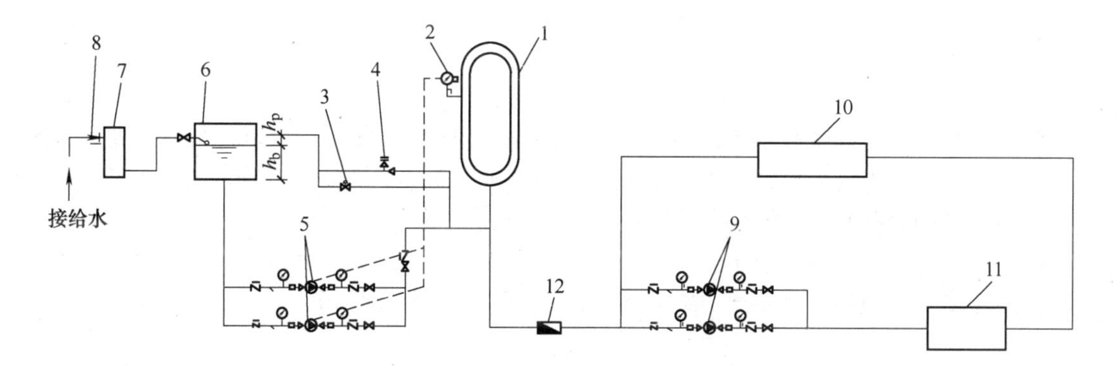

图 9-21　气压罐定压原理图

1—囊式气压罐　2—电接点压力表　3—泄水电磁阀　4—安全阀　5—补水泵　6—软化水箱　7—软化设备　8—倒流防止器　9—循环水泵　10—末端用户　11—冷热源　12—水表

将气压罐、水泵、安全阀、止回阀、截止阀等通过管路系统组合在一起，即可组成气压罐定压装置。根据气压罐布置的方式不同，气压罐定压装置分为立式与卧式两种形式。

气压罐的实际总容积 $V(\mathrm{m^3})$ 的确定：

$$V \geqslant V_{min} = \frac{\beta V_t}{1-\alpha} \tag{9-18}$$

$$\alpha = \frac{p_1 + 100}{p_2 + 100} \tag{9-19}$$

式中 V_{min}——气压罐的最小总容积（m^3）；

V_t——气压罐的调节容积（m^3）；

β——容积附加系数，隔膜式气压罐一般取 β=1.05；

p_1、p_2——补水泵的启停压力（kPa）。

α 的取值，应综合考虑气压罐容积和系统的最高运行工作压力等因素，宜取 0.65~0.85，必要时可取 0.50~0.90。

气压罐的工作压力值的选取按照下面的规则：

1）安全阀的开启压力 p_4，以确保系统的工作压力不超过系统内管网、阀门、设备等的承压能力为原则。

2）膨胀水量开始流回补水箱时电磁阀的开启压力 p_3，可取 p_3 = 0.9p_4。

3）补水泵的起动压力 p_1，在满足定压点最低要求压力的基础上，增加 10kPa 的裕量。

4）补水泵的停泵压力 p_2，可取 p_2 = 0.9p_3。

9.3.3 变频补水泵定压

变频补水泵定压方式运行稳定，适用于耗水量不确定的大规模空调水系统（≥2500kW），不适用于中小规模的系统。

变频补水泵的流量与扬程应有以下考虑。

1）补水泵总小时水量，可按系统水容量的 5%采用；最大不应超过 10%。

2）水泵宜设置两台，一用一备；初期充水或事故补水时，两泵同时运行。

3）补水泵的扬程，可按补水压力比系统补水压力高 30~50Pa 确定。

9.4 分/集水器

多于两路供应的空调水系统，宜设置分/集水器。集管（Header）也称母管，是一种利用一定长度、直径较粗的短管，焊上多根并联接管接口而形成的并联接管设备，习惯上称为分/集水器（Manifold）；在蒸汽系统中则称为分汽缸。

设置集管的目的：一是便于连接通向各个并联环路的管道；二是均衡压力，使汇集在一起的各个环路具有相同的起始压力或终端压力，确保流量分配均匀。

9.4.1 设计计算

分/集水器的直径 D(mm)，应保持 $D \cdot 2d_{max}$（d_{max}——最大连接管的直径，mm）。通常可按并联接管的总流量通过集管断面时的平均流速 v_m=0.5~1.5m/s 来确定；流量特别大时，流速允许适当增大，但最大不应大于 $v_{m,max}$=4.0m/s。通常可按 1m/s 的流速确定。

分/集水器的长度 L(m) 可根据图 9-22 按式（9-20）计算：

$$L = 130 + L_1 + L_2 + \cdots + L_i + 120 + 2h \tag{9-20}$$

式中 L_1、L_2、L_3、…、L_i——接管中心距（mm），按表 9-20 确定。

表 9-20 接管中心距 （单位：mm）

L_1	L_2	L_3	…	L_i
$d_1 + 120$	$d_1 + d_2 + 120$	$d_2 + d_3 + 120$	…	$d_{i-1} + 120$

注：d_i 为接管的外径（含绝热层厚度），如接管无绝热层，则接管中心距必须大于 $d_1 + d_2 + 80$，d_1、d_2 为两相邻接管的外径。

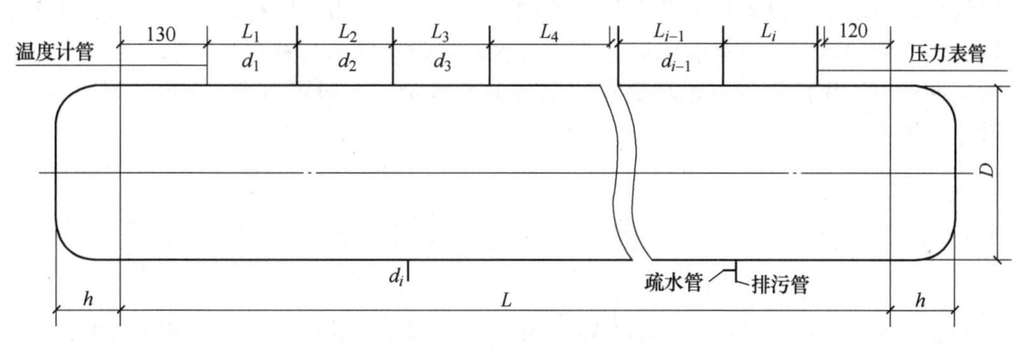

图 9-22 分/集水器的排布尺寸

9.4.2 设计示例

根据《分（集）水器 分汽缸》(05K232）进行分/集水器的选型。

算例：总管负荷 2400kW，流量 412404kg/h，进出水总管管径 DN300，2 根分支管管径均为 DN250。

按流速 0.7m/s 计算，根据水流量，从《分（集）水器 分汽缸》中选型表选择筒径为 DN500，查封头高度表 $h = 150$m。

$$L_1 = (300 + 120)\text{mm} = 420\text{mm}$$
$$L_2 = (300 + 250 + 120)\text{mm} = 670\text{mm}$$
$$L_3 = (250 + 250 + 120)\text{mm} = 620\text{mm}$$

故分/集水器长度 $L = (130 + 420 + 670 + 620 + 120 + 2 \times 150)\text{mm} = 2260\text{mm}$。

9.5 其他设备

过滤器：冷水机组、水泵、换热器、电动调节阀等设备的进口管道上，应安装过滤器或除污器，以防杂质进入；水过滤器的类型很多，由于 Y 形过滤器的结构紧凑、外形尺寸小、安装清洗方便，所以在空调水系统中应用十分广泛。提篮式过滤器也应用很广泛。

压力表：分/集水器上、冷水机组的进出水管、水泵进出口，及分/集水器各分路阀门外的管道上，应设压力表。

温度计：冷水机组和换热器的进出水管、分/集水器上、集水器各支路阀门后、空调机组和新风机组供回水支管，应设温度计。

排气阀：排气阀一般为铜质，规格有 DN15 和 DN20 两种，其最大工作压力为 0.1MPa；最高工作温度为 110℃。

减压稳压阀：是一种通过改变流通截面（开度）使阀后压力相应地改变且稳定在某个数值上的减压装置，既能降低动压，又能隔断静压。在高层建筑中，若在立管的适当部位

（某个高度）安装减压稳压阀，即可大幅度地降低阀后高度范围内管路与设备所承受的静水压力，从而起到替代竖向分区的作用。使用减压稳压阀时，必须注意以下事项：水的流动方向必须与阀体上箭头所示方向保持一致；设定和调整阀门的工作压力时，必须在静水压力状态下进行（0.1MPa）；减压稳压阀既可水平安装在横管上，也可垂直安装在立管上；阀前应装置水过滤器；阀门的规格，应根据工作流量和阀前、后压力确定。

空调系统补水箱的设置和调节容积：空调冷水直接从城市管网补水时，不允许补水泵直接抽取；当空调热水需补充软化水时，离子交换软化设备供水与补水泵补水不同步，且软化设备常间断运行，因此需设置水箱储存一部分调节水量。一般可取 30~60min 补水泵流量，系统较小时取大值。

参 考 文 献

[1] 付祥钊，王岳人，王元，等．流体输配管网 [M]. 2 版．北京：中国建筑工业出版社，2005.

[2] 蔡增基，龙天渝．流体力学泵与风机 [M]. 4 版．北京：中国建筑工业出版社，1999.

[3] 陆耀庆．实用供热空调设计手册 [M]. 2 版．北京：中国建筑工业出版社，2008.

[4] 连之伟，陈宝明．热质交换原理与设备 [M]. 北京：中国建筑工业出版社，2011.

[5] 中华人民共和国住房和城乡建设部．民用建筑供暖通风与空气调节设计规范：GB 50736—2012 [S]. 北京：中国建筑工业出版社，2012.

[6] 中华人民共和国住房和城乡建设部．民用建筑供暖通风与空气调节设计规范条文说明：GB 50736—2012 [S]. 北京：中国建筑工业出版社，2012.

[7] 电子工业部第十设计研究院．空气调节设计手册 [M]. 2 版．北京：中国建筑工业出版社，1995.

第 10 章 多联机系统

10

10.1 多联机空调系统概述

多联式空调（热泵）机组，又称为变制冷剂流量多联分体式空调系统（Varied Refrigerant Volume，VRV），简称多联机。20 世纪 80 年代诞生于日本，是我国近年来快速发展起来的一种具有集中式空调系统特点的新型空调系统，它集变频、变容等技术于一身，具有系统简单、使用节能、环境舒适、控制灵活、安装简便且可靠性高等特点。

10.1.1 系统组成特点及原理

变制冷剂流量多联分体式空调，是指一台室外空气源制冷或热泵机组配置多台室内机，通过改变制冷剂流量能适应各房间负荷变化的直接蒸发式空气调节系统。室外机包括室外侧换热器、压缩机、风机和其他制冷附件；室内机包括风机、电子膨胀阀和直接蒸发式换热器等附件。

变制冷剂流量多联分体式空调的基本单元是一台室外机连接多台室内机，室内机和室外机之间由冷媒铜管连接，每台室内机都可以进行独立操作和控制。根据室内舒适性要求及室外环境参数，通过控制压缩机的转速和电子膨胀阀来控制制冷剂的循环量和进入室内机的制冷剂流量，以满足室内冷热负荷要求，实现夏季供冷和冬季供暖。多联机空调系统原理如图 10-1 所示。

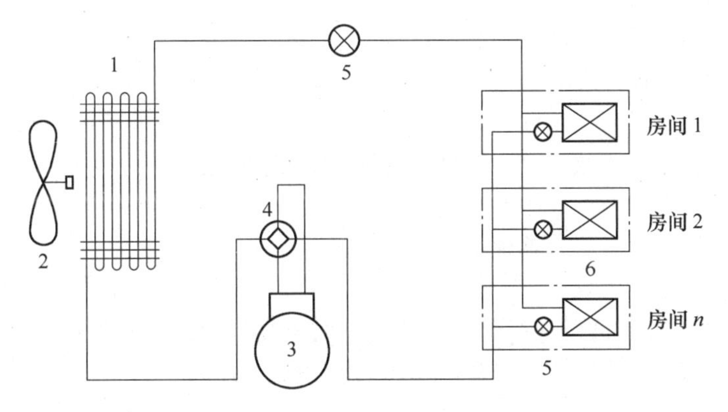

图 10-1 多联机空调系统原理

1—风冷换热器 2—换热器风扇 3—压缩机 4—四通阀 5—电子膨胀阀 6—直接蒸发式换热器

10.1.2 系统分类

按压缩机类型、室外机冷却方式等，变制冷剂流量多联分体式空调可分成不同类型。

1）按机组功能分：单冷、热泵、热回收机组。

2）按变容方式分：变速（交流变频、直流调速）、变容（数码涡旋）、台数控制等。

3）按有无蓄能功能分：常规型、蓄能型。

4）按制冷剂种类分：R22、R410A、R407C。

5）按室外机冷却方式分：风冷、水冷。

6）按室外机组的构成方式分：单机型、模块化组合型。

目前国内变制冷剂流量多联分体式空调的主流是风冷变频多联机和数码涡旋多联机，其中数码涡旋多联机是近几年发展起来的。

10.1.3 系统工作范围

变制冷剂流量多联分体式空调系统的工作范围见表10-1。

表10-1 变制冷剂流量多联分体式空调系统的工作范围

内容	范围	内容	范围
制冷运行温度	-5~43℃ DB	室内外机高度落差	≤50m
制热运行温度	-15~16℃ WB	同一室外机系统室内机间高度落差	≤18m
室内外机等效配管长度	≤175m	室内外机容量比	135%

注：表中DB为干球温度，WB为湿球温度，不同厂家上述参数略有区别。

10.1.4 系统应用场合

变制冷剂流量多联分体式空调系统主要适用于办公楼、饭店、学校、高档住宅等建筑，特别适合于房间数量多、区域划分细致的建筑。另外，对于同时使用率比较低（部分运转）的建筑物来说，其节能性更加显著。

空调系统全年运行时，宜采用热泵式机组。在同一空调系统中，当同时需要供冷和供暖时，宜选择热回收式机组。

相比于传统集中空调，多联机的优点：

1）设计简单、布置灵活。

2）管路安装简单、节省空间。

3）部分负荷情况下能效比高、节能性好、运行成本低。

4）运行管理方便、维护简单。

5）可以实现分户计量、分期建设。

多联机的缺点：

初期投资较高。对建筑设计有要求，特别是对于高层建筑，在设计时必须考虑系统的安装范围，室外机的安装位置。新风与湿度处理能力相对较差。

10.1.5 多联机设备示例

1. 室外机设备示例

现以海信HiMULTI-M系列室外机产品为例，列出其部分型号的性能参数，见表10-2、表10-3。

表 10-2 海信 HiMULTI-M 系列室外机性能参数（一）

匹数			8HP	8HP	10HP	12HP	14HP	16HP	18HP
机型			HVR-224W	HVR-252W	HVR-280W	HVR-335W	HVR-400W	HVR-450W	HVR-500W
组合方式			HVR-224W	HVR-252W	HVR-280W	HVR-335W	HVR-400W	HVR-450W	HVR-500W
电源			380V 3N~50Hz						
外形尺寸	高 *H*	mm	1720	1720	1720	1720	1720	1720	1720
	宽 *W*	mm	950	950	950	950	1210	1210	1210
	厚 *D*	mm	750	750	750	750	750	750	750
净重		kg	208	223	225	243	295	310	318
制冷运转	额定能力	kW	22.4	25.2	28.0	33.5	40.0	45.0	50.0
	额定功率	kW	5.39	6.15	7.03	8.85	11.30	13.00	14.90
制热运转	额定能力	kW	25.0	27.0	31.5	37.5	45.0	50.0	56.0
	额定功率	kW	5.56	6.07	7.41	8.82	11.11	13.33	14.70
压缩机形式			全封闭涡旋压缩机						
制冷剂种类			R410A						
制冷剂流量控制			微型计算机控制电子膨胀阀						
室外机冷媒初始封入量		kg	6.5	6.5	6.5	9.9	9.0	10.5	10.5
室外机风量		m^3/min	155	155	170	175	190	190	190
噪声/夜间静音		dB（A）	56/41	58/44	58/47	60/47	62/48	62/48	60/45
气管管径		mm	ϕ19.05	ϕ22.2	ϕ22.2	ϕ25.4	ϕ25.4	ϕ28.6	ϕ28.6
液管管径		mm	ϕ9.53	ϕ9.53	ϕ9.53	ϕ12.7	ϕ12.7	ϕ12.7	ϕ15.88
最大室内机连接数量		台	8	13	16	19	23	26	26
最小线路电流		A	17.3	18.4	19.0	23.0	28.0	31.0	35.0
最大熔丝电流		A	25.0	25.0	25.0	32.0	32.0	40.0	50.0

表 10-3 海信 HiMULTI-M 系列室外机性能参数（二）

匹数			18HP	20HP	22HP	24HP	26HP	28HP	30HP
机型			HVR-532W	HVR-560W	HVR-615W	HVR-680W	HVR-730W	HVR-785W	HVR-850W
组合方式			HVR-252W+HVR-280W	HVR-280W+HVR-280W	HVR-280W+HVR-335W	HVR-280W+HVR-400W	HVR-280W+HVR-450W	HVR-335W+HVR-450W	HVR-400W+HVR-450W
电源			380V 3N~50Hz						
外形尺寸	高 *H*	mm	1720	1720	1720	1720	1720	1720	1720
	宽 *W*	mm	950+950	950+950	950+950	950+1210	950+1210	950+1210	1210+1210
	厚 *D*	mm	750	750	750	750	750	750	750
净重		kg	448	450	468	520	535	553	605
制冷运转	额定能力	kW	53.2	56.0	61.5	68.0	73.0	78.5	85.0
	额定功率	kW	13.18	14.06	15.88	18.33	20.03	21.85	24.30

（续）

匹数			18HP	20HP	22HP	24HP	26HP	28HP	30HP
机型			HVR-532W	HVR-560W	HVR-615W	HVR-680W	HVR-730W	HVR-785W	HVR-850W
组合方式			HVR-252W+ HVR-280W	HVR-280W+ HVR-280W	HVR-280W+ HVR-335W	HVR-280W+ HVR-400W	HVR-280W+ HVR-450W	HVR-335W+ HVR-450W	HVR-400W+ HVR-450W
制热运转	额定能力	kW	58.5	63.0	69.0	76.5	81.5	87.5	95.0
	额定功率	kW	13.48	14.82	16.23	18.52	20.74	22.15	24.44
压缩机形式			全封闭涡旋压缩机						
制冷剂种类			R410A						
制冷剂流量控制			微型计算机控制电子膨胀阀						
室外机冷媒初始封入量		kg	13.0	13.0	16.4	15.5	17.0	20.4	19.5
室外机风量		m^3/min	325	340	345	360	360	365	380
噪声/夜间静音		dB(A)	61/48	61/50	62/50	63/50	63/50	63/50	63/51
气管管径		mm	ϕ28.6	ϕ28.6	ϕ28.6	ϕ28.6	ϕ31.75	ϕ31.75	ϕ31.75
液管管径		mm	ϕ15.88	ϕ15.88	ϕ15.88	ϕ15.88	ϕ19.05	ϕ19.05	ϕ19.05
最大室内机连接数量		台	26	33	38	40	43	47	50
最小线路电流		A	36.6	37.0	38.8	43.9	46.5	48.4	53.5
最大熔丝电流		A	50.0	50.0	50.0	50.0	63.0	63.0	63.0

匹数			32HP	34HP	36HP	38HP	40HP	42HP
机型			HVR-900W	HVR-960W	HVR-1010W	HVR-1065W	HVR-1130W	HVR-1180W
组合方式			HVR-450W+ HVR-450W	HVR-280W+ HVR-280W+ HVR-400W	HVR-280W+ HVR-280W+ HVR-450W	HVR-280W+ HVR-335W+ HVR-450W	HVR-280W+ HVR-400W+ HVR-450W	HVR-280W+ HVR-450W+ HVR-450W
电源			380V 3N~50Hz					
外形尺寸	高 H	mm	1720	1720	1720	1720	1720	1720
	宽 W	mm	1210+1210	950+950+ 1210	950+950+ 1210	950+950+ 1210	950+1210+ 1210	950+1210+ 1210
	厚 D	mm	750	750	750	750	750	750
净重		kg	620	745	760	778	830	845
制冷运转	额定能力	kW	90.0	96.0	101.0	106.5	113.0	118.0
	额定功率	kW	26.00	25.36	27.06	28.88	31.33	33.03
制热运转	额定能力	kW	100.0	108.0	113.0	119.0	126.5	131.5
	额定功率	kW	26.66	25.93	28.15	29.56	31.85	34.07
压缩机形式			全封闭涡旋压缩机					
制冷剂种类			R410A					
制冷剂流量控制			微型计算机控制电子膨胀阀					
室外机冷媒初始封入量		kg	21.0	22.0	23.5	26.9	26.0	27.5

（续）

匹数		32HP	34HP	36HP	38HP	40HP	42HP
机型		HVR-900W	HVR-960W	HVR-1010W	HVR-1065W	HVR-1130W	HVR-1180W
组合方式		HVR-450W+ HVR-450W	HVR-280W+ HVR-280W+ HVR-400W	HVR-280W+ HVR-280W+ HVR-450W	HVR-280W+ HVR-335W+ HVR-450W	HVR-280W+ HVR-400W+ HVR-450W	HVR-280W+ HVR-450W+ HVR-450W
室外机风量	m^3/min	380	500	500	520	535	535
噪声/夜间静音	dB（A）	63/51	64/52	64/52	64/52	64/52	64/52
气管管径	mm	ϕ31.75	ϕ31.75	ϕ38.1	ϕ38.1	ϕ38.1	ϕ38.1
液管管径	mm	ϕ19.05	ϕ19.05	ϕ19.05	ϕ19.05	ϕ19.05	ϕ19.05
最大室内机连接数量	台	53	56	59	64	64	64
最小线路电流	A	56.1	62.4	65.0	66.9	71.9	74.6
最大熔丝电流	A	63.0	80.0	80.0	80.0	80.0	100.0

匹数			44HP	46HP	48HP	50HP	52HP	54HP
机型			HVR-1235W	HVR-1300W	HVR-1350W	HVR-1400W	HVR-1450W	HVR-1500W
组合方式			HVR-335W+ HVR-450W+ HVR-450W	HVR-400W+ HVR-450W+ HVR-450W	HVR-450W+ HVR-450W+ HVR-450W	HVR-450W+ HVR-450W+ HVR-500W	HVR-450W+ HVR-500W+ HVR-500W	HVR-500W+ HVR-500W+ HVR-500W
电源			380V 3N~50Hz					
外形尺寸	高 *H*	mm	1720	1720	1720	1720	1720	1720
	宽 *W*	mm	950+1210+ 1210	1210+1210+ 1210	1210+1210+ 1210	1210+1210+ 1210	1210+1210+ 1210	1210+1210+ 1210
	厚 *D*	mm	750	750	750	750	750	750
净重		kg	863	915	930	948	951	954
制冷运转	额定能力	kW	123.5	130.0	135.0	140.0	145.0	150.0
	额定功率	kW	34.85	37.30	39.00	40.90	42.80	44.70
制热运转	额定能力	kW	137.5	145.0	150.0	156.0	162.0	168.0
	额定功率	kW	35.48	37.77	39.99	41.36	42.73	44.10
压缩机形式			全封闭涡旋压缩机					
制冷剂种类			R410A					
制冷剂流量控制			微型计算机控制电子膨胀阀					
室外机冷媒初始封入量		kg	30.9	30.0	31.5	31.5	31.5	31.5
室外机风量		m^3/min	555	570	570	570	570	570
噪声/夜间静音		dB（A）	64/52	65/51	65/51	66/50	66/51	67/51
气管管径		mm	ϕ38.1	ϕ38.1	ϕ38.1	ϕ38.1	ϕ38.1	ϕ38.1
液管管径		mm	ϕ19.05	ϕ19.05	ϕ19.05	ϕ19.05	ϕ19.05	ϕ19.05
最大室内机连接数量		台	64	64	64	64	64	64
最小线路电流		A	76.5	81.5	84.2	99.0	105.1	110.6
最大熔丝电流		A	100.0	100.0	100.0	125.0	125.0	125.0

注：1. 额定制冷量与额定制热量测定工况如下：制冷工况：室内温度：27℃ DB、19℃WB，室外温度：35℃ DB，管道长度：7.5m，管道高度差：0m。制热工况：室内温度：20℃ DB，室外温度：7℃ DB、6℃ WB，管道长度：7.5m，管道高度差：0m。

2. 上述噪声值是在无反射回音的消音室内进行测量，在现场必须计入反射回声的影响。

3. 根据最大熔丝电流来选择熔丝或空气开关，根据最小线路电流来选择电气配线规格。

2. 室内机设备示例

室内机有如下几种形式，其形式及规格见表10-4。现以海信室内机产品为例，列出其部分型号的性能参数，其中标准型薄型风管机参数见表10-5，四向出风嵌入型参数见表10-6。

表10-4 系统室内机形式及规格一览表

类型		容量/kW	备注
单向出风嵌入型		2.2/2.8/3.6/4.5/5.6	安装高度离地板不宜超过3m
双向出风嵌入型		2.2/2.8/3.6/4.5/5.6/7.1/8.0/9.0/11.2/14	安装高度离地板不宜超过3m
四向出风嵌入型		2.2/2.8/3.6/4.5/5.6/7.1/8.0/9.0/11.2/14	安装高度离地板不宜超过4m
低静压隐藏管道型		2.2/2.8/3.6/4.5/5.6/7.1/8.0/9.0/11.2/14	出口静压一般为20~49Pa，常使用在层高较低的房间
高静压隐藏管道型		2.2/2.8/3.6/4.5/5.6/7.1/8.0/9.0/11.2/14/22.4/28	出口静压一般为69~98Pa，最大147Pa，可接一定长度风管，使用在层高较高、房间面积较大的场所
顶棚悬吊型		2.2/2.8/3.6/4.5/5.6/7.1/8.0/9.0/11.2/14	使用在房间装修顶部安装空间不够、层高较低的场合
壁挂型		2.8/3.6/4.5/5.6/7.1	使用在房间装修顶部安装空间不够、层高较低的场合
落地型		2.2/2.8/3.6/4.5/5.6/7.1	使用在房间装修顶部安装空间不够、层高较低的场合
电源	220V，50Hz		

表 10-5　标准型薄型风管机（KF 系列）形式及规格一览表

机型		HVR-18KF	HVR-22KF	HVR-25KF	HVR-28KF	HVR-32KF	HVR-36KF	HVR-40KF	HVR-45KF	HVR-50KF	HVR-56KF	HVR-63KF	HVR-71KF
电源		220V~50Hz											
额定制冷量	kW	1.8	2.2	2.5	2.8	3.2	3.6	4.0	4.5	5.0	5.6	6.3	7.1
额定制热量	kW	2.2	2.5	2.8	3.2	3.6	4.0	4.5	5.0	5.6	6.3	7.1	8.0
噪声值（高/中/低）	dB(A)	28/24/22	28/24/22	28/24/22	31/24/22	31/24/22	33/24/22	33/24/22	33/24/22	33/24/22	33/24/22	37/26/24	37/26/24
外形尺寸（高）	mm	192	192	192	192	192	192	192	192	192	192	192	192
外形尺寸（宽）	mm	700	700	700	700	700	700	910	910	910	1180	1180	1180
外形尺寸（厚）	mm	447	447	447	447	447	447	447	447	447	447	447	447
回风口尺寸（宽×高）	mm	573×158	573×158	573×158	573×158	573×158	573×158	784×158	784×158	784×158	1054×158	1054×158	1054×158
出风口尺寸（宽×高）	mm	539×130	539×130	539×130	539×130	539×130	539×130	750×130	750×130	750×130	1020×130	1020×130	1020×130
净重	kg	16	16	16	17	17	17	21	21	21	25	26	26
冷媒		R410A（充氮气以防腐蚀）											
额定风量（高/中/低）	m^3/min	7.0/5.5/4.7	7.0/5.5/4.7	7.0/5.5/4.7	8.5/5.7/4.8	8.5/5.7/4.8	9.0/5.7/4.8	12.0/6.3/5.5	12.0/6.3/5.5	12.0/6.3/5.5	13.5/8.0/7.7	18.0/9.3/8.7	18.0/9.3/8.7
电机输出功率	kW	0.015	0.015	0.015	0.028	0.028	0.028	0.035	0.035	0.035	0.050	0.065	0.065
冷媒连管		喇叭形接头连接											
液管	mm	ϕ6.35	ϕ6.35	ϕ6.35	ϕ6.35	ϕ6.35	ϕ6.35	ϕ6.35	ϕ6.35	ϕ6.35	ϕ6.35	ϕ9.53	ϕ9.53
气管	mm	ϕ12.7	ϕ12.7	ϕ12.7	ϕ12.7	ϕ12.7	ϕ12.7	ϕ12.7	ϕ12.7	ϕ12.7	ϕ15.88	ϕ15.88	ϕ15.88
冷凝水管		VP25（外径 ϕ32）											
机外静压（低/高）	Pa	10/30	10/30	10/30	10/30	10/30	10/30	10/30	10/30	10/30	10/30	10/30	10/30

注：1. 额定制冷量与额定制热量测定工况如下：制冷工况：室内温度：27℃ DB、19℃ WB，室外温度：35℃ DB，管道长度：7.5m，管道高度差：0m。制热工况：室内温度：20℃ DB，室外温度：7℃ DB、6℃ WB，管道长度：7.5m，管道高度差：0m。

2. 噪声数据是按照《风管送风式空调（热泵）机组》（GB/T 18836—2017）进行测试的。上述参数是在无反射回音的消音室内进行测量，因此在现场必须计入反射回声的影响。采用下回风时，噪声将根据安装方式和房屋结构等因素而增加。

表 10-6　四向出风嵌入机（Q 系列）形式及规格一览表

机型		HVR-28Q	HVR-36Q	HVR-40Q	HVR-45Q	HVR-50Q	HVR-56Q	HVR-63Q	HVR-71Q	HVR-80Q	HVR-90Q	HVR-100Q	HVR-112Q	HVR-125Q	HVR-140Q	HVR-160Q
电源		220V~50Hz														
额定制冷量	kW	2.8	3.6	4.3	4.5	5.0	5.6	6.3	7.1	8.4	9.0	10.0	11.2	12.5	14.2	16.0
额定制热量	kW	3.3	4.2	4.9	5.0	5.6	6.5	7.5	8.5	9.6	10.0	11.2	13.0	14.0	16.3	18.0
噪声值（高/中/低）	dB(A)	29/28/26	30/28/26	30/28/26	30/28/26	31/29/26	31/29/26	32/30/28	32/30/28	34/32/30	34/32/30	39/36/33	39/36/33	42/37/34	42/37/34	42/40/36

（续）

机型		HVR-28Q	HVR-36Q	HVR-40Q	HVR-45Q	HVR-50Q	HVR-56Q	HVR-63Q	HVR-71Q	HVR-80Q	HVR-90Q	HVR-100Q	HVR-112Q	HVR-125Q	HVR-140Q	HVR-160Q
外形尺寸（高）	mm	248	248	248	248	248	248	248	248	298	298	298	298	298	298	298
外形尺寸（宽）	mm	840	840	840	840	840	840	840	840	840	840	840	840	840	840	840
外形尺寸（厚）	mm	840	840	840	840	840	840	840	840	840	840	840	840	840	840	840
净重	kg	23	23	23	23	26	26	26	26	29	29	32	32	32	32	32
冷媒		R410A（充氮气以防腐蚀）														
额定风量（高/中/低）	m^3/min	13/12/11	15/13.5/12	15/13.5/12	15/13.5/12	16/14/12	16/14/12	19/17/14	20/17/15	26/23/20	26/23/20	32/28/24	32/28/24	34/29/25	34/29/25	37/32/27
电机输出功率	kW	0.030	0.038	0.038	0.038	0.038	0.038	0.045	0.045	0.068	0.068	0.083	0.083	0.105	0.105	0.113
冷媒连管		喇叭形接头连接														
液管	mm	ϕ6.35	ϕ6.35	ϕ6.35	ϕ6.35	ϕ6.35	ϕ6.35	ϕ9.53	ϕ9.53	ϕ9.53	ϕ9.53	ϕ9.53	ϕ9.53	ϕ9.53	ϕ9.53	ϕ9.53
气管	mm	ϕ12.7	ϕ12.7	ϕ12.7	ϕ12.7	ϕ15.88	ϕ15.88	ϕ15.88	ϕ15.88	ϕ15.88	ϕ15.88	ϕ15.88	ϕ15.88	ϕ15.88	ϕ15.88	ϕ15.88
冷凝水管		VP25（外径 ϕ32）														
标准附属件		安装托架														
面板尺寸（高×宽×厚）	mm	37×950×950	37×950×950	37×950×950	37×950×950	37×950×950	37×950×950	37×950×950	37×950×950	37×950×950	37×950×950	37×950×950	37×950×950	37×950×950	37×950×950	37×950×950

注：1. 额定制冷量与额定制热量测定工况如下：制冷工况：室内温度：27℃ DB、19℃ WB，室外温度：35℃ DB，管道长度：7.5m，管道高度差：0m。制热工况：室内温度：20℃ DB，室外温度：7℃ DB、6℃ WB，管道长度：7.5m，管道高度差：0m。

2. 噪声数据是按照《风管送风式空调（热泵）机组》（GB/T 18836—2017）进行测试的。上述参数是在无反射回音的消音室内进行测量，因此在现场必须计入反射回声的影响。

10.2 多联机空调系统设计流程

多联机空调系统设计流程图如图 10-2 所示，各设计流程分述如下。

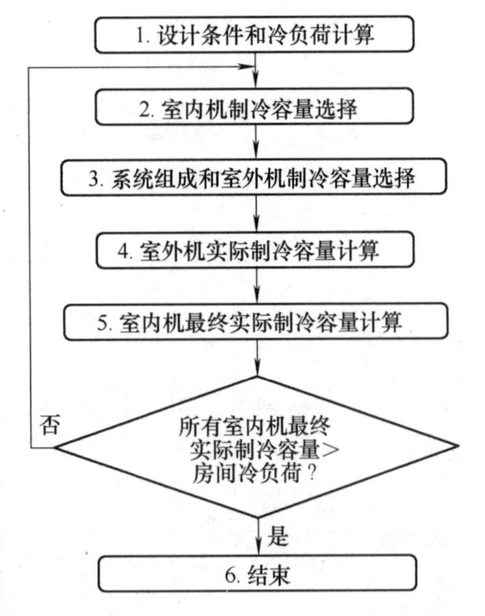

图 10-2 多联机空调系统设计流程图

10.2.1 设计条件和冷负荷

根据夏季室内要求的空气计算干、湿球温度以及夏季空调室外空气计算干、湿球温度等资料，计算出每个房间的冷负荷 $Q_{CL,i}$（$i=1$、…、n，n 为房间数量）。

10.2.2 室内机制冷容量选择

室内机的额定制冷容量 Q_{CD} 是在标准空调工况时的制冷量。由于夏季空调系统的设计条件与标准空调工况并不一样，因此空调室内机的实际制冷容量与额定制冷容量也不相同。在选择室内机制冷容量时，可根据所计算的每个房间的冷负荷，在厂家提供的产品样本中选出最接近或大于房间冷负荷的室内机。

10.2.3　系统组成和室外机制冷容量选择

多联机空调系统的组成主要考虑以下几个方面：

1）初步估算所连室内机实际总容量所对应的室外机额定制冷容量。

2）室外机的安装位置。

3）10.4 节中有关配管布置要求。

4）配管长度尽可能短。系统配管越长，系统能力衰减就越大，配管等效长度最好不要超过 80~100m。

5）尽量把经常使用的房间和不经常使用的房间组合在一个系统，系统同时使用率最好能控制在 50%~80%，此时系统的能效比较高。如系统同时使用率低于 30%，则系统能效比较低，设备利用率低，系统经济性较差。

6）室内外机的容量配比系数是一个系统内所有室内机额定制冷容量之和与室外机额定制冷容量之比。尽管室外机可以在容量配比系数 135%以内运行，在设计选型时应根据系统的具体使用情况参考表 10-7 选择。对制热有特殊要求的场合不适合超配。

7）室内机数量不能超过室外机容许连接的数量。

表 10-7　室内外机的容量配比系数选择参考

同时使用率	最大容量配比系数
小于等于 70%	125%~135%
大于 70%，小于等于 80%	110%~125%
大于 80%，小于等于 90%	100%~110%
大于 90%	100%

10.2.4　室外机及室内机实际制冷容量计算

根据室内外机的容量配比系数，室内空气计算干、湿球温度以及室外空气计算干球温度，在厂家提供的室外机制冷容量表（表 10-10）中查出室外机在设计工况下的实际制冷容量 Q_{COF}。

10.2.5　室内机最终实际制冷容量计算

系统中每台室内机的最终实际制冷容量为

$$Q_{CIF,\ j}=Q_{CD,\ j}\,Q_{COF}/\sum_{k=1}^{m}Q_{CD,\ k}\,\alpha_{C,\ j} \tag{10-1}$$

式中　$Q_{CIF,j}$——室内机的最终实际制冷容量（W），$j=1$、…、m；

$Q_{CD,j}$——室内机的额定制冷容量（W），$j=1$、…、m；

Q_{COF}——室外机的实际制冷容量（W）；

m——系统中室内机的数量；

$\alpha_{C,j}$——配管长度及高度差容量修正系数，如图 10-3 所示，$j=1$、…、m。

应该指出，不同厂家产品的容量修正系数会略有差别。图中虚线表示了选择线路容量修正系数举例：当 $H_M=25$m，$L=75$m 时，$\alpha_C=0.87$。

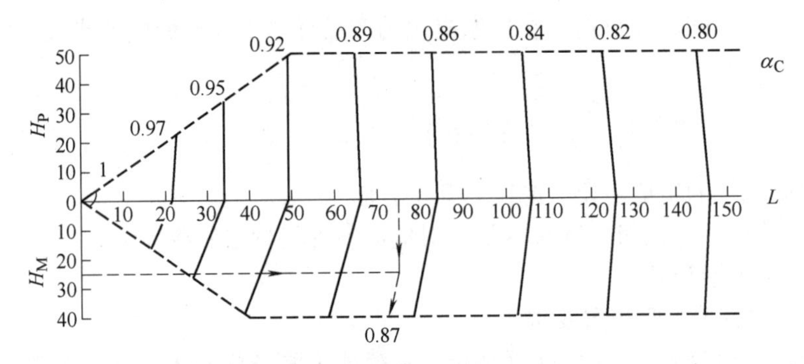

图 10-3 室内机制冷容量修正系数图

H_P—室内机置于室外机下方时，室内外机的高度差（m） H_M—室内机置于室外机上方时，室内外机的高度差（m）

L—等效配管长度（m），定义见表 10-20 α_C—配管长度及高度差容量修正系数

如果按照上式计算出的室内机的最终实际制冷量小于该室内机服务房间的冷负荷，则应重新选择室内机，再按 10. 2. 2～10. 2. 5 中所述步骤进行计算，直到满足要求为止。

10. 2. 6 设计计算实例

1）某建筑物所在地有关气象参数（33℃ DB），室内空气计算温度（26℃ DB，18℃ WB）计算出各房间冷负荷见表 10-8。

表 10-8 房间冷负荷计算值

房号	101	102	103	104	105	106	107	108
冷负荷/kW	3. 90	3. 15	3. 80	5. 40	3. 95	4. 55	5. 60	6. 35

2）根据建筑物所在地气象参数和室内空气计算温度，在室内机的实际制冷容量表中选择接近或大于房间冷负荷的室内机型号，选择结果见表 10-9。所选择的室内机如下：1 台 HVR-36Q，3 台 HVR-45Q，1 台 HVR-50Q，1 台 HVR-56Q，1 台 HVR-63Q，1 台 HVR-71Q。室内机额定制冷总容量为：41. 1kW。

表 10-9 室内机的额定制冷容量与实际制冷容量

房号	101	102	103	104	105	106	107	108
型号	HVR-45Q	HVR-36Q	HVR-45Q	HVR-56Q	HVR-45Q	HVR-50Q	HVR-63Q	HVR-71Q
额定制冷容量/kW	4. 5	3. 6	4. 5	5. 6	4. 5	5. 0	6. 3	7. 1
实际制冷容量/kW	4. 4	3. 5	4. 4	5. 5	4. 4	4. 8	6. 1	6. 9

3）选择室外机制冷容量。根据室内机额定制冷总容量，选择额定容量为 40kW 的室外机 HVR-400W。室内外机容量配比系数为 41. 1/40＝103%。101～104 房间室内机与室外机高差为 10m，室外机在室内机上方，配管等效长度约 40m；105～108 房间室内机与室外机高差为 5m，室外机在室内机上方，配管等效长度约 30m。

4）室外机实际制冷容量计算。根据建筑物所在地气象参数（33℃ DB），室内设计温度（26℃ DB，18℃ WB）以及室内外机容量配比系数 103%，通过插值法，在室外机的制冷容量表，即表 10-10 中查出该室外机设计工况下的制冷容量为 39. 1kW，乘以图 10-4 中所查的修正系数，得该室外机实际制冷容量 Q_{COF} 为 39. 33kW。

表 10-10　HVR-400W 制冷容量表

室外机进风干球温度/℃	室内机回风湿球温度/℃						
	14	16	18	19	20	22	24
24	35.2	37.7	40.2	41.4	43.0	46.3	49.6
28	34.8	37.3	39.6	40.9	42.3	45.5	48.2
32	34.3	36.8	39.3	40.5	41.6	44.1	46.6
35	33.8	36.3	38.8	40.0	41.1	43.0	45.2
40	33.0	35.5	37.9	39.1	39.8	41.1	42.3

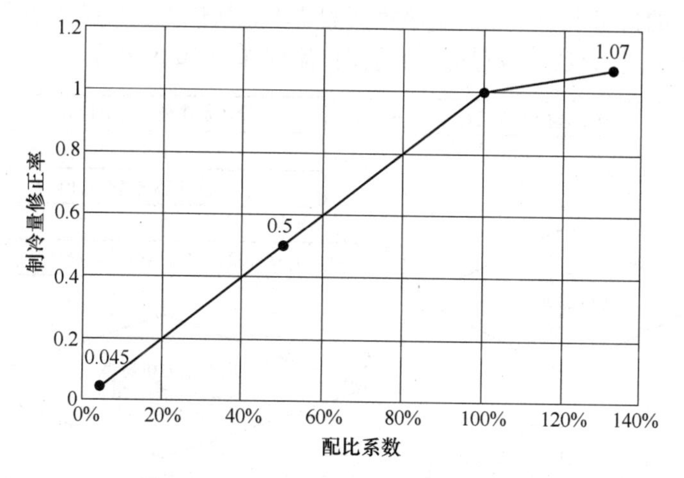

图 10-4　HVR-400W 制冷容量修正曲线

5）室内机最终实际制冷容量计算。根据室内外机的位置，查取 101～104 室内机配管长度及高度差修正系数 α_C = 0.94，105～108 室内机配管长度及高度差修正系数 α_C = 0.958。据式（10-1）可计算出，每台室内机的实际最终制冷容量见表 10-11。

表 10-11　室内机的实际最终制冷容量

房号	101	102	103	104	105	106	107	108
实际最终制冷容量/kW	4.05	3.24	4.05	5.04	4.13	4.58	5.78	6.51

6）由表 10-11 可见，104 房间室内机的最终实际制冷容量小于房间冷负荷，将 104 的室内机由 HVR-56Q 改为 HVR-63Q，重新进行计算。

① 室内机额定制冷总容量为：42.4kW。

② 室内外机容量配比系数为：42.4/40 = 106%。

③ 室外机的实际制冷容量为：Q_{COF} = 39.6kW。

④ 每台室内机的最终实际制冷容量见表 10-12。

表 10-12　室内机的最终实际制冷容量

房号	101	102	103	104	105	106	107	108
最终实际制冷容量/kW	3.95	3.16	3.95	5.53	4.03	5.01	5.64	6.35

⑤ 最终每个房间的室内机选择见表 10-13。

表 10-13　房间室内机的型号

房号	101	102	103	104	105	106	107	108
型号	HVR-45Q	HVR-36Q	HVR-45Q	HVR-63Q	HVR-45Q	HVR-50Q	HVR-63Q	HVR-71Q

⑥ 最终室外机型号为：HVR-400W。

10.3　系统制热能力校核

由于各空调房间冷、热负荷特性的差异，冷负荷接近的房间其热负荷可能相差很大，可以满足冷负荷要求的机组不一定能满足热负荷的要求，所以在完成按冷负荷选择机组后，还应对机组的制热能力进行校核。制热能力的校核流程如图 10-5 所示。

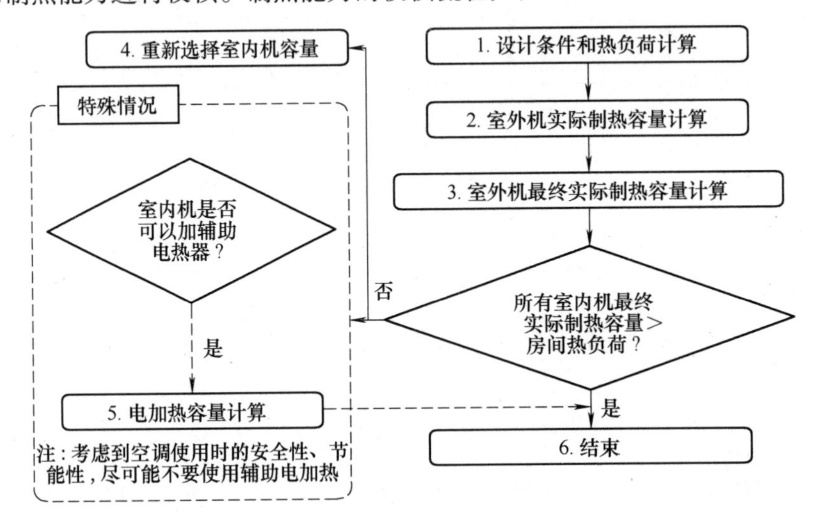

图 10-5　空调系统制热能力校核流程图

10.3.1　热负荷计算条件

根据冬季房间内要求的空气计算干球温度以及冬季空调室外计算干球温度，计算出每个房间的热负荷 $Q_{\mathrm{HI},i}$，$i=1$、…、n，n 为房间数量。

10.3.2　室外机实际制热容量

1）根据冬季室内空气计算干球温度，室外空气计算干、湿球温度及室内外机容量配比系数，在厂家提供的室外机制热容量表中（表 10-17），查出室外机制热容量 Q_{HOX}。室内外机容量配比系数是一个系统内所有室内机额定制热容量与室外机额定制热容量之比。

2）制热时结霜、除霜容量修正。机组在结霜和除霜过程中的制热量会有衰减，衰减幅度根据室外空气湿球温度的不同而异，修正系数见表 10-14。

表 10-14　室外机结霜、除霜制热容量修正系数 β 值

室外湿球温度/℃	-10	-8	-6	-4	-2	0	1	2	4	6
修正系数 β	0.93	0.93	0.92	0.89	0.87	0.86	0.87	0.89	0.95	1.0

3）室外机实际制热容量 Q_{HOF}(W)：

$$Q_{HOF} = Q_{HOX}\beta \tag{10-2}$$

式中　Q_{HOX}——空调系统设计工况下室外机制热容量（W）；

β——制热时结、除霜容量修正系数。

10.3.3　室内机最终实际制热容量

系统中每台室内机的最终实际制热容量为

$$Q_{HIF,\ j} = Q_{HD,\ j}\, Q_{HOF} / \sum_{k=1}^{m} Q_{HD,\ k}\, \alpha_{H,\ j} \tag{10-3}$$

式中　$Q_{HIF,j}$——室内机的最终实际制热容量（W），j=1、…、m；

$Q_{HD,j}$——室内机的额定制热容量（W），j=1、…、m；

Q_{HOF}——室外机的实际制热容量（W）；

m——系统中室内机的数量；

$\alpha_{H,j}$——配管长度及高度差容量修正系数，如图10-6所示，j=1、…、m。

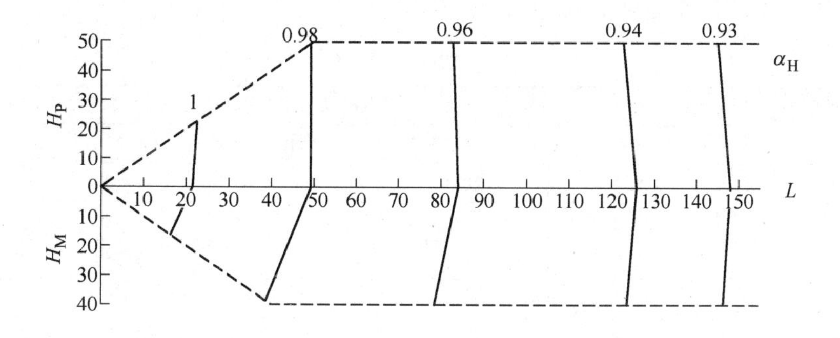

图10-6　室内机制热容量修正系数图

H_P—室内机置于室外机下方时，室内外机的高度差（m）　H_M—室内机置于室外机上方时，室内外机的高度差（m）

L—等效配管长度（m），定义见表10-20　α_H—配管长度及高度差容量修正系数

如果按照上式计算出的室内机的实际制热量小于该室内机所服务房间的热负荷，而室内机又不容许加电热器，则回到10.2.2节，重新选择室内机容量，直到满足要求为止。

10.3.4　辅助电热器容量选配

如果室内机需要又容许加电加热器，则电热器选配容量 $Q_{E,i}$ 为

$$Q_{E,\ i} = Q_{HI,\ i} - Q_{HIF,\ i} \tag{10-4}$$

式中　$Q_{E\cdot i}$——电热器选配容量（W），i=1、…、n，n 为房间数量；

$Q_{HI\cdot i}$——室内机对应房间的热负荷（W）；

$Q_{HIF\cdot i}$——室内机的最终实际制热容量（W）。

10.3.5　设计计算实例

案例同10.2.6。

1）某建筑物所在地有关气象参数（-5℃ DB，-5.6℃ WB），室内空气计算温度（20℃ DB）计算出各房间热负荷见表10-15。

表 10-15 房间热负荷计算值

房号	101	102	103	104	105	106	107	108
负荷/kW	3.70	3.00	3.50	5.50	3.70	4.20	5.60	6.20

2）室外机实际制热容量计算：

① 根据 10.2.6 案例中的室内机型号，每个室内机的额定制热容量见表 10-16。

表 10-16 室内机的额定制热容量

房号	101	102	103	104	105	106	107	108
型号	HVR-45Q	HVR-36Q	HVR-45Q	HVR-63Q	HVR-45Q	HVR-50Q	HVR-63Q	HVR-71Q
额定制热容量/kW	5.0	4.2	4.0	7.5	5.0	5.6	7.5	8.5

室内机额定制热总容量为：47.3kW，而 HVR-400W 额定制热容量为：45.0kW，室内外机容量配比系数为 47.3/45=105%。根据建筑物所在地气象参数、室内设计温度，通过插值法，在室外机的制热容量表，即表 10-17 中查出该室外机设计工况下的制热容量为 39.5kW，结合图 10-7 中查得的修正系数，得 Q_{HOX} 为 40.0kW。

表 10-17 HVR-400W 制热容量

室外机进风湿球温度/℃	室内机回风干球温度/℃				
	16	18	20	22	24
-20	28.1	28.1	28.0	27.8	27.8
-15	32.2	32.0	32.0	31.8	31.6
-10	35.9	35.8	35.6	35.5	35.2
-5	40.3	40.1	40.0	39.9	39.7
0	43.3	43.2	43.1	42.7	42.3
5	49.5	47.0	44.5	44.1	43.9
6	50.9	47.9	45.0	44.8	44.8
10	51.8	51.5	50.9	50.9	50.9
15	59.0	58.7	58.7	58.5	58.5

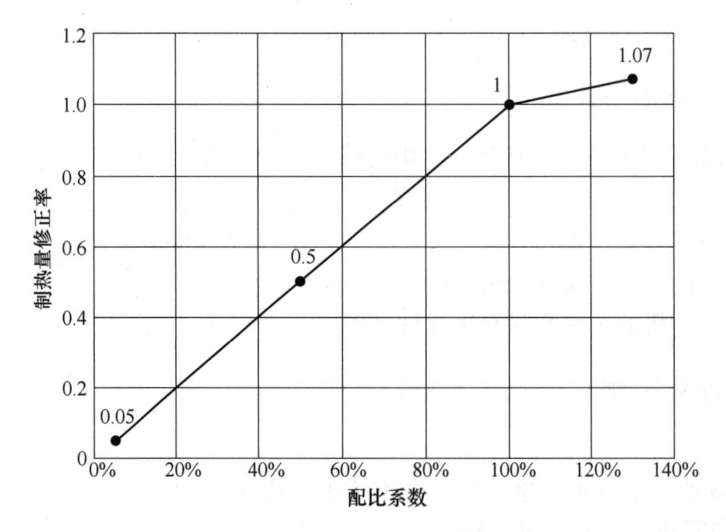

图 10-7 HVR-400W 制热容量修正曲线

② 制热时结、除霜容量修正。通过插值法，查取修正系数 $\beta=0.91$。

③ 室外机实际制热容量 $Q_{HOF}=40.0\text{kW}\times0.91=36.4\text{kW}$。

④ 室内机最终实际制热容量计算。根据室内外机的位置，查取 101~104 室内机配管长度及高度差修正系数 $\alpha_H=0.985$，105~108 室内机配管长度及高度差修正系数 $\alpha_H=0.995$。据式（10-3），每台室内机的实际最终制热容量见表 10-18。

表 10-18　室内机的实际最终制热容量

房号	101	102	103	104	105	106	107	108
实际最终制热容量/kW	3.79	3.18	3.03	5.69	3.83	4.29	5.74	6.51

⑤ 由表 10-18 可见，103 房间室内机的最终实际制热容量小于房间热负荷，如果加电热装置，则电热器容量为（3.50−3.03）kW=0.47kW。如果不能加电热器，则回到 10.2.2，重新选择室内机容量。

10.4　系统配管设计

多联机空调的布管方式主要有线式布管方式、集中式布管方式、线式和集中式布管方式三种，在毕业设计中主要选用线式布管方式，见表 10-19。

表 10-19　线式布管方式与配管

<table>
<tr><td colspan="3">单台室外机安装</td><td> 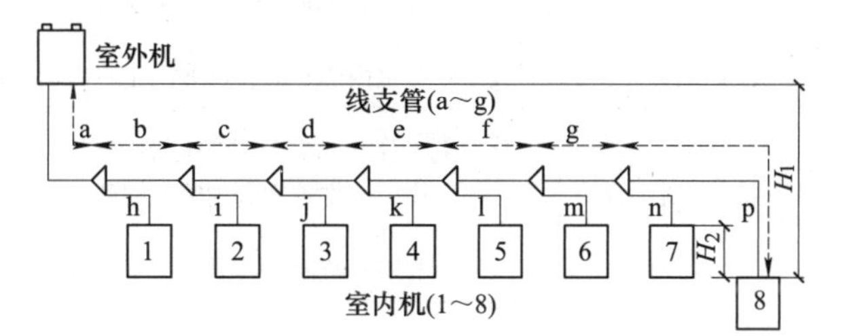室外机
线支管(a~g)
a b c d e f g
h i j k l m n p
1 2 3 4 5 6 7 8
H1 H2
室内机(1~8)</td></tr>
<tr><td colspan="3">组合室外机安装</td><td> 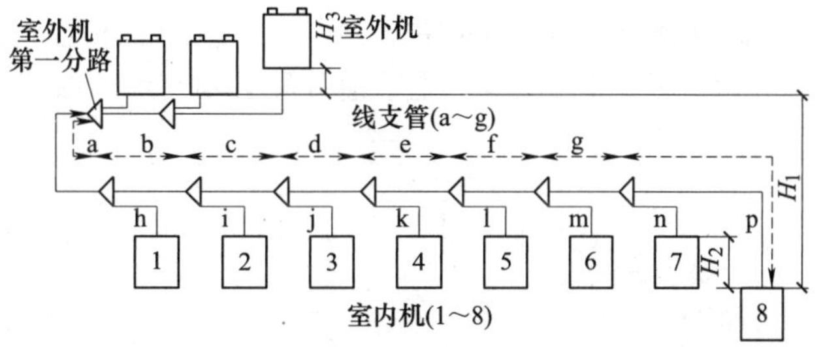室外机第一分路
室外机 H3
线支管(a~g)
a b c d e f g
h i j k l m n p
1 2 3 4 5 6 7 8
H1 H2
室内机(1~8)</td></tr>
<tr><td rowspan="5">最大允许长度</td><td rowspan="4">室外机与室内机之间</td><td rowspan="2">实际管长</td><td>室内/外机间配管长度≤150m</td></tr>
<tr><td>如：$a+b+c+d+e+f+g+p\leq150$m</td></tr>
<tr><td>等效配管长度</td><td>室内/外机间等效配管长度≤175m</td></tr>
<tr><td rowspan="2">总长度</td><td>室外机到全部室内机间的总管长≤300m</td></tr>
<tr><td>如 $a+b+c+d+e+f+g+p+h+i+j+k+l+m+n\leq300$m</td></tr>
<tr><td></td><td>室外机分路与室外机之间</td><td>实际管长</td><td>室外机分路到室外机的管长≤10m</td></tr>
</table>

（续）

允许高度	室外机与室内机之间	高度差	室内/外机间高度差（H_1）≤50m（如果室外机处于下方时为最大 40m），当高度差为 30m 以上时，每 10m 需加一个捕油器
	室内机与室内机之间	高度差	相邻室内机间高度差（H_2）≤18m
	室外机与室外机之间	高度差	室外机（主机）与室外机（副机）间高度差（H_3）≤5m
分路后的允许长度		实际配管长度	第一室内线支管与室内机之间管长≤40m
			如：$b+c+d+e+f+g+p$≤40m
线支路选择		室内机线支管的选择取决于下游室内机的总容量。如 C 线支管大小取决于 3+4+5+6+7+8 的室内机总容量	
		室外机线支管的选择取决于上游室外机的总容量。如室外机第一分路线支管大小取决于所有室外机总容量	
配管尺寸选择	室内	主干管（单机：室外机到室内机第一线支管分路的配管；组合机；室外机第一分路到室内机第一线支管分路的配管）选择取决于所有室外机总容量。当等效管长超过 90m 时，要加大气体端主干管的直径	
		分支主干管（线支管到线支管配管）取决于后面线支管下游室内机的总容量。如 C 线支管和 D 线支管之间的分支主干管大小取决于 4+5+6+7+8 的室内机总容量	
		线支管与室内机间的管道取决于室内机的连接管道	
	组合机室外	分支主干管（线支管到线支管配管）取决于后面线支管上游室外机的总容量。如上图组合室外机中，线支管和线支管之间的分支主干管大小取决于后面两台室外机总容量	
		线支管与室外机间的管道取决于室外机的连接管道	

当一个 Y 形分歧管所连接的是两个 Y 形分歧管，而不连接室内机时，这个分歧管就被称为主管道分配。图 10-8a 中 a、b 就是主管道分配。主管道分配必须遵循以下设计规则：主管道分配只可进行两级；主管道分配必须在前三级分支进行。

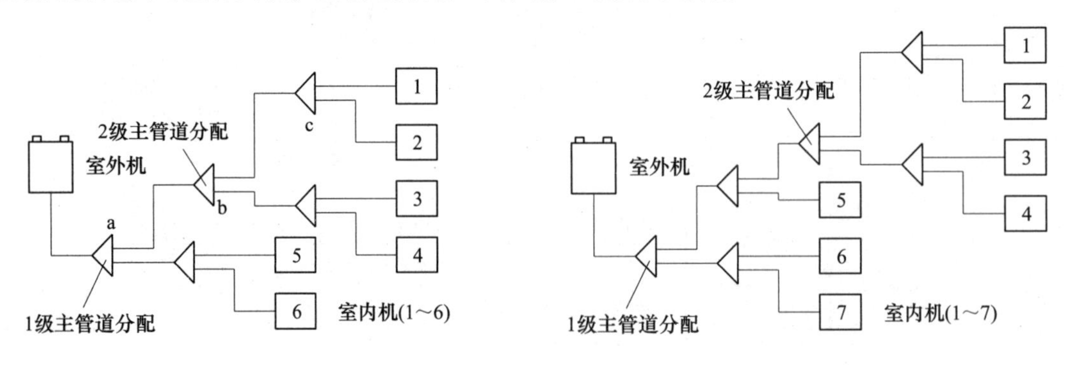

a) 较好的主管道分配方法　　b) 允许的主管道分配方法

图 10-8　主管道分配方法

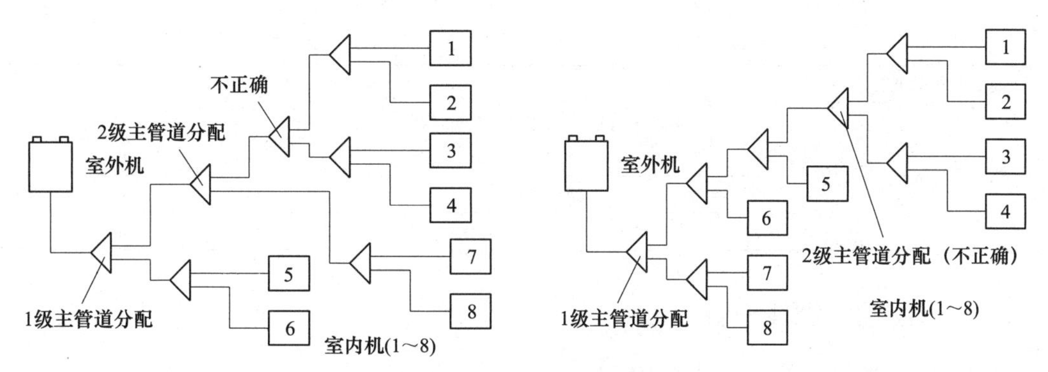

c) 不正确的主管道分配方法

图 10-8　主管道分配方法（续）

除此之外，管路系统的布置时还应注意以下几点：

1）当室内外机高度落差为 30m 以上时，每 10m 需有一个回油弯。

2）室内机距分歧管越近越好，冷媒管越短越好。

3）室内机控制板接线处必须预留 450mm×450mm 以上的检修孔。

4）制冷剂管穿防火墙时应注意防火处理，用钢制套管，缝隙用不燃材料填充。

5）室外机与最远室内机管道较长时，特别是室外机在室内机下面时，注意放大主液管的尺寸。

6）当模块机最大管长的当量长度超过 100m（相当于实际长度 80m 左右），必须加大主管道的管径及分歧管的型号。

室内外机等效配管长度的定义见表 10-20。

表 10-20　室内外机等效配管长度

等效配管长度	等效配管长度=实际配管长度+弯管个数×低处弯管等效长度+回油弯个数×低处回油弯管等效长度+线支管个数×线支管等效长度+集支管等效长度 注：当等效管长超过 90m 时，加大气体端主干管的直径。在进行等效管长制冷、制热容量修正时，总的等效长度应按下式计算： 总的等效长度 = 主干管等效长度 × 0.5 + 其他等效长度 然后按照总的等效长度进行查图，得出制冷、制热容量修正系数		
实际配管长度	室内外机实际配管长度		
弯管以及回油弯等效长度	管径/mm	弯管等效长度/m	回油弯等效长度/m
	9.52	0.18	1.3
	12.7	0.2	1.5
	15.88	0.25	2.0
	19.05	0.35	2.4
	22.22	0.4	3.0
	25.4	0.45	3.4
	28.58	0.5	3.7
	31.8	0.55	4.0
	38.1	0.65	4.8
	44.5	0.8	5.9

（续）

线支管等效长度	0.5m	
集支管等效长度	集支管连接室内机总容量/kW	等效长度/m
	78.4~84.0	2
	84.0~98.0	3
	>98.0	4

10.4.1 系统控制配线设计

系统控制配线设计参考，见表 10-21。

表 10-21 系统控制配线设计参考

方法	母线控制方法	将室内、室外机及每个与母线连接的控制设备互相连通	
		连接控制线路时，可以忽略制冷管道系统	
		采用地址编码方式，所有设备都有地址码。同一制冷管道系统室内外机地址是对应的	
设备数目	室内机数量+室外机数量+网络控制器数量+中央控制器数量+扩展接口数量+电脑管理系统数量		
母线电源	DC 24V		
母线传输距离	主母线和所有次母线长度总长不超过 1000m		
主母线			次母线
当设备数目在 128 台以及以下时，系统结构为一条主母线			当设备数目在 128 台以上，256 台以下时，通过扩展接口构成次母线
相连设备	可连设备数目	128 台	128 台
	室内机	○	○
	室外机	○	○
	网络控制器	○	
	中央控制器	○	○
	扩展接口	○	
	电脑管理系统	○	
可连室内机数量	200 台		
母线材料	0.75~1.0mm^2 双绞无屏蔽仪器用电缆		
母线电源提供	能提供 DC 24V 电源的设备有 3 种：室外机、网络控制器、扩展接口		
	提供电源设备只能分别在主母线、次母线上的一点上安装，一条母线上不能有两点提供电源		

注：不同厂家上述参数略有区别。

设计注意点：

1）主母线上的网络控制器、中央控制器、电脑管理系统可以控制所有没备，次母线上的中央控制器不能控制主母线上的设备。

2）在同一制冷管道系统内的室内机、室外机，不能分别连在主母线和次母线上。

3）在母线法中，不能在末端处使用环路。

4）不能通过 GW 连接到次母线上来安装更多机组。

系统控制配线参考图，如图 10-9 所示。

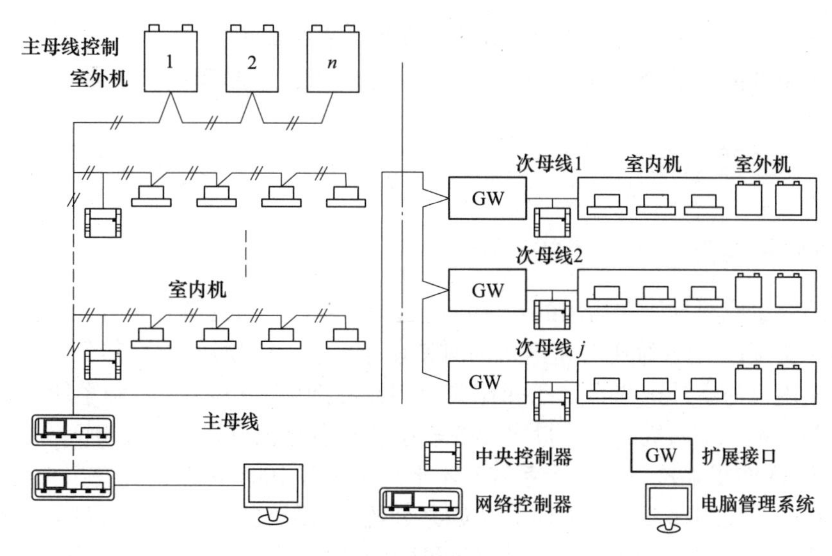

图 10-9　系统控制配线参考图

10.4.2　独立新风系统

在对新风要求比较高的场合，特别是对湿度、洁净度要求比较高的场合，应采用独立新风系统，处理方式一般与传统的集中空调系统一样。

10.4.3　与热回收器组合使用

在一般办公楼、学校等对新风要求比较低的场合，可以与热回收器组合使用。在与热回收器组合使用时，必须在负荷计算时考虑新风负荷。

10.4.4　变制冷剂流量多联分体式空调系统新风处理机

在一般办公楼、学校等对新风要求比较低的场合，可以采用这种新型新风处理机，如图 10-10 所示。它采用变制冷剂流量多联分体式机组，直接膨胀制冷或制热。通过变频控制

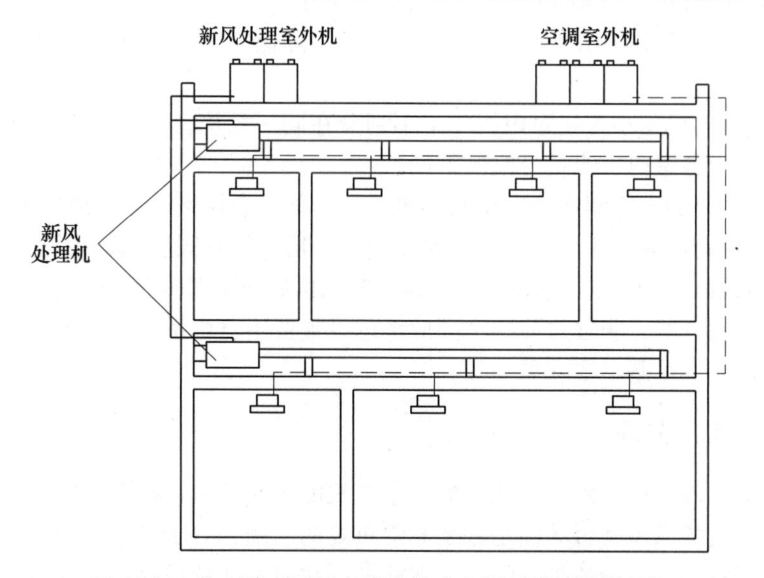

图 10-10　变制冷剂流量多联分体式空调系统新风处理机

以及室内电子膨胀阀控制，精确地加热和冷却新风，系统简单。

它的适用温度范围是-5~43℃，出风控制温度为制冷：13~28℃；制热：18~30℃。

10.5 设计注意事项

10.5.1 室内机与室外机容量的匹配

室内机的容量应根据所在房间的最大负荷选择。合理经济地选择室外机容量需要考虑以下两个因素：① 同一个系统中各室内机同时使用率；② 空调房间的冷热负荷峰值的时间分布。一般的室内机与室外机的容量匹配比要求控制在50%~130%。空调系统的制冷量取决于室外机的制冷量、室内机的制冷量之和的较小者，多联机可以配到130%，并不是说整个系统可以达到130%的制冷量，整个系统基本上还是按照100%或多一点在出力。

因此，在同时使用率很高的条件下（如办公楼），系统的配比率不要过大，90%~110%为宜，100%最好，住宅、别墅项目，在不同时使用的前提下，配比率可以适当提高。家用中央空调设计时，因为间歇使用、邻室传热、开启率低以及机型的限制等因素，室内机宜稍大选用，系统的配比率有可能达到110%~120%，但室外机的选型要满足整个系统全部使用的负荷要求。

10.5.2 系统划分原则

在空调系统设计时，需要对建筑物的功能、朝向、使用情况等进行分析，合理划分多联机系统。系统划分有以下原则：

1）系统最小化原则。系统容量不宜过大，同一个系统室内机的额定容量和不宜超过60kW。

2）精心考虑立管位置、室外机的位置，使得最大管长越小越好，以减少能量损失，同时室外机的布置必须满足安装、检修、通风顺畅、噪声的要求，使产品达到最好的效果。

3）不同朝向的房间宜划分为一个系统，以确保个别房间实际使用时尽快达到室内设计温度，负荷不会同时达到最大，同样更省电，更经济。

4）使用时间有差异的房间宜划分为一个系统，降低室内机的同时使用率，系统的能效更高，效果更好。

5）大容量室内机与小容量室内机尽量不划分在同一系统，容量相近的室内机宜划分为同一系统，以利于各室内机流量分配的平衡。

6）使用不频繁的大空间房间宜单独设置系统，如大会议室、多功能厅等。

7）系统不宜跨越多层划分系统，跨层不超过3层，最好同层划分系统。

8）发热量大的房间（如设备用房）、建筑物内区有可能长时间制冷，应单独设置系统。不允许空调停止运行的、非常重要的房间应考虑设置备用空调系统，或者分成两个系统，每个系统单独运行时满足基本要求。

10.5.3 室外机的布置

室外机的通风散热的效果极大地影响了室外机的工作效率，甚至会造成停机，也可能损坏压缩机。室外机的通风是否顺畅是一个非常重要的问题，对于整个空调系统的运行至关重要，直接影响到室内的空调效果，因此，在前期、建筑设计阶段就必须预留室外机的安装位置，并且预留的空间大小需要满足安装、检修、通风、噪声的要求。做多联机设计时，首先应该想到室外机的位置和通风问题。

室外机通风顺畅的基本要求有如下几点，其正确做法与错误做法见表10-22。

表10-22　多联机室外机的布置

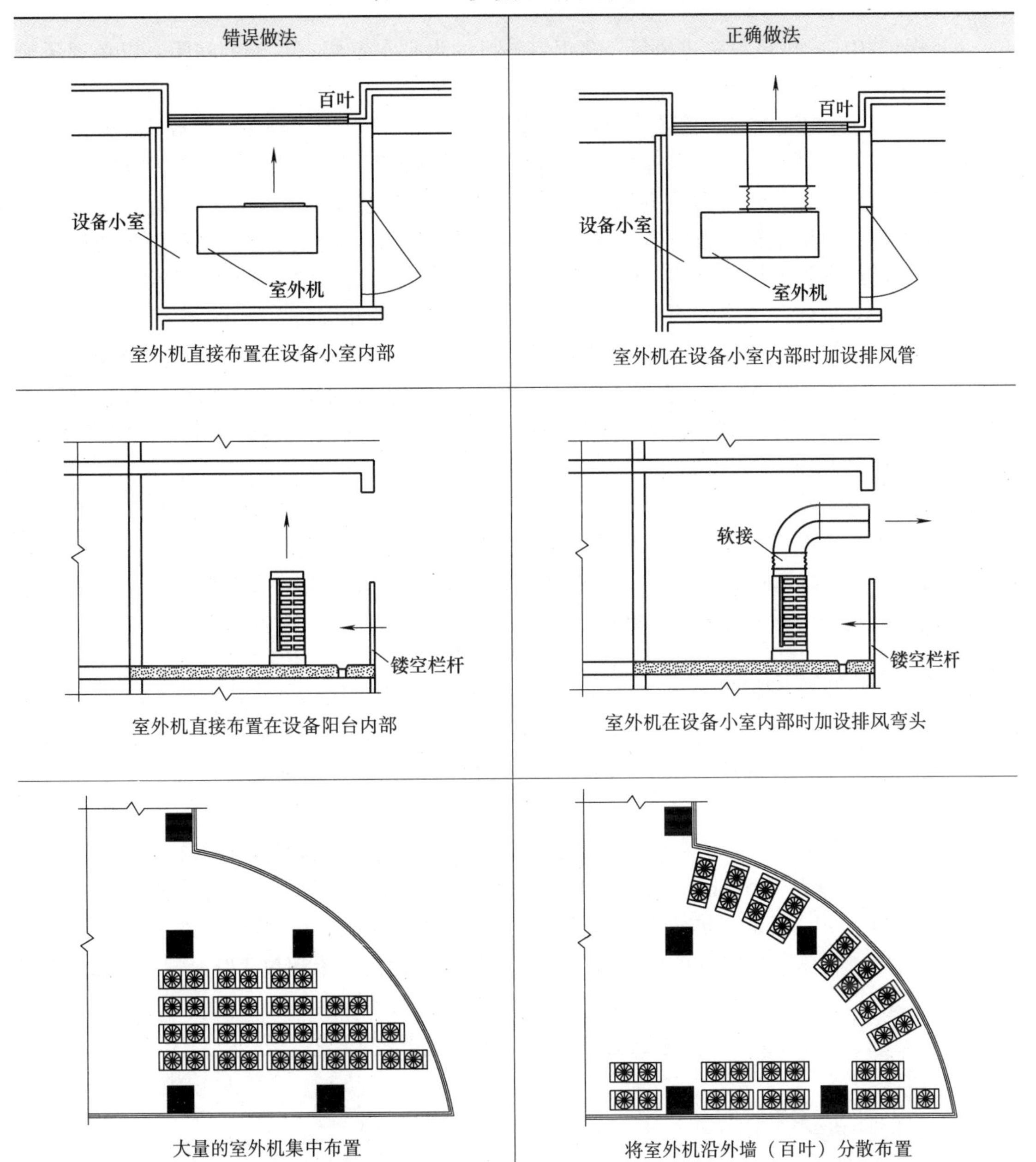

错误做法	正确做法
室外机直接布置在设备小室内部	室外机在设备小室内部时加设排风管
室外机直接布置在设备阳台内部	室外机在设备小室内部时加设排风弯头
大量的室外机集中布置	将室外机沿外墙（百叶）分散布置

1）预留足够的排风面积，使热风能直接排到室外，应避免将室外机布置在天井内。室外机周围是负压，室外机吸入的是室外机周围的空气，如果热风没有直接排到室外、散走，而是积聚在室外机周围，就会被吸入室外机。

2）预留足够的进风面积，室外温度的风进风要顺畅，应避免将室外机直接布置在设备阳台内。

3）排风不短路（即不回流）。为保证热风能够排出去，避免“排风短路”现象，要求排风口的风速为4~5.5m/s（顶出风机型）、3~5m/s（侧出风机型），排风管的风速不大于上述要求。排风的风速越高，热风吹出的距离就越远，减少了热风回流的可能性。风速也不是越高越好，风速过高时，阻力增大，反而减少了风量。因此，出风口保持一定的风速是必要的。

4）保证相应的排风量和进风量，多组室外机的水平布置要有足够的间距，以免通风量不足。

高层建筑中，由于没有足够的屋顶面积等原因，不同楼层的室外机经常放置在平面的相同位置上。在夏季供冷时，下面机组排出的热气流在热压作用下上升，一部分易被位于上面的机组吸入，使其工作环境温度升高，同时热气流与上层机组排出的热空气混合，逐层向上，层层影响，如果机组层数较多，将形成较大的温度梯度，使上层温度高于下层温度，在热压作用下最终导致上层机组的工作环境温度过高，制冷量降低，严重时甚至会导致机组保护停机。因此，应该避免将不同楼层的室外机放置于平面的相同位置上。

排风百叶一定要采用通风顺畅、阻力小的直百叶，方向水平或者向下、向外倾角为10°左右，百叶间距不小于80mm，整个百叶风口沿水平方向的净面积不小于80%（扣除百叶的厚度、边框及支撑筋等）。普通的防雨百叶遮挡严重，开孔的百叶通透率不足，阻力很大，都不能作为排风百叶。

考虑到室外机的噪声较大，布置时尽量远离人们居住、长期停留的区域，以免影响用户及周围邻居等正常生活环境。必要时考虑加隔音板、消音室等。

在有季节风和降雪严重的区域，需要一些特殊考虑。北方地区冬季供暖室外机进风口应放背风侧，以利于化霜，且通风良好。

10.5.4 冷媒铜管的配置

当前多联机市场上，一般厂家的标准配管长度为7~10m。冷媒管加长会增加管路的阻力，压缩机的吸气压力降低，过热增加，能效比COP值降低。过大的内外机高度差影响回油效果。

图10-11所示为某厂家提供的管长对制冷量衰减的曲线图，当室内外机高度差在50m时（室外机在上），即管长50m时，制冷量衰减为94%，高度差不变，管长增加至100m时，制冷量衰减为90%。但是制热效率衰减不大。由此可以得出结论：机组制冷能力随管长增加而衰减明显，制热影响相对较小。综合考虑建议冷媒管长度不超过120m，高度差不超过50m，最好不超过40m。

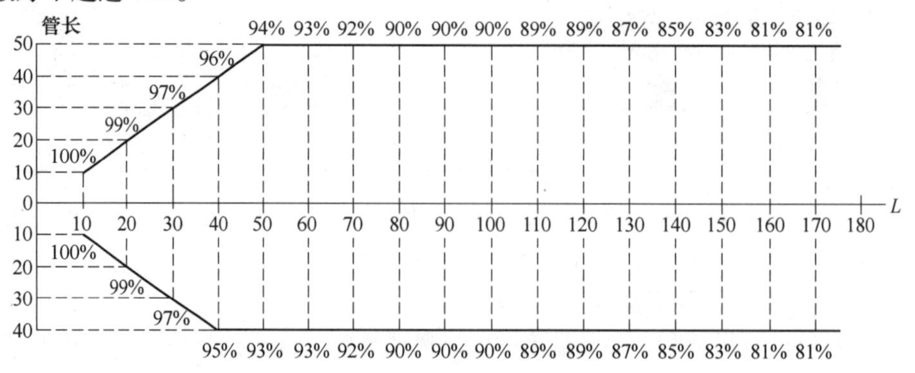

图10-11 多联机制冷能力衰减图线

同时在设计中要考虑管长及室外环境湿度对制冷量、制热量的修正。多联机系统管线第一分支到最末段室内机的管长对系统中冷媒的分配有重要影响，可能会导致冷媒分配不均，影响最不利管线处室内机的效果。一般厂家规定该管长小于40m。设计中建议控制在30m以内。

10.5.5 风管机噪声控制

风管机在运行时，会产生一定的噪声，噪声的大小除设备本身原因外，实际工程中的安装方式和安装质量对其影响显著。风管机的噪声主要是由风机和电动机产生，所以回风的噪声比送风的噪声大，应用时应注意消除回风噪声对室内环境的影响。

处理风管机的噪声，可采用以下几种方法：

1）空调系统要想取得一个较好的静音效果，首先考虑选用低噪声、小型号的设备。

① 对于住宅、别墅：建议卧室、书房内尽量选用2.2~4.3kW小型号室内机，客厅、餐厅尽量选用5.6kW及以下的室内机，不能用8.0kW及以上大型号室内机。当主卧室、客厅、餐厅等房间面积较大时，可以采用多台小型号室内机。当必须采用大型号室内机时，必须考虑消声措施。

② 对于办公室、会议室：建议尽量选用7.1kW及以下型号室内机，当采用8.0kW以上型号室内机时，根据噪声要求考虑消声措施。

③ 7.1kW及以上机型的风管机风量、余压大，安装后的实测噪声较大，因此一定要注意应用场合，不要用在办公室、会议室、多功能厅、大堂、走道、门厅等位置的吊顶内，可以用在噪声标准要求不高的厂房车间等地方，或者设置在设备机房内，风管进出机房加70℃防火阀、消声器。

2）风管机前后接风管、设置风管弯头。风管机在安装工程中，当采用设备直接下回风时，因为电机、风扇的声音可以直接传到室内，故有一定的噪声，不建议使用。在风管机前后接风管、有条件的前提下设置风管弯头是降低噪声的一个方法，噪声通过弯头时折射、吸收，会有一定的衰减。

为了取得更好的消音效果，风管内壁可以贴吸音材料（须满足防火、卫生要求），或采用内壁为玻璃丝布敷面的具有吸音功能的离心玻璃棉复合风管或玻纤板风管。

由于风机的位置，风管机的回风比进风的噪声大，一定要注意回风口的噪声，图10-12为几种处理方式。当办公室、会议室采用8kW及以上机型时，建议参照处理。

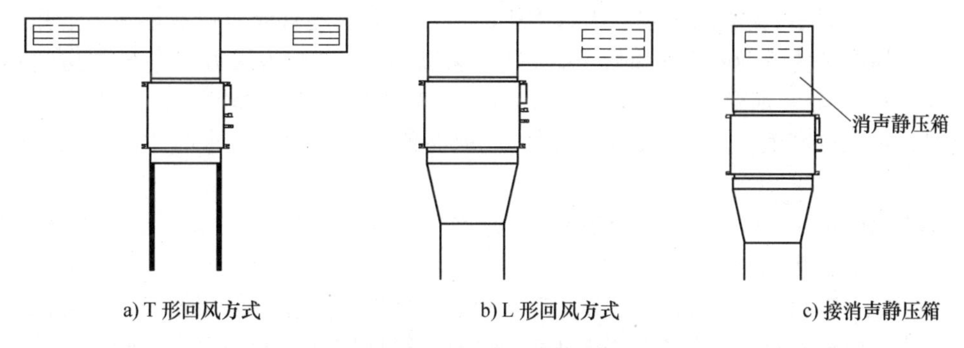

a) T形回风方式　　b) L形回风方式　　c) 接消声静压箱

图10-12 回风口处理方式

3）吊顶回风。当局部吊顶的空间较小、无法布置风管时，为了降低风管机回风的噪声，在一定的条件下，可以采用吊顶回风，即把风管机所在的整个局部吊顶空间当作回风箱，风管机不采用下回风，而采用后回风，吊顶处的回风口仍开在电机的正下方，以方便检修电机。

① 吊顶回风的优点：节省安装费用，安装速度快，噪声低。

② 吊顶回风的条件：必须保证吊顶空间的密闭性，不得与走廊、卫生间及其他房间的吊顶相通。

③ 吊顶回风时，风管机进风口与隔墙的净距离不小于 100mm，风管机底部与吊顶之间的净距离不小于 80mm，以确保足够的回风空间。

④ 当吊顶无法方便打开时，无论在何种安装条件及安装方式下，室内机检修侧的吊顶处必须设置 450mm×450mm 的检修口。

⑤ 当有要求减少吊顶的开口时，同时考虑到检修电动机的需要，可以在电动机正下方的吊顶处设置一个长一点（同时可以检修到电动机、电装盒、制冷剂管道）的回风口，兼做检修口。

4）对于噪声较高的设备，应将设备布置在专门的设备机房内。

10.5.6 其他注意事项

1）在设计中，要注意各类产品设计的边界条件：如管长、高差的要求，连接室内机台数的要求，室内、室外温度的要求等。

2）为一个空调区域服务的空调设备的送风口、回风口均要布置在该区域内。如营业大厅和工作人员柜台区是两个各自独立、封闭的空调区域，为营业大厅服务的室内机，其回风口不能放在工作人员柜台区。

3）新风口（或进风口）、排风口的布置应满足以下要求：

① 进风口应设在室外空气较清洁的地方，且在排风口的上风侧。应避免进、排风短路。

② 当进、排风口在同侧时，排风口宜高于进风口 6m，进、排风口在同侧同一高度时，其水平距离不宜小于 5～20m，风量越大，距离越远。新风口、排风口距离太近，新风会受到排风的污染。

③ 进风口的底部距离室外地面不宜小于 2m，当布置在绿化地带时，不宜小于 1m。

④ 进、排风口的噪声应符合环保部门的排放标准，否则应采取消声措施。

4）风管系统的主管路分支时，管路较短，阻力较小的一支应设调节阀门；所有的支管上应设调节阀门；调节阀门一般采用对开多叶调节阀或钢制蝶阀。

5）室内机送风口大小的确定：当室内机的送风口为双层百叶风口或散流器、用于普通的房间且送风距离为 5～6m 以内时，送风口风速以 2m/s 左右为最好，办公类房间建议取 1.7～3.0m/s，住宅、别墅类房间取 1.7～2.5m/s。当噪声标准要求较高时，应取低值，当要求不高时，可以取高值。当送风距离远时，应取高值。当有制热要求时，适当取高值（送热风更远）。

6）室内机的回风口一般风量较小，且配空气过滤网，风速宜低一些，一般取 1.0～1.5m/s，以防止产生噪声。

7）通风、空气调节系统的管道等，应采用不燃烧材料制作，但接触腐蚀性介质的风管和柔性接头，可采用难燃烧材料制作。PVC 或 ABS 等材质做成的塑料类风管，不能满足防火要求，所以办公室、住宅、别墅等普通场所不能选用。在下列场合必须使用不燃绝热（保温）材料：

① 电加热器前后 800mm 的风管和绝热层。

② 穿越防火隔墙两侧 2m 范围内的风管、管道和绝热层。

参 考 文 献

[1] 中华人民共和国住房和城乡建设部．民用建筑供暖通风与空气调节设计规范：GB 50736—2012 [S]. 北京：中国建筑工业出版社，2012.

[2] 中华人民共和国住房和城乡建设部．多联机空调系统工程技术规程：JGJ 174—2010 [S]. 北京：中国建筑工业出版社，2010.

[3] 陆耀庆．实用供热空调设计手册 [M]．2版．北京：中国建筑工业出版社，2008.

11

第 11 章 通 风

《民用建筑供暖通风与空气调节设计规范》（GB 50736—2012）指出，建筑通风的目的，是为了防止大量热、蒸汽或有害物质向人员活动区散发，防止有害物质对环境及建筑物的污染和破坏。大量余热余湿及有害物质的控制，应以预防为主，需要各专业协调配合综合治理才能实现。当采用通风处理余热余湿可以满足要求时，应优先使用通风措施，可以极大降低空气处理的能耗。本章涉及民用建筑通风主要有住宅通风、公共厨房通风、公共卫生间通风、设备机房通风、车库通风以及事故应急通风等。

11.1 住宅通风系统

住宅通风系统设计应符合下列规定。

1）自然通风不能满足室内卫生要求的住宅，应设置机械通风系统或自然通风与机械通风相结合的复合通风系统。室外新风应先进入人员的主要活动区。

2）厨房、无外窗卫生间应采用机械排风系统或预留机械排风系统开口，且应留有必要的进风面积。

3）厨房和卫生间全面通风换气次数不宜小于 3 次/h。

4）厨房、卫生间宜设竖向排风道。竖向排风道应具有防火、防倒灌及均匀排气的功能，并应采取防止支管回流和竖井泄漏的措施。顶部应设置防止室外风倒灌装置。

11.2 公共厨房通风系统

公共建筑的厨房应设机械送排风，产生油烟的设备应设带有机械排风和油烟过滤器的排气罩，并对油烟进行净化处理。排气罩的设计应符合下列要求。

1）排气罩的平面尺寸应比炉灶边尺寸大 100mm，排气罩下沿距灶面的距离不宜大于 1.0m，排气罩的高度不宜小于 600mm。

2）排气罩的最小排风量按式（11-1）计算：

$$L = 1000PH \tag{11-1}$$

式中 P——罩口的周边长（靠墙的边不计）(m)；

H——罩口距罩面的距离（m）。

3）应控制罩口的吸风速度不小于 0.5m/s。

厨房通风系统的风量应根据设备散热量和送排风温差，按热平衡计算来确定。排风量也可按换气次数进行估算。中餐厅厨房：40~50 次/h；西餐厅厨房：30~40 次/h；职工餐厅厨房：25~35 次/h。

当通风系统的风量大于炉灶排气罩的排风量时，多余部分应由全面排风系统排出。当炉灶排气罩的排风量大于通风系统的风量时，也应适当设置全面排风设备，在炉灶排风未运行时使用。

厨房排风量应大于补风量，补风量为排风量的 80%~90%，使厨房保持一定的负压。

厨房排风系统宜专用。整个厨房不宜只设一个排风系统，补风系统应根据排风系统做相应设置。

南方地区宜对夏季补风做冷却处理，可设置局部或全面冷却装置。北方地区应对冬季补风做加热处理。

厨房热加工间宜采用补风式油烟排气罩。采用直流式空调送风的区域，夏季室外计算温度取值不宜低于夏季通风室外计算温度。

11.3 公共卫生间通风系统

公共卫生间和浴室通风应符合下列规定。

1）公共卫生间应设置机械排风系统。公共浴室宜设气窗；无条件设气窗时，应设独立的机械排风系统。应采取措施保证浴室、公共卫生间对更衣室以及其他公共区域的负压。

2）公共卫生间、浴室及附属房间采用机械通风时，其通风量宜按换气次数确定，具体见表 11-1。

表 11-1 公共卫生间、浴室及附属房间机械通风换气次数

名称	公共卫生间	淋浴	池浴	桑拿或蒸汽浴	洗浴单间或少于5个喷头的淋浴间	更衣室	走廊、门厅
换气次数（次/h）	5~10	5~6	6~8	6~8	10	2~3	1~2

11.4 设备机房通风系统

设备机房应保持良好的通风，无自然通风条件时，应设置机械通风系统。设备有特殊要求时，其通风应满足设备工艺要求；设备机房一般设置在地下室，都需要设置机械通风系统。

制冷机房的通风应符合下列规定。

1）制冷机房设备间排风系统宜独立设置且应直接排向室外。

2）冬季室内温度不宜低于 10℃，夏季不宜高于 35℃，冬季值班温度不应低于 5℃。

3）连续通风量按每平方米机房面积 $9m^3/h$ 和消除余热（余热温升不大于 10℃）计算，取二者最大值。

4）事故通风的通风量按排走机房内由于工质泄露或系统破坏散发的制冷工质确定，根据工程经验，可按式（11-2）计算。

$$L = 247.8G^{0.5} \tag{11-2}$$

式中 L——事故连续通风量（m^3/h）；

G——机房最大制冷系统灌注的制冷工质质量（kg）。

变配电室的通风应符合下列规定。

1）变配电室宜设置独立的送排风系统。

2）设在地下的变配电室送风气流宜从高低压配电区流向变压器区，从变压器区排至室外。

3）排风温度不宜高于40℃。

4）当通风无法保障变配电室设备工作要求时，宜设置空调降温系统。

5）变电室的换气次数参考值：5~8 次/h；配电室的换气次数参考值：3~4 次/h。

泵房、热力机房、中水处理机房、电梯机房等采用机械通风时，换气次数可按表 11-2 确定。

表 11-2 部分设备机房机械通风换气次数

机房名称	清水泵房	软化水房	污水泵房	中水处理机房	蓄电池室	电梯机房	热力机房
换气次数（次/h）	4	4	8~12	8~12	10~12	10	6~12

11.5 车库通风系统

汽车库设有开敞的车辆出入口时，可采用机械排风、自然进风的通风方式。当不具备进风条件时，应同时设机械进排风系统。

机械进排风系统的进风量应小于排风量，一般为排风量的 80%~85%。汽车库机械通风的排风量，可按体积换气次数或每辆车所需排风量进行计算。

（1）按体积换气次数（用于停放单层汽车的汽车库）

1）当层高<3m 时，按实际高度计算换气次数体积；当层高≥3m 时，按 3m 高度计算换气次数体积。

2）当汽车出入频率较大时，可按 6 次/h 换气计算；出入频率一般时，按 5 次/h 换气计算；住宅建筑的汽车库可按 4 次/h 换气计算。

（2）按每辆车所需排气量 汽车库里的汽车全部或部分分为双层停放时，宜按每辆车所需排风量计算；当汽车出入频率较大时，可按每辆车 500m^3/h 计算；出入频率一般时，按每辆车 400m^3/h 计算；住宅建筑可按每辆车 300m^3/h 计算。

当采用接风管的机械进排风系统时，应注意气流分布的均匀，减少通风死角。通风机宜采用多台并联或采用变频风机以达到通风量可调节。当车库层高较低时，不宜布置风管，为了防止气流不畅，杜绝死角，也可采用诱导式通风系统。

诱导通风机一般每台风量为 600~700m^3/h，其数量一般按每台负担 150~250m^2 的面积来确定。当汽车库隔墙及障碍物较多，且为自然进风、机械排风的情况下，应按下限选择诱导通风机的数量。当基本无障碍物，送风口和排风口处的气流比较顺畅，且为机械进排风的情况下，按上限选择。

11.6 事故通风系统

事故通风应符合下列规定。

1）可能突然放散大量有害气体或爆炸危险气体的场所应设置事故通风。事故通风量宜根据放散物的种类、安全及卫生浓度要求，按全面排风计算确定，且换气次数不应小于 12 次/h。

2）事故排风宜由经常使用的通风系统和事故通风系统共同保证，当事故通风量大于经常使用的通风系统所要求的风量时，宜设置双风机或变频调速风机；但在发生事故时，必须保证事故通风要求。

事故排风的室外排风口应符合下列规定。

1）不应布置在人员经常停留或经常通行的地点以及邻近窗户、天窗、室门等设施的位置。

2）排风口与机械送风系统的进风口的水平距离不应小于20m；当水平距离不足20m时，排风口应高出进风口，并不宜小于6m。

3）当排风中含有可燃气体时，事故通风系统排风口应远离火源30m以上，距可能火花溅落地点应大于20m。

4）排风口不应朝向室外空气动力阴影区，不宜朝向空气正压区。

11.7 通风设备选型与布置

进风系统的风机可根据战时电源保证情况，选用电动风机或手摇（脚踏）电动两用风机。所选风机在性能上应兼顾过滤式通风和清洁式通风时的风量及风压要求。当不能兼顾时，应分别选用风机。排风系统一般选用电动风机。

一般通风工程中常用的通风机，按其工作工作原理为离心式、轴流式和贯流式三种。

通风机应根据管路特性曲线和风机性能曲线进行选择，并应符合下列规定。

1）通风机风量应附加风管和设备的漏风量。送排风系统的定转速通风机风量可附加5%~10%，排烟兼排风系风量统宜附加10%~20%，除尘系统风量附加10%~15%。

2）通风机采用定转速时，通风机的压力在计算系统压力损失上宜附加10%~15%。

3）通风机采用变频变速时，通风机的压力应以计算系统总压力损失作为额定压力，但风机电动机的功率应在计算值上附加15%~20%。

4）设计工况下，通风机效率不应低于其最高效率的90%。

5）兼用排烟的风机应符合国家现行建筑设计防火规范的规定。排烟风机应保证280℃时能连续工作30min。

6）当通风系统需要多台风机并联或串联安装运行时，宜选用同型号、同性能的通风机，且联合工况下的风量和风压应根据风机和管道的特性曲线确定。

选择风机时应注意，性能曲线和样本上给出的性能，均指风机在标准状态下（大气压力101.3kPa、温度20℃、相对湿度50%、密度$\rho=1.20\text{kg/m}^3$）的参数。如果使用条件改变，其性能应按式（11-3）~式（11-10）进行计算，按换算后的性能参数进行选择，同时应核对风机配用电动机功率是否满足使用条件状态下的功率要求。

1）改变介质密度ρ、转速n时

$$Q=Q_0\cdot\frac{n}{n_0} \tag{11-3}$$

$$p=p_0\cdot\left(\frac{n}{n_0}\right)^2\cdot\frac{\rho}{\rho_0} \tag{11-4}$$

$$N=N_0\cdot\left(\frac{n}{n_0}\right)^3\cdot\frac{\rho}{\rho_0} \tag{11-5}$$

$$\eta=\eta_0 \tag{11-6}$$

2）当大气压力 p_0 及温度 t 改变时

$$Q = Q_0 \tag{11-7}$$

$$p = p_0 \cdot \frac{p_b}{p_{b0}} \cdot \frac{273 + 20}{273 + t} \tag{11-8}$$

$$N = N_0 \cdot \frac{p_b}{p_{b0}} \cdot \frac{273 + 20}{273 + t} \tag{11-9}$$

$$\eta = \eta_0 \tag{11-10}$$

式中　Q_0、p_0、N_0、n_0、η_0、p_{b0}——标准状态或性能表中的风量、风压、功率、转速、效率和大气压；

Q、p、N、n、η、p_b——实际工作条件下的风量、风压、功率、转速、效率和大气压。

参　考　文　献

[1] 中华人民共和国住房和城乡建设部．民用建筑供暖通风与空气调节设计规范：GB 50736—2012 [S]. 北京：中国建筑工业出版社，2012.

[2] 中国建筑标准设计研究院．全国民用建筑工程设计技术措施 [M]. 北京：中国计划出版社，2009.

[3] 陆耀庆．实用供热空调设计手册 [M]．2 版．北京：中国建筑工业出版社，2008.

第12章 冷热源机房设计

12

冷热源机房一般是指制冷机房和锅炉房。目前民用建筑里多数采用天然气锅炉或者燃油锅炉。制冷机及锅炉常常共用一个机房。

12.1 制冷机房设计

民用建筑空调的制冷一般采用电制冷，也有采用吸收式制冷的。

制冷机房宜设置在空气调节负荷的中心，并应符合下列要求。

1）机房宜设置观察室、维修间及工具间。

2）机房内的地面和设备基座应采用易于清洗的面层。

3）机房内应有良好的通风设施；地下层机房应设机械通风，必要时设置事故通风；控制室、维修间宜设空气调节装置。

4）当冬季机房内设备和管道中存水或不能保证完全放空时，机房内应采取供暖措施，保证房间温度达到5℃以上。

机房内设备布置，应符合以下要求。

1）机组与墙之间的净距不小于1m，与配电柜的距离不小于1.5m。

2）机组与机组或其他设备之间的净距不小于1.2m。

3）留有不小于蒸发器、冷凝器或低温发生器长度的维修距离。

4）机组与其上方管道、烟道或电缆桥架的净距不小于1m。

5）机房主要通道的宽度不小于1.5m。

采用燃气直燃吸收式机组时，机房的设计应符合下列规定。

1）应符合国家现行有关防火及燃气设计规范的相关规定。

2）宜单独设置机房；不能单独设置机房时，机房应靠建筑的外墙，并采用耐火极限大于2h防爆墙和耐火极限大于1.5h现浇楼板与相邻部位隔开；当与相邻部位必须设门时，应设甲级防火门。

3）不应与人员密集场所和主要疏散口贴邻设置。

4）燃气直燃型制冷机组机房单层面积大于200m^{2}时，机房应设直接对外的安全出口。

5）应设置泄压口，泄压口面积不应小于机房占地面积的10%（当通风管道或通风井道直通室外时，其面积可计入机房的泄压面积）；泄压口应避开人员密集场所和主要安全出口。

6）不应设置吊顶。

7）烟道布置不影响机组的燃烧效率及制冷效率。

12.2 锅炉房设计

锅炉房设备应按下列原则布置：

1）锅炉的前后端和两侧面与建筑物之间的净距不宜小于表12-1所示的要求。

表12-1 锅炉布置尺寸

锅炉容量		炉前净距/m	锅炉两侧和后部通道净距/m
蒸汽锅炉/(t/h)	热水锅炉/MW		
1~4	0.7~2.8	≥3（2.5）	≥0.8（0.8）
6~20	4.2~14	≥4（3.0）	≥1.5（1.5）

注：1. 表中括号内尺寸适用于燃油、燃气锅炉房。
2. 当锅炉前需要更换锅管时，炉前净距应满足操作要求。
3. 炉侧需吹灰、拨火或安装、检修螺旋除渣机时，侧通道应满足操作要求。

2）锅炉操作点和通道的净空高度（架空管道最低点）不应小于2m，在锅筒、省煤器及其他发热部位的上方不需操作和通行时，净高不应小于0.7m。

3）锅炉制造厂有具体要求时，锅炉布置应以制造厂要求为准。

4）应尽可能减少噪声对周围环境的干扰，噪声超过规定值时应采取隔声、减振措施。

5）水处理间主要操作通道的净距不应小于1.2m，离子交换器等设备前操作通道不应小于1.2m，辅助设备操作通道的净距不应小于0.8m。

6）分汽（水）缸、水箱等设备前，应有操作和更换阀件的空间。

7）应设置泄压口，泄压口面积不应小于机房占地面积的10%（当通风管道或通风井道直通室外时，其面积可计入机房的泄压面积）；泄压口应避开人员密集场所和主要安全出口。

8）烟道布置不影响机组的燃烧效率及制冷效率。

参考文献

[1] 中华人民共和国住房和城乡建设部．民用建筑供暖通风与空气调节设计规范：GB 50736—2012 [S]. 北京：中国建筑工业出版社，2012.
[2] 北京市建筑设计研究院．建筑设备专业技术措施 [M]．北京：中国建筑工业出版社，2009.

13

第 13 章 防排烟设计

建筑防排烟的目的是在火灾发生时防止烟气侵入作为疏散道路的走廊、楼梯间前室、楼梯间，保证建筑室内人员从有害的烟气环境中安全疏散。无论是单层建筑、多层建筑，还是高层建筑，发生火灾时烟气的危害很严重，为了及时排除有害烟气，确保建筑物内人员顺利疏散、安全避难，为火灾扑救创造有利条件，都应该按照相关规范标准设置防烟、排烟设施。

近年来，高层建筑发展十分迅速，而高层建筑的火灾危险性比一般建筑大得多。一旦发生火灾，由于楼层高，人员多，火势蔓延快，扑救和疏散都很困难，往往造成惨重的人员伤亡和巨大的经济损失。因此，高层建筑的防排烟显得更为重要。

13.1 建筑分类

高层建筑，顾名思义是指体型大、层数多的建筑。高度要多少才能称为高层建筑，世界各国没有统一定论。我国高层建筑与多层建筑的分界，既不是单纯按层数划分，也不是单纯按建筑高度划分，而是从消防角度考虑，依据建筑物的使用性质、火灾危险性、疏散和扑救难度等进行划分。

《建筑设计防火规范》(GB 50016—2014)(2018 年版) 将民用建筑根据其建筑高度和层数分为单、多层民用建筑和高层民用建筑。高层民用建筑根据其建筑高度、使用功能和楼层的建筑面积分为一类和二类。民用建筑的分类见表 13-1。

表 13-1 民用建筑分类

名称	高层民用建筑		单、多层民用建筑
	一类	二类	
住宅建筑	建筑高度大于 54m 的住宅建筑（包括设置商业服务网点的住宅建筑）	建筑高度大于 27m，但不大于 54m 的住宅建筑（包括设置商业服务网点的住宅建筑）	建筑高度不大于 27m 的住宅建筑（包括设置商业服务网点的住宅建筑）
公共建筑	1. 建筑高度大于 50m 的公共建筑 2. 建筑高度 24m 以上部分任一楼层建筑面积大于 1000m^2 的商店、展览、电信、邮政、财贸金融建筑和其他多种功能组合的建筑 3. 医疗建筑、重要公共建筑、独立建造的老年人照料设施 4. 省级及以上的广播电视和防灾指挥调度建筑、网局级和省级电力调度建筑 5. 藏书超过 100 万册的图书馆、书库	除一类高层公共建筑外的其他高层公共建筑	1. 建筑高度大于 24m 的单层公共建筑 2. 建筑高度不大于 24m 的其他公共建筑

民用建筑的耐火等级可分为一、二、三、四级。一级为耐火等级最高级。地下或半地下建筑（室）和一类高层建筑的耐火等级不应低于一级；单、多层重要公共建筑和二类高层建筑的耐火等级不应低于二级。

13.2 防火分区

防火分区是在建筑物中，用隔断措施将建筑物分隔成能阻止火烟扩散的独立区域。在建筑防火设计中划分防火分区十分重要，如商场、展览馆、综合楼、旅馆、藏书楼等建筑可燃物量大，一旦发生火灾，火势蔓延快，温度高，辐射热强，烟气浓，散发出的有毒气体扩散迅速，容易造成重大经济损失和人员伤亡事故。因此除了尽可能减少建筑物内部的可燃物量，同时设置自动灭火设备外，行之有效的方法是划分防火分区。

例如，某医院病房楼，平面为门形，建筑面积为3800m^2，划分4个防火分区，即每个防火分区面积950m^{2}左右，发生火灾时，大火烧了3个多小时，由于防火墙的作用，仅烧毁了一个防火分区，其余三个防火分区，安然无恙。又如，美国芝加哥的约翰·汉考克（John Hancock）大厦，高300m，为塔式建筑。该楼上某楼层套房内先后发生了20多起火灾事故，由于有了较好的防火分隔和较完善的消防设备，没有一次火灾蔓延到套房以外的。

相反，一些建筑没有按规定设置防火墙等防火分隔措施，发生火灾后，火势蔓延快，扑救困难，往往造成很大的损失。例如，某综合楼，工字形平面，每层建筑面积为2800m^2，没有划分防火分区，发生火灾时，全层基本被烧毁，造成很大的损失。

防火分区的作用在于发生火灾时，将火势控制在一定的范围内，以有利于灭火救援、减少火灾损失。水平方向防火分区所用的防火分隔物有防火墙、防火隔墙、防火门、防火卷帘等。有时根据防火需要会辅以其他防火措施或加做防火带（主要用于厂房、仓库）等。对于垂直方向防火分区，则用1~1.5h耐火极限的楼板、窗间墙、窗下墙（上下窗之间的距离不小于1.2m），将上下楼层完全隔开。防火分区之间采用防火墙分隔确有困难时，可采用防火卷帘等防火分隔设施分隔。

通常由建筑专业人员在建筑设计中合理划分防火分区。暖通专业涉及防排烟的设计，也需要了解并熟悉防火分区的相关知识。

《建筑设计防火规范》（GB 50016—2014）（2018年版）给出了不同耐火等级建筑的允许建筑高度或层数、防火分区最大允许建筑面积（表13-2）。

表13-2 防火分区划分

名称	耐火等级	允许建筑高度或层数	防火分区的最大允许建筑面积/m^2	备注
高层民用建筑	一、二级	按表13-1划分	1500	对于体育馆、剧场的观众厅，防火分区的最大允许建筑面积可适当增加
单、多层民用建筑	一、二级	按表13-1划分	2500	
	三级	5层	1200	
	四级	2层	600	
地下或半地下建筑（室）	一级		500	设备用房的防火分区最大允许建筑面积不应大于1000m^2

一、二级耐火等级建筑内的商店营业厅、展览厅属于人流密度较高区域，当设置自动灭火系统和火灾自动报警系统并采用不燃或难燃装修材料时，其每个防火分区的最大允许建筑

面积应符合下列规定：①设置在高层建筑内时，不应大于4000m²；②设置在单层建筑或仅设置在多层建筑的首层内时，不应大于10000m²；③设置在地下或半地下时，不应大于2000m²。

13.3　安全疏散

建筑物一旦起火成灾，将造成严重的生命财产损失。此时应采取的措施，一是有计划地组织安全疏散，二是进行灭火和排烟。其中，安全疏散是保证生命安全的有效途径。因此，建筑设计时应按规范要求进行安全疏散设计。

建筑物内人员安全疏散路线一般要经历四个阶段。第一阶段是从着火房间内到房间门，第二阶段是公共走道中的疏散，第三阶段是在楼梯间内的疏散，第四阶段为出楼梯间到室外等安全区域的疏散。这四个阶段必须是步步走向安全，以保证不出现“逆流”。疏散路线的尽端必须是安全区域。

建筑的安全疏散和避难设施主要包括疏散门、疏散走道、安全出口或疏散楼梯（包括室外楼梯）、防烟楼梯间、避难走道、避难间或避难层、疏散指示标志和应急照明，有时还要考虑疏散诱导广播等。

安全出口是指符合规范规定的房间连通疏散走道或过厅的门。为了在发生火灾时能够迅速安全地疏散人员和搬出贵重物资，减少火灾损失，在设计建筑物时必须设计足够数目的安全出口。安全出口应分散布置，且易于寻找，并设明显标志。

疏散楼梯间指用于连接连通疏散走道或过厅用于疏散人流的楼梯间，发生火灾时，供人员疏散使用。疏散楼梯间应符合：①楼梯间应能天然采光和自然通风，并宜靠外墙设置。靠外墙设置时，楼梯间、前室及合用前室外墙上的窗口与两侧门、窗、洞口最近边缘的水平距离不应小于1.0m；②楼梯间不应设置烧水间、可燃材料储藏室、垃圾道；③楼梯间内不应有影响疏散的凸出物或其他障碍物。

防烟楼梯间是具有防烟能力的疏散楼梯间，还应符合以下规定：①应设置防烟设施。②前室可与消防电梯间前室合用。③公共建筑、高层厂房（仓库）前室的使用面积，不应小于6.0m²，住宅前室的使用面积不应小于4.5m²；与消防电梯间前室合用时，公共建筑、高层厂房（仓库）前室的使用面积，不应小于10.0m²；住宅前室的使用面积不应小于6.0m²。④疏散走道通向前室以及前室通向楼梯间的门应采用乙级防火门。⑤除住宅建筑的楼梯间前室外，防烟楼梯间和前室内的墙上不应开设除疏散门和送风口外的其他门、窗、洞口。⑥楼梯间的首层可将走道和门厅等包括在楼梯间前室内形成扩大的前室，但应采用乙级防火门等与其他走道、房间分隔。

防烟楼梯间前室的作用是防止火灾烟气进入楼梯间。消防电梯前室的作用是防止火灾烟气对通过消防电梯进入到着火层灭火、搜救的消防员造成伤害。防烟楼梯间和消防电梯合用前室，兼有上述两种功能。

自动扶梯和电梯不应作为安全疏散设施。建筑内的自动扶梯处于常开空间，火灾时容易受到烟气的侵袭，且梯段坡度和踏步高度与疏散楼梯的要求有较大差异，难以满足人员安全疏散的需要，故设计不能考虑其疏散能力。对于普通电梯，火灾时动力将被切断，且普通电梯不防烟、不防水，若火灾时作为人员的安全疏散设施是不安全的。世界上大多数国家，在电梯的警示牌中几乎都规定电梯在火灾情况下不能使用，火灾时人员疏散只能使用楼梯，电梯不能用作疏散设施。另外，从国内外已有的研究成果看，利用消防电梯在火灾时供人员疏散使用，需要配套多种管理措施，目前只能由专业消防救援人员控制使用，且一旦进入应急控制程序，电梯的楼层呼唤按钮将不起作用，因此消防电梯也不能计入建筑的安全出口。

13.4 防烟分区与防排烟设施

火灾中的烟气（即烟雾）是致人死亡的罪魁祸首。火灾的研究表明，死于火灾的绝大多数人并非直接因高温烘烤或被火烧死，而是由于大火时产生的烟雾丧命的。烟气总是伴随着物质燃烧而出现。可燃物受火源作用，受热析出可燃气体，同时发生剧烈氧化至燃烧。燃烧产物有水蒸气、气体和固体微粒。通常把可见的烟和不可见气体的混合物统称烟气。

烟气在室内的流动由于热压向上升腾，遇顶棚阻挡向水平运行，渐冷沿墙向下。烟气可由门窗及其他洞口流向走道、其他房间、楼梯间、电梯间。烟气在垂直方向上一般通过楼梯、电梯井及其他竖向管道向上层扩散。垂直流动速度为3~5m/s。

及时排除烟气、控制烟气蔓延对保证人员安全疏散及扑救火灾具有重要作用。对于一栋建筑，当其中某部位着火时，应采取有效的排烟措施排除可燃物燃烧产生的烟气和热量，使该局部空间形成相对负压区；对非着火部位及疏散通道等应采取防烟措施，阻止烟气侵入，以利于人员的疏散和灭火救援。因此，在建筑内设置防烟及排烟设施十分必要。

13.4.1 防烟分区

设置排烟系统的场所或部位应采用挡烟垂壁、结构梁及隔墙等划分防烟分区，如图13-1所示。防烟分区的作用是，一旦发生火灾后，能及时将高温、有毒的烟气限制在一定的范围内，防止火灾时烟气扩散，以满足人员疏散和消防扑救的需要。防烟分区不能跨越防火分区，如图13-1所示。公共建筑防烟分区的最大允许面积及其最长边最大允许长度应符合表13-3所示的规定，其示意图如图13-2~图13-4所示。

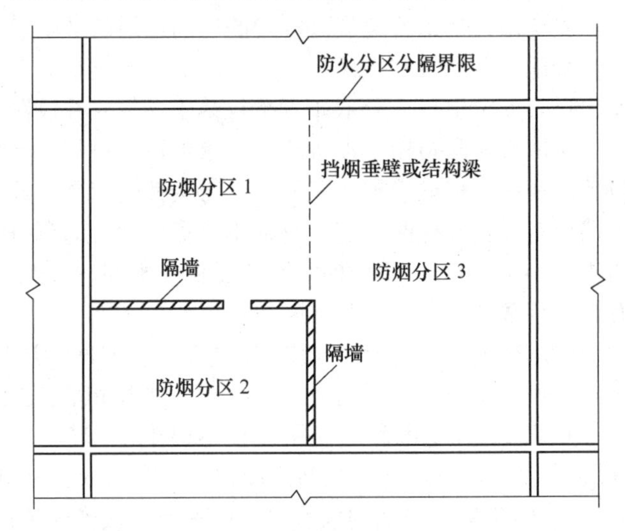

图13-1 防烟分区不能跨越防火分区示意图

表13-3 公共建筑防烟分区的最大允许面积及其最长边最大允许长度

空间净高 H/m	最大允许面积/m^2	长边最大允许长度/m
$H \leqslant 3.0$	500	24
$3.0 < H \leqslant 6.0$	1000	36
$H > 6.0$	2000	60m；具有自然对流条件时，不应大于75m

注：1. 公共建筑、工业建筑中的走道宽度不大于2.5m时，其防烟分区的长边长度不应大于60m。

2. 当空间净高大于9m时，防烟分区之间可不设置挡烟设施。

3. 汽车库防烟分区的划分及其排烟量应符合现行国家规范《汽车库、修车库、停车场设计防火规范》（GB 50067）的相关规定。

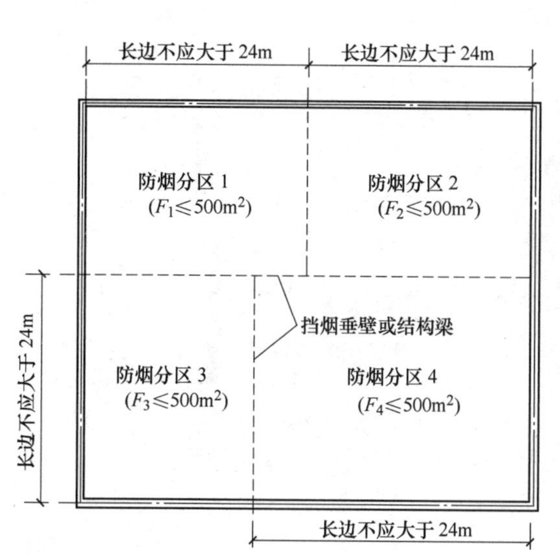

图 13-2　空间净高 $H \leqslant 3.0m$，公共建筑防烟分区最长边最大允许长度要求的示意图

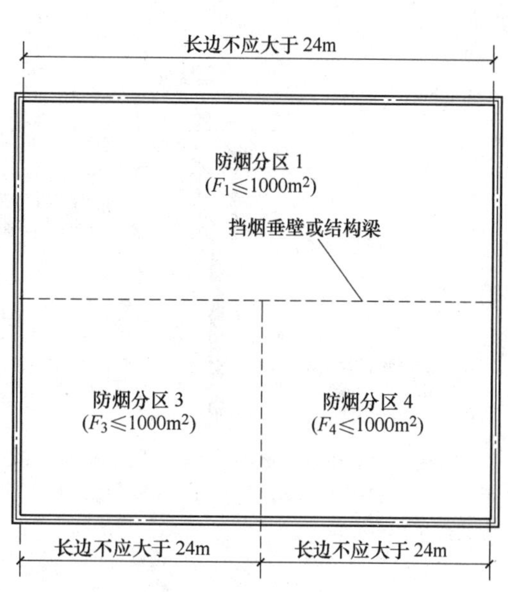

图 13-3　空间净高 $3.0m < H \leqslant 6.0m$，公共建筑防烟分区最长边最大允许长度要求的示意图

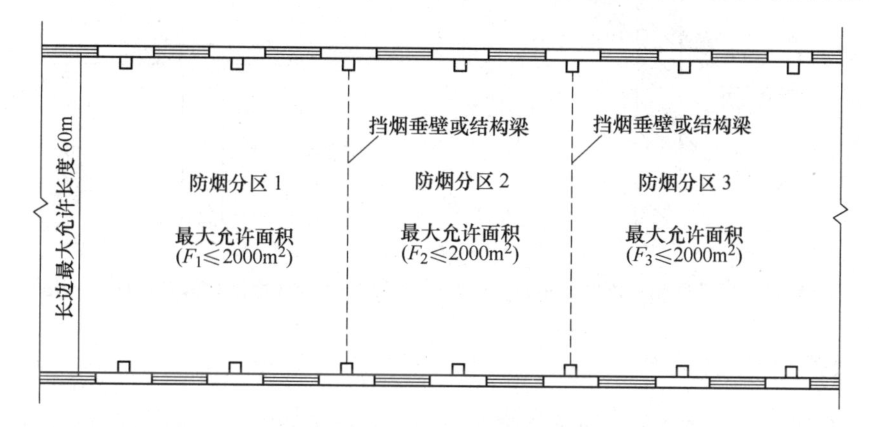

图 13-4　空间净高 $H > 6m$，公共建筑防烟分区最长边最大允许长度要求的示意图

设置挡烟垂壁是划分防烟分区的主要措施。挡烟垂壁所需高度应根据空间所需的清晰高度以及排烟口位置、面积和排烟量等因素确定。挡烟垂壁形式如图 13-5~图 13-9 所示。

民用建筑的下列场所或部位应设置排烟设施：①中庭；②公共建筑内建筑面积大于 $100m^2$ 且经常有人停留的地上房间；③公共建筑内建筑面积大于 $300m^2$ 且可燃物较多的地上房间；④建筑内长度大于 20m 的疏散走道；⑤地下或半地下建筑（室）、地上建筑内的无窗房间，当总建筑面积大于 $200m^2$ 或一个房间的建筑面积大于 $50m^2$，且经常有人停留或可燃物较多时。

排烟的形式分为自然排烟与机械排烟。楼梯间和前室的自然排烟又称自然通风。

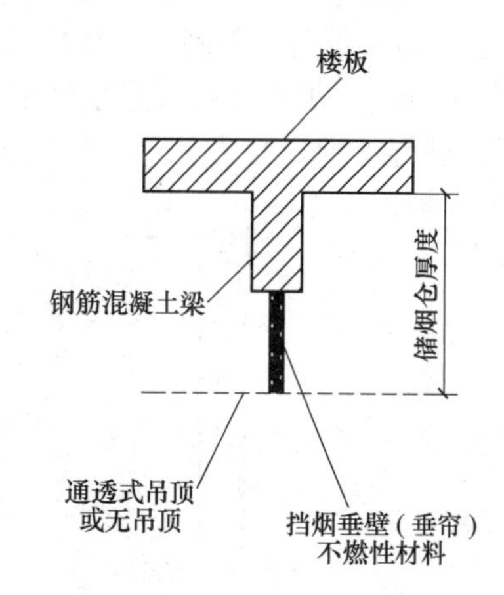

图 13-5　无吊顶或有通透式吊顶时，采用挡烟垂壁分隔防烟分区

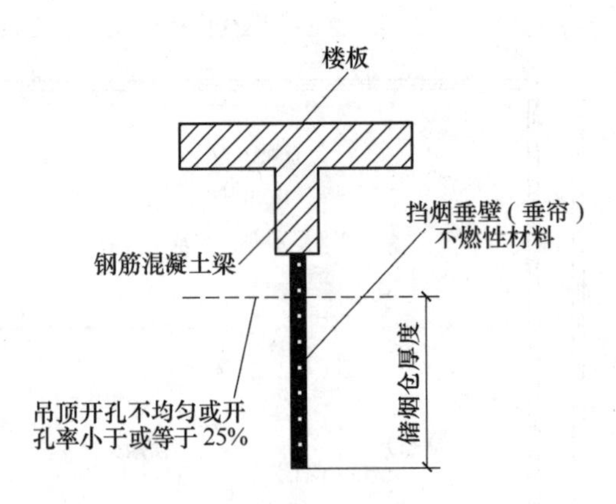

图 13-6　吊顶开孔不均匀或开孔率小于或等于 25%时，采用挡烟垂壁分隔防烟分区

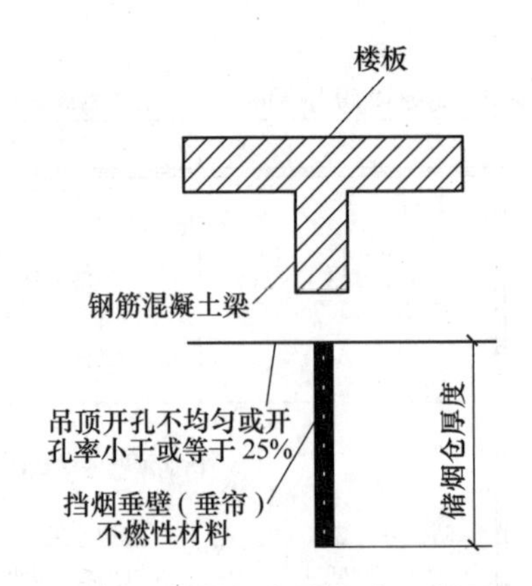

图 13-7　有密闭式吊顶时，采用挡烟垂壁分隔防烟分区

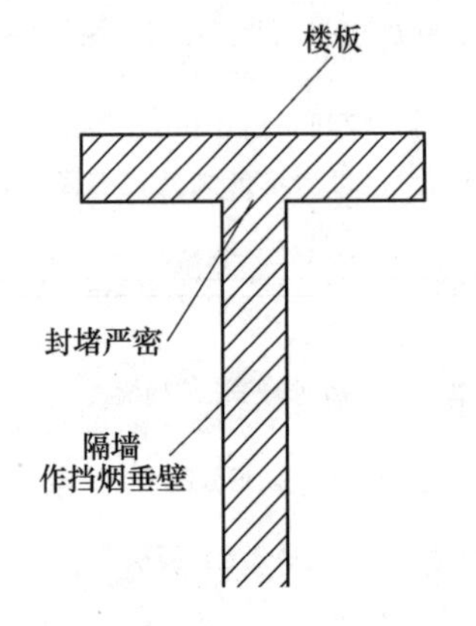

图 13-8　利用隔墙分隔防烟分区

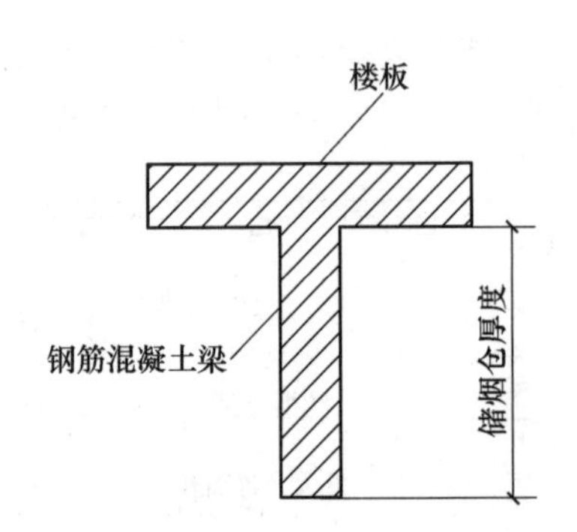

图 13-9　利用结构梁分隔防烟分区

13. 4. 2　自然排烟

自然排烟是利用火灾时产生的热气流的浮力或室外风的吸力，使空气流动，利用朝外的窗或专用排烟口将充满室内的烟气排除。这种方式不需要复杂装置，并可兼作日常通风，又能避免防火设备的限制。自然排烟通常利用室内外冷热空气的质量差而产生的热压进行排烟（图 13-10）。虽然也可利用室外空气流动在不同面上产生的压差（迎风面上压力大于背风面）进行排烟，但是室外空气的流动是不可控的，所以排烟效果无法预测。

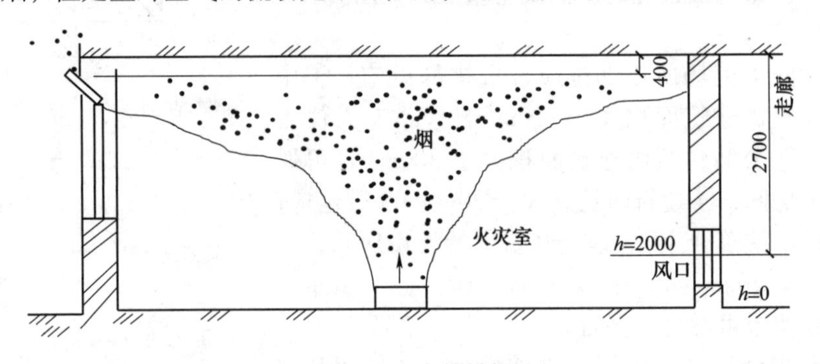

图 13-10　自然排烟

自然排烟有不同的方式。例如，利用可开启的外窗自然排烟（图13-11、图13-12）；利用室外阳台或凹廊进行自然排烟（图13-13）；利用排烟竖井排烟（图13-14）。

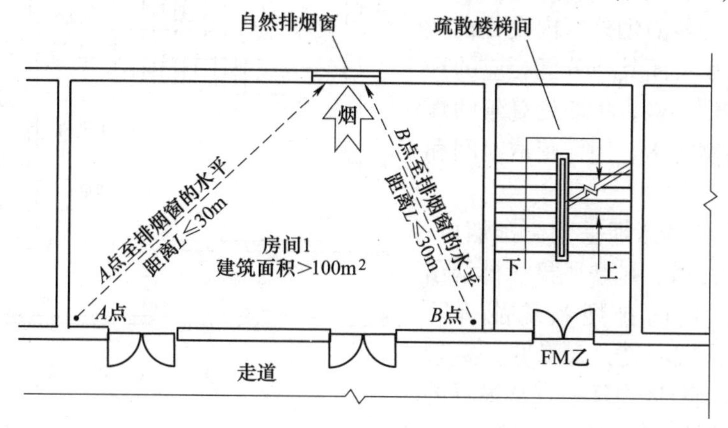

图13-11 利用外开窗排烟

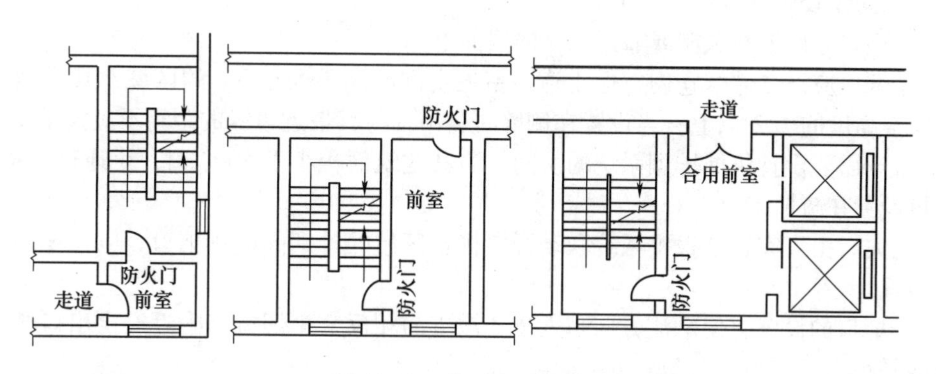

图13-12 利用外开窗排烟

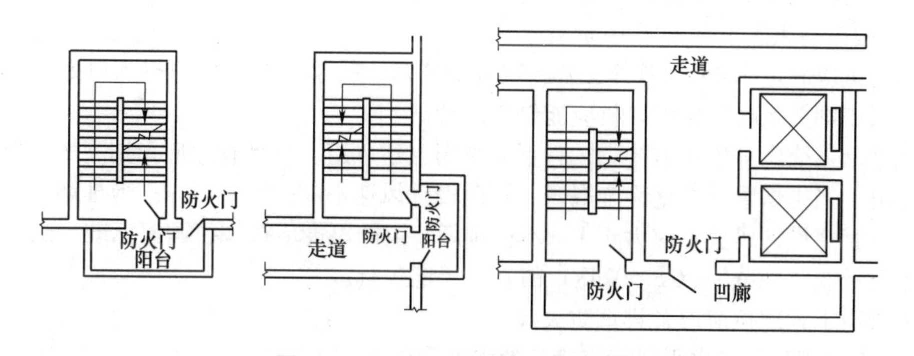

图13-13 利用室外阳台或凹廊排烟

自然排烟窗（口）应设置在排烟区域的顶部或外墙，并应符合下列规定。

1）当设置在外墙上时，自然排烟窗（口）应在储烟仓以内，但走道、室内空间净高不大于3m的区域的自然排烟窗（口）可设置在室内净高度的1/2以上。

2）自然排烟窗（口）的开启形式应有利于火灾烟气的排出。

3）当房间面积不大于200m²时，自然排烟窗（口）的开启方向可不限。

4）自然排烟窗（口）宜分散均匀布置，且每组的长度不宜大于3.0m。

5）设置在防火墙两侧的自然排烟窗（口）之间最近边缘的水平距离不应小于2.0m。

13.4.3 机械排烟

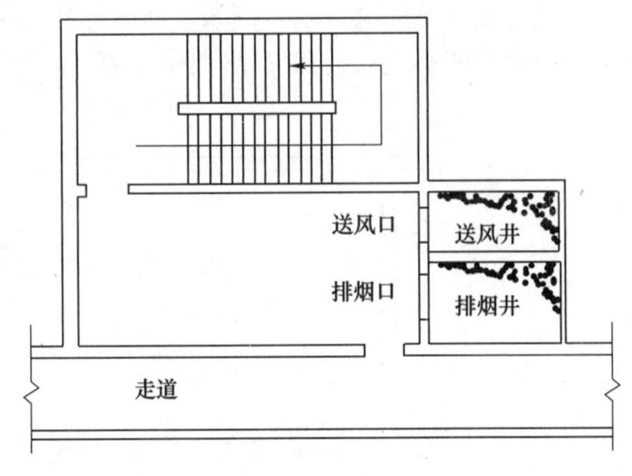

图 13-14 竖井排烟

机械排烟是在各防烟分区内设置机械排烟装置，起火后关闭其他分区相应的开口部分并起动排烟风机，将四处蔓延的烟气用排烟风机强制排出，确保疏散时间和疏散通道的安全。

机械排烟系统由挡烟垂壁、排烟口、排烟防火阀、排烟道、排烟风机、排烟出口组成。一个优良的排烟系统能排除80%的热量，使火灾温度大大降低。

排烟口在防烟分区内任一点与最近的排烟口之间的水平距离不应大于30m。

排烟口的设置应符合下列规定。

1）排烟口宜设置在顶棚或靠近顶棚的墙面上。

2）排烟口应设在储烟仓内，但走道、室内空间净高不大于3m的区域，其排烟口可设置在其净空高度的1/2以上；当设置在侧墙时，吊顶与其最近边缘的距离不应大于0.5m。

3）对于需要设置机械排烟系统的房间，当其建筑面积小于50m^{2}时，可通过走道排烟，排烟口可设置在疏散走道。

4）火灾时由火灾自动报警系统联动开启排烟区域的排烟阀或排烟口，应在现场设置手动开启装置。

5）排烟口的设置宜使烟流方向与人员疏散方向相反，排烟口与附近安全出口相邻边缘之间的水平距离不应小于1.5m。

6）每个排烟口的排烟量不应大于最大允许排烟量，最大允许排烟量由计算确定。

7）排烟口的风速不宜大于10m/s。

排烟风机应满足280℃时连续工作30min的要求，排烟风机应与风机入口处的防火排烟阀联锁，当该阀关闭时，排烟风机应能停止运转。

机械排烟系统应采用管道排烟，且不应采用土建风道。排烟管道应采用不燃材料制作且内壁应光滑。当排烟管道内壁为金属时，管道设计风速不应大于20m/s；当排烟管道内壁为非金属时，管道设计风速不应大于15m/s；排烟管道的厚度应按现行国家标准《通风与空调工程施工质量验收规范》（GB 50243）的有关规定执行。

排烟管道下列部位应设置排烟防火阀。

1）垂直风管与每层水平风管交接处的水平管段上。

2）一个排烟系统负担多个防烟分区的排烟支管上。

3）排烟风机入口处。

4）穿越防火分区处。

排烟风机可采用离心风机或采用排烟轴流风机，并应在其机房入口处设有当烟气温度超过280℃时能自动关闭的排烟防火阀。排烟风机应保证在280℃时能连续工作30min。机械排烟系统中，当任一排烟口或排烟阀开启时，排烟风机应能自行起动。

机械排烟系统与通风、空气调节系统宜分开设置。若合用时，必须采取可靠的防火安全措施，并应符合排烟系统要求。

设置机械排烟的地下室，应同时设置送风系统，且送风量不宜小于排烟量的50%。

机械排烟设备应设置控制和监视设施。

1）不设消防控制室时：①排烟口和排烟风机联锁动作；②火灾报警器动作后，活动挡烟垂壁动作，并有信号到值班室，同时排烟口和排烟风机起动；③火灾时报警器动作，同时风管内带易熔片的防火阀关闭，切断火源，防止火势沿风道蔓延；④火灾时报警器通过控制电路关闭防火阀。

2）设有消防控制室时：①火灾时，报警器动作后，排烟口、排烟风机、通风及空调系统的风机均由消防控制室集中控制；②火灾报警器动作后，消防控制室仅控制排烟口，由排烟口联动排烟风机、通风及空调系统的风机。

13.4.4 排烟系统设计计算

除中庭外下列场所一个防烟分区的排烟量计算应符合下列规定。

1）建筑空间净高小于或等于6m的场所，其排烟量应按不小于$60m^3/(h \cdot m^2)$计算，且取值不小于$15000m^3/h$，或设置有效面积不小于该房间建筑面积2%的自然排烟窗（口）。

2）公共建筑、工业建筑中空间净高大于6m的场所，其每个防烟分区排烟量应根据场所内的热释放速率以及《建筑防烟排烟系统技术标准》（GB 51251—2017）第4.6.6条~第4.6.13条的规定计算确定，且不应小于表13-4中的数值，或设置自然排烟窗（口），其所需有效排烟面积应根据表13-4及自然排烟窗（口）处风速计算。

表13-4 公共建筑、工业建筑中空间净高大于6m场所的计算排烟量及自然排烟侧窗（口）部风速自然排烟

空间净高/m	办公室、学校/（万m^3/h）		商店、展览厅/（万m^3/h）		厂房、其他公共建筑/（万m^3/h）		仓库/（万m^3/h）	
	无喷淋	有喷淋	无喷淋	有喷淋	无喷淋	有喷淋	无喷淋	有喷淋
6.0	12.2	5.2	17.6	7.8	15.0	7.0	30.1	9.3
7.0	13.9	6.3	19.6	9.1	16.8	8.2	32.8	10.8
8.0	15.8	7.4	21.8	10.6	18.9	9.6	35.4	12.4
9.0	17.8	8.7	24.2	12.2	21.1	11.1	38.5	14.2
自然排烟侧窗（口）部风速/（m/s）	0.94	0.64	1.06	0.78	1.01	0.74	1.26	0.84

注：1. 建筑空间净高大于9.0m的，按9.0m取值；建筑空间净高位于表中两个高度之间的，按线性插值法取值；表中建筑空间净高为6m处的各排烟量值为线性插值法的计算基准值。

2. 当采用自然排烟方式时，储烟仓厚度应大于房间净高的20%；自然排烟窗（口）面积=计算排烟量/自然排烟窗（口）处风速；当采用顶开口排烟时，其自然排烟窗（口）的风速可按侧窗口部风速的1.4倍计。

3. 当公共建筑仅需在走道或回廊设置排烟时，其机械排烟量不应小于$13000m^3/h$，或在走道两端（侧）均设置面积不小于$2m^2$的自然排烟窗（口）且两侧自然排烟窗（口）的距离不应小于走道长度的2/3。

4. 当公共建筑房间内与走道或回廊均需设置排烟时，其走道或回廊的机械排烟量可按$60m^3/(h \cdot m^2)$计算且不小于$13000m^3/h$，或设置有效面积不小于走道、回廊建筑面积2%的自然排烟窗（口）。

当一个排烟系统担负多个防烟分区排烟时，其系统排烟量的计算应符合下列规定。

1）当系统负担具有相同净高场所时，对于建筑空间净高大于6m的场所，应按排烟量最大的一个防烟分区的排烟量计算；对于建筑空间净高为6m及以下的场所，应按同一防火分区中任意两个相邻防烟分区的排烟量之和的最大值计算。

2）当系统负担具有不同净高场所时，应采用上述方法对系统中每个场所所需的排烟量进行计算，并取其中的最大值作为系统排烟量。

中庭排烟量的设计计算应符合下列规定：

1）中庭周围场所设有排烟系统时，中庭采用机械排烟系统的，中庭排烟量应按周围场所防烟分区中最大排烟量的2倍数值计算，且不应小于107000m^3/h；中庭采用自然排烟系统时，应按上述排烟量和自然排烟窗（口）的风速不大于0.5m/s计算有效开窗面积。

2）当中庭周围场所不需设置排烟系统，仅在回廊设置排烟系统时，回廊的排烟量不应小于13000m^3/h的规定，中庭的排烟量不应小于40000m^3/h；中庭采用自然排烟系统时，应按上述排烟量和自然排烟窗（口）的风速不大于0.4m/s计算有效开窗面积。

13.4.5 机械加压送风防烟

建筑的下列场所或部位应设置防烟设施。

1）防烟楼梯间及其前室。

2）消防电梯间前室或合用前室。

3）避难走道的前室、避难层（间）。

防烟设施分为机械防烟与自然通风两种形式。

建筑高度大于50m的公共建筑、工业建筑和建筑高度大于100m的住宅建筑，其防烟楼梯间、独立前室、共用前室、合用前室及消防电梯前室应采用机械加压送风系统。

建筑高度小于或等于50m的公共建筑、工业建筑和建筑高度小于或等于100m的住宅建筑，其防烟楼梯间、独立前室、共用前室、合用前室（除共用前室与消防电梯前室合用外）及消防电梯前室应采用自然通风系统；当不能设置自然通风系统时，应采用机械加压送风系统。

采用自然通风方式的封闭楼梯间、防烟楼梯间，应在最高部位设置面积不小于1.0m^2的可开启外窗或开口；当建筑高度大于10m时，尚应在楼梯间的外墙上每5层内设置总面积不小于2.0m^2的可开启外窗或开口，且布置间隔不大于3层。

前室采用自然通风方式时，独立前室、消防电梯前室可开启外窗或开口的面积不应小于2.0m^2，共用前室、合用前室不应小于3.0m^2。

采用自然通风方式的避难层（间）应设有不同朝向的可开启外窗，其有效面积不应小于该避难层（间）地面面积的2%，且每个朝向的面积不应小于2.0m^2。

机械加压送风防烟是采用机械送风系统向需要保护的部位（如疏散楼梯间及其封闭前室、消防电梯前室、走道或非火灾层等）输送大量新鲜空气，从而造成正压区域，使烟气不能袭入其间，并在非正压区内把烟气排出。对于建筑高度大于50m的公共建筑、工业建筑和建筑高度大于100m的住宅建筑，楼梯间及其前室或合用前室必须采用机械加压设施；对于建筑高度小于50m的公共建筑、工业建筑和建筑高度小于100m的住宅建筑，楼梯间及其前室或合用前室加压部位见表13-5。加压送风一般与可开启外窗的自然通风系统相配合。

表13-5 机械加压送风部位

组合关系	防烟设置部位
不具备自然通风条件的楼梯间及其前室（独立前室有且仅有一个门与走道或房间相通）	楼梯间
不具备自然通风条件的楼梯间及其前室（独立前室有且多门与走道或房间相通）	楼梯间及其前室

（续）

组　合　关　系	防烟设置部位
可开窗自然排烟的楼梯间与不具备自然排烟条件的前室和合用前室	前室、合用前室（加压风口需要设在顶部或正对前室门口）
不具备自然排烟条件的楼梯间、前室及其合用前室	楼梯间、前室及其合用前室
封闭式避难层	避难层

防烟楼梯间、独立前室、共用前室、合用前室和消防电梯前室的机械加压送风的计算风量应由计算确定（计算方法详见 13.6 节）。当系统负担建筑高度大于 24m 时，防烟楼梯间、独立前室、合用前室和消防电梯前室应按计算值与表 13-6~表 13-9 中的较大值确定。

表 13-6　消防电梯前室加压送风的计算风量

系统负担高度 h/m	加压送风量/(m^3/h)
$24<h\leqslant50$	35400~36900
$50<h\leqslant100$	37100~40200

表 13-7　楼梯间自然通风，独立前室、合用前室加压送风的计算风量

系统负担高度 h/m	加压送风量/(m^3/h)
$24<h\leqslant50$	42400~44700
$50<h\leqslant100$	45000~48600

表 13-8　前室不送风，封闭楼梯间、防烟楼梯间加压送风的计算风量

系统负担高度 h/m	加压送风量/(m^3/h)
$24<h\leqslant50$	36100~39200
$50<h\leqslant100$	39600~45800

表 13-9　防烟楼梯间及独立前室、合用前室分别加压送风的计算风量

系统负担高度 h/m	送风部位	加压送风量/(m^3/h)
$24<h\leqslant50$	楼梯间	25300~27500
	独立前室、合用前室	24800~25800
$50<h\leqslant100$	楼梯间	27800~32200
	独立前室、合用前室	26000~28100

注：1. 表 13-6~表 13-9 的风量按开启 1 个 2.0m ×1.6m 的双扇门确定。当采用单扇门时，其风量可乘以系数 0.75 计算。
2. 表中风量按开启着火层及其上下层，共开启三层的风量计算。
3. 表中风量的选取应按建筑高度或层数、风道材料、防火门漏风量等因素综合确定。

封闭避难层（间）、避难走道的机械加压送风量应按避难层（间）、避难走道的净面积每平方米不少于 30m^3/h 计算。避难走道前室的送风量应按直接开向前室的疏散门的总断面积乘以 1.0m/s 门洞断面风速计算。

机械加压送风量应满足走廊至前室至楼梯间的压力呈递增分布，余压值应符合下列规定。

1）前室、封闭避难层（间）与走道之间的压差应为25~30Pa。

2）楼梯间与走道之间的压差应为40~50Pa。

楼梯间宜每隔二至三层设一个加压送风口，前室的加压送风口应每层设一个。机械加压送风可采用轴流风机或中低压离心风机，风机位置应根据供电条件、风量分配均衡、新风入口不受火、烟威胁等因素确定。

13.5 其他

在防排烟系统中涉及防火阀、防烟防火阀、排烟阀及排烟防火阀等。

1）简易防火阀。平时开启，70℃时温度熔断器动作，阀门关闭；也可手动关闭，手动复位。

2）防火阀。平时开启，70℃时温度熔断器动作，阀门关闭；也可手动关闭，手动复位。阀门关闭后可发出电信号至消防控制中心。防火阀与普通百叶风口组合可构成防火风口。

3）防烟防火阀。平时开启，70℃时温度熔断器动作，阀门关闭；也可手动关闭，手动复位；消防控制中心可根据烟感探头发出的火警信号通过执行机构将阀门关闭；阀门关闭后可发出反馈电信号至消防中心。

4）排烟阀。平时常闭，发生火灾时，烟感探头发出火警信号，控制中心通过执行机构将阀门打开排烟，也可手动使阀门打开，手动复位。阀门开启后可发出电信号至消防控制中心。还可与其他设备联动，如排烟阀与普通百叶风口或板式风口组合，可构成排烟风口。

5）排烟防火阀。平时常闭，发生火灾时，烟感探头发出火警信号，控制中心通过执行机构将阀门打开排烟，也可手动使阀门打开，手动复位。阀门开启后可发出电信号至消防控制中心。还可与其他设备联动。当烟道内温度达到280℃时，温度熔断器动作，阀门自动关闭。阀门开启后可发出电信号至消防控制中心。

下列情况之一的送风、空气调节系统的风管道应设置防火阀：①管道穿越防火分区处；②穿越通风、空气调节机房及重要的或火灾危险性大的房间隔墙和楼板处；③垂直风管与每层水平风管交接处的水平管段上；④穿越变形缝处的两侧。

厨房、浴室、厕所灯的垂直排风道，应采取防止回流的措施，火灾支管上设置防火阀。

13.6 计算示例

13.6.1 正压送风量计算方式

采用机械加压送风时，由于建筑有各种不同条件，如开门数量、风速不同，满足机械加压送风条件亦不同，应首先进行计算，且当系统负担建筑高度大于24m时，防烟系统风量不应小于表13-6~表13-9所示的风量。

楼梯间或前室的机械加压送风量应按下列公式计算。

$$L_j = L_1 + L_2 \tag{13-1}$$

$$L_s = L_1 + L_3 \tag{13-2}$$

式中 L_j——楼梯间的机械加压送风量；

L_s——前室的机械加压送风量；

L_1——门开启时，达到规定风速值所需的送风量（m^3/s）；

L_2——门开启时，规定风速值下，其他门缝漏风总量（m^3/s）；

L_3——未开启的常闭送风阀的漏风总量（m^3/s）；

门开启时，达到规定风速值所需的送风量应按式（13-3）计算。

$$L_1 = A_k v N_1 \tag{13-3}$$

式中 A_k——一层内开启门的截面面积（m^2），对于住宅楼梯前室，可按一个门的面积取值；

v——门洞断面风速（m/s）；当楼梯间和独立前室、共用前室、合用前室均机械加压送风时，通向楼梯间和独立前室、共用前室、合用前室疏散门的门洞断面风速均不应小于0.7m/s；当楼梯间机械加压送风、只有一个开启门的独立前室不送风时，通向楼梯间疏散门的门洞断面风速不应小于1.0m/s；当消防电梯前室机械加压送风时，通向消防电梯前室门的门洞断面风速不应小于1.0m/s；当独立前室、共用前室或合前室用前间采用可开启外窗的自然通风系统时，通向独立前室、共用前室或合用前室疏散门的门洞风速不应小于$0.6(A_1/A_g+1)$(m/s)；A_1为楼梯间疏散门的总面积（m^2）；A_g为前室疏散门的总面积（m^2）；

N_1——设计疏散门开启的楼层数量；楼梯间：采用常开风口，当地上楼梯间为24m以下时，设计2层内的疏散门开启，取$N_1=2$；当地上楼梯间为24m及以上时，设计3层内的疏散门开启，取$N_1=3$；当为地下楼梯间时，设计1层内的疏散门开启，取$N_1=1$。前室：采用常闭风口，计算风量时取$N_1=3$。

门开启时，规定风速值下的其他门漏风总量应按下式计算。

$$L_2 = 0.827A\,\Delta p^{1/n} \cdot 1.25N_2 \tag{13-4}$$

式中 A——每个疏散门的有效漏风面积（m^2）；疏散门的门缝宽度取0.002～0.004m；

Δp——计算漏风量的平均压力差（Pa）；当开启门洞处风速为0.7m/s时，取$\Delta p=6.0$Pa；当开启门洞处风速为1.0m/s时，取$\Delta p=12.0$Pa；当开启门洞处风速为1.2m/s时，取$\Delta p=17.0$Pa；

n——指数（一般取$n=2$）；

1.25——不严密处附加系数；

N_2——漏风疏散门的数量，楼梯间采用常开风口，取N_2=加压楼梯间的总门数$-N_1$楼层数上的总门数。

未开启的常闭送风阀的漏风总量应按以下公式计算。

$$L_3 = 0.083A_F N_3 \tag{13-5}$$

式中 A_F——每个送风阀门的面积（m^2）；

0.083——阀门单位面积的漏风量[$m^3/(s\cdot m^2)$]；

N_3——漏风阀门的数量。

合用前室、消防电梯前室：采用常闭风口，当防火分区不跨越楼层时，取N_3=楼层数-1；当防火分区跨越楼层时，取N_3=楼层数$-$开启送风阀的楼层数，其中开启送风阀的楼层数为跨越楼层数，最多为3。

国内外已建高层建筑正压送风量的比较，见表13-10。

表 13-10 国内外部分高层建筑正压送风量举例

建筑物名称	层数	总送风量/(m^3/h)	每层平均/(m^3/h)	加压送风部位
英国波士顿附属医疗大楼	16	16128	1008	楼梯间
美国旧金山办公大楼	31	31608	1008	楼梯间
美国波士顿 CUAC 大楼	36	121320	3370	楼梯间前室
美国明尼亚波利斯 IDS 中心	50	54720	1094	楼梯间
美国佛罗里达州办公大楼	55	68000	1236	楼梯间
美国麦克格罗希办公大楼	52	85000	1634	楼梯间
美国波士顿商业联合保险公司	36	51000	1416	楼梯间
上海联谊大厦	29	32500	1120	楼梯间
上海宾馆	27	21600	800	楼梯间
北京图书馆书库	19	19500	1026	楼梯间
深圳晶都大酒店	30	31000	1033	楼梯间及前室
深圳某办公大楼	20	14700	735	电梯前室
大连国际饭店	26	36000	1384	楼梯间及前室
福州大酒店	20	15850	792	楼梯间
山东齐鲁大厦	22	25000	1136	前室
北京市某宾馆	30	46880	1536	楼梯间合用前室
南京金陵饭店	35	34500	985	楼梯间
北京某饭店	30	62170	2012	楼梯间
江苏省常州大厦	16	35000 47500	1920 2969	楼梯间 合用前室
中国大酒店	18	9600 4200	533 233	楼梯间 前室
江苏省常州工贸大厦	24	18900	788	楼梯间、前室
上海华亭宾馆	29	34000	1172	消防电梯前室
上海市花园饭店	34	22500	662	消防电梯前室
日本新宿野村大楼	50	21200	424	前室

13.6.2 正压送风量计算示例

(1) 楼梯间机械加压送风、前室不送风情况 某商务大厦办公防烟楼梯间 13 层、高 48.1m，每层楼梯间 1 个双扇门 1.6m×2.0m，楼梯间的送风口均为常开风口；前室也是 1 个双扇门 1.6m×2.0m。

楼梯间机械加压送风量计算：

对于楼梯间，开启着火层楼梯间疏散门时为保持门洞处风速所需的送风量 L_1 确定：

每层开启门的总断面积 $A_k = 1.6\text{m} \times 2.0\text{m} = 3.2\text{m}^2$

门洞断面风速 v 取 1.0m/s。

常开风口，开启门的数量 $N_1 = 3$。

$L_1 = A_k v N_1 = 3.2\text{m}^2 \times 1\text{m/s} \times 3 = 9.60\text{m}^3/\text{s}$

对于楼梯间，保持加压部位一定的正压值所需的送风量 L_2 确定：

取门缝宽度为 0.004m，每层疏散门的有效漏风面积 $A = (2\text{m} \times 3 + 1.6\text{m} \times 2) \times 0.004\text{m} = 0.0368\text{m}^2$

门开启时的压力差 $\Delta p=12\text{Pa}$

漏风门的数量 = 13−3 = 10

$L_2=0.827A\ \Delta p^{1/n}\cdot 1.25N_2=1.32\text{m}^3/\text{s}$

楼梯间的机械加压送风量：

$L_j=L_1+L_2=9.60^3\text{m/s}+1.32\text{m}^3/\text{s}=10.92\text{m}^3/\text{s}=39312\text{m}^3/\text{h}$

设计风量不应小于计算风量的 1.2 倍，因此设计风量不应小于 $39312\text{m}^3/\text{h}\times1.2=47174.4\text{m}^3/\text{h}$。

（2）楼梯间机械加压送风、合用前室机械加压送风情况　某商务大厦办公防烟楼梯间 16 层、高 48m，每层楼梯间至合用前室的门为双扇 1.6m×2.0m，楼梯间的送风口均为常开风口；合用前室至走道的门为双扇 1.6m×2.0m，合用前室的送风口为常闭风口，火灾时开启着火层合用前室的送风口。火灾时楼梯间压力为 50Pa，合用前室为 25Pa。

1）楼梯间机械加压送风量计算：

对于楼梯间，开启着火层楼梯间疏散门时为保持门洞处风速所需的送风量 L_1 确定：

每层开启门的总断面积 $A_k=1.6\text{m}\times2.0\text{m}=3.2\text{m}^2$

门洞断面风速 v 取 0.7m/s。

常开风口，开启门的数量 $N_1=3$。

$L_1=A_k vN_1=3.2\text{m}^2\times0.7\text{m/s}\times3=6.72\text{m}^3/\text{s}$

保持加压部位一定的正压值所需的送风量 L_2 确定：

取门缝宽度为 0.004m，每层疏散门的有效漏风面积 $A=(2.0\text{m}\times3.0\text{m}+1.6\text{m}\times2.0\text{m})\times0.004\text{m}=0.0368\text{m}^2$。

门开启时的压力差 $\Delta p=6\text{Pa}$

漏风门的数量 $N_2=13$

$L_2=0.827A\ \Delta p^{1/n}\cdot 1.25N_2=1.21\text{m}^3/\text{s}$

楼梯间的机械加压送风量：

$L_j=L_1+L_2=6.72\text{m}^3/\text{s}+1.21\text{m}^3/\text{s}=7.93\text{m}^3/\text{s}=28548\text{m}^3/\text{h}$，与表 13-7 比较，取 $28548\text{m}^3/\text{h}$ 风量。

设计风量不应小于计算风量的 1.2 倍，因此设计风量不小于 $28548\text{m}^3/\text{h}\times1.2=34257.6\text{m}^3/\text{h}$。

2）合用前室机械加压送风量计算：

对于合用前室，开启着火层楼梯间疏散门时，为保持走廊开向前室门洞处风速所需的送风量 L_1 确定：

每层开启门的总断面积 $A_k=1.6\text{m}\times2\text{m}=3.2\text{m}^2$

门洞断面风速 v 取 0.7m/s。

常闭风口，开启门的数量 $N_1=3$。

$L_1=A_k vN_1=3.2\text{m}^2\times0.7\text{m/s}\times3=6.72\text{m}^3/\text{s}$

送风阀门的总漏风量 L_3 确定：

常闭风口，漏风阀门的数量 $N_3=13$。

每层送风阀门的面积为 $A_F=0.9\text{m}^2$

$L_3=0.083A_F N_3=0.083\times0.9\text{m}^2\times13\text{m/s}=0.97\text{m}^3/\text{s}$

当楼梯间至合用前室的门和合用前室至走道的门同时开启时，机械加压送风量为

$L_s = L_1 + L_3 = 6.72\text{m}^3/\text{s} + 0.97\text{m}^3/\text{s} = 7.96\text{m}^3/\text{s} = 27684\text{m}^3/\text{h}$，与表 13-7 比较，取 $27684\text{m}^3/\text{h}$ 风量。

设计风量不应小于计算风量的 1.2 倍，因此设计风量是 $27684\text{m}^3/\text{h} \times 1.2 = 33220.8\text{m}^3/\text{h}$。

13.6.3 排烟量计算示例

图 13-15 所示建筑共 4 层，每层建筑面积 2000m^2，均设有自动喷水灭火系统。1 层空间净高 7m，包含展览和办公场所，2 层空间净高 6m，3 层和 4 层空间净高均为 5m。假设 1 层的储烟仓厚度及燃料面距地面高度均为 1m。

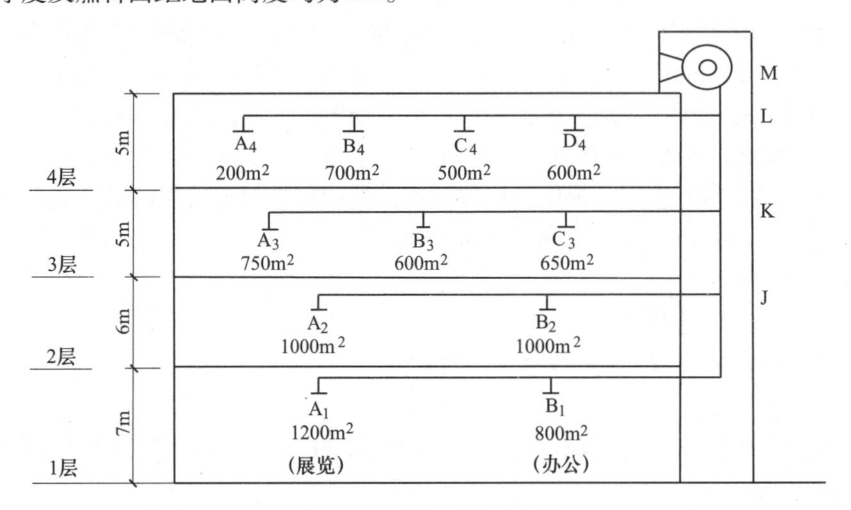

图 13-15 排烟系统示意图

排烟风管风量计算举例，见表 13-11。

表 13-11 排烟风管风量计算举例

管段间	负担防烟区	通过风量/(m^3/h)
$A_1 \sim B_1$	A_1	$V(A_1)$ 计算值=72000<91000，所以取 91000
$B_1 \sim J$	A_1，B_1	$V(B_1)$ 计算值=48000<63000<91000，所以取 91000（1 层最大）
$A_2 \sim B_2$	A_2	$V(A_2) = S(A_2) \times 60 = 60000$
$B_2 \sim J$	A_2，B_2	$V(A_2 + B_2) = S(A_2 + B_2) \times 60 = 120000$（2 层最大）
$J \sim K$	A_1，B_1，A_2，B_2	12000（1、2 层最大）
$A_3 \sim B_3$	A_3	$V(A_3) = S(A_3) \times 60 = 45000$
$B_3 \sim C_3$	A_3，B_3	$V(A_3 + B_3) = S(A_3 + B_3) \times 60 = 810000$
$C_3 \sim K$	A_3，B_3，C_3	$V(A_3 + B_3) > V(B_3 + C_3) \times 60$，所以取值 81000（3 层最大）
$K \sim L$	A_1，B_1，A_2，B_2，A_3，B_3，C_3	120000（1 ~ 3 层最大）
$A_4 \sim B_4$	A_4	$V(A_4) = S(A_4) \times 60 = 12000 < 15000$，所以取值 15000
$B_4 \sim C_4$	A_4，B_4	$V(A_4 + B_4) = 15000 + S(B_4) \times 60 = 57000$
$C_4 \sim D_4$	A_4，B_4，C_4	$V(B_4 + C_4) = S(B_4 + C_4) \times 60 = 72000 > Q(A_4 + B_4)$，所以取值 72000
$D_4 \sim L$	A_4，B_4，C_4，D_4	$V(B_4 + C_4) > Q(C_4 + D_4) > Q(A_4 + B_4)$，所以取值 72000（4 层最大）
$L \sim M$	全部	120000（1 ~ 4 层最大）

参考文献

[1] 中华人民共和国公安部．建筑设计防火规范（2018年版）：GB 50016—2014［S］．北京：中国计划出版社，2018.

[2] 住房和城乡建设部工程质量安全监督司，中国建筑标准设计研究院．全国民用建筑工程设计技术措施：暖通空调　动力：2009JSCS—4［S］．北京：中国建筑标准设计研究院，2009.

[3] 中华人民共和国住房和城乡建设部．建筑防烟排烟系统技术标准：GB 51251—2017［S］．北京：中国计划出版社，2018.

[4] 中华人民共和国住房和城乡建设部．汽车库、修车库、停车场设计防火规范：GB 50067—2014［S］．北京：中国计划出版社，2015.

[5] 中华人民共和国住房和城乡建设部．通风与空调工程施工质量验收规范：GB 50243—2016［S］．北京：中国计划出版社，2017.

14

第 14 章 自动控制系统设计

中央空调系统是现代建筑的重要组成部分，也是建筑智能化管理系统主要管理内容之一。随着社会的发展，人们对生活和工作环境的要求越来越高，而中央空调系统的广泛应用，在改善和提高人们工作和居住环境质量及生活和健康水平上起着至关重要作用。为了使中央空调系统高能效健康安全运行，中央空调多采用自动控制系统。

中央空调自动控制的目的是：

1）创造适宜的生活工作环境。对室内空气进行调节就是为了创造一个舒适的室内环境，使人在该环境中感到舒适，或者创造一个能满足生产工艺和科学研究需要的人工环境。

2）节约能源。空调系统能耗约占整个建筑能耗的40%，耗能量大，对空调系统进行节能控制具有很大的潜力。

3）保证空调系统安全可靠地运行。大型中央空调系统由各种设备组成，系统结构复杂，通过人工进行运行维护较为困难。而自动控制系统可以对中央空调系统的运行进行检测，及时发现系统故障，自动关闭相关设备，并警报通知相关人员进行处理，保证系统可靠运行。

楼宇自动化系统设计的主要相关规范标准有《火灾自动报警系统设计规范》（GB 50116—2013）、《自动化仪表工程施工及质量验收规范》（GB 50093—2013）、《民用建筑电气设计规范》（JGJ 16—2008）。

14.1 自动控制设计基本步骤

楼宇自动控制设计基本步骤如下。

1）确定 BAS 规模，根据冷冻、空调、变配电、热力、给排水等相关专业提供的设计条件、设计资料、投资情况和功能内容，确定需要监控的设备种类、数量、分布情况及标准。

2）确定各子系统组成方案、功能及技术要求。

3）确定各子系统之间的关联方式。

4）确定 BAS 中各子系统与大厦其他部分间的接口。

5）根据各专业的控制要求和控制内容确定并画出设备监控系统原理图。

6）统计监控系统的监控点（AI、AO、DI、DO）的数量、分布情况并列表。

7）根据监控点数和分布情况确定分站的监控区域、分站设置的位置，统计整个大楼所需分站的数量、类型及分布情况。

8）选择现场设备的传感器和执行机构。

9）确定楼宇监控的系统网络及中心站设备的选择。

10）实施布线与调试。

暖通专业相关设备的自动控制的设计与实施主要关注 5）~10）。

14.2　传感器与执行器

为了实现暖通空调系统的自动控制，需要对空调系统进行监测，同时采用执行器对空调系统进行控制及调节。暖通空调系统中的传感器主要包括监测温度的温度传感器、监测空气湿度的湿度传感器、监测压力的压力传感器、监测压差的压差传感器、监测 CO_2 浓度的 CO_2 浓度传感器、监测水流量的水流量传感器、监测风量的风量传感器、监测光照强度的照度传感器和监测水流通断的开关传感器等。

温度传感器从功能上可以分为测量水温的水温温度传感器和测量空气温度的风温温度传感器，分别如图 14-1 和图 14-2 所示。在对空气温度进行测量的同时，有时还需测量空气的湿度，此时需要采用温湿度传感器对空气的温度和湿度同时进行测量，温湿度传感器如图 14-3 所示。

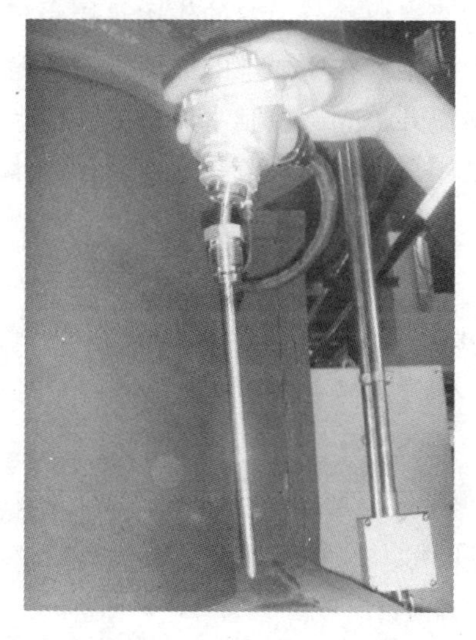

图 14-1　水温温度传感器

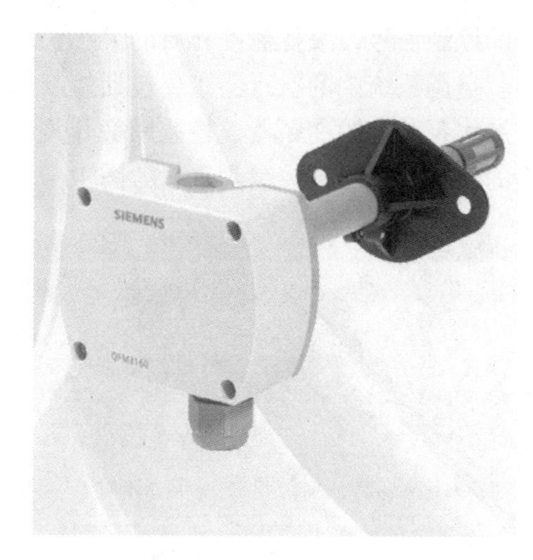

图 14-2　风温温度传感器

空调系统中温度传感器从测量原理上来说，主要包含热电偶和热电阻两类，分别如图 14-4 和图 14-5 所示。热电偶是温度测量中应用最广泛的器件，它的主要特点就是测温

图 14-3　西门子温湿度传感器

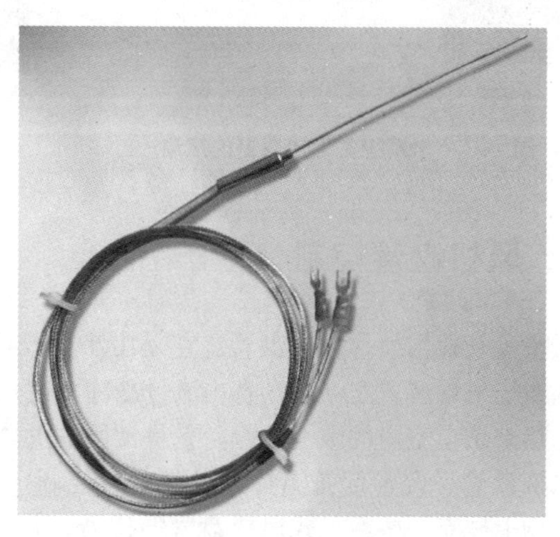

图 14-4　K 型热电偶

范围宽，性能比较稳定，同时结构简单，动态响应好，能够远传 4~20mA 电信号，便于自动控制。热电阻的测温原理是基于导体或半导体的电阻值随着温度的变化而变化的特性。电阻型传感器可以远传电信号，灵敏度高，稳定性强，互换性以及准确性都比较好，但是需要电源激励。

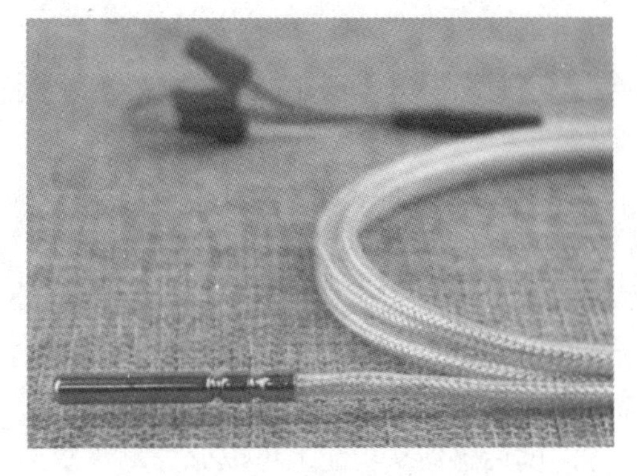
图 14-5 PT100 热电阻

测量压力的压力传感器、测量压差的压差传感器、测量流量的流量传感器、监测水流通断的开关传感器等如图 14-6 所示。

空调系统的自动控制系统除了监测外，还需要对空调系统进行控制。这一过程是通过执行器实现的。执行器是自动控制系统中必不可少的一个重要组成部分。它的作用是接受控制器送来的控制信号，改变被控介质的大小，从而将被控变量维持在所要求的数值上或一定的范围内。空调系统中的执行器主要包括控制水流开关的水流开关阀、控制水流量的水流调节阀、控制水泵转速的变频器、控制风量开关的风阀、控制风量大小的调节阀、以及控制水流量平衡的动态流量平衡控制阀等，如图 14-7 所示。

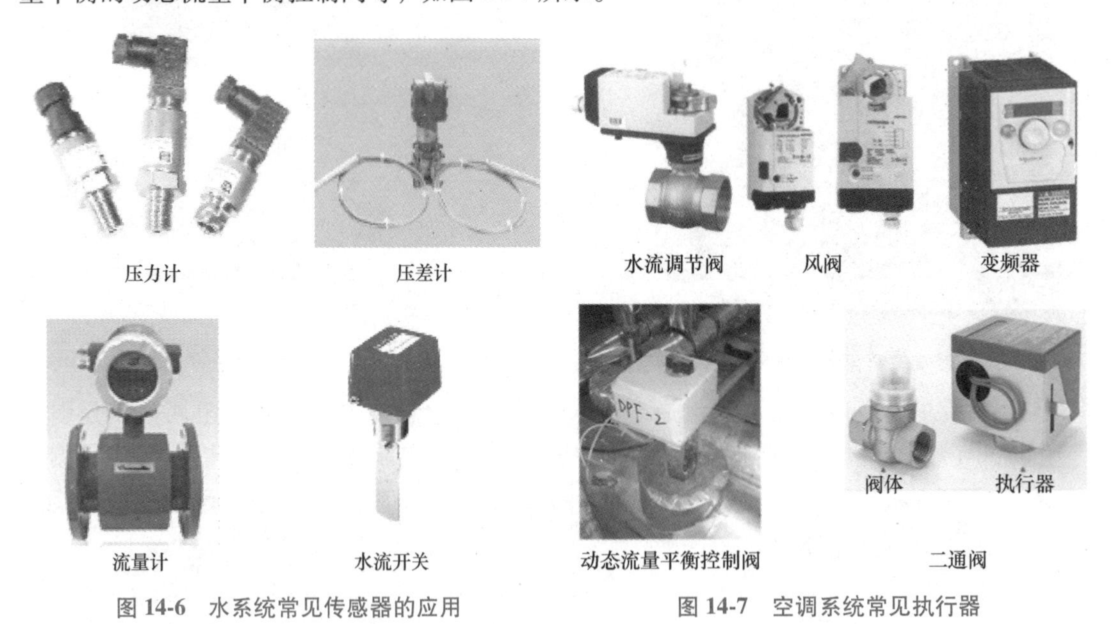

图 14-6 水系统常见传感器的应用　　图 14-7 空调系统常见执行器

14.3 风机盘管控制

风机盘管机组简称风机盘管。它是由小型风机、电动机和盘管（空气换热器）等组成的空调系统末端装置之一。盘管内流过冷冻水或热水时与管外空气换热，使空气被冷却、除湿或加热来调节室内的空气参数。它是常用的供冷、供热末端装置。

风机盘管系统常配备温控器对其进行控制，常见的风机盘管控制面板如图 14-8 所示。目前市场上也有一些数显式风机盘管温控器，其控制面板如图 14-9 所示。风机盘管控制室温基本采用三种方式，第一种是只控制盘管风机的风速，以控制送入室内的风量；第二种是只采用电动二通阀，控制水流的通断，阀门一般装设在盘管冷冻水管的入口处或出口处；第三种是既控制盘管风机的风速，又控制水阀的通断。

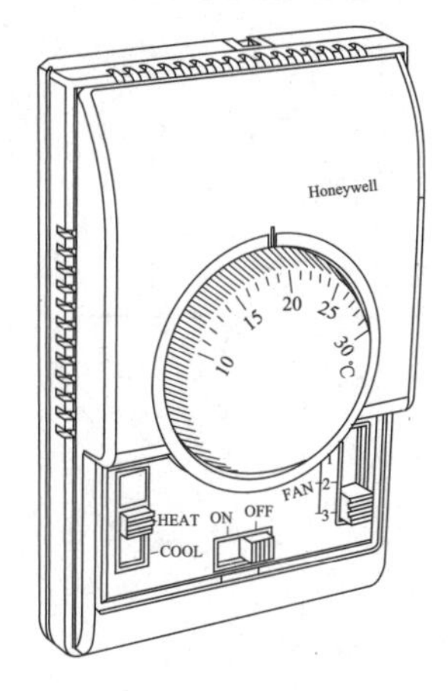

图 14-8 旋钮式风机盘管控制面板

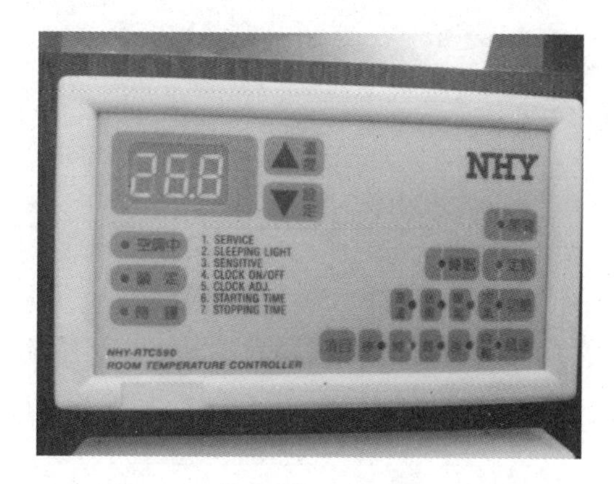

图 14-9 数显式风机盘管控制面板

风机盘管中的风机分高、中、低三个档。当按下高档键时，主绕组全部匝数接入 220V 交流电源，中间绕组及副绕组串联电容 C 并入电源，主绕组因每匝电压增高而使转速增大，送入室内的风量增大，室温下降速度加快（夏季）或室温上升速度加快（冬季）。当按下中档键开关，主绕组串联中间绕组后接入电源，每匝电压减少，转速降低，盘管机组送入室内的风量减少。同理按下低档键，送入室内的风量进一步减少。

除采用离心式风机电动机进行三档变速调节风量外，还采用电动二通阀以控制流入盘管的冷冻水流量。这种电动二通阀是一种双位控制元件，即在通电时，阀门打开，冷冻水流通；断电时，冷冻水停止流入。通入风机盘管的冷冻水流量用室温控制器控制，温控器一般设有一个螺旋式双金属片温度敏感元件，当室温上升到设定值以上时，双金属片弯曲使触头闭合接通电动二通阀微电动机电源，通过齿轮传动打开阀门，冷冻水随之进入盘管（夏季工况）。当室温下降到设定值时，双金属片复原，电动二通阀微电动机失电，阀门关闭，冷冻水停止进入盘管。

风机盘管一般不接入集中控制系统。

14.4 空气处理机组控制

空气处理机组（AHU）系统是一种集中式空气处理系统，通过风管分配冷热空气的强制式通风空调系统，一般包括风机、加热器、表冷器以及过滤器等组件。目前市场上存在各种各样的空气处理机组，应用最为广泛的是一次回风系统的空气处理机组。下面以一次回风系统为例，对空气处理机组的控制进行介绍。

14.4.1 定风量一次回风系统

一次回风系统主要分为定风量一次回风系统和变风量一次回风系统。定风量一次回风系统的回风量、新风量和送风量恒定，风机以固定转速（固定频率）运行，通过调节水阀的开度（即调节冷冻水供水量）来调节回风温度（室内温度），其控制原理图如图 14-10 所示。该系统需要监测的信号一般有排风阀开关状态、回风阀开关状态、新风阀开关状态、过

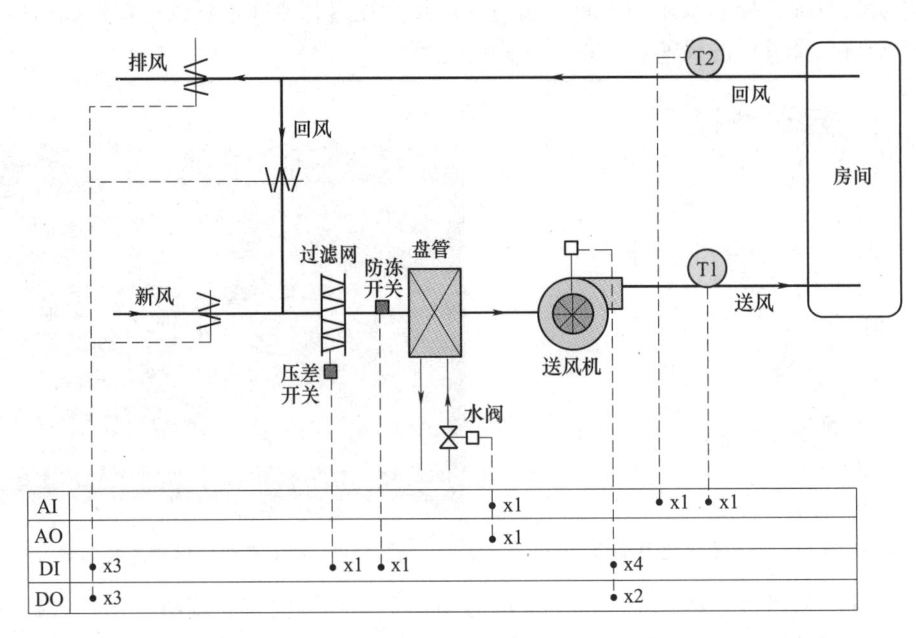

图 14-10 定风量单风机一次回风系统控制原理图

滤网压差开关状态，防冻阀开关状态、送风机开关状态、送风机手自动状态、送风机运行状态、送风机故障状态、送风温度、回风温度和冷冻水阀开度反馈等；需要控制的信号为排风阀开关指令、回风阀开关指令、新风阀开关指令、送风机开关指令、送风机手自动控制指令和水阀开度等。

根据回风温度调节水阀开度这一过程通常采用 PID 控制算法实现。一次回风系统也有采用送回风双风机的，新风机也独立设置，如图 14-11 所示。

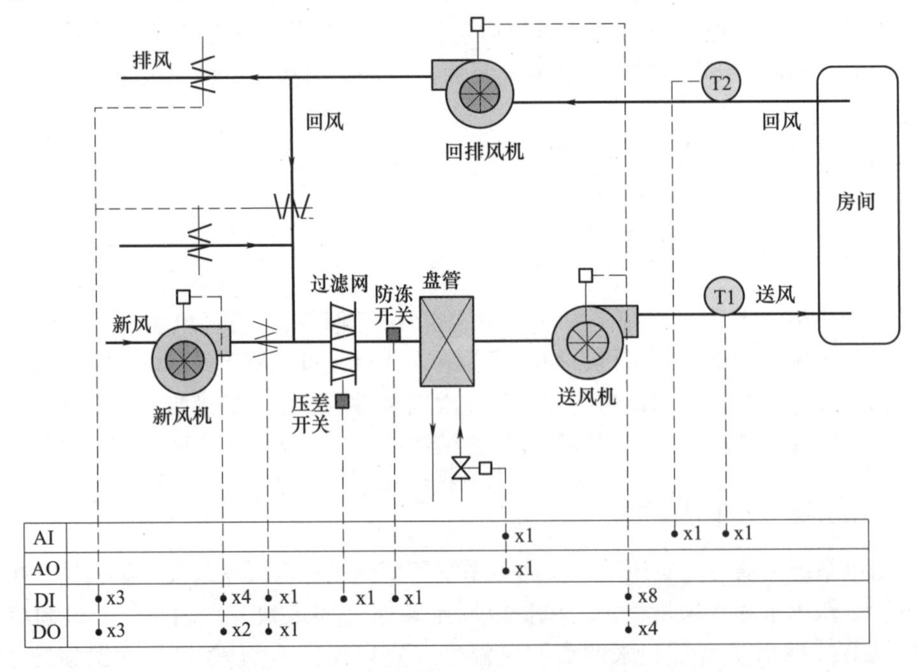

图 14-11 定风量双风机一次回风系统控制原理图

14.4.2　变风量一次回风系统（无变风量末端）

根据有无变风量末端，变风量一次回风系统可分为无变风量末端的变风量一次回风系统和有变风量末端的变风量一次回风系统。对于无变风量末端的一次回风系统，其末端无变风量装置，通过控制风机运行频率来改变风量，通过控制水阀开度来控制风温，从而控制送风温度和回风温度在设定值，维持室内环境的热舒适性。其控制原理图如图 14-12 所示。相较于定风量一次回风系统，变风量一次回风系统增加的监测信号为送风机的风机运行频率反馈，需要增加的控制信号为风机运行频率。随着送风量的调节，新风量也不断变化，难以保证室内的新风需求。

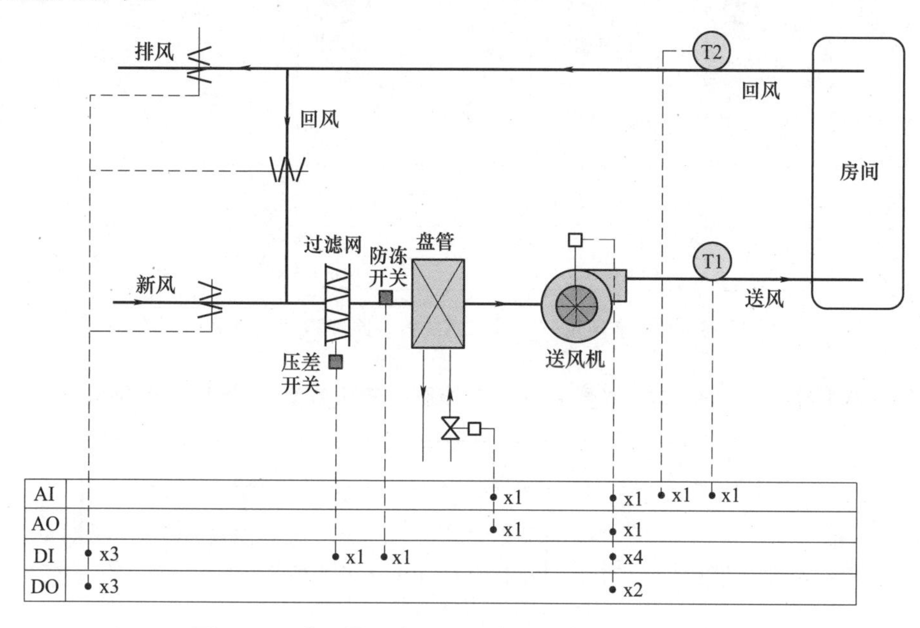

图 14-12　变风量一次回风系统控制原理图（单风机）

该系统通常调节水阀开度控制送风温度处于设定值，调节送风机频率改变送风量保持回风温度处于设定值。这两个过程通常采用 PID 控制算法实现。

该系统也有采用送回风双风机的，新风机独立设置，如图 14-13 所示。回风机频率根据送风机频率同步调节，新风机独立控制容易保证新风量。

14.4.3　变风量一次回风系统（有变风量末端）

有变风量末端的变风量一次回风系统是指设有变风量箱的变风量一次回风系统。该变风量空调系统是通过变风量末端装置调节送入房间的风量来保证房间温度的，同时相应地调节送风机运行频率来维持总管一定的静压，以保证每一个末端有足够的压头。该系统能实现局部区域的灵活控制，可根据负荷的变化或个人的舒适要求自动调节自己的工作环境。有的采用总风量控制法来控制风机的运行频率。

变风量末端装置（通常称为变风量箱或 VAV 末端）是变风量一次回风系统的一个重要设备，变风量系统通过控制末端风阀开度控制送风量，从而控制送到室内的供冷量。其控制原理图如图 14-14 所示。该系统需要监测的信号分别为室内温度和风阀开度反馈，需要控制的信号为风阀的开度。根据回风温度调节风阀开度这一过程通常采用 PID 控制算法实现，

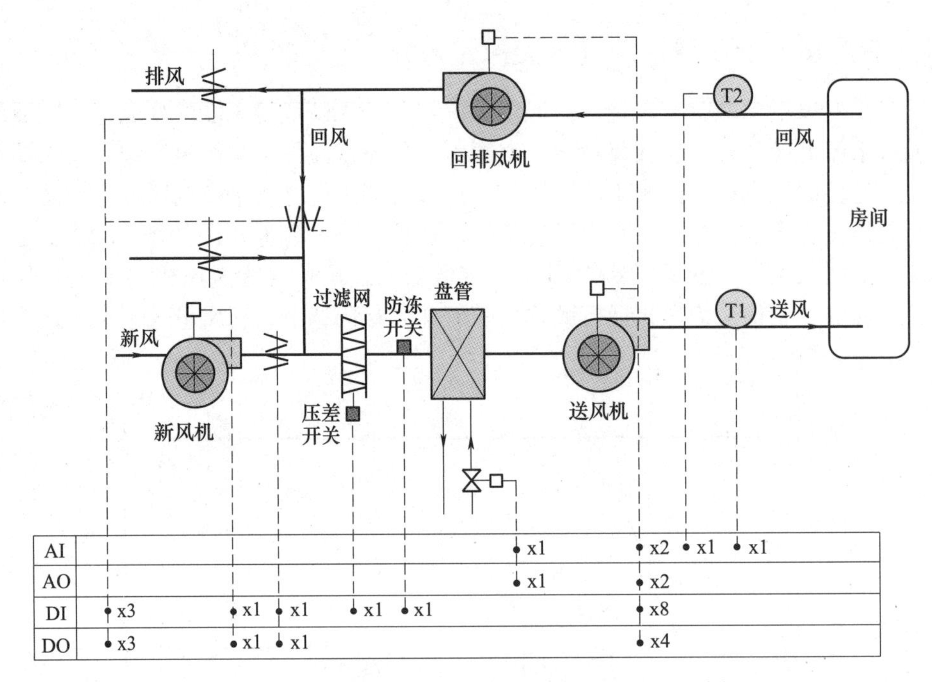

图 14-13 变风量一次回风系统控制原理图（双风机）

也有的采用串级控制，这时需要监测风量，在控制逻辑上需要两个 PID 控制器。

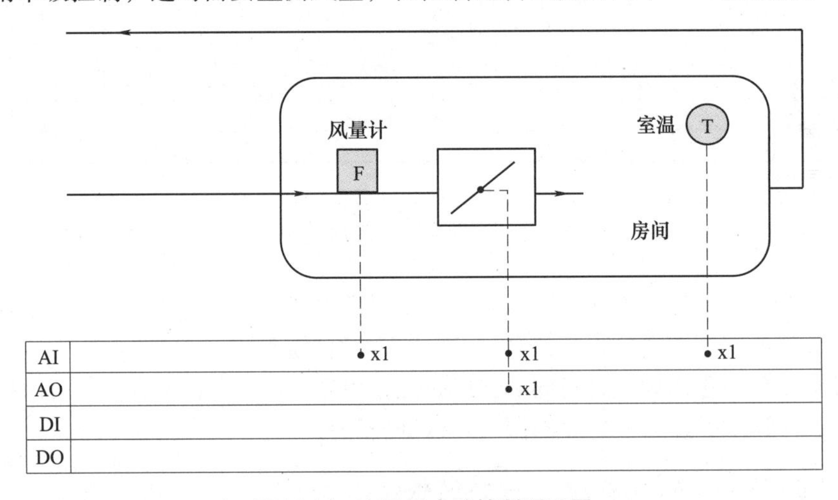

图 14-14 变风量末端控制原理图

在部分负荷时，系统内变风量末端装置调节使整个管道系统的阻力增加，系统的风量减少，这时管道内的静压将增加，导致系统漏风增加，还可能使风机处于不稳定状态工作，同时能耗增大，另外节流过度会导致噪声增加。因此，在变风量末端装置调节的同时，还应对送风量与送风机进行有效控制，目前常采用静压控制法，根据静压是否变化又可分为定静压控制法和变静压控制法。

（1）定静压控制法 在送风干管适当位置设置静压传感器，通过改变风机频率来改变系统的送风量，以维持风管静压恒定。为保证每个 VAV 末端都能正常工作，要求主风道内各点的静压都不低于 VAV 末端装置所需的最低压力。定静压控制系统原理图如图 14-15 所示。定静压控制系统相较于普通的变风量单风机一次回风系统，增加的监测点为送风管静压和变风量末端阀门开度反馈；增加的控制点位为变风量末端阀门开度。

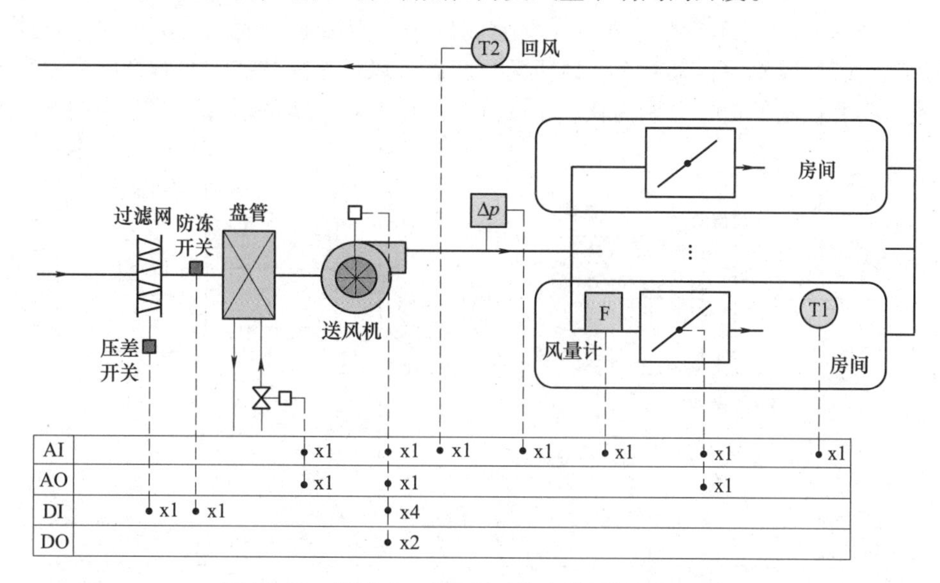

图 14-15　变风量一次回风系统定静压控制原理图

当主风管静压高于设定值时，降低风机频率，风机转速降低，风机压头减小，风管压力降低；当主风管静压低于设定值时，增大风机频率，风机转速增大，风机压头增大，风管压力增大。这一个过程通常采用 PID 控制算法实现。

（2）变静压控制法　静压传感器的设置位置很难确定，往往是根据经验值来定，科学性差，由于系统送风量由某点静压值来控制，不可避免会使得风机转速过高，达不到最佳节能效果。采用变静压控制法是可根据末端风阀阀位状况来判断系统风量的盈亏，进而设定静压。当系统中有一个末端开度达到 100%时表示风量可能不足时，增加静压设定值，此时风机转速加大。当系统各末端均在某一开度（比如 85%）以下时，表示风量富裕，减小静压设定值，此时风机转速减小，风量也减小。当系统中所有末端开度在 100%与某一开度（比如 85%）之间时，表示风量适当，静压设定值保持不变。这样可以尽量降低风机运行的静压，节约风机的运行能耗。变静压方法能最大限度地降低能耗，而且也可以很好地解决变风量系统的其他问题。

14.5　新风机组控制

足够的新风量对于提供良好的室内空气品质（IAQ）、保证室内人员的舒适感和身体健康有着直接的意义。根据新风量是否可变，可分为定新风量系统和变新风量系统。对定新风量系统来说，由于新风量在运行过程中始终保持不变，因此一旦新风量根据要求被设定，则在系统运行的整个期间都能满足要求。而变新风量系统不同，新风量随室内需求可以不断变化。

新风量的控制通常采用二氧化碳浓度控制法。该控制方法是在室内或者回风管中设置 CO_2 传感器来检测 CO_2 浓度。根据 CO_2 浓度调节新风机的运行频率，以保持系统所需的新风量，其控制原理图如图 14-16 所示。在空调系统的设计中，新风一般不承担室内热湿负荷，因此送入室内的新风应处理到室内空气状态点，空调系统通常根据送入室内的新风温度调节新风机组冷冻水阀开度，以保持送风温度在设定值。新风机与冷冻水阀的调节过程通常可通过 PID 算法实现。该控制过程中需要监测的信号点分别为室内 CO_2 浓度、送风温度、新风机开关状态、风机手自动状态、风机运行状态、风机故障状态、水阀开度反馈和新风机频率反馈；需要控制的信号分别为新风机的开关指令、新风机的运行频率和水阀的开度。

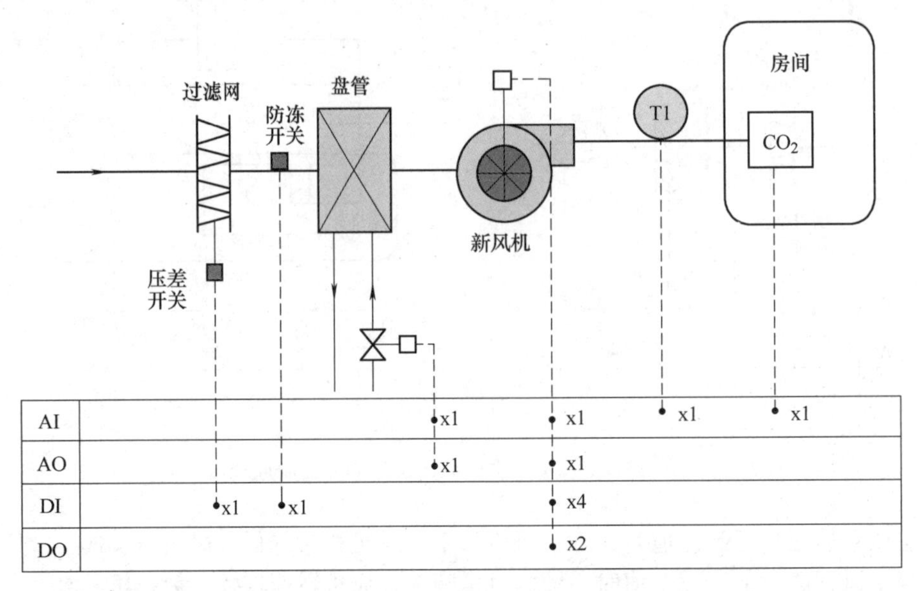

图 14-16 变新风量系统 CO_2 浓度控制法

14.6 水系统控制

中央空调冷源系统一般有风冷系统、水冷系统（包括冷却塔冷却、地埋管系统冷却、地源水冷却等）。以冷却塔水冷系统为例，中央空调水系统主要包括冷却侧（冷却塔和冷却泵）、冷冻侧（冷冻泵、分水器和集水器）和制冷主机等，水系统的基本控制主要包括水系统的顺序启动控制、顺序停止控制和主机的顺序加机与顺序减机控制等。某典型水系统的控制原理图如图 14-17 所示。该系统主要设备包括 2 台冷却塔 2 台冷却泵、2 台主机和 2 台冷冻泵（2 用 1 备，备用设备未在图中画出）等。

空调水系统控制过程中需要监测的信号点包括主机的开关状态，主机冷冻阀的开关状态，主机冷却阀的开关状态，水流开关的开关状态，冷冻泵手自动状态、开关状态、运行状态、故障状态和水泵运行频率反馈等，冷却泵手自动状态、开关状态、运行状态、故障状态和水泵运行频率反馈等，冷冻水干管回水温度，冷冻水干管供水温度，冷却水干管回水温度，冷却水干管供水温度，压差旁通阀开度，分集水器压差，冷却塔风机手自动状态、开关状态、运行状态、故障状态和冷却塔风机频率反馈等。有的还在每个制冷机的蒸发器与冷凝器的进出口分别装设温度传感器和在分集水器各供回水支路控制系统装设温度传感器。该系统控制过程中需要控制的点包括主机的起停、主机冷冻阀的开与关、主机冷却阀的开与关、冷冻泵和冷却泵的起停、冷冻泵和冷却泵的运行频率以及冷却塔风机的起停和运行频率等。

有的控制系统为了进行能耗计量，需要对主机、水泵及风机的耗电量进行计量，通常采用网络信号的方式进行电量数据的传输。

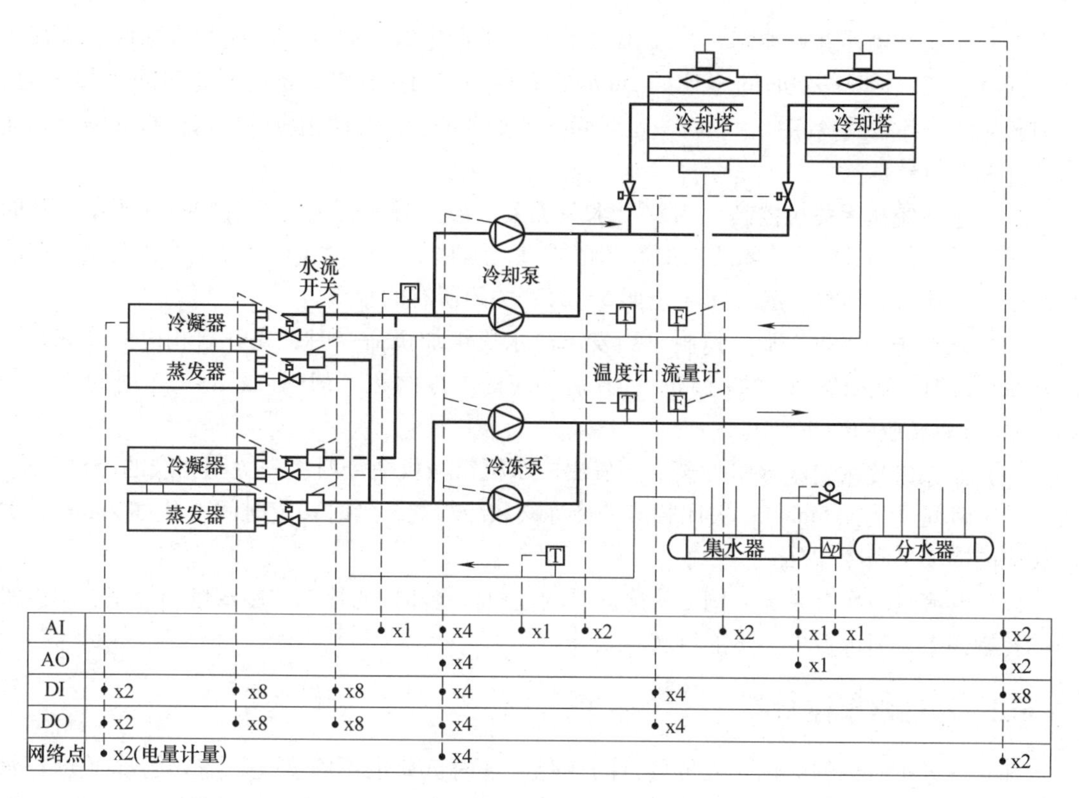

图14-17　水系统控制原理图

针对该空调水系统的控制，各设备数量及安装位置见表14-1。

表14-1　各设备的数量及分布

设备名称	数量	安装位置
温度传感器	18	安装在冷凝器和蒸发器的进出口（图中未画出）、冷却水、冷冻水的供回管处、分集水器各支路回水管处（图中未画出）
压差传感器	2	安装在冷冻水集水器和分水器上
流量计	2	安装在冷却水、冷冻水干管上
水流开关	4	安装在蒸发器与冷凝器出口段
变频器	6	安装在水泵和冷却塔的强电控制柜内
电动蝶阀	6	安装在只需要开和关控制的管路上
电动调节阀	1	安装在冷冻水集水器和分流器之间的旁通管上
电量仪	8	安装在强电控制柜或者弱电箱里

14.6.1　水系统序列控制

水系统的序列控制包括水系统顺序开机控制、水系统顺序关机控制、水系统冷水机组加机控制和水系统冷水机组加减机控制。

(1) 水系统顺序开机控制 当发出水系统开机命令时，先开启相应的冷冻阀、冷却阀和冷却塔水阀，延时一定时间（比如2min）；开启相应的冷却塔，延时一定时间（如30s），开启相应的冷却泵及冷冻泵，延时一定时间（比如3min）；起动相应的冷水机组（需要判断水流开关的信号）。

(2) 水系统顺序关机控制 当发出水系统关机命令时，先关闭所有的冷水机组；延时一定时间（比如1min）；关闭所有的冷却塔风机，延时一定时间（比如5min）；关闭所有的冷冻泵和冷却泵，延时一定时间（比如5min）；关闭所有的水阀。

(3) 水系统冷水机组加机控制 当发出冷水机组加机命令时，先开启相应的冷冻泵和冷却泵，延时一定时间（比如1min）；开启相应的冷冻阀和冷却阀，延时一定时间（比如2min）；开启相应的冷水机组。

(4) 水系统冷水机组减机控制 当发出冷水机组减机命令时，先关闭相应的冷水机组，延时一定时间（比如5min）；关闭相应的冷冻阀和冷却阀，延时一定时间（比如2min）；关闭相应的冷冻泵和冷却泵。

以该变流量一次泵系统为例，从冷冻泵的控制、冷却泵的控制、冷却塔的控制、制冷机组的控制四个方面进行进一步的讲解。

14.6.2 冷冻水泵控制

随着一天中时刻的变化、人员数目的变化、室内负荷也不断变化，需要的冷（热）水量也不停地变化。用户通过调节末端的供水阀来满足对室内空气温湿度的需要。当室内负荷降低时，用户端不需要那么多的冷水，就会关小末端水管的阀门，阀门开度关小导致管网阻力变大，水泵扬程变大，流量变小，水泵耗功率增大，这样的工况不利于节能，因此可以采用变频泵降低水泵的输入频率，降低水泵的扬程和流量，以达到节能的效果。

在设定冷冻水出水温度为7℃不变的情况下，当用户端室内负荷减少时，冷冻水回水温度将降低，这时减小水泵的输入频率，使管网水流量降低，直到冷冻水回水温度恢复到设定温度（以控制供回水温差为例，保证供回水温差为5℃），水泵频率不再减小，保持在此频率下工作，当末端负荷再次变化时，冷冻水回水温度也会随着变化，水泵工作频率也随着做相应的调整。这样就完成了一个信息反馈及控制的过程，在这种形式下，水管网末端的阀门始终保持在较大开度，管网的阻力也保持在较低水平，水泵工作在低频率时，其功耗将大大降低，从而达到节能的效果。在实际的一次泵变流量系统控制中，也有很多采用压差控制的。

14.6.3 冷却水泵控制

当制冷机制冷量发生变化时，冷却水的需求量也将发生变化。如果冷却水侧不调节，当冷却水需求量减少时，就会出现能源浪费现象，不利于节能。因此，在系统运行过程中，随着冷却水需求量的变化，需要对系统工作工况进行调节，以达到节能的效果。

冷却水侧一般是通过调节水泵的工作频率来达到对流量的调节。在设定好冷凝器进出口温差的情况下，当冷却水需求量减少时，冷凝器的进出口温度差将会减小，这时减小冷却水泵的工作频率，使冷却水流量减小，直到冷凝器进出口温差达到设定值。冷却水侧的调节也有的采用冷却水泵与冷冻水泵同步变频的控制方法。

14.6.4　冷却塔控制

当制冷机的排热量发生变化时，冷却塔的排热量也发生变化，冷却塔的排热效率也发生变化。为了使冷却塔保持在较高的工作效率状态以及节能需要，需要对冷却塔风机的运行进行控制。常见的控制方法包括控制冷却水出水温度在设定工况点及根据室外气候进行优化控制（见下面冷却塔的优化控制）等的方法。

14.6.5　主机控制

制冷机组的控制一般由随机配置的控制箱进行控制，通常控制冷冻水的出口温度在设定值，有的采用加减载的方式（如配置多机头时）控制供水温度在一定范围内变动。

14.7　优化控制

建筑物负荷受诸多因素变化而发生变化，使得系统经常处于部分负荷状态下运行，要求水系统（冷冻/热水系统、冷却水系统）能够相应变化即变流量运行，避免出现冷源侧的大流量、小温差现象，这样能提高整个水系统的运行效率。下面以冷水机组和冷却塔为例对空调系统的优化控制进行介绍，冷水机组采用基于机组负荷效率特性的台数启停控制方法，冷却塔采用基于湿球温度的水温控制方法。

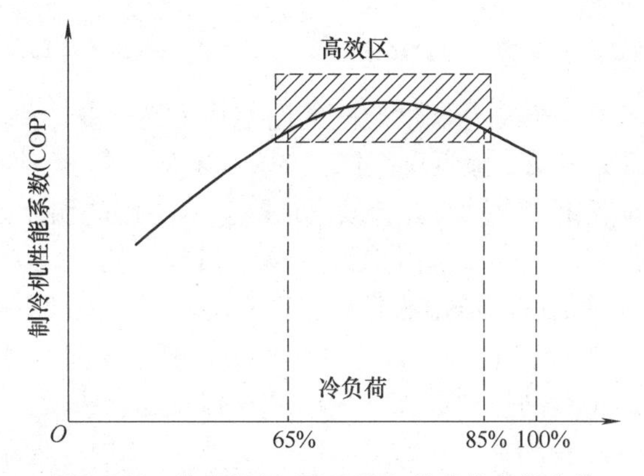

图 14-18　冷水机组 COP 随负荷率的变化方法

冷水机组可采用基于机组负荷效率特性的台数启停优化控制。对于常规的离心式冷水机组，一般来说，机组的效率（COP）通常与负荷有关并随负荷的变化而变化，在某一负荷率（实际负荷与额定负荷之比）下具有最佳效率。图 14-18 所示为典型离心式冷水机组 COP 与负荷率的关系曲线，该离心式冷水机组在负荷率为 65%~85%时运行最为经济。

当水系统有多台主机时，在实际运行过程中，应尽可能地使每台机组运行在最佳效率区间，使冷水机组达到最优的运行效率，降低机组运行能耗。

假设单台机组的最大制冷量为 q_{max}，当前运行台数为 N。当末端系统负荷增加，当前制冷机组的制冷量上升到 Nq_{max} 的 95%，且制冷机组出水温度在一定时间内高于设定值，说明机组提供的冷量小于需求的冷量，应加开一台制冷机机组。若当前机组的制冷量 Q 下降到 $(N-1)q_{max}$，说明机组提供的冷量大于需求的冷量，应关停一台机组。若机组的制冷量在 $(N-1)q_{max}$ 与 $0.95Nq_{max}$ 之间，则机组保持当前运行台数，通过调节自身的负荷率就可满足系统负荷的需求，使得机组出水温度维持在出水温度设定值。运行台数与系统负荷的关系如图 14-19 所示。

冷却塔采用基于湿球温度的冷却水温优化控制方法。冷水机组的能耗以及冷却泵和冷却风机的能耗，都与冷却水的温度密切相关，但冷却水温度对它们的影响恰恰相反。在一定的范围内，降低冷却水温度，有利于提高冷水机组效率，降低冷水机组的能耗，但冷却水温度的降低，必将增大冷却水流量和冷却塔风量，导致冷却泵和冷却风机的能耗升高；反之亦然。因此，需要将冷水机组能耗、冷却泵能耗和冷却风机能耗进行综合考虑，在各种负荷条件下寻找一个使系统效率最高的冷却水温度，实现制冷系统性能系数 COP 的最大化及整个空调制冷系统的节能运行。

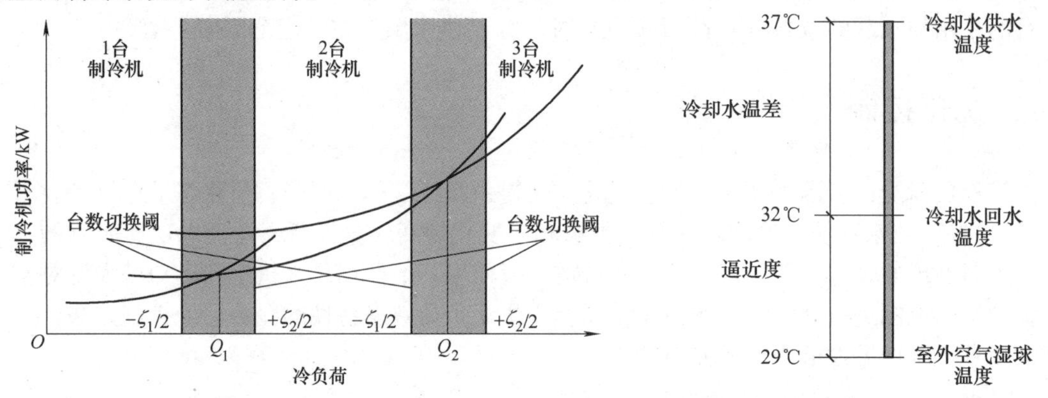

图 14-19 机组运行台数随系统负荷的变化关系　　图 14-20 冷却塔回水温度逼近度示意图

冷却水回水温度与室外空气湿球温度之间的温差称为逼近度，冷却塔回水温度逼近度示意图如图 14-20 所示。研究表明，逼近度控制在 3℃左右时，即控制冷却水回水温度比室外湿球温度高 3℃时，冷却塔和制冷机的综合效率最高。基于湿球温度的冷却水回水温度优化控制示意图如图 14-21 所示，当冷却水回水温度高于目标设定值（湿球温度+3℃）时，增加风机频率，增大冷却风量，冷却塔排热量加大，冷却水回水温度下降；当冷却水回水温度低于目标设定值（湿球温度+3℃）时，减小风机频率，减少冷却风量，冷却塔排热量较小，冷却水回水温度上升。这一自动控制过程常采用 PID 控制算法实现。

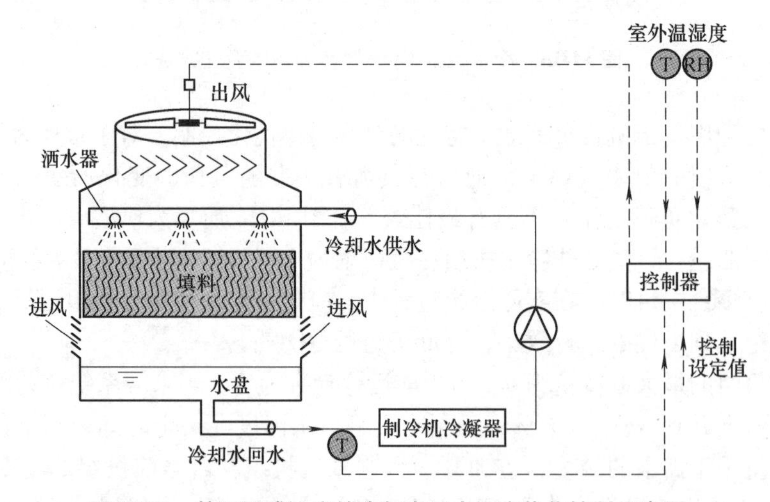

图 14-21 基于湿球温度的冷却水回水温度优化控制示意图

参 考 文 献

[1] 中华人民共和国住房和城乡建设部．火灾自动报警系统设计规范：GB 50116—2013［S］．北京：中国计划出版社，2014.
[2] 中国工程建设标准化协会化工分会．自动化仪表工程施工及质量验收规范：GB 50093—2013［S］．北京：中国计划出版社，2013.
[3] 中国建筑标准设计研究所．民用建筑电气设计规范：JGJ 16—2008［S］．北京：中国建筑工业出版社，2008.

附

省/直辖市/自治区		北京	天津
市/区/自治州		北京	天津
台站名称及编号		北京	天津
		54511	54527
台站信息	北纬	39°48′	39°05′
	东经	116°28′	117°04′
	海拔/m	31.3	2.5
	统计年份	1971~2000	1971~2000
年平均温度/℃		12.3	12.7
室外计算温、湿度	供暖室外计算温度/℃	-7.6	-7.0
	冬季通风室外计算温度/℃	-3.6	-3.5
	冬季空气调节室外计算温度/℃	-9.9	-9.6
	冬季空气调节室外计算相对湿度（%）	44	56
	夏季空气调节室外计算干球温度/℃	33.5	33.9
	夏季空气调节室外计算湿球温度/℃	26.4	26.8
	夏季通风室外计算温度/℃	29.7	29.8
	夏季通风室外计算相对湿度（%）	61	63
	夏季空气调节室外计算日平均温度/℃	29.6	29.4
风向、风速及频率	夏季室外平均风速/(m/s)	2.1	2.2
	夏季最多风向	C　SW	C　S
	夏季最多风向的频率（%）	18　10	15　9
	夏季室外最多风向的平均风速/(m/s)	3.0	2.4
	冬季室外平均风速/(m/s)	2.6	2.4
	冬季最多风向	C　N	C　N
	冬季最多风向的频率（%）	19　12	20　11
	冬季室外最多风向的平均风速/(m/s)	4.7	4.8
	年最多风向	C　SW	C　SW
	年最多风向的频率（%）	17　10	16　9
冬季日照百分率（%）		64	58
最大冻土深度/cm		66	58
大气压力	冬季室外大气压力/hPa	1021.7	1027.1
	夏季室外大气压力/hPa	1000.2	1005.2
设计计算用供暖期天数及其平均温度	日平均温度≤+5℃的天数	123	121
	日平均温度≤+5℃的起止日期	11.12~03.14	11.13~03.13
	平均温度≤+5℃期间内的平均温度/℃	-0.7	-0.6
	日平均温度≤+8℃的天数	144	142
	日平均温度≤+8℃的起止日期	11.04~03.27	11.06~03.27
	平均温度≤+8℃期间内的平均温度/℃	0.3	0.4
极端最高气温/℃		41.9	40.5
极端最低气温/℃		-18.3	-17.8

录

空气计算参数

河北	山西	内蒙古	辽宁	吉林	黑龙江
石家庄	太原	呼和浩特	沈阳	长春	哈尔滨
石家庄	太原	呼和浩特	沈阳	长春	哈尔滨
53698	53772	53463	54342	54161	50953
38°02′	37°47′	40°49′	41°44′	43°54′	45°45′
114°25′	112°33′	111°41′	123°27′	125°13′	126°46′
81	778.3	1063.0	44.7	236.8	142.3
1971~2000	1971~2000	1971~2000	1971~2000	1971~2000	1971~2000
13.4	10.0	6.7	8.4	5.7	4.2
-6.2	-10.1	-17.0	-16.9	-21.1	-24.2
-2.3	-5.5	-11.6	-11.0	-15.1	-18.4
-8.8	-12.8	-20.3	-20.7	-24.3	-27.1
55	50	58	60	66	73
35.1	31.5	30.6	31.5	30.5	30.7
26.8	23.8	21.0	25.3	24.1	23.9
30.8	27.8	26.5	28.2	26.6	26.8
60	58	48	65	65	62
30.0	26.1	25.9	27.5	26.3	26.3
1.7	1.8	1.8	2.6	3.2	3.2
C S	C N	C SW	SW	WSW	SSW
26 13	30 10	36 8	16	15	12.0
2.6	2.4	3.4	3.5	4.6	3.9
1.8	2.0	1.5	2.6	3.7	3.2
C NNE	C N	C NNW	C NNE	WSW	SW
25 12	30 13	50 9	13 10	20	14
2	2.6	4.2	3.6	4.7	3.7
C S	C N	C NNW	SW	WSW	SSW
25 12	29 11	40 7	13	17	12
56	57	63	56	64	56
56	72	156	148	169	205
1017.2	933.5	901.2	1020.8	994.4	1004.2
995.8	919.8	889.6	1000.9	978.4	987.7
111	141	167	152	169	176
11.15~03.05	11.06~03.26	10.20~04.04	10.30~03.30	10.20~04.06	10.17~04.10
0.1	-1.7	-5.3	-5.1	-7.6	-9.4
140	160	184	172	188	195
11.07~03.26	10.23~03.31	10.12~04.13	10.20~04.09	10.12~04.17	10.08~04.20
1.5	-0.7	-4.1	-3.6	-6.1	-7.8
41.5	37.4	38.5	36.1	35.7	36.7
-19.3	-22.7	-30.5	-29.4	-33.0	-37.7

省/直辖市/自治区		上海	江苏
市/区/自治州		徐汇	南京
台站名称及编号		上海徐家汇	南京
		58367	58238
台站信息	北纬	31°10′	32°00′
	东经	121°26′	118°48′
	海拔/m	2.6	8.9
	统计年份	1971~1998	1971~2000
年平均温度/℃		16.1	15.5
室外计算温、湿度	供暖室外计算温度/℃	-0.3	-1.8
	冬季通风室外计算温度/℃	4.2	2.4
	冬季空气调节室外计算温度/℃	-2.2	-4.1
	冬季空气调节室外计算相对湿度（%）	75	76
	夏季空气调节室外计算干球温度/℃	34.4	34.8
	夏季空气调节室外计算湿球温度/℃	27.9	28.1
	夏季通风室外计算温度/℃	31.2	31.2
	夏季通风室外计算相对湿度（%）	69	69
	夏季空气调节室外计算日平均温度/℃	30.8	31.2
风向、风速及频率	夏季室外平均风速/(m/s)	3.1	2.6
	夏季最多风向	SE	C SSE
	夏季最多风向的频率（%）	14	18 11
	夏季室外最多风向的平均风速/(m/s)	3.0	3
	冬季室外平均风速/(m/s)	2.6	2.4
	冬季最多风向	NW	C ENE
	冬季最多风向的频率（%）	14	28 10
	冬季室外最多风向的平均风速/(m/s)	3.0	3.5
	年最多风向	SE	C E
	年最多风向的频率（%）	10	23 9
冬季日照百分率（%）		40	43
最大冻土深度/cm		8	9
大气压力	冬季室外大气压力/hPa	1025.4	1025.5
	夏季室外大气压力/hPa	1005.4	1004.3
设计计算用供暖期天数及其平均温度	日平均温度≤+5℃的天数	42	77
	日平均温度≤+5℃的起止日期	01.01~02.11	12.08~02.13
	平均温度≤+5℃期间内的平均温度/℃	4.1	3.2
	日平均温度≤+8℃的天数	93	109
	日平均温度≤+8℃的起止日期	12.05~03.07	11.24~03.12
	平均温度≤+8℃期间内的平均温度/℃	5.2	4.2
极端最高气温/℃		39.4	39.7
极端最低气温/℃		-10.1	-13.1

（续）

浙江	安徽	福建	江西	山东	河南
杭州	合肥	福州	南昌	济南	郑州
杭州	合肥	福州	南昌	济南	郑州
58457	58321	58847	58606	54823	57083
30°14′	31°52′	26°05′	28°36′	36°41′	34°43′
120°10′	117°14′	119°17′	115°55′	116°59′	113°39′
41.7	27.9	84	46.7	51.6	110.4
1971~2000	1971~2000	1971~2000	1971~2000	1971~2000	1971~2000
16.5	15.8	19.8	17.6	14.7	14.3
0.0	−1.7	6.3	0.7	−5.3	−3.8
4.3	2.6	10.9	5.3	−0.4	0.1
−2.4	−4.2	4.4	−1.5	−7.7	−6
76	76	74	77	53	61
35.6	35.0	35.9	35.5	34.7	34.9
27.9	28.1	28.0	28.2	26.8	27.4
32.3	31.4	33.1	32.7	30.9	30.9
64	69	61	63	61	64
31.6	31.7	30.8	32.1	31.3	30.2
2.4	2.9	3.0	2.2	2.8	2.2
SW	C SSW	SSE	C WSW	SW	C S
17	11 10	24	21 11	14	21 11
2.9	3.4	4.2	3.1	3.6	2.8
2.3	2.7	2.4	2.6	2.9	2.7
C N	C E	C NNW	NE	E	C NW
20 15	17 10	17 23	26	16	22 12
3.3	3.0	3.1	3.6	3.7	4.9
C N	C E	C SSE	NE	SW	C ENE
18 11	14 9	18 14	20	17	21 10
36	40	32	33	56	47
—	8	—	—	35	27
1021.1	1022.3	1012.9	1019.5	1019.1	1013.3
1000.9	1001.2	996.6	999.5	997.9	992.3
40	64	0	26	99	97
01.02~02.10	12.11~02.12	—	01.11~02.05	11.22~03.03	11.26~03.02
4.2	3.4	—	4.7	1.4	1.7
90	103	0	66	122	125
12.06~03.05	11.24~03.06	—	12.10~02.13	11.13~03.14	11.12~03.16
5.4	4.3	—	6.2	2.1	3.0
39.9	39.1	39.9	40.1	40.5	42.3
−8.6	−13.5	−1.7	−9.7	−14.9	−17.9

省/直辖市/自治区		湖北	湖南
市/区/自治州		武汉	长沙
台站名称及编号		武汉	马坡岭
		57494	57679
台站信息	北纬	30°37′	28°12′
	东经	114°08′	113°05′
	海拔/m	23.1	44.9
	统计年份	1971~2000	1972~1986
年平均温度/℃		16.6	17.0
室外计算温、湿度	供暖室外计算温度/℃	-0.3	0.3
	冬季通风室外计算温度/℃	3.7	4.6
	冬季空气调节室外计算温度/℃	-2.6	-1.9
	冬季空气调节室外计算相对湿度（%）	77	83
	夏季空气调节室外计算干球温度/℃	35.2	35.8
	夏季空气调节室外计算湿球温度/℃	28.4	27.7
	夏季通风室外计算温度/℃	32.0	32.9
	夏季通风室外计算相对湿度（%）	67	61
	夏季空气调节室外计算日平均温度/℃	32.0	31.6
风向、风速及频率	夏季室外平均风速/(m/s)	2.0	2.6
	夏季最多风向	C ENE	C NNW
	夏季最多风向的频率（%）	23 8	16 13
	夏季室外最多风向的平均风速/(m/s)	2.3	1.7
	冬季室外平均风速/(m/s)	1.8	2.3
	冬季最多风向	C NE	NNW
	冬季最多风向的频率（%）	28 13	32
	冬季室外最多风向的平均风速/(m/s)	3.0	3.0
	年最多风向	C ENE	NNW
	年最多风向的频率（%）	26 10	22
冬季日照百分率（%）		37	26
最大冻土深度/cm		9	—
大气压力	冬季室外大气压力/hPa	1023.5	1019.6
	夏季室外大气压力/hPa	1002.1	999.2
设计计算用供暖期天数及其平均温度	日平均温度≤+5℃的天数	50	48
	日平均温度≤+5℃的起止日期	12.22~02.09	12.26~02.11
	平均温度≤+5℃期间内的平均温度/℃	3.9	4.3
	日平均温度≤+8℃的天数	98	88
	日平均温度≤+8℃的起止日期	11.27~03.04	12.06~03.03
	平均温度≤+8℃期间内的平均温度/℃	5.2	5.5
极端最高气温/℃		39.3	39.7
极端最低气温/℃		-18.1	-11.3

（续）

广东	广西	海南	重庆	四川	贵州
广州	南宁	海口	重庆	成都	贵阳
广州	南宁	海口	重庆	成都	贵阳
59287	59431	59758	57515	56294	57816
23°10′	22°49′	20°02′	29°31′	30°40′	26°35′
113°20′	108°21′	110°21′	106°29′	104°01′	106°43′
41.7	73.1	13.9	351.1	506.1	1074.3
1971~2000	1971~2000	1971~2000	1971~1986	1971~2000	1971~2000
22.0	21.8	24.1	17.7	16.1	15.3
8.0	7.6	12.6	4.1	2.7	-0.3
13.6	12.9	17.7	7.2	5.6	5.0
5.2	5.7	10.3	2.2	1.0	-2.5
72	78	86	83	83	80
34.2	34.5	35.1	35.5	31.8	30.1
27.8	27.9	28.1	26.5	26.4	23
31.8	31.8	32.2	31.7	28.5	27.1
68	68	68	59	73	64
30.7	30.7	30.5	32.3	27.9	26.5
1.7	1.5	2.3	1.5	1.2	2.1
C SSE	C S	S	C ENE	C NNE	C SSW
28 12	31 10	19	33 8	41 8	24 17
2.3	2.6	2.7	1.1	2.0	3.0
1.7	1.2	2.5	1.1	0.9	2.1
C NNE	C E	ENE	C NNE	C NE	ENE
34 19	43 12	24	46 13	50 13	23
2.7	1.9	3.1	1.6	1.9	2.5
C NNE	C E	ENE	C NNE	C NE	C ENE
31 11	38 10	14	44 13	43 11	23 15
36	25	34	7.5	17	15
—	—	—	—	—	—
1019.0	1011.0	1016.4	980.6	963.7	897.4
1004.0	995.5	1002.8	963.8	948	887.8
0	0	0	0	0	27
—	—	—	—	—	01.11~02.06
—	—	—	—	—	4.6
0	0	0	53	69	69
—	—	—	12.22~02.12	12.08~02.14	12.08~02.14
—	—	—	7.2	6.2	6.0
38.1	39.0	38.7	40.2	36.7	35.1
0.0	-1.9	4.9	-1.8	-5.9	-7.3

省/直辖市/自治区		云南	西藏
市/区/自治州		昆明	拉萨
台站名称及编号		昆明	拉萨
		56778	55591
台站信息	北纬	25°01′	29°40′
	东经	102°41′	91°08′
	海拔/m	1892.4	3648.7
	统计年份	1971~2000	1971~2000
年平均温度/℃		14.9	8.0
室外计算温、湿度	供暖室外计算温度/℃	3.6	-5.2
	冬季通风室外计算温度/℃	8.1	-1.6
	冬季空气调节室外计算温度/℃	0.9	-7.6
	冬季空气调节室外计算相对湿度（%）	68	28
	夏季空气调节室外计算干球温度/℃	26.2	24.1
	夏季空气调节室外计算湿球温度/℃	20	13.5
	夏季通风室外计算温度/℃	23.0	19.2
	夏季通风室外计算相对湿度（%）	68	38
	夏季空气调节室外计算日平均温度/℃	22.4	19.2
风向、风速及频率	夏季室外平均风速/(m/s)	1.8	1.8
	夏季最多风向	C WSW	C SE
	夏季最多风向的频率（%）	31 13	30 12
	夏季室外最多风向的平均风速/(m/s)	2.6	2.7
	冬季室外平均风速/(m/s)	2.2	2.0
	冬季最多风向	C WSW	C ESE
	冬季最多风向的频率（%）	35 19	27 15
	冬季室外最多风向的平均风速/(m/s)	3.7	2.3
	年最多风向	C WSW	C SE
	年最多风向的频率（%）	31 16	28 12
冬季日照百分率（%）		66	77
最大冻土深度/cm		—	19
大气压力	冬季室外大气压力/hPa	811.9	650.6
	夏季室外大气压力/hPa	808.2	652.9
设计计算用供暖期天数及其平均温度	日平均温度≤+5℃的天数	0	132
	日平均温度≤+5℃的起止日期	—	11.01~03.12
	平均温度≤+5℃期间内的平均温度/℃	—	0.61
	日平均温度≤+8℃的天数	27	179
	日平均温度≤+8℃的起止日期	12.17~01.12	10.19~04.15
	平均温度≤+8℃期间内的平均温度/℃	7.7	2.17
极端最高气温/℃		30.4	29.9
极端最低气温/℃		-7.8	-16.5

（续）

陕西	甘肃	青海	宁夏	新疆
西安	兰州	西宁	银川	乌鲁木齐
西安	兰州	西宁	银川	乌鲁木齐
57036	52889	52866	53614	51463
34°18′	36°03′	36°43′	38°29′	43°47′
108°56′	103°53′	101°45′	106°13′	87°37′
397.5	1517.2	2295.2	1111.4	917.9
1971~2000	1971~2000	1971~2000	1971~2000	1971~2000
13.7	9.8	6.1	9.0	7.0
-3.4	-9.0	-11.4	-13.1	-19.7
-0.1	-5.3	-7.4	-7.9	-12.7
-5.7	-11.5	-13.6	-17.3	-23.7
66	54	45	55	78
35.0	31.2	26.5	31.2	33.5
25.8	20.1	16.6	22.1	18.2
30.6	26.5	21.9	27.6	27.5
58	45	48	48	34
30.7	26.0	20.8	26.2	28.3
1.9	1.2	1.5	2.1	3.0
C ENE	C ESE	C SSE	C SSW	NNW
28 13	48 9	37 17	21 11	15
2.5	2.1	2.9	2.9	3.7
1.4	0.5	1.3	1.8	1.6
C ENE	C E	C SSE	C NNE	C SSW
41 10	74 5	49 18	26 11	29 10
2.5	1.7	3.2	2.2	2.0
C ENE	C ESE	C SSE	C NNE	C NNW
35 11	59 7	41 20	23 9	15 12
32	53	68	68	39
37	98	123	88	139
979.1	851.5	774.4	896.1	924.6
959.8	843.2	772.9	883.9	911.2
100	130	165	145	158
11.23~03.02	11.05~03.14	10.20~04.02	11.03~03.27	10.24~03.30
1.5	-1.9	-2.6	-3.2	-7.1
127	160	190	169	180
11.09~03.15	10.20~03.28	10.10~04.17	10.19~04.05	10.14~04.11
2.6	-0.3	-1.4	-1.8	-5.4
41.8	39.8	36.5	38.7	42.1
-12.8	-19.7	-24.9	-27.7	-32.8

附录 B（a） 北京市外墙的冷负荷温度

衰减系数 β	朝向	下列作用时刻的 $t_{\tau-\xi}$ 逐时值/℃																								平均值 t_{pj}
		0	1	2	3	4	5	6	7	8	9	10	11	12	13	14	15	16	17	18	19	20	21	22	23	
0. 15~0. 30	南	32	32	31	31	32	32	32	33	33	34	35	35	35	35	35	35	35	35	34	34	33	33	33	32	33
	西南	34	33	33	33	32	33	33	33	34	35	35	36	37	37	37	37	37	37	36	36	35	35	34	34	35
	西	34	34	33	33	33	33	33	33	34	34	35	36	37	37	38	38	38	37	37	37	36	36	35	34	35
	西北	33	32	32	32	32	32	32	32	32	33	34	34	35	35	35	35	35	35	35	35	34	34	33	33	34
	北	31	30	30	30	30	31	31	31	31	32	32	32	33	33	33	33	33	33	32	32	32	31	31	31	32
	东北	32	32	32	32	33	33	34	34	34	34	35	35	35	35	35	35	34	34	34	33	33	33	32	32	34
	东	33	33	33	34	34	35	36	36	36	37	37	37	37	37	37	36	36	36	35	35	34	34	33	33	35
	东南	33	33	33	33	34	34	35	35	36	36	36	37	37	37	36	36	36	36	35	35	34	34	33	33	35
	零	30	30	30	30	30	30	30	30	31	31	31	32	32	32	32	32	32	32	32	31	31	31	31	30	31
0. 31~0. 40	南	31	31	31	30	30	31	31	32	33	34	35	36	36	36	36	36	36	35	35	34	34	33	33	32	33
	西南	33	32	32	32	31	31	32	32	33	34	35	36	37	38	38	38	38	38	37	37	36	35	34	34	35
	西	34	33	32	32	32	32	32	32	33	33	35	36	37	38	39	39	39	39	38	37	37	36	35	34	35
	西北	32	32	31	31	31	31	31	31	32	32	33	34	35	36	36	37	37	36	36	35	35	34	33	33	34
	北	30	30	30	30	30	30	30	31	31	32	32	33	33	33	33	33	33	33	33	32	32	32	31	31	32
	东北	31	31	31	32	32	33	33	34	34	35	35	35	36	36	35	35	35	35	34	34	33	32	32	31	34
	东	32	32	32	33	34	35	36	36	37	37	38	38	38	38	37	37	37	36	35	35	34	34	33	32	35
	东南	32	31	31	32	33	33	34	35	36	37	37	37	38	38	37	37	37	36	35	35	34	34	33	32	35
	零	30	29	29	29	29	29	30	30	31	31	32	32	32	33	33	33	33	32	32	32	31	31	31	30	31
0. 41~0. 60	南	30	30	29	29	29	30	31	32	33	34	36	37	37	37	37	37	37	36	35	34	34	33	32	31	33
	西南	32	31	31	30	30	30	31	31	32	34	35	37	38	39	40	40	40	39	38	37	36	35	34	33	35
	西	33	32	31	31	30	30	31	31	32	33	34	36	38	40	41	41	41	40	39	38	37	36	35	34	35
	西北	32	31	30	30	30	30	30	31	31	32	33	34	36	37	38	38	38	37	37	36	35	34	33	32	34
	北	30	29	29	29	29	29	30	30	31	32	32	33	34	34	34	34	34	34	33	33	32	31	31	30	32

	东北	30	30	30	31	32	33	33	34	35	35	36	36	36	36	36	36	35	35	34	33	33	32	31	31	34
	东	31	30	31	32	33	34	36	37	38	38	39	39	39	39	38	38	37	36	35	35	34	33	32	31	35
	东南	31	30	30	31	32	33	34	36	37	38	38	39	39	39	38	38	37	36	36	35	34	33	32	31	35
	零	29	29	28	28	28	29	29	30	30	31	32	33	33	33	34	34	33	33	33	32	32	31	30	30	31
0.61~0.70	南	30	29	28	28	28	29	30	32	33	35	37	38	39	39	39	38	37	36	35	34	33	32	31	30	33
	西南	31	30	29	29	29	29	30	30	32	33	36	38	40	41	42	42	41	40	39	37	36	34	33	32	35
	西	32	31	30	29	29	29	30	31	31	33	34	37	39	41	43	43	43	41	40	38	37	35	34	33	35
	西北	31	30	29	29	29	29	30	30	31	32	33	35	36	38	39	40	39	39	37	36	35	34	33	32	34
	北	29	28	28	28	29	29	30	30	31	32	33	34	34	35	35	35	35	34	33	33	32	31	30	30	32
	东北	29	29	29	30	31	33	34	35	36	36	37	37	37	37	37	36	36	35	34	33	32	31	31	30	34
	东	30	29	29	30	32	35	37	38	39	40	40	40	40	39	39	38	37	36	35	34	33	32	31	30	35
	东南	30	29	29	29	31	33	35	37	38	39	40	40	40	40	39	38	37	36	35	34	33	32	31	30	35
	零	29	28	28	28	28	28	29	30	31	31	32	33	34	34	34	34	34	33	33	32	31	31	30	29	31
>0.70	南	28	28	27	27	26	27	28	29	32	36	39	42	43	44	43	40	38	37	35	33	32	31	30	29	33
	西南	29	28	28	27	27	27	28	29	31	32	34	38	42	45	48	48	47	44	39	36	34	32	31	30	35
	西	29	29	28	27	27	27	28	29	31	32	34	35	38	43	47	50	51	49	42	37	35	32	31	30	35
	西北	29	28	27	27	26	27	28	29	31	32	34	35	36	38	41	44	46	45	40	36	33	32	31	30	34
	北	28	27	27	26	26	28	29	30	31	32	34	35	36	36	37	36	37	37	34	32	31	30	29	29	32
	东北	28	27	27	26	26	31	36	39	40	40	38	38	38	38	38	37	37	35	34	32	31	30	29	29	34
	东	28	28	27	27	26	31	38	42	45	46	45	42	40	40	39	38	37	36	34	33	31	30	30	29	35
	东南	28	28	27	27	26	29	33	38	42	44	45	44	42	41	40	39	38	36	34	33	31	30	30	29	35
	零	28	27	27	26	26	26	28	29	31	32	33	35	36	36	37	36	36	35	33	32	31	30	29	28	31

注：1. 表中“零”朝向的数据，用于架空楼板由于温差传热形成的冷负荷计算。

2. 城市的地点修正值如下表。

城市	石家庄	天津	乌鲁木齐	沈阳	哈尔滨、长春、呼和浩特、银川、太原
地点修正值 Δ/℃	+1	0	−1	−2	−3

附录 B（b） 西安市外墙的冷负荷温度

衰减系数 β	朝向	下列作用时刻的 $t_{\tau-\xi}$ 逐时值/℃																								平均值 t_{pj}
		0	1	2	3	4	5	6	7	8	9	10	11	12	13	14	15	16	17	18	19	20	21	22	23	
0.15~0.30	南	33	33	33	33	33	33	34	34	35	35	36	36	36	36	36	36	36	36	36	35	35	35	34	34	35
	西南	35	35	34	34	34	34	34	35	35	36	37	37	38	38	38	38	38	38	38	37	37	36	36	35	36
	西	36	35	35	35	35	35	35	35	36	36	37	38	39	39	39	39	39	39	39	38	38	37	37	36	37
	西北	35	34	34	34	34	34	34	34	35	35	36	36	37	37	38	38	37	37	37	37	36	36	35	35	36
	北	33	33	33	33	33	33	33	33	34	34	34	35	35	35	35	35	35	35	35	34	34	34	33	33	34
	东北	34	34	34	34	35	35	36	36	36	37	37	37	37	37	37	37	37	36	36	36	35	35	34	34	36
	东	35	35	35	35	36	37	37	38	38	38	38	39	39	39	38	38	38	38	37	37	36	36	35	35	37
	东南	34	34	34	35	35	36	36	37	37	37	38	38	38	38	38	38	37	37	37	36	36	35	35	35	36
	零	32	32	32	32	32	32	32	33	33	33	34	34	34	34	34	34	34	34	34	34	33	33	33	33	33
0.31~0.40	南	33	33	32	32	32	32	33	34	34	35	36	37	37	37	37	37	37	36	36	36	35	35	34	33	35
	西南	35	34	34	33	33	33	33	34	35	35	37	38	39	39	40	40	39	39	38	38	37	37	36	35	36
	西	35	35	34	34	34	34	34	34	35	36	37	38	39	40	41	41	40	40	40	39	38	37	37	36	37
	西北	34	34	33	33	33	33	33	34	34	35	35	36	37	38	39	39	39	38	38	37	37	36	35	35	36
	北	32	32	32	32	32	32	33	33	33	34	34	35	35	36	36	36	36	35	35	35	34	34	33	33	34
	东北	33	33	33	34	34	35	35	36	36	37	37	38	38	38	38	37	37	37	36	36	35	35	34	34	36
	东	34	34	34	34	35	36	37	38	38	39	39	39	39	39	39	39	38	38	37	37	36	36	35	34	37
	东南	34	33	33	33	34	35	36	37	37	38	38	39	39	39	39	38	38	38	37	36	36	35	35	34	36
	零	32	32	31	31	31	32	32	32	33	33	34	34	35	35	35	35	35	35	34	34	34	33	33	32	33
0.41~0.60	南	32	32	31	31	31	32	32	33	34	36	37	37	38	38	38	38	38	37	36	36	35	34	34	33	35
	西南	34	33	32	32	32	32	32	33	34	35	37	38	40	41	41	41	41	40	39	38	37	36	36	35	36
	西	34	34	33	33	32	32	33	33	34	35	37	38	40	41	42	42	42	41	41	40	39	38	36	35	37
	西北	34	33	32	32	32	32	32	33	33	34	35	37	38	39	40	40	40	39	39	38	37	36	35	34	36
	北	32	31	31	31	31	32	32	33	33	34	35	35	36	36	37	37	36	36	36	35	34	34	33	32	34

	东北	32	32	32	33	33	34	35	36	37	38	38	38	39	39	39	38	38	37	36	36	35	34	33	33	36
	东	33	32	32	33	34	36	37	38	39	40	40	41	41	40	40	40	39	38	37	37	36	35	34	33	37
	东南	32	32	32	32	33	34	36	37	38	39	39	40	40	40	40	39	39	38	37	36	35	35	34	33	36
	零	31	31	31	31	31	31	31	32	33	33	34	35	35	36	36	36	36	35	35	34	34	33	33	32	33
0.61~0.70	南	31	31	30	30	30	31	32	33	35	36	38	39	39	40	39	39	38	37	36	35	35	34	33	32	35
	西南	33	32	31	31	31	31	32	33	34	35	37	39	41	42	43	43	42	41	40	38	37	36	35	34	36
	西	33	32	32	31	31	31	32	33	34	35	37	39	41	43	44	45	44	43	41	40	38	37	36	34	37
	西北	33	32	31	31	31	31	32	32	33	34	36	37	39	41	42	42	41	40	39	38	37	36	35	34	36
	北	31	31	30	30	31	31	32	33	33	34	35	36	37	37	38	37	37	36	36	35	34	33	33	32	34
	东北	31	31	31	32	33	34	36	37	38	38	39	39	39	39	39	39	38	37	36	35	34	34	33	32	36
	东	32	31	31	32	34	36	38	40	41	41	42	42	42	41	41	40	39	38	37	36	35	34	33	32	37
	东南	32	31	31	31	32	34	36	38	39	40	41	41	41	41	40	40	39	38	37	36	35	34	33	32	36
	零	31	30	30	30	30	30	31	32	33	34	35	36	36	37	37	37	36	36	35	34	33	33	32	31	33
>0.70	南	30	30	29	29	28	29	30	31	34	37	39	42	43	44	43	41	40	38	36	35	33	32	32	31	35
	西南	31	30	30	29	29	29	30	32	33	35	36	39	43	46	48	49	48	44	40	37	35	34	33	32	36
	西	31	30	30	29	29	29	30	32	33	35	36	38	41	45	49	51	51	49	43	38	36	34	33	32	37
	西北	31	30	30	29	29	29	30	31	33	35	36	37	39	41	44	47	48	46	41	37	35	34	33	32	36
	北	30	29	29	28	28	30	31	32	34	35	36	37	38	39	39	39	39	39	36	34	33	32	31	31	34
	东北	30	30	29	29	28	32	37	40	42	42	41	40	40	41	40	40	39	38	36	34	33	32	31	31	36
	东	30	30	29	29	28	32	38	43	46	47	46	44	42	42	42	41	40	38	36	35	33	32	32	31	37
	东南	30	30	29	29	28	30	34	38	42	45	45	45	43	42	42	41	40	38	36	35	33	32	32	31	36
	零	30	29	29	28	28	29	30	31	33	34	36	37	38	39	39	39	38	37	35	34	33	32	31	30	33

注：1. 表中“零”朝向的数据，用于架空楼板由于温差传热形成的冷负荷计算。

2. 城市的地点修正值如下表。

城市	济南	郑州	兰州	西宁
地点修正值 Δ/℃	+1	−1	−5	−10

附录B（c） 上海市外墙的冷负荷温度

衰减系数β	朝向	下列作用时刻的$t_{\tau-\xi}$逐时值/℃																								平均值t_{pj}
		0	1	2	3	4	5	6	7	8	9	10	11	12	13	14	15	16	17	18	19	20	21	22	23	
0.15~0.30	南	33	33	33	32	33	33	33	34	34	34	35	35	35	35	35	35	35	35	35	34	34	34	33	33	34
	西南	35	34	34	34	34	34	34	34	35	36	36	37	37	38	38	38	37	37	37	37	36	36	35	35	36
	西	35	35	35	35	35	35	35	35	35	36	37	38	38	39	39	39	39	38	38	38	37	37	36	36	37
	西北	34	34	34	34	34	34	34	34	35	35	36	36	37	37	37	37	37	37	37	36	36	36	35	35	35
	北	33	33	32	32	33	33	33	33	33	34	34	34	35	35	35	35	35	34	34	34	34	33	33	33	34
	东北	34	34	34	34	35	35	36	36	36	36	37	37	37	37	37	37	36	36	36	35	35	35	34	34	35
	东	34	35	35	35	36	36	37	37	38	38	38	38	38	38	38	38	37	37	37	36	36	35	35	35	37
	东南	34	34	34	34	35	35	36	36	36	37	37	37	37	37	37	37	37	36	36	36	35	35	33	34	36
	零	32	32	32	32	32	32	32	33	33	33	33	34	34	34	34	34	34	34	34	33	33	33	33	32	33
0.31~0.40	南	32	32	32	32	32	32	33	33	34	34	35	36	36	36	36	36	36	35	35	35	34	34	33	33	34
	西南	34	34	33	33	33	33	33	34	34	35	36	37	38	38	39	39	39	38	38	37	37	36	35	35	36
	西	35	34	34	34	34	34	34	34	34	35	36	37	39	40	40	40	40	39	39	38	38	37	36	36	37
	西北	34	34	33	33	33	33	33	33	34	34	35	36	37	38	38	38	38	38	37	37	36	36	35	35	35
	北	32	32	32	32	32	32	33	33	33	34	34	35	35	35	35	35	35	35	35	34	34	34	33	33	34
	东北	33	33	33	33	34	35	35	36	36	37	37	37	38	38	37	37	37	36	36	35	35	34	34	33	35
	东	34	33	34	34	35	36	37	38	38	39	39	39	39	39	39	38	38	37	37	36	36	35	35	34	37
	东南	33	33	33	33	34	35	35	36	37	37	38	38	38	38	38	38	37	37	36	36	35	35	34	34	36
	零	32	31	31	31	31	31	32	32	33	33	34	34	34	35	35	35	34	34	34	34	33	33	33	32	33
0.41~0.60	南	32	31	31	31	31	31	32	33	34	35	36	36	37	37	37	37	36	36	35	35	34	34	33	32	34
	西南	33	33	32	32	32	32	32	33	34	35	36	38	39	40	40	40	40	39	38	38	37	36	35	34	36
	西	34	33	33	33	32	32	33	33	34	35	36	38	39	41	41	42	41	41	40	39	38	37	36	35	37
	西北	33	33	32	32	32	32	32	33	33	34	35	36	38	39	39	40	39	39	38	38	37	36	35	34	35
	北	32	31	31	31	31	32	32	33	33	34	35	35	36	36	36	36	36	36	35	35	34	33	33	32	34

	东北	32	32	32	33	33	35	35	36	37	38	38	38	38	38	38	38	37	37	36	35	35	34	33	33	35
	东	32	32	32	33	34	36	37	38	39	40	40	40	40	40	40	39	38	38	37	36	35	34	34	33	37
	东南	32	32	32	32	33	34	35	36	37	38	39	39	39	39	39	38	38	37	36	36	35	34	33	33	36
	零	31	31	31	31	31	31	31	32	33	33	34	35	35	35	35	35	35	35	34	34	33	33	32	32	33
0.61~0.70	南	31	31	30	30	30	31	31	33	34	35	37	37	38	38	38	38	37	36	35	35	34	33	32	32	34
	西南	32	32	31	31	31	31	32	32	33	35	37	38	40	41	42	42	41	40	39	38	36	35	34	33	36
	西	33	32	32	31	31	32	32	33	33	35	36	38	41	43	44	44	43	42	40	39	38	36	35	34	37
	西北	33	32	31	31	31	31	32	32	33	34	35	37	39	40	41	41	41	40	39	38	36	35	34	33	35
	北	31	31	30	30	31	31	32	33	33	34	35	36	36	37	37	37	36	36	35	34	34	33	32	32	34
	东北	31	31	31	32	33	35	36	37	38	39	39	39	39	39	39	38	37	37	36	35	34	33	32	32	35
	东	31	31	31	32	34	36	38	39	40	41	41	41	41	41	40	39	38	37	36	35	34	34	33	32	37
	东南	31	31	31	31	32	34	36	37	39	39	40	40	40	40	39	39	38	37	36	35	34	33	33	32	36
	零	31	30	30	30	30	30	31	32	33	34	34	35	36	36	36	36	36	35	34	34	33	32	32	31	33
>0.70	南	30	30	29	29	28	29	30	31	33	36	38	40	41	41	41	39	38	37	35	34	33	32	31	31	34
	西南	31	30	30	29	29	29	30	32	33	34	36	38	41	45	47	47	46	43	39	36	35	33	32	32	36
	西	31	31	30	29	29	29	30	32	33	35	36	37	40	44	48	50	50	47	42	38	36	34	33	32	37
	西北	31	30	30	29	29	29	30	32	33	34	36	37	38	41	44	46	47	45	40	37	35	33	32	32	35
	北	30	30	29	29	29	30	32	33	34	35	36	37	38	38	38	38	39	38	36	34	33	32	31	31	34
	东北	30	30	29	29	29	32	37	40	42	43	41	40	40	40	40	39	38	37	35	34	33	32	31	31	35
	东	30	30	29	29	29	32	38	43	46	47	46	43	42	41	41	40	39	37	36	34	33	32	31	31	37
	东南	30	30	29	29	29	30	34	38	42	44	44	43	42	41	40	40	38	37	35	34	33	32	31	31	36
	零	30	29	29	29	28	29	30	31	33	34	36	37	37	38	38	38	37	36	34	33	32	31	31	30	33

注：1. 表中“零”朝向的数据，用于架空楼板由于温差传热形成的冷负荷计算。

2. 城市的地点修正值如下表。

城市	重庆、武汉、长沙、南昌	南京、合肥、杭州	成都	拉萨
地点修正值 Δ/℃	+1	0	−3	−12

附录 B（d） 广州市外墙的冷负荷温度

衰减系数 β	朝向	下列作用时刻的 $t_{\tau-\xi}$ 逐时值/℃																								平均值 t_{pj}
		0	1	2	3	4	5	6	7	8	9	10	11	12	13	14	15	16	17	18	19	20	21	22	23	
0.15～0.30	南	32	32	32	32	32	32	32	32	33	33	33	34	34	34	34	34	34	34	33	33	33	33	32	32	33
	西南	34	33	33	33	33	33	33	34	34	35	35	36	36	36	36	36	36	36	36	36	35	35	34	34	35
	西	35	35	34	34	34	34	34	34	35	36	36	37	38	38	38	38	38	38	37	37	37	36	36	35	36
	西北	34	34	34	34	34	34	34	34	34	35	36	36	37	37	37	37	37	37	37	36	36	36	35	35	35
	北	33	32	32	32	33	33	33	33	33	34	34	34	35	35	35	35	35	34	34	34	34	33	33	33	34
	东北	34	34	34	34	35	35	35	36	36	36	37	37	37	37	37	36	36	36	36	35	35	34	34	34	35
	东	34	34	34	35	35	36	36	37	37	37	38	38	38	38	37	37	37	37	36	36	35	35	35	34	36
	东南	33	33	33	33	34	34	35	35	33	36	36	36	36	36	36	36	36	35	35	35	34	34	34	33	35
	零	32	32	31	31	32	32	32	32	33	33	33	33	34	34	34	34	34	33	33	33	33	33	32	32	33
0.31～0.40	南	32	31	31	31	31	31	32	32	32	33	33	34	34	34	34	34	34	34	34	33	33	33	32	32	33
	西南	33	33	33	32	32	32	33	33	33	34	35	36	37	37	37	37	37	37	36	36	36	35	34	34	35
	西	35	34	34	33	33	33	33	34	34	35	36	37	38	39	39	39	39	39	38	38	37	36	36	35	36
	西北	34	33	33	33	33	33	33	33	34	34	35	36	37	38	38	38	38	38	37	37	36	36	35	35	35
	北	32	32	32	32	32	32	33	33	33	34	34	35	35	35	35	35	35	35	35	34	34	33	33	33	34
	东北	33	33	33	33	34	35	35	36	37	37	37	37	38	38	37	37	37	36	36	35	35	34	34	33	35
	东	33	33	33	34	34	35	36	37	38	38	38	38	39	38	38	38	37	37	36	36	35	35	34	34	36
	东南	33	32	32	32	33	34	34	35	36	36	36	37	37	37	37	37	36	36	35	35	34	34	33	33	35
	零	31	31	31	31	31	31	31	32	32	33	33	34	34	34	34	34	34	34	34	33	33	33	32	32	33
0.41～0.60	南	31	31	30	30	30	31	31	32	32	33	34	34	35	35	35	35	35	34	34	34	33	33	32	32	33
	西南	33	32	32	31	31	31	32	32	33	34	35	36	38	38	39	39	38	38	37	36	36	35	34	33	35
	西	34	33	32	32	32	32	32	33	33	35	36	37	39	40	41	41	41	40	39	38	37	36	36	35	36
	西北	33	33	32	32	32	32	32	33	33	34	35	37	38	39	40	40	39	39	38	37	37	36	35	34	35
	北	32	31	31	31	31	32	32	33	33	34	35	35	36	36	36	36	36	36	35	34	34	33	33	32	34

	东北	32	32	32	32	33	34	35	36	37	38	38	38	39	38	38	38	37	36	36	35	34	34	33	32	35
	东	32	32	32	33	34	35	36	38	38	39	39	40	40	39	39	38	38	37	36	36	35	34	33	33	36
	东南	32	31	31	32	32	33	34	35	36	37	37	38	38	38	38	37	37	36	35	35	34	33	33	32	35
	零	31	31	30	30	30	31	31	32	32	33	34	34	35	35	35	35	35	34	34	33	33	32	32	31	33
0. 61~0. 70	南	30	30	30	30	30	30	31	32	33	34	34	35	36	36	36	36	35	35	34	33	33	32	32	31	33
	西南	32	31	31	30	30	31	31	32	33	34	35	37	39	40	40	40	39	38	37	36	35	34	33	33	35
	西	33	32	31	31	31	31	32	32	33	34	36	38	40	42	43	43	42	41	40	38	37	36	35	34	36
	西北	32	32	31	31	31	31	31	32	33	34	35	37	39	41	42	42	41	40	39	37	36	35	34	33	35
	北	31	30	30	30	31	31	32	33	34	34	35	36	36	37	37	37	37	36	35	34	34	33	32	32	34
	东北	31	31	30	31	33	34	36	37	38	39	39	39	39	39	39	38	37	36	35	35	34	33	32	32	35
	东	31	31	31	31	33	35	37	39	40	40	41	41	40	40	39	39	38	37	36	35	34	33	32	32	36
	东南	31	30	30	31	32	33	35	36	37	38	38	39	39	39	38	38	37	36	35	34	34	33	32	32	35
	零	30	30	30	30	30	30	31	32	32	33	34	35	35	36	36	36	35	35	34	33	33	32	31	31	33
>0. 70	南	30	29	29	28	28	28	30	31	32	34	36	37	38	38	38	37	37	35	34	33	32	31	31	30	33
	西南	30	30	29	29	29	29	30	31	33	34	35	37	39	42	44	45	44	41	38	35	34	33	32	31	35
	西	31	30	30	29	29	29	30	31	33	34	35	37	40	44	48	50	49	46	40	37	35	34	33	32	36
	西北	31	30	30	29	29	29	30	31	33	34	35	37	39	42	45	47	47	44	39	36	34	33	32	31	35
	北	30	29	29	29	28	29	31	33	34	35	36	37	38	38	39	39	39	38	35	34	33	32	31	30	34
	东北	30	29	29	29	28	31	36	40	43	44	43	41	40	40	40	39	38	36	35	33	32	32	31	30	35
	东	30	30	29	29	29	31	37	42	45	46	45	43	41	41	40	39	38	37	35	34	33	32	31	31	36
	东南	30	29	29	29	28	30	33	37	40	42	42	41	40	40	39	39	38	36	35	33	32	32	31	30	35
	零	30	29	29	28	28	28	29	31	32	34	35	36	37	38	38	37	37	35	34	33	32	31	31	30	33

注：1. 表中“零”朝向的数据，用于架空楼板由于温差传热形成的冷负荷计算。

2. 城市的地点修正值如下表。

城市	福州、台北、南宁、海口	香港、澳门	贵阳	昆明
地点修正值 Δ/℃	0	-1	-4	-8

附录 C（a） 北京市屋面的冷负荷温度

吸收系数 ρ	衰减系数 β	下列作用时刻的 $t_{\tau-\xi}$ 逐时值/℃																								平均值 t_{pj}
		0	1	2	3	4	5	6	7	8	9	10	11	12	13	14	15	16	17	18	19	20	21	22	23	
0.90（深）	0.2	41	41	41	41	41	42	43	44	45	46	47	47	48	48	48	48	47	47	46	45	44	43	42	42	44
	0.3	40	39	39	39	39	40	41	43	44	46	47	48	49	50	50	49	49	48	47	46	45	43	42	41	
	0.4	39	37	37	37	37	38	40	42	44	46	48	50	51	52	52	51	50	49	48	46	45	43	41	40	
	0.5	37	36	35	35	36	37	39	42	45	48	50	52	54	54	54	53	51	49	48	46	44	42	40	38	
	0.6	37	35	34	33	33	34	36	39	42	45	49	52	54	56	56	56	54	53	50	48	45	43	41	39	
	0.7	36	34	32	31	31	32	34	37	41	46	50	54	57	58	59	58	56	54	51	48	45	42	40	38	
0.75（中）	0.2	38	38	38	38	38	39	40	41	42	42	43	44	44	44	44	44	44	43	43	42	41	40	40	39	41
	0.3	37	37	36	36	37	37	38	40	41	42	44	45	45	46	46	46	45	44	44	43	42	41	39	38	
	0.4	36	35	35	35	35	36	37	39	41	43	45	46	47	48	48	47	46	45	44	43	42	40	39	38	
	0.5	35	34	33	33	34	35	37	39	42	44	46	48	49	49	49	48	47	46	44	42	41	39	38	36	
	0.6	35	33	32	31	32	32	34	36	39	42	45	48	50	51	51	51	50	48	46	44	42	40	38	36	
	0.7	34	32	31	30	30	31	32	35	39	42	46	49	51	53	54	53	52	49	47	44	42	40	38	36	
0.45（浅）	0.2	33	33	33	33	33	33	34	34	35	36	36	36	37	37	37	37	37	36	36	35	35	35	34	34	35
	0.3	33	32	32	32	32	32	33	34	35	36	36	37	38	38	38	38	38	37	37	36	35	35	34	33	
	0.4	32	31	31	31	31	31	32	33	34	36	37	38	39	39	39	39	38	38	37	36	35	35	34	33	
	0.5	31	30	30	30	30	31	32	33	35	36	38	39	40	40	40	40	39	38	37	36	35	34	33	32	
	0.6	31	30	29	29	29	29	30	32	33	35	37	39	40	41	41	41	41	40	39	37	36	35	33	32	
	0.7	30	29	28	28	27	28	29	31	33	35	37	40	41	43	43	43	42	41	39	37	36	34	33	32	

注：城市的地点修正值如下表。

城市	石家庄	天津	乌鲁木齐	沈阳	哈尔滨、长春、呼和浩特、银川、太原
地点修正值 Δ/℃	+1	0	−1	−2	−3

附录 C（b） 西安市屋面的冷负荷温度

吸收系数 ρ	衰减系数 β	下列作用时刻的 $t_{\tau-\xi}$ 逐时值/℃																								平均值 t_{pj}
		0	1	2	3	4	5	6	7	8	9	10	11	12	13	14	15	16	17	18	19	20	21	22	23	
0.90（深）	0.2	43	42	42	42	43	43	44	45	46	47	48	49	49	49	49	49	49	48	47	47	46	45	44	43	46
	0.3	42	41	40	40	41	41	43	44	46	47	49	50	51	51	51	51	50	50	49	48	46	45	44	43	
	0.4	40	39	38	38	39	40	41	43	46	48	50	52	53	53	53	53	52	51	49	48	46	45	43	42	
	0.5	39	37	37	36	37	39	41	44	46	49	52	54	55	56	55	54	53	51	49	47	45	44	42	40	
	0.6	38	37	35	35	35	36	38	40	44	47	51	54	56	57	58	57	56	54	52	49	47	45	42	40	
	0.7	37	36	34	33	33	34	36	39	43	47	51	55	58	60	61	60	58	55	52	49	46	44	42	39	
0.75（中）	0.2	40	40	40	40	40	41	42	42	43	44	45	45	46	46	46	46	45	45	44	44	43	42	41	41	43
	0.3	39	39	38	38	38	39	40	41	43	44	45	46	47	47	47	47	47	46	45	44	43	42	41	40	
	0.4	38	37	37	36	37	38	39	41	43	44	46	48	49	49	49	49	48	47	46	45	43	42	41	39	
	0.5	37	36	35	35	35	37	38	41	43	46	48	50	51	51	51	50	49	47	46	44	43	41	40	38	
	0.6	37	35	34	33	33	34	36	38	41	44	47	49	51	53	53	53	51	50	48	46	44	42	40	38	
	0.7	36	34	33	32	32	32	34	37	40	44	47	51	53	55	55	55	53	51	48	46	44	41	39	37	
0.45（浅）	0.2	35	35	35	35	35	35	36	36	37	37	38	38	39	39	39	39	38	38	38	37	37	36	36	35	37
	0.3	35	34	34	34	34	34	35	36	37	37	38	39	39	40	40	40	39	39	38	38	37	37	36	35	
	0.4	34	33	33	33	33	33	34	35	36	38	39	40	40	41	41	41	40	40	39	38	37	36	36	35	
	0.5	33	32	32	31	32	33	34	35	37	38	40	41	42	42	42	42	41	40	39	38	37	36	35	34	
	0.6	33	32	31	31	30	31	32	33	35	37	39	41	42	43	43	43	43	42	40	39	38	37	35	34	
	0.7	32	31	30	30	29	30	31	33	35	37	39	42	43	44	45	45	44	42	41	39	38	36	35	34	

注：城市的地点修正值如下表。

城市	济南	郑州	兰州	西宁
地点修正值 Δ/℃	+1	0	−1	−2

附录 C（c） 上海市屋面的冷负荷温度

吸收系数 ρ	衰减系数 β	下列作用时刻的 $t_{\tau-\xi}$ 逐时值/℃																								平均值 t_{pj}
		0	1	2	3	4	5	6	7	8	9	10	11	12	13	14	15	16	17	18	19	20	21	22	23	
0.90（深）	0.2	42	42	42	42	43	43	44	45	46	47	48	49	49	49	49	49	48	48	47	46	45	45	44	43	46
	0.3	41	41	40	40	40	41	43	44	46	47	49	50	51	51	51	51	50	49	48	47	46	45	44	42	
	0.4	40	39	38	38	39	40	41	43	46	48	50	51	53	53	53	52	51	50	49	47	46	44	43	41	
	0.5	38	37	36	36	37	39	41	43	46	49	52	54	55	55	55	54	52	50	49	47	45	43	42	40	
	0.6	38	37	35	35	35	36	38	40	44	47	50	53	56	57	57	57	55	53	51	49	47	44	42	40	
	0.7	37	36	34	33	33	34	36	39	43	47	51	55	58	60	60	59	57	54	51	49	46	43	41	39	
0.75（中）	0.2	40	40	39	40	40	41	41	42	43	44	45	45	45	45	45	45	45	44	44	43	43	42	41	40	43
	0.3	39	38	38	38	38	39	40	41	43	44	45	46	47	47	47	47	46	46	45	44	43	42	41	40	
	0.4	38	37	36	36	37	38	39	41	42	44	46	47	48	49	49	48	48	47	45	44	43	42	40	39	
	0.5	37	35	35	35	35	37	38	41	43	46	48	49	50	51	50	49	48	47	45	44	42	41	39	38	
	0.6	36	35	34	33	33	34	36	38	41	44	47	49	51	52	52	52	51	49	47	45	43	42	40	38	
	0.7	36	34	33	32	32	32	34	37	40	44	47	50	53	55	55	54	52	50	48	45	43	41	39	37	
0.45（浅）	0.2	35	35	35	35	35	35	36	36	37	37	38	38	38	38	38	38	38	38	37	37	37	36	36	35	37
	0.3	34	34	34	33	34	34	35	35	36	37	38	39	39	39	39	39	39	39	38	37	37	36	36	35	
	0.4	34	33	33	32	33	33	34	35	36	37	39	39	40	40	40	40	40	39	38	38	37	36	35	34	
	0.5	33	32	31	31	32	32	34	35	37	38	40	41	41	42	42	41	40	39	38	37	36	35	35	34	
	0.6	33	32	31	30	30	31	32	33	35	37	39	40	42	43	43	43	42	41	40	39	37	36	35	34	
	0.7	32	31	30	30	29	30	31	32	35	37	39	41	43	44	44	44	43	42	40	39	37	36	34	33	

注：城市的地点修正值如下表。

城市	重庆、武汉、长沙、南昌	南京、合肥、杭州	成都	拉萨
地点修正值 Δ/℃	+1	0	−3	−12

附录 C（d） 广州市屋面的冷负荷温度

吸收系数 ρ	衰减系数 β	下列作用时刻的 $t_{\tau-\xi}$ 逐时值/℃																								平均值 t_{pj}
		0	1	2	3	4	5	6	7	8	9	10	11	12	13	14	15	16	17	18	19	20	21	22	23	
0.90（深）	0.2	42	41	41	42	42	43	44	45	46	47	47	48	48	49	48	48	48	47	47	46	45	44	43	42	45
	0.3	41	40	40	39	40	41	42	43	45	47	48	49	50	50	50	50	49	49	48	47	45	44	43	42	
	0.4	40	38	38	38	38	39	41	43	45	47	49	51	52	52	52	52	51	50	48	47	45	44	42	41	
	0.5	38	37	36	36	36	38	40	43	46	49	51	53	55	55	54	53	52	50	48	46	44	43	41	39	
	0.6	38	36	35	34	34	35	37	40	43	47	50	53	55	57	57	56	55	53	51	48	46	44	42	40	
	0.7	37	35	34	33	32	33	35	38	42	47	51	55	58	59	60	69	56	54	51	48	45	43	41	39	
0.75（中）	0.2	39	39	39	39	39	40	41	42	43	43	44	45	45	45	45	45	44	44	43	43	42	41	41	40	42
	0.3	38	38	37	37	38	38	39	41	42	43	45	46	46	47	47	46	46	45	44	43	42	41	40	39	
	0.4	37	36	36	36	36	37	38	40	42	44	46	47	48	48	48	48	47	46	45	44	42	41	40	39	
	0.5	36	35	34	34	35	36	38	40	43	45	47	49	50	50	50	49	48	46	45	43	42	40	39	37	
	0.6	36	34	33	33	33	34	35	37	40	43	46	49	51	52	52	51	50	49	47	45	43	41	39	37	
	0.7	35	34	32	31	31	32	33	36	40	43	47	50	53	54	55	54	52	49	47	45	42	40	38	37	
0.45（浅）	0.2	34	34	34	34	34	35	35	36	36	37	37	38	38	38	38	38	38	37	37	37	36	36	35	35	36
	0.3	34	33	33	33	33	34	34	35	36	37	38	38	39	39	39	39	39	38	38	37	36	36	35	34	
	0.4	33	33	32	32	32	33	34	35	36	37	38	39	40	40	40	40	39	39	38	37	36	36	35	34	
	0.5	32	32	31	31	31	32	33	35	36	38	39	40	41	41	41	41	40	39	38	37	36	35	34	33	
	0.6	32	31	31	30	30	31	31	33	35	37	38	40	41	42	42	42	41	40	39	38	37	36	34	33	
	0.7	32	31	30	29	29	29	30	32	34	36	39	41	43	44	44	44	42	41	40	38	37	35	34	33	

注：城市的地点修正值如下表。

城市	福州、台北、南宁、海口	香港、澳门	贵阳	昆明
地点修正值 Δ/℃	0	−1	−4	−8

附录 D 玻璃窗温差传热的冷负荷系数

代表城市 $\Delta(t_{wg}/t_{wp})$/℃	房间类型	下列作用时刻的 t_τ 逐时值/℃																								平均值/℃	适用城市及修正值 δ/℃
		0	1	2	3	4	5	6	7	8	9	10	11	12	13	14	15	16	17	18	19	20	21	22	23		
香港 2.4	轻	29	29	29	28	28	28	28	29	29	30	30	31	31	32	32	32	32	32	31	31	30	30	30	29	30	澳门 0
(32.4/30.0)	中、重	29	29	29	29	28	28	28	29	29	30	30	30	31	31	32	32	32	32	31	31	31	30	30	30	30	
武汉 3.1	轻	31	31	30	30	30	30	30	30	31	32	32	33	34	34	35	35	35	34	34	33	33	32	32	31	32	台北-1.7
(35.3/32.2)	中、重	31	31	31	30	30	30	30	30	31	32	32	33	33	34	34	34	34	34	34	33	33	32	32	32	32	
上海 3.3	轻	30	30	29	29	29	29	29	29	30	31	32	32	33	34	34	34	34	34	33	33	32	31	31	30	31	
(34.6/31.3)	中、重	30	30	30	29	29	29	29	29	30	31	31	32	33	33	33	34	34	33	33	33	32	32	31	31	31	
南昌 3.4	轻	31	30	30	30	30	29	30	30	31	32	32	33	34	35	35	35	35	35	34	34	33	32	32	31	32	合肥 0.5
(35.6/32.2)	中、重	31	31	31	30	30	30	30	30	31	32	32	33	34	34	34	35	34	34	34	34	33	32	32	32	32	
广州 3.6	轻	29	29	28	28	28	28	28	28	29	30	31	32	33	33	34	34	33	33	33	32	31	31	30	30	31	济南 0.6
(34.2/30.6)	中、重	30	29	29	29	28	28	28	29	29	30	31	31	32	33	33	33	33	33	33	32	31	31	30	30	31	南京 0.6
贵阳 3.8	轻	25	24	24	24	23	23	23	24	25	26	27	28	28	29	29	30	29	29	29	28	27	26	26	25	26	
(30.1/26.3)	中、重	25	25	24	24	24	24	24	24	25	26	26	27	28	28	29	29	29	29	28	28	27	27	26	26	26	
南宁 4.0	轻	29	28	28	28	27	27	27	28	29	30	31	32	33	33	34	34	34	33	33	32	31	30	30	29	30	成都-2.5
(34.4/30.4)	中、重	29	29	28	28	28	28	28	28	29	30	30	31	32	33	33	33	33	33	33	32	31	31	30	30	30	昆明-8.1
重庆 4.1	轻	31	30	30	29	29	29	29	30	31	32	33	34	34	35	36	36	35	35	35	34	33	32	32	31	32	沈阳-4.9
(36.3/32.2)	中、重	31	31	30	30	30	29	29	30	31	31	32	33	34	34	35	35	35	35	34	34	33	32	32	31	32	杭州-0.6
长春 4.3	轻	25	24	24	23	23	23	23	24	24	26	26	27	28	29	30	30	29	29	29	28	27	26	25	25	26	
(30.4/26.1)	中、重	25	24	24	24	23	23	23	24	24	25	26	27	28	28	29	29	29	29	28	28	27	26	26	25	26	
西安 4.4	轻	29	28	28	28	27	27	27	28	29	30	31	32	33	34	34	34	34	34	33	32	31	31	30	29	31	长沙 1.4
(35.1/30.7)	中、重	30	29	29	28	28	28	28	28	29	30	31	32	32	33	34	34	34	34	33	32	32	31	30	31	31	

北京 4.5 (33.6/29.1)	轻	27	27	26	26	26	25	26	26	27	28	29	31	31	32	33	33	33	32	32	31	30	29	28	28	29	哈尔滨-3
	中、重	28	27	27	27	26	26	26	27	27	28	29	30	31	32	32	32	32	32	32	31	30	29	29	28	29	
天津 4.6 (33.9/29.3)	轻	28	27	27	26	26	26	26	27	28	29	30	31	32	33	33	33	33	33	32	31	30	29	29	28	29	
	中、重	28	27	27	27	26	26	26	27	28	28	29	30	31	32	32	33	32	32	32	31	30	30	29	28	29	
海口 4.7 (35.1/30.4)	轻	29	28	28	27	27	27	27	28	29	30	31	32	33	34	34	34	34	34	33	32	31	30	30	29	30	
	中、重	29	29	28	28	27	27	27	28	29	30	30	31	32	33	33	34	34	33	33	32	31	31	30	30	30	
郑州 4.9 (35.0/30.1)	轻	28	28	27	27	26	26	26	27	28	29	31	32	33	34	34	34	34	34	33	32	31	30	29	29	30	呼和浩特 -4.3
	中、重	29	28	28	27	27	27	27	27	28	29	30	31	32	33	33	34	33	33	33	32	31	30	30	29	30	
拉萨 5.0 (24.0/19.0)	轻	17	16	16	16	15	15	15	16	17	18	19	21	22	23	23	23	23	23	22	21	20	19	18	18	19	
	中、重	18	17	17	16	16	16	16	16	17	18	19	20	21	22	22	23	22	22	22	21	20	19	19	18	19	
石家庄 5.1 (35.2/30.1)	轻	28	27	27	27	26	26	26	27	28	29	31	32	33	34	34	34	34	34	33	32	31	30	29	29	30	银川-3.9 乌鲁木齐-1.8
	中、重	29	28	28	27	27	27	27	27	28	29	30	31	32	33	33	34	34	33	33	32	31	30	30	29	30	
福州 5.3 (36.0/30.7)	轻	29	28	28	27	27	26	27	27	29	30	31	32	34	34	35	35	35	35	34	33	32	31	30	29	31	兰州-4.7
	中、重	29	29	28	28	27	27	27	28	29	30	31	32	33	34	34	34	34	34	34	33	32	31	30	30	31	
太原 5.6 (31.6/26.0)	轻	24	23	23	22	22	22	22	23	24	25	26	28	29	30	31	31	30	30	29	28	27	26	25	24	26	
	中、重	25	24	23	23	22	22	22	23	24	25	26	27	28	29	30	30	30	30	29	28	27	26	26	25	26	
西宁 5.7 (26.4/20.7)	轻	19	18	17	17	16	16	16	17	19	20	21	23	24	25	25	26	25	25	24	23	22	21	20	19	21	
	中、重	19	18	18	17	17	17	17	18	19	20	21	22	23	24	24	25	25	24	24	23	22	21	20	20	21	

注：1. 表头中“代表城市”一栏括号中符号的意义：Δ 为温差，$\Delta=t_{wg}-t_{wp}$(℃)；t_{wg} 为夏季空调室外计算干球温度（℃）；t_{wp} 为夏季空调室外计算日平均温度（℃）。

2. 对于未列入表中的城市，采用本表数据计算时，步骤如下：第一，查出该城市的 t_{wg} 和 t_{wp} 值；第二，找出与该城市的温差值 Δ 相同或最接近的代表城市；第三，计算出该城市的 t_{wp} 与代表城市 t_{wp} 的差值作为表中所列数据的修正值；第四，表中所列数据加上前述修正值，即为该城市 t_{τ} 逐时值的计算数据。

附录 E 玻璃窗的传热系数

玻璃		间隔层厚/mm	间隔层充气体	窗玻璃的传热系数 $K/[W/(m^2 \cdot ℃)]$	窗框修正系数 a							
					塑料		铝合金		PA 断热桥铝合金		木框	
普通玻璃	玻璃厚度 3mm	—	—	5.8	0.72	0.79	1.07	1.13	0.84	0.90	0.72	0.82
		12	空气	3.3	0.84	0.88	1.20	1.29	1.05	1.07	0.89	0.93
	玻璃厚度 6mm	—	—	5.7	0.72	0.79	1.07	1.13	0.84	0.90	0.72	0.82
		12	空气	3.3	0.84	0.88	1.20	1.29	1.05	1.07	0.89	0.93
低辐射玻璃		—	—	3.5	0.82	0.86	1.16	1.24	1.02	1.03	0.86	0.90
中空玻璃		6	空气	3.0	0.86	0.93	1.23	1.46	1.06	1.11		
		12		2.6	0.90	0.95	1.30	1.59	1.10	1.19		
辐射率≤0.25 低辐射中空玻璃（在线）		6	空气	2.8	0.87	0.94	1.24	1.49	1.06	1.13		
		9		2.2	0.95	0.97	1.36	1.73	1.14	1.27		
		12		1.9	1.03	1.04	1.45	1.91	1.19	1.38		
		6	氩气	2.4	0.92	0.96	1.32	1.63	1.11	1.22		
		9		1.8	1.01	1.02	1.49	1.98	1.20	1.42		
		12		1.7	1.02	1.05	1.53	2.06	1.24	1.47		
辐射率≤0.15 低辐射中空玻璃（离线）		12	空气	1.8	1.01	1.02	1.49	1.98	1.21	1.42		
			氩气	1.5	1.05	1.11	1.63	2.25	1.29	1.59		
双银低辐射中空玻璃		12	空气	1.7	1.02	1.05	1.53	2.06	1.24	1.47		
			氩气	1.4	1.07	1.14	1.69	2.37	1.33	1.66		
窗框比（窗框面积与整窗面积之比）					30%	40%	20%	30%	25%	40%	30%	45%

注：1. 本表所指的玻璃窗，包括一般外窗、天窗以及阳台门上的玻璃部分。整樘玻璃窗的传热系数，应等于本表给出的窗玻璃传热系数 K 和窗框修正系数 a 的乘积。

2. 表中窗框修正系数 a，与表中最后一行规定的窗框比相对应。设计计算时，可根据建筑物采用外窗的具体构造与实际的窗框比，插值选用。

3. 低辐射玻璃指 low-E 玻璃。

附录 F　玻璃窗的构造修正系数 X_g

玻璃类型			玻璃颜色	塑钢		铝合金		PA 断热桥铝合金		木框	
				窗框比（窗框面积与整窗面积之比）							
				30%	40%	20%	30%	25%	40%	30%	45%
普通玻璃	3mm 单层玻璃		无色	0.70	0.60	0.80	0.70	0.75	0.60	0.70	0.55
	3mm 双层玻璃			0.60	0.52	0.69	0.60	0.65	0.52	0.60	0.47
	6mm 单层玻璃			0.67	0.58	0.77	0.67	0.72	0.58	0.67	0.53
	6mm 双层玻璃			0.52	0.44	0.59	0.52	0.56	0.44	0.52	0.41
中空玻璃	间隔层 6mm		无色	0.57	0.49	0.65	0.57	0.61	0.49	0.57	0.45
	间隔层 12mm			0.54	0.46	0.62	0.54	0.58	0.46	0.54	0.42
着色中空玻璃			蓝色	0.46	0.39	0.52	0.46	0.49	0.39	0.46	0.36
			绿色	0.46	0.40	0.53	0.46	0.50	0.40	0.46	0.36
着色中空玻璃			茶色	0.45	0.38	0.51	0.45	0.48	0.38	0.45	0.35
			灰色	0.38	0.32	0.43	0.38	0.41	0.32	0.38	0.30
热反射中空玻璃	反射颜色	深绿	无色	0.18	0.16	0.21	0.18	0.20	0.16	0.18	0.14
		绿色	绿色	0.29	0.25	0.34	0.29	0.32	0.25	0.29	0.23
			蓝绿	0.28	0.24	0.32	0.28	0.30	0.24	0.28	0.22
		蓝绿	蓝绿	0.32	0.28	0.37	0.32	0.35	0.28	0.32	0.25
		灰绿	绿、蓝绿	0.31	0.26	0.35	0.31	0.33	0.26	0.31	0.24
		现代绿	绿色	0.31	0.26	0.35	0.31	0.33	0.26	0.31	0.24
		蓝色	无色	0.34	0.29	0.38	0.34	0.36	0.29	0.34	0.26
		银灰		0.48	0.41	0.55	0.48	0.52	0.41	0.48	0.38
辐射率≤0.25 低辐射中空玻璃（在线）			无色	0.44	0.38	0.50	0.44	0.47	0.38	0.44	0.35
			绿色	0.27	0.23	0.30	0.27	0.29	0.23	0.27	0.21
			蓝色	0.26	0.22	0.30	0.26	0.28	0.22	0.26	0.20
辐射率≤0.15 低辐射中空玻璃（离线）	反射颜色	绿色	绿色	0.21	0.18	0.24	0.21	0.23	0.18	0.21	0.17
		蓝绿		0.22	0.19	0.25	0.22	0.23	0.19	0.22	0.17
		蓝、淡蓝	无色	0.35	0.30	0.40	0.35	0.38	0.30	0.35	0.28
		银蓝		0.26	0.22	0.30	0.26	0.28	0.22	0.26	0.20
		银灰		0.24	0.20	0.27	0.24	0.26	0.20	0.24	0.19
		金色		0.22	0.19	0.26	0.22	0.24	0.19	0.22	0.18
		无色		0.31	0.26	0.35	0.31	0.33	0.26	0.31	0.24

附录 G 玻璃窗太阳辐射冷负荷强度的地点修正系数 X_d

代表城市	适用城市	下列朝向的修正系数 X_d					
		南	西南、东南	东、西	东北、西北	北、散射	水平
北京	哈尔滨	1.23	1.07	0.99	0.97	0.96	0.95
	长春	1.16	1.05	1	0.98	0.97	0.96
	乌鲁木齐	1.19	1.13	1.1	1.11	0.91	1.01
	沈阳	1.06	0.98	0.92	0.89	1.05	0.95
	呼和浩特	1.06	1.08	1.11	1.12	0.92	1.03
	天津	0.96	0.95	0.92	0.89	1.07	0.97
	银川	0.95	0.98	1	1.01	1.01	1.01
	石家庄	0.93	0.98	1	1.01	1.02	1.02
	太原	0.92	0.97	1	1.01	1.02	1.02
西安	济南	1.12	1.04	1	0.97	0.99	0.99
	西宁	1.12	1.14	1.2	1.22	0.87	1.06
	兰州	1.09	1.07	1.08	1.08	0.95	1.03
	郑州	1.02	1.01	1	1	1	1
上海	南京	1.1	1.03	1	0.98	1	1
	合肥	1.09	1.03	1	0.98	1	1
	成都	1.05	0.94	0.9	0.88	1.08	0.95
	武汉	1	1.04	1.09	1.07	0.94	1.04
	杭州	1	1	1	1	1	1
	拉萨	0.93	1.08	1.2	1.2	0.88	1.08
	重庆	0.97	0.99	1	1.01	1	1
	南昌	0.9	1	1.08	1.09	0.95	1.04
	长沙	0.88	1	1.08	1.1	0.95	1.05
广州	贵阳	1.1	1.07	1.01	0.98	0.99	0.99
	福州	1.04	1.1	1.1	1.06	0.94	1.03
	台北	1	1.07	1.09	1.07	0.94	1.04
	昆明	1.05	1.04	1.01	0.99	0.99	0.99
	南宁	1	0.99	1	1	1	1
	香港、澳门	0.94	1.01	1.09	1.09	0.95	1.05
	海口	0.93	1	1.09	1.09	0.95	1.05

注：表头朝向一栏中，“散射”适用于附录 H（a）~附录 H（d）中 $J^0_{n\tau}$ 和 $J^0_{w\tau}$ 的修正。

附录 H（a） 北京市透过标准窗玻璃太阳辐射的冷负荷强度

遮阳类型	房间类型	朝向	下列计算时刻 J_τ 的逐时值/（W/m²）																							
			0	1	2	3	4	5	6	7	8	9	10	11	12	13	14	15	16	17	18	19	20	21	22	23
内遮阳 $J_{n\tau}$	轻	南	8	7	6	5	5	3	29	52	72	117	179	233	266	266	237	184	131	100	74	37	24	17	13	10
		西南	17	14	11	9	8	6	32	54	73	93	108	119	183	277	362	407	402	347	250	105	61	44	30	23
		西	21	18	13	12	10	8	33	55	74	94	109	118	123	185	314	429	493	486	407	154	83	61	40	31
		西北	16	13	10	9	7	6	31	53	73	92	107	116	123	123	149	231	323	364	340	122	63	47	30	24
		北	6	5	5	3	4	0	66	74	77	95	108	117	122	123	121	113	99	91	104	40	21	16	11	9
		东北	8	5	7	3	8	0	207	323	339	297	210	165	152	144	135	124	106	87	66	31	20	15	12	9
		东	10	7	9	4	9	0	226	389	465	482	416	300	203	174	155	137	116	94	71	36	24	18	15	11
		东南	9	8	7	5	7	2	115	237	332	393	402	358	276	193	162	142	118	95	72	36	24	18	14	11
		水平	34	29	25	21	20	16	77	183	317	454	570	650	699	706	676	603	490	354	225	119	83	64	50	41
		$J_{n\tau}^0$	5	4	4	3	3	2	27	50	70	90	105	114	121	122	120	112	98	80	61	27	17	12	9	7
	中	南	21	18	15	13	11	9	31	48	65	104	157	203	232	235	213	172	132	110	88	56	45	37	31	25
		西南	43	36	30	25	22	18	38	54	70	86	98	108	166	247	319	359	357	315	238	121	93	78	63	52
		西	53	45	37	31	26	22	42	58	72	88	100	108	114	171	281	378	432	430	367	157	116	98	78	66
		西北	39	33	27	23	19	16	36	53	68	85	97	105	112	113	138	212	288	323	302	117	85	72	57	48
		北	16	13	12	9	9	5	63	65	68	84	96	105	111	113	113	107	96	92	103	46	34	29	23	19
		东北	19	15	14	10	12	4	190	276	289	255	188	159	154	148	141	131	116	98	79	49	39	32	27	22
		东	25	20	18	14	15	7	208	335	398	414	365	274	204	187	173	157	137	116	94	61	49	41	34	28
		东南	24	20	17	14	13	9	109	208	286	339	349	317	254	192	173	157	136	115	93	60	48	40	34	28
		水平	71	60	52	44	39	32	82	168	279	395	496	570	621	637	624	572	485	377	271	181	146	121	101	85
		$J_{n\tau}^0$	14	11	10	8	7	5	28	46	62	79	92	101	108	111	111	106	95	81	65	37	29	24	20	16

（续）

遮阳类型	房间类型	朝向	下列计算时刻 J_{τ} 的逐时值/(W/m^2)																							
			0	1	2	3	4	5	6	7	8	9	10	11	12	13	14	15	16	17	18	19	20	21	22	23
内遮阳 $J_{n\tau}$	重	南	26	22	19	16	14	12	32	48	64	101	152	196	223	226	206	168	130	110	90	59	49	42	35	30
		西南	50	43	37	32	27	23	42	57	71	85	97	106	161	239	307	345	344	305	233	122	97	83	69	60
		西	62	53	45	39	33	28	46	61	74	88	99	106	112	166	272	364	416	415	355	157	119	103	85	74
		西北	45	39	33	28	24	20	39	55	69	84	95	103	110	111	134	205	278	312	292	117	86	75	62	54
		北	19	16	14	12	11	8	62	63	66	82	93	101	108	110	110	105	95	91	101	47	36	32	26	23
		东北	24	20	18	14	15	7	184	266	277	245	182	155	151	147	140	131	117	101	83	53	44	38	32	27
		东	31	25	23	18	18	10	201	323	382	397	351	266	200	185	173	159	140	120	99	68	56	48	41	35
		东南	30	25	22	18	17	12	107	201	276	325	335	305	247	188	171	157	138	119	98	67	55	47	40	34
		水平	88	75	64	55	48	40	87	169	274	383	477	547	595	612	601	554	474	373	275	193	163	140	119	102
		$J_{n\tau}^0$	16	14	12	10	9	7	28	45	60	77	89	98	105	107	107	103	93	80	65	38	31	27	22	19
	轻	南	16	14	12	11	10	8	23	44	62	100	154	205	238	246	227	186	142	113	90	59	39	30	23	19
		西南	33	29	25	22	20	17	32	52	70	88	104	115	164	245	321	368	373	332	258	137	82	64	48	40
		西	40	36	30	27	24	21	35	55	72	91	106	117	123	169	275	376	443	444	395	194	105	84	59	51
		西北	28	25	20	19	16	14	28	49	67	85	102	112	121	122	142	206	289	328	324	155	78	63	42	37
		北	11	9	8	5	7	1	48	65	66	84	97	108	116	119	120	114	105	95	106	59	31	25	17	14
		东北	17	13	15	8	15	0	152	271	295	272	204	164	152	148	141	133	120	103	84	55	37	29	24	18
		东	24	19	20	13	20	3	168	324	398	427	385	297	212	183	168	154	137	116	97	65	47	37	31	25
		东南	22	18	18	14	16	8	87	195	280	342	359	333	271	202	171	155	136	116	95	64	45	36	29	24
		水平	54	45	40	34	31	25	62	142	252	376	489	578	639	666	658	612	527	413	296	189	132	102	79	65
		$J_{w\tau}^0$	8	7	6	5	5	3	19	40	58	78	94	105	114	117	118	113	103	88	71	43	26	19	14	11

无遮阳 $J_{w\tau}$	中	南	34	29	25	22	19	16	26	39	51	75	112	151	184	202	201	183	155	132	113	86	69	58	48	41
		西南	66	56	48	42	37	31	39	51	62	75	88	97	128	182	241	288	312	303	267	191	143	117	94	79
		西	80	69	58	51	44	38	45	56	66	79	91	100	107	134	202	279	343	369	361	253	181	148	117	98
		西北	59	50	42	36	31	27	35	47	58	72	84	94	103	107	120	159	218	259	276	192	134	110	86	72
		北	25	21	18	15	14	9	36	52	56	69	80	90	98	103	106	105	100	94	100	74	54	46	36	31
		东北	34	28	26	20	22	10	94	183	222	230	200	175	162	155	147	140	129	115	101	78	63	53	46	38
		东	44	37	34	27	29	16	106	217	290	338	336	297	243	214	194	177	159	141	123	97	80	68	58	49
		东南	42	36	32	27	26	19	62	132	199	257	290	292	265	224	196	178	158	140	121	95	77	66	56	48
		水平	113	96	82	70	61	51	69	118	192	281	372	451	515	557	575	563	519	449	369	287	232	192	160	134
		$J^0_{w\tau}$	22	18	15	13	11	9	19	32	45	60	74	85	94	99	103	103	98	89	78	58	46	38	31	26
	重	南	40	34	29	24	21	17	24	36	46	67	99	134	166	186	192	181	161	141	123	98	80	68	57	48
		西南	83	70	58	49	41	34	38	47	56	67	78	86	112	158	212	258	287	290	269	211	170	144	119	100
		西	103	87	72	61	51	42	44	52	60	71	80	89	95	118	175	243	305	340	346	269	212	181	148	126
		西北	75	64	53	45	38	31	36	45	54	65	76	85	93	98	109	142	193	233	256	196	153	132	108	92
		北	31	26	23	19	17	12	34	48	53	66	76	85	93	98	101	101	97	92	96	75	58	51	42	36
		东北	35	29	26	20	21	11	79	155	196	214	199	183	173	165	156	147	135	121	106	84	68	58	49	41
		东	44	36	32	25	25	14	86	180	251	305	319	299	261	236	216	196	176	154	134	107	87	73	62	52
		东南	44	37	32	26	23	17	52	111	171	228	266	279	266	237	214	195	175	154	133	106	87	73	61	52
		水平	139	119	102	87	75	63	77	119	183	262	342	415	475	517	538	533	501	444	376	306	258	222	190	162
		$J^0_{w\tau}$	26	22	19	16	14	11	20	32	43	56	69	79	88	94	98	98	95	87	78	61	49	42	36	31

附录 H（b） 西安市透过标准窗玻璃太阳辐射的冷负荷强度

遮阳类型	房间类型	朝向	下列计算时刻 J_τ 的逐时值/(W/m^2)																							
			0	1	2	3	4	5	6	7	8	9	10	11	12	13	14	15	16	17	18	19	20	21	22	23
内遮阳 $J_{n\tau}$	轻	南	7	6	5	4	4	3	25	51	75	104	147	185	209	209	188	152	120	94	66	32	21	15	11	9
		西南	15	12	10	8	7	6	27	53	77	99	117	126	164	241	318	362	353	297	200	87	52	37	26	20
		西	19	16	12	10	9	7	29	55	78	100	117	128	134	193	313	419	463	437	330	130	74	53	35	27
		西北	15	12	10	8	7	5	27	53	76	99	117	126	134	134	178	263	332	347	282	106	58	42	28	22
		北	7	5	5	3	4	1	55	78	83	102	117	127	134	134	132	123	107	102	97	39	22	16	11	9
		东北	8	6	7	4	7	0	155	283	327	310	239	179	164	156	146	134	114	92	64	32	21	16	12	9
		东	10	7	8	5	8	1	166	329	421	453	402	295	207	180	163	145	122	97	69	35	24	18	14	11
		东南	9	7	7	5	6	3	84	195	286	346	352	309	236	182	162	144	121	96	68	34	23	17	13	10
		水平	33	28	24	21	19	16	62	164	300	446	568	649	699	705	677	601	478	336	205	113	80	62	48	39
		$J_{n\tau}^0$	6	5	4	3	3	2	24	51	74	97	114	125	132	133	131	122	106	85	59	28	17	13	9	7
	中	南	18	15	13	11	9	8	26	48	67	92	129	162	184	185	171	143	120	100	76	48	38	32	26	22
		西南	37	31	26	22	19	15	33	53	72	90	105	114	148	216	282	320	314	271	193	103	81	67	54	45
		西	48	41	34	29	24	20	37	57	74	93	107	116	122	177	281	370	407	389	301	139	106	88	71	59
		西北	37	32	26	22	19	15	33	53	71	90	105	114	122	123	165	238	296	309	254	109	81	68	55	46
		北	17	14	12	10	9	6	53	69	73	90	104	113	121	123	123	116	104	102	97	47	35	30	24	20
		东北	20	16	15	11	12	6	143	244	280	266	211	168	163	158	151	140	123	103	79	50	40	34	28	23
		东	24	20	18	14	14	8	154	286	361	389	350	267	204	188	176	160	140	117	91	60	49	40	34	28
		东南	22	19	16	13	12	9	80	173	247	298	305	273	218	179	168	153	134	112	86	56	45	38	31	26
		水平	69	59	50	43	37	32	69	152	265	387	493	568	619	636	623	569	474	361	253	175	142	118	98	82
		$J_{n\tau}^0$	14	12	10	9	8	6	25	46	66	85	100	110	118	121	121	115	102	86	65	38	30	25	21	17

	重	南	22	19	16	14	12	10	28	47	65	90	125	156	177	179	165	139	118	99	77	51	42	36	30	26
		西南	44	38	32	28	24	20	36	55	72	89	103	111	144	209	272	308	303	263	190	105	84	72	60	52
		西	56	48	41	35	30	26	41	59	75	92	105	114	120	172	271	356	392	375	293	140	109	93	78	67
		西北	43	37	32	27	23	20	36	55	72	89	103	111	118	120	160	230	286	299	247	109	83	72	60	51
		北	20	17	15	12	11	8	53	67	71	87	101	110	117	119	119	114	102	101	96	48	38	33	27	24
		东北	25	20	18	15	14	9	139	235	269	255	204	164	159	155	149	140	124	105	82	55	46	39	33	28
		东	30	25	22	18	17	11	150	275	346	373	337	258	199	186	176	161	142	121	96	66	55	47	40	34
		东南	27	23	20	17	15	12	80	167	238	286	293	263	211	176	165	153	135	114	90	62	51	44	37	32
		水平	85	73	63	54	46	39	74	153	260	376	474	545	594	610	600	550	462	358	258	187	159	136	116	100
		$J_{n\tau}^{0}$	17	15	13	11	10	8	26	46	64	82	97	106	114	117	117	112	100	85	65	40	33	28	24	20
无遮阳 $J_{w\tau}$	轻	南	13	11	9	8	8	6	19	41	63	89	127	164	190	196	183	155	128	106	82	51	34	25	19	15
		西南	28	24	21	18	17	14	27	48	70	91	109	121	151	215	284	328	330	289	213	114	71	54	41	34
		西	36	32	27	24	22	19	31	52	73	94	112	125	132	176	275	370	420	407	330	165	94	74	54	45
		西北	27	24	20	18	16	13	26	48	69	90	109	120	131	132	166	235	300	320	279	136	74	58	41	34
		北	11	9	8	6	7	3	40	65	71	88	105	118	126	130	130	125	113	106	104	58	32	25	17	14
		东北	17	13	14	9	13	3	114	232	281	279	227	178	163	159	152	143	128	108	85	55	38	29	24	19
		东	22	18	18	14	17	6	124	269	357	398	369	289	213	187	173	159	141	119	95	63	46	36	30	24
		东南	19	16	15	12	13	8	63	158	239	299	315	289	233	187	168	154	136	115	90	60	42	33	26	22
		水平	52	44	38	33	30	25	52	126	237	365	485	575	638	665	658	611	518	399	278	179	128	98	77	63
		$J_{w\tau}^{0}$	9	7	6	5	5	3	17	39	61	83	102	115	124	128	128	124	111	94	72	44	27	20	15	11

（续）

遮阳类型	房间类型	朝向	下列计算时刻 J_τ 的逐时值/(W/m^2)																							
			0	1	2	3	4	5	6	7	8	9	10	11	12	13	14	15	16	17	18	19	20	21	22	23
无遮阳 $J_{w\tau}$	中	南	29	25	21	18	16	13	21	35	50	69	95	124	148	161	161	149	132	116	98	75	60	50	41	35
		西南	57	49	42	36	31	27	33	46	60	75	90	101	121	163	215	258	277	266	227	163	124	101	82	69
		西	73	63	53	46	40	35	40	53	65	80	94	105	113	140	204	276	329	345	317	223	164	133	106	89
		西北	57	48	41	35	30	26	32	45	59	75	89	100	110	115	136	181	231	260	253	177	127	104	82	69
		北	27	22	19	16	14	10	31	51	59	72	85	96	106	112	115	114	108	103	102	75	57	47	38	32
		东北	34	29	26	21	21	13	73	156	207	227	210	183	169	163	156	148	136	121	103	80	66	55	47	39
		东	42	36	32	27	26	17	81	180	256	309	316	282	236	210	193	178	161	142	121	95	78	66	57	48
		东南	38	33	29	24	23	17	48	108	169	223	253	253	229	199	182	168	152	134	114	89	73	61	52	44
		水平	110	93	80	68	59	50	62	107	180	272	365	446	512	554	573	560	512	439	355	278	225	187	155	131
		$J_{w\tau}^0$	23	19	16	14	12	9	18	32	47	64	79	91	102	108	112	112	106	95	81	61	48	40	33	28
	重	南	35	29	25	21	18	15	21	33	46	63	86	112	135	149	153	146	134	120	103	82	67	57	48	41
		西南	72	60	51	42	36	30	33	43	55	68	81	90	108	145	191	232	255	255	229	180	146	123	103	86
		西	94	79	66	55	46	38	40	49	59	72	84	94	101	124	178	243	295	320	308	240	192	163	134	113
		西北	72	61	51	43	36	30	33	43	55	68	81	91	100	105	123	162	207	237	239	185	146	125	103	87
		北	32	27	24	20	18	13	30	47	56	69	81	91	100	106	110	110	105	101	99	77	61	53	44	38
		东北	37	30	27	21	21	13	62	132	181	208	204	188	179	172	164	155	142	127	109	86	71	60	51	43
		东	44	36	32	26	24	16	67	150	221	277	297	281	250	229	211	194	175	154	131	105	86	72	61	51
		东南	41	34	30	25	22	17	41	91	146	198	232	242	229	209	194	180	163	144	123	98	81	68	57	48
		水平	135	116	99	85	73	62	70	109	173	254	337	410	471	514	536	531	494	434	363	298	252	216	185	158
		$J_{w\tau}^0$	28	24	20	17	15	12	19	32	45	60	74	85	95	102	106	107	103	94	82	64	52	45	38	32

附录 H（c） 上海市透过标准窗玻璃太阳辐射的冷负荷强度

遮阳类型	房间类型	朝向	下列计算时刻 J_τ 的逐时值/(W/m^2)																							
			0	1	2	3	4	5	6	7	8	9	10	11	12	13	14	15	16	17	18	19	20	21	22	23
内遮阳 $J_{n\tau}$	轻	南	6	5	4	4	4	3	23	50	74	99	131	162	180	182	165	138	114	90	61	30	19	14	10	8
		西南	14	11	9	8	7	5	25	52	76	99	116	128	152	222	296	342	336	284	187	81	49	35	24	18
		西	19	16	12	10	9	7	27	53	77	100	117	129	134	194	314	420	462	433	316	126	72	52	35	27
		西北	15	13	10	8	7	6	25	52	76	99	117	128	134	138	194	281	346	353	274	105	58	42	28	22
		北	7	5	5	4	4	2	53	81	86	103	118	129	134	136	133	124	110	106	96	38	22	16	11	9
		东北	8	6	6	4	6	0	144	280	335	325	258	189	168	159	148	135	115	91	63	32	21	16	12	9
		东	10	7	8	5	7	1	153	321	417	452	402	296	207	181	164	145	122	96	67	35	24	18	14	11
		东南	8	7	6	5	5	3	76	186	273	329	330	286	215	175	158	141	119	94	65	33	22	16	13	10
		水平	33	28	24	21	19	16	57	158	297	448	570	657	705	715	683	605	478	332	198	112	80	61	48	39
		$J^0_{n\tau}$	6	5	4	3	3	2	22	49	73	97	114	126	132	135	132	123	106	84	58	27	17	12	9	7
	中	南	16	14	12	10	9	7	24	46	66	87	115	143	159	162	150	130	112	93	70	43	35	29	24	20
		西南	35	30	25	21	18	15	31	52	70	90	104	115	137	200	263	303	299	259	181	97	76	63	51	43
		西	48	40	33	28	24	20	35	55	74	92	106	117	122	178	281	371	406	385	289	137	104	87	70	58
		西北	38	32	26	22	19	16	32	52	71	90	105	115	121	127	178	254	308	315	248	110	83	69	55	47
		北	17	14	12	10	9	6	51	71	75	91	105	115	121	124	123	117	107	106	96	47	36	30	24	20
		东北	20	17	15	12	12	7	133	243	286	278	227	177	166	161	153	142	124	104	78	51	41	34	28	24
		东	24	20	17	14	14	8	143	280	358	388	349	267	203	189	176	160	139	116	89	59	48	40	33	28
		东南	21	18	15	13	11	9	73	164	236	283	286	253	199	173	163	149	130	108	82	54	44	36	30	25
		水平	69	59	50	43	37	32	64	147	262	388	495	574	624	644	628	573	475	358	249	174	142	117	98	82
		$J^0_{n\tau}$	14	12	10	9	7	6	23	45	65	85	100	111	118	122	121	115	102	85	63	38	30	25	21	17

（续）

遮阳类型	房间类型	朝向	下列计算时刻 J_τ 的逐时值/(W/m^2)																							
			0	1	2	3	4	5	6	7	8	9	10	11	12	13	14	15	16	17	18	19	20	21	22	23
内遮阳 $J_{n\tau}$	重	南	20	17	15	13	11	9	25	46	64	85	111	137	153	156	145	126	110	93	71	46	38	32	27	23
		西南	41	36	30	26	22	19	34	53	71	89	102	112	133	193	254	292	289	251	177	99	80	68	57	49
		西	56	48	41	35	30	26	39	58	75	92	105	115	119	173	272	357	391	372	281	137	107	92	77	66
		西北	44	38	32	28	24	20	35	54	71	89	103	112	118	124	172	245	297	304	241	110	85	73	61	52
		北	20	17	15	13	11	9	151	70	74	88	101	111	117	121	120	114	105	104	95	49	38	33	28	24
		东北	25	21	19	15	14	9	130	234	275	268	218	171	162	159	152	142	125	106	82	56	46	39	34	29
		东	30	25	22	18	17	12	139	270	344	372	336	259	198	186	175	161	142	120	94	66	55	47	40	34
		东南	26	22	19	16	15	11	73	159	228	272	275	244	193	170	160	148	131	111	86	59	49	42	36	31
		水平	85	73	63	54	46	39	69	148	257	377	476	551	598	618	604	554	463	355	254	187	159	136	116	100
		$J^0_{n\tau}$	17	15	13	11	10	8	24	45	63	82	97	107	114	118	118	112	100	85	64	40	33	28	24	20
	轻	南	11	9	8	7	6	5	17	39	61	85	115	145	165	171	161	140	121	100	76	47	31	23	17	14
		西南	26	22	19	17	16	13	24	46	68	90	108	122	142	199	265	310	315	276	200	107	67	51	39	32
		西	36	31	27	24	21	19	29	51	72	94	112	126	132	177	276	371	419	404	319	160	93	72	53	44
		西北	27	24	20	18	16	14	25	47	68	90	109	121	131	135	178	251	313	327	274	134	75	58	41	35
		北	11	9	8	6	7	3	38	67	74	90	106	119	127	131	131	125	115	110	104	57	33	25	18	14
		东北	17	14	14	10	13	4	106	229	286	291	243	188	167	162	154	145	129	109	85	55	38	30	24	19
		东	22	18	18	14	16	7	114	262	354	397	369	289	213	187	174	159	141	119	93	62	45	36	29	24
		东南	18	15	14	12	12	8	57	149	228	284	296	269	214	178	164	151	134	112	87	57	40	31	25	21
		水平	52	44	38	33	30	26	48	121	233	365	486	580	643	673	664	615	520	397	273	177	127	97	77	62
		$J^0_{w\tau}$	9	7	6	5	5	3	15	38	60	83	102	115	124	129	129	124	112	94	71	43	27	20	14	11

无遮阳 $J_{w\tau}$	中	南	26	22	19	16	14	11	19	33	48	66	87	111	130	141	142	133	121	107	90	68	55	45	37	31
		西南	54	46	39	34	30	25	31	44	58	74	88	100	116	153	201	243	263	253	214	154	118	96	78	65
		西	72	62	52	45	40	34	39	51	65	80	94	105	113	141	204	277	329	344	311	219	161	131	105	88
		西北	57	49	41	36	31	26	32	45	59	75	89	101	110	116	143	192	242	268	254	178	129	105	84	70
		北	27	22	19	16	14	10	30	52	61	74	86	98	106	113	116	115	110	106	102	75	57	48	39	32
		东北	35	29	26	21	21	13	69	153	209	234	221	192	175	167	159	151	138	123	104	81	66	56	47	40
		东	42	36	32	27	26	18	76	174	253	306	314	281	235	209	193	177	160	141	120	94	78	66	56	48
		东南	36	31	27	23	21	17	44	102	161	213	239	237	212	188	174	161	147	129	109	85	70	59	50	42
		水平	110	93	80	68	59	51	60	103	177	271	366	449	515	560	578	564	515	439	353	277	225	186	155	130
		$J^0_{w\tau}$	23	19	16	14	12	9	17	32	47	64	79	92	101	109	112	112	106	95	80	60	48	40	33	27
	重	南	31	27	23	20	17	14	20	32	45	61	80	101	119	131	135	130	121	109	94	74	61	52	44	37
		西南	68	57	48	40	34	28	31	42	53	67	80	91	104	136	179	218	242	242	216	169	138	116	97	81
		西	93	78	65	54	45	38	39	48	59	71	83	94	101	125	179	243	295	319	303	236	190	160	133	112
		西北	73	62	52	43	37	30	33	43	54	68	81	91	100	106	129	171	216	245	242	187	149	127	105	89
		北	32	28	24	20	18	14	29	48	57	70	82	93	101	107	111	110	106	103	100	78	62	53	45	38
		东北	37	31	27	22	21	14	58	129	182	213	213	197	185	177	168	159	145	129	110	88	72	61	51	43
		东	43	36	31	26	24	16	63	145	218	274	295	280	248	228	211	194	174	153	130	104	86	72	61	51
		东南	39	33	28	24	21	16	38	86	139	189	220	227	213	197	185	172	156	138	118	94	77	65	55	46
		水平	135	116	99	85	73	62	68	106	170	253	337	412	474	518	540	534	496	434	362	297	252	216	185	158
		$J^0_{w\tau}$	28	24	20	17	15	12	18	31	44	60	74	86	95	102	107	107	103	94	81	64	52	44	38	32

附录 H（d） 广州市透过标准窗玻璃太阳辐射的冷负荷强度

遮阳类型	房间类型	朝向	下列计算时刻 J_{τ} 的逐时值/(W/m²)																							
			0	1	2	3	4	5	6	7	8	9	10	11	12	13	14	15	16	17	18	19	20	21	22	23
内遮阳 $J_{n\tau}$	轻	南	5	4	4	3	3	2	16	45	71	96	114	128	136	139	133	123	105	82	50	25	16	12	9	7
		西南	12	9	8	7	6	5	18	47	72	97	115	129	135	177	242	290	291	248	149	66	42	29	21	15
		西	18	14	12	10	8	7	20	49	74	99	116	130	135	197	314	420	456	421	269	112	68	47	33	24
		西北	16	13	10	8	7	6	19	48	73	98	116	129	135	161	240	331	378	367	242	98	59	41	28	21
		北	7	6	5	4	4	2	40	86	100	111	121	131	137	138	134	129	124	121	88	37	23	16	12	9
		东北	8	7	6	5	5	2	105	268	348	360	308	228	182	168	154	138	116	90	57	30	21	16	12	10
		东	9	8	7	6	6	3	110	295	405	445	399	295	207	181	164	145	121	94	59	32	23	17	13	11
		东南	7	6	5	5	4	3	53	159	239	282	275	227	177	162	150	135	113	88	55	29	20	15	11	9
		水平	32	27	24	21	18	17	40	140	283	442	571	665	716	726	690	607	470	316	178	106	78	59	47	38
		$J^0_{n\tau}$	5	4	4	3	3	2	16	45	71	96	114	127	134	136	132	123	105	82	50	25	16	12	9	7
	中	南	14	12	10	8	7	6	17	42	63	84	99	113	121	125	122	116	101	83	57	37	30	24	20	17
		西南	30	25	21	18	15	13	23	47	67	87	102	115	122	161	217	258	260	226	145	82	65	53	44	36
		西	46	38	32	27	22	19	28	51	71	91	105	117	123	179	281	371	401	374	248	127	99	82	67	55
		西北	39	33	27	23	19	16	26	49	69	89	104	116	122	147	218	295	335	327	222	109	85	70	57	47
		北	17	15	12	10	9	7	40	77	88	97	107	118	124	127	125	122	119	118	89	47	37	31	25	21
		东北	21	17	15	12	11	8	100	235	297	309	268	207	178	170	160	147	127	105	75	51	42	35	29	24
		东	23	19	17	14	12	9	105	260	347	381	345	265	202	188	175	159	137	113	81	57	47	39	32	27
		东南	19	16	13	11	10	8	52	142	206	243	238	202	165	158	150	139	121	99	70	48	39	32	27	22
		水平	68	58	49	42	36	32	49	131	249	383	494	580	632	653	633	574	468	346	231	170	139	115	96	80
		$J^0_{n\tau}$	14	12	10	8	7	6	17	42	63	84	99	112	119	123	121	115	101	83	57	36	29	24	20	17

	重	南	17	15	12	11	9	8	18	41	61	81	96	109	117	121	118	113	99	83	58	39	32	27	23	20
		西南	35	30	26	22	19	16	26	48	67	86	100	111	118	156	210	249	251	219	142	83	68	57	49	41
		西	53	45	39	33	28	24	33	54	72	90	104	115	120	174	272	357	386	361	242	128	102	87	73	62
		西北	45	39	33	29	24	21	30	51	70	88	102	113	119	143	210	284	323	315	216	110	88	74	63	53
		北	21	18	15	13	11	9	41	75	85	94	104	114	120	123	121	119	117	116	89	49	40	34	29	24
		东北	26	22	19	16	14	11	98	227	286	296	258	201	174	167	159	147	129	107	79	57	48	41	35	30
		东	29	24	21	18	16	12	103	251	333	366	332	256	197	185	174	159	139	116	87	63	53	45	39	33
		东南	23	20	17	15	13	11	52	138	199	233	228	194	161	155	148	138	121	101	73	52	44	37	32	27
		水平	84	72	61	53	45	39	55	133	246	372	476	556	606	626	609	555	456	343	238	183	156	134	114	98
		$J^0_{n\tau}$	17	14	12	11	9	8	18	41	61	81	96	108	114	119	118	112	99	82	58	39	32	27	23	20
无遮阳 $J_{w\tau}$	轻	南	9	7	6	5	5	4	11	33	57	81	101	117	127	132	131	125	111	92	66	40	26	19	14	11
		西南	22	18	16	14	13	11	18	40	63	87	105	121	129	163	218	264	273	244	165	88	57	42	33	26
		西	34	29	15	23	20	18	24	46	68	92	110	125	132	179	276	372	414	396	282	141	88	66	51	41
		西北	29	25	21	19	17	15	21	43	66	89	108	123	131	152	215	295	343	344	252	125	76	57	43	35
		北	12	10	8	7	7	5	30	68	85	97	109	121	130	134	133	130	127	124	101	54	33	25	18	14
		东北	18	15	14	12	12	7	78	214	295	317	286	223	183	171	161	149	132	110	81	53	39	30	24	20
		东	21	18	16	14	14	10	83	236	341	388	365	287	212	186	174	159	140	116	87	58	43	34	28	23
		东南	15	13	11	10	9	8	40	125	199	244	248	216	176	162	154	143	127	105	77	49	35	27	21	18
		水平	51	43	37	33	29	26	38	105	219	357	484	584	651	682	672	619	516	386	256	168	123	94	75	61
		$J^0_{w\tau}$	8	7	6	5	5	4	11	33	57	81	101	116	125	130	130	124	111	92	66	39	26	19	14	11

（续）

遮阳类型	房间类型	朝向	下列计算时刻 J_τ 的逐时值/(W/m²)																							
			0	1	2	3	4	5	6	7	8	9	10	11	12	13	14	15	16	17	18	19	20	21	22	23
无遮阳 $J_{w\tau}$	中	南	22	19	16	13	11	10	14	28	44	62	78	92	103	111	114	113	106	94	77	58	47	39	32	27
		西南	46	39	33	29	25	22	24	38	53	70	85	98	107	130	168	206	226	220	180	129	100	81	66	55
		西	69	59	50	43	38	33	34	47	61	77	91	104	112	141	204	277	326	338	288	202	153	123	100	83
		西北	59	50	43	37	32	28	30	43	58	74	88	101	110	126	166	223	268	288	250	176	132	106	86	71
		北	28	23	20	17	15	12	25	52	68	80	90	101	109	115	118	118	117	116	103	76	59	49	40	33
		东北	36	31	27	23	21	16	54	141	210	247	248	220	193	180	169	158	144	126	104	82	68	57	49	41
		东	40	35	31	26	24	19	58	154	240	296	308	276	232	207	191	175	158	138	114	91	75	64	54	46
		东南	32	27	24	20	18	15	32	85	140	183	202	194	174	163	155	146	134	118	97	75	62	52	44	37
		水平	108	92	78	67	58	50	52	92	166	263	361	449	519	565	582	567	513	432	341	269	220	182	152	128
		$J_{w\tau}^0$	22	19	16	13	11	9	14	28	44	62	78	91	102	109	113	112	105	94	76	58	47	39	32	26
	重	南	27	23	20	17	15	12	15	28	42	58	72	85	96	104	108	108	103	93	78	62	51	43	37	31
		西南	58	49	41	34	29	24	25	36	49	63	77	89	98	118	151	186	207	209	181	142	117	98	82	69
		西	88	74	61	52	43	36	35	44	55	69	81	93	100	125	178	243	293	314	284	221	181	151	126	106
		西北	75	63	53	44	37	31	31	41	53	67	79	91	100	113	148	197	241	266	244	189	154	129	108	90
		北	33	28	24	21	18	14	25	47	62	75	86	96	104	110	113	114	113	112	102	79	65	55	46	39
		东北	38	32	27	23	20	15	45	118	181	223	234	220	203	192	181	168	153	135	112	90	74	63	53	45
		东	42	35	30	25	22	17	48	128	206	264	287	273	244	224	208	191	172	150	125	100	83	70	59	50
		东南	35	30	25	22	19	15	29	73	121	163	186	188	176	169	162	153	140	124	103	82	68	58	49	41
		水平	133	114	98	84	72	62	61	95	160	245	333	412	477	523	544	536	494	428	351	291	248	212	182	155
		$J_{w\tau}^0$	27	23	20	17	15	12	15	28	42	58	72	85	95	103	107	107	102	93	78	61	51	43	37	31

附录 I 人体显热散热的冷负荷系数

房间类型	工作总时数/h	从开始工作时刻算起到计算时刻的持续时间 $(\tau-T)$/h																							
		1	2	3	4	5	6	7	8	9	10	11	12	13	14	15	16	17	18	19	20	21	22	23	24
轻	1	0.48	0.28	0.07	0.04	0.03	0.02	0.01	0.01	0.01	0.01	0.01													
	2	0.48	0.76	0.36	0.12	0.07	0.05	0.03	0.02	0.02	0.01	0.01	0.01	0.01	0.01	0.01	0.01	0.01							
	3	0.48	0.76	0.83	0.40	0.14	0.09	0.06	0.04	0.03	0.03	0.02	0.02	0.01	0.01	0.01	0.01	0.01	0.01	0.01	0.01	0.01	0.01		
	4	0.48	0.76	0.83	0.88	0.43	0.16	0.10	0.07	0.05	0.04	0.03	0.02	0.02	0.02	0.01	0.01	0.01	0.01	0.01	0.01	0.01	0.01	0.01	0.01
	5	0.48	0.76	0.84	0.88	0.90	0.45	0.18	0.12	0.08	0.06	0.04	0.04	0.03	0.02	0.02	0.02	0.02	0.01	0.01	0.01	0.01	0.01	0.01	0.01
	6	0.48	0.77	0.84	0.88	0.91	0.92	0.46	0.19	0.12	0.09	0.06	0.05	0.04	0.03	0.03	0.02	0.02	0.02	0.02	0.01	0.01	0.01	0.01	0.01
	7	0.49	0.77	0.84	0.88	0.91	0.92	0.94	0.47	0.20	0.13	0.09	0.07	0.05	0.04	0.03	0.03	0.02	0.02	0.02	0.02	0.02	0.01	0.01	0.01
	8	0.49	0.77	0.84	0.88	0.91	0.93	0.94	0.95	0.48	0.20	0.14	0.10	0.07	0.06	0.05	0.04	0.03	0.03	0.02	0.02	0.02	0.02	0.02	0.01
	9	0.49	0.77	0.84	0.88	0.91	0.93	0.94	0.95	0.96	0.49	0.21	0.14	0.10	0.08	0.06	0.05	0.04	0.03	0.03	0.03	0.02	0.02	0.02	0.02
	10	0.49	0.77	0.84	0.89	0.91	0.93	0.94	0.95	0.96	0.96	0.49	0.21	0.14	0.10	0.08	0.06	0.05	0.04	0.04	0.03	0.03	0.02	0.02	0.02
	11	0.50	0.78	0.85	0.89	0.91	0.93	0.94	0.95	0.96	0.96	0.97	0.50	0.22	0.15	0.11	0.08	0.06	0.05	0.04	0.04	0.03	0.03	0.03	0.02
	12	0.50	0.78	0.85	0.89	0.92	0.93	0.95	0.95	0.96	0.97	0.97	0.97	0.50	0.22	0.15	0.11	0.08	0.07	0.05	0.05	0.04	0.03	0.03	0.03
	13	0.50	0.78	0.85	0.89	0.92	0.94	0.95	0.96	0.96	0.97	0.97	0.97	0.98	0.50	0.22	0.15	0.11	0.09	0.07	0.06	0.05	0.04	0.04	0.03
	14	0.51	0.79	0.86	0.90	0.92	0.94	0.95	0.96	0.96	0.97	0.97	0.98	0.98	0.98	0.51	0.23	0.15	0.11	0.09	0.07	0.06	0.05	0.04	0.04
	15	0.51	0.79	0.86	0.90	0.92	0.94	0.95	0.96	0.97	0.97	0.97	0.98	0.98	0.98	0.98	0.51	0.23	0.16	0.12	0.09	0.07	0.06	0.05	0.04
	16	0.52	0.80	0.86	0.90	0.93	0.94	0.95	0.96	0.97	0.97	0.98	0.98	0.98	0.98	0.98	0.99	0.51	0.23	0.16	0.12	0.09	0.07	0.06	0.05
	17	0.53	0.80	0.87	0.91	0.93	0.95	0.96	0.97	0.97	0.98	0.98	0.98	0.98	0.98	0.99	0.99	0.99	0.51	0.23	0.16	0.12	0.09	0.08	0.06
	18	0.54	0.81	0.88	0.91	0.94	0.95	0.96	0.97	0.97	0.98	0.98	0.98	0.98	0.99	0.99	0.99	0.99	0.99	0.52	0.23	0.16	0.12	0.09	0.08
	19	0.55	0.82	0.88	0.92	0.94	0.96	0.96	0.97	0.98	0.98	0.98	0.98	0.99	0.99	0.99	0.99	0.99	0.99	0.99	0.52	0.24	0.16	0.12	0.10
	20	0.57	0.84	0.90	0.93	0.95	0.96	0.97	0.98	0.98	0.98	0.99	0.99	0.99	0.99	0.99	0.99	0.99	0.99	0.99	0.99	0.52	0.24	0.17	0.12

（续）

房间类型	工作总时数/h	从开始工作时刻算起到计算时刻的持续时间（$\tau-T$）/h																							
		1	2	3	4	5	6	7	8	9	10	11	12	13	14	15	16	17	18	19	20	21	22	23	24
中	1	0.47	0.20	0.06	0.05	0.04	0.03	0.03	0.02	0.02	0.01	0.01	0.01	0.01	0.01	0.01	0.01								
	2	0.47	0.67	0.26	0.11	0.09	0.07	0.06	0.05	0.04	0.03	0.03	0.02	0.02	0.02	0.01	0.01	0.01	0.01	0.01	0.01	0.01	0.01		
	3	0.47	0.67	0.73	0.31	0.15	0.12	0.09	0.08	0.06	0.05	0.04	0.04	0.03	0.03	0.02	0.02	0.02	0.01	0.01	0.01	0.01	0.01	0.01	0.01
	4	0.48	0.67	0.73	0.78	0.35	0.18	0.14	0.11	0.09	0.08	0.06	0.05	0.05	0.04	0.03	0.03	0.02	0.02	0.02	0.02	0.01	0.01	0.01	0.01
	5	0.48	0.67	0.73	0.78	0.82	0.38	0.20	0.16	0.13	0.11	0.09	0.07	0.06	0.05	0.04	0.04	0.03	0.03	0.02	0.02	0.02	0.02	0.01	0.01
	6	0.48	0.68	0.74	0.78	0.82	0.85	0.40	0.23	0.18	0.15	0.12	0.10	0.08	0.07	0.06	0.05	0.04	0.04	0.03	0.03	0.02	0.02	0.02	0.02
	7	0.48	0.68	0.74	0.79	0.82	0.85	0.87	0.42	0.24	0.19	0.16	0.13	0.11	0.09	0.08	0.06	0.05	0.05	0.04	0.03	0.03	0.03	0.02	0.02
	8	0.49	0.68	0.74	0.79	0.82	0.85	0.87	0.89	0.44	0.26	0.21	0.17	0.14	0.12	0.10	0.08	0.07	0.06	0.05	0.04	0.04	0.03	0.03	0.03
	9	0.49	0.69	0.75	0.79	0.83	0.85	0.88	0.90	0.91	0.46	0.27	0.22	0.18	0.15	0.12	0.10	0.09	0.07	0.06	0.05	0.05	0.04	0.03	0.03
	10	0.50	0.69	0.75	0.79	0.83	0.86	0.88	0.90	0.91	0.92	0.47	0.28	0.23	0.18	0.15	0.13	0.11	0.09	0.08	0.07	0.06	0.05	0.04	0.04
	11	0.51	0.70	0.76	0.80	0.83	0.86	0.88	0.90	0.91	0.93	0.94	0.48	0.29	0.23	0.19	0.16	0.13	0.11	0.09	0.08	0.07	0.06	0.05	0.04
	12	0.51	0.70	0.76	0.80	0.84	0.86	0.89	0.90	0.92	0.93	0.94	0.95	0.49	0.30	0.24	0.20	0.16	0.14	0.11	0.10	0.08	0.07	0.06	0.05
	13	0.52	0.71	0.77	0.81	0.84	0.87	0.89	0.91	0.92	0.93	0.94	0.95	0.96	0.49	0.30	0.24	0.20	0.17	0.14	0.12	0.10	0.09	0.07	0.06
	14	0.53	0.72	0.77	0.82	0.85	0.87	0.89	0.91	0.92	0.93	0.94	0.95	0.96	0.96	0.50	0.31	0.25	0.21	0.17	0.14	0.12	0.10	0.09	0.08
	15	0.54	0.73	0.78	0.82	0.85	0.88	0.90	0.91	0.93	0.94	0.95	0.95	0.96	0.97	0.97	0.51	0.31	0.25	0.21	0.17	0.15	0.12	0.10	0.09
	16	0.56	0.74	0.79	0.83	0.86	0.88	0.90	0.92	0.93	0.94	0.95	0.96	0.96	0.97	0.97	0.97	0.51	0.32	0.26	0.21	0.18	0.15	0.13	0.11
	17	0.58	0.76	0.81	0.84	0.87	0.89	0.91	0.92	0.94	0.95	0.95	0.96	0.97	0.97	0.97	0.98	0.98	0.52	0.32	0.26	0.21	0.18	0.15	0.13
	18	0.60	0.77	0.82	0.85	0.88	0.90	0.92	0.93	0.94	0.95	0.96	0.96	0.97	0.97	0.98	0.98	0.98	0.98	0.52	0.32	0.26	0.22	0.18	0.15
	19	0.62	0.80	0.84	0.87	0.89	0.91	0.93	0.94	0.95	0.96	0.96	0.97	0.97	0.98	0.98	0.98	0.98	0.99	0.99	0.52	0.33	0.27	0.22	0.18
	20	0.65	0.82	0.86	0.89	0.91	0.92	0.94	0.95	0.95	0.96	0.97	0.97	0.98	0.98	0.98	0.98	0.99	0.99	0.99	0.99	0.53	0.33	0.27	0.22

重	1	0.47	0.18	0.06	0.05	0.04	0.03	0.03	0.02	0.02	0.02	0.01	0.01	0.01	0.01	0.01	0.01	0.01							
	2	0.47	0.64	0.24	0.11	0.09	0.07	0.06	0.05	0.04	0.04	0.03	0.03	0.02	0.02	0.02	0.01	0.01	0.01	0.01	0.01	0.01	0.01		
	3	0.47	0.65	0.70	0.28	0.15	0.12	0.10	0.08	0.07	0.06	0.05	0.04	0.04	0.03	0.03	0.02	0.02	0.02	0.01	0.01	0.01	0.01	0.01	0.01
	4	0.47	0.65	0.71	0.75	0.32	0.18	0.15	0.12	0.10	0.09	0.07	0.06	0.05	0.05	0.04	0.03	0.03	0.02	0.02	0.02	0.02	0.01	0.01	0.01
	5	0.48	0.65	0.71	0.75	0.79	0.36	0.21	0.17	0.14	0.12	0.10	0.09	0.07	0.06	0.05	0.05	0.04	0.03	0.03	0.02	0.02	0.02	0.02	0.01
	6	0.48	0.65	0.71	0.76	0.79	0.82	0.38	0.23	0.19	0.16	0.14	0.12	0.10	0.08	0.07	0.06	0.05	0.04	0.04	0.03	0.03	0.02	0.02	0.02
	7	0.48	0.66	0.71	0.76	0.79	0.82	0.85	0.41	0.25	0.21	0.17	0.15	0.13	0.11	0.09	0.08	0.07	0.06	0.05	0.04	0.04	0.03	0.03	0.02
	8	0.49	0.66	0.72	0.76	0.80	0.83	0.85	0.87	0.43	0.27	0.22	0.19	0.16	0.13	0.11	0.10	0.08	0.07	0.06	0.05	0.04	0.04	0.03	0.03
	9	0.49	0.67	0.72	0.76	0.80	0.83	0.85	0.88	0.89	0.45	0.28	0.23	0.20	0.17	0.14	0.12	0.10	0.09	0.08	0.06	0.06	0.05	0.04	0.03
	10	0.50	0.67	0.73	0.77	0.80	0.83	0.86	0.88	0.90	0.91	0.46	0.29	0.24	0.21	0.18	0.15	0.13	0.11	0.09	0.08	0.07	0.06	0.05	0.04
	11	0.51	0.68	0.73	0.77	0.81	0.84	0.86	0.88	0.90	0.91	0.93	0.47	0.30	0.25	0.21	0.18	0.15	0.13	0.11	0.10	0.08	0.07	0.06	0.05
	12	0.52	0.69	0.74	0.78	0.81	0.84	0.86	0.88	0.90	0.92	0.93	0.94	0.48	0.31	0.26	0.22	0.19	0.16	0.14	0.12	0.10	0.08	0.07	0.06
	13	0.53	0.70	0.75	0.79	0.82	0.85	0.87	0.89	0.90	0.92	0.93	0.94	0.95	0.49	0.32	0.27	0.23	0.19	0.16	0.14	0.12	0.10	0.09	0.07
	14	0.54	0.71	0.76	0.79	0.82	0.85	0.87	0.89	0.91	0.92	0.93	0.94	0.95	0.96	0.50	0.33	0.27	0.23	0.20	0.17	0.14	0.12	0.10	0.09
	15	0.56	0.72	0.77	0.80	0.83	0.86	0.88	0.90	0.91	0.92	0.94	0.94	0.95	0.96	0.97	0.51	0.33	0.28	0.24	0.20	0.17	0.14	0.12	0.11
	16	0.57	0.73	0.78	0.81	0.84	0.87	0.89	0.90	0.92	0.93	0.94	0.95	0.96	0.96	0.97	0.97	0.51	0.34	0.28	0.24	0.20	0.17	0.15	0.13
	17	0.59	0.75	0.79	0.83	0.85	0.87	0.89	0.91	0.92	0.93	0.94	0.95	0.96	0.96	0.97	0.97	0.98	0.52	0.34	0.29	0.24	0.21	0.18	0.15
	18	0.62	0.77	0.81	0.84	0.86	0.88	0.90	0.92	0.93	0.94	0.95	0.96	0.96	0.97	0.97	0.98	0.98	0.98	0.52	0.35	0.29	0.24	0.21	0.18
	19	0.64	0.79	0.83	0.86	0.88	0.90	0.91	0.93	0.94	0.95	0.95	0.96	0.97	0.97	0.98	0.98	0.98	0.98	0.99	0.52	0.35	0.29	0.25	0.21
	20	0.68	0.82	0.85	0.88	0.90	0.91	0.93	0.94	0.95	0.95	0.96	0.97	0.97	0.98	0.98	0.98	0.98	0.99	0.99	0.99	0.53	0.35	0.29	0.25

附录J 灯具散热的冷负荷系数

房间类型	开灯总时数/h	从开灯时刻算起到计算时刻的持续时间 (τ-T)/h																							
		1	2	3	4	5	6	7	8	9	10	11	12	13	14	15	16	17	18	19	20	21	22	23	24
轻	1	0.36	0.33	0.09	0.05	0.04	0.03	0.02	0.01	0.01	0.01	0.01	0.01	0.01											
	2	0.36	0.70	0.42	0.14	0.09	0.06	0.04	0.03	0.02	0.02	0.02	0.01	0.01	0.01	0.01	0.01	0.01	0.01	0.01					
	3	0.37	0.70	0.78	0.47	0.18	0.12	0.08	0.06	0.04	0.03	0.03	0.02	0.02	0.02	0.01	0.01	0.01	0.01	0.01	0.01	0.01	0.01	0.01	0.01
	4	0.37	0.70	0.79	0.84	0.51	0.20	0.13	0.09	0.07	0.05	0.04	0.03	0.03	0.02	0.02	0.02	0.01	0.01	0.01	0.01	0.01	0.01	0.01	0.01
	5	0.37	0.70	0.79	0.84	0.87	0.54	0.22	0.15	0.11	0.08	0.06	0.05	0.04	0.03	0.03	0.02	0.02	0.02	0.02	0.01	0.01	0.01	0.01	0.01
	6	0.37	0.70	0.79	0.84	0.88	0.90	0.56	0.24	0.16	0.11	0.08	0.07	0.05	0.04	0.03	0.03	0.03	0.02	0.02	0.02	0.02	0.01	0.01	0.01
	7	0.38	0.70	0.79	0.84	0.88	0.90	0.92	0.57	0.25	0.17	0.12	0.09	0.07	0.06	0.05	0.04	0.03	0.03	0.03	0.02	0.02	0.02	0.02	0.02
	8	0.38	0.71	0.79	0.85	0.88	0.90	0.92	0.93	0.58	0.26	0.18	0.13	0.10	0.07	0.06	0.05	0.04	0.04	0.03	0.03	0.02	0.02	0.02	0.02
	9	0.38	0.71	0.80	0.85	0.88	0.91	0.92	0.93	0.94	0.59	0.26	0.18	0.13	0.10	0.08	0.06	0.05	0.04	0.04	0.03	0.03	0.03	0.02	0.02
	10	0.38	0.71	0.80	0.85	0.88	0.91	0.92	0.94	0.94	0.95	0.60	0.27	0.19	0.14	0.10	0.08	0.07	0.06	0.05	0.04	0.04	0.03	0.03	0.03
	11	0.39	0.72	0.80	0.85	0.89	0.91	0.93	0.94	0.95	0.95	0.96	0.60	0.28	0.19	0.14	0.11	0.09	0.07	0.06	0.05	0.04	0.04	0.03	0.03
	12	0.39	0.72	0.81	0.86	0.89	0.91	0.93	0.94	0.95	0.96	0.96	0.96	0.61	0.28	0.19	0.14	0.11	0.09	0.07	0.06	0.05	0.04	0.04	0.03
	13	0.40	0.72	0.81	0.86	0.89	0.91	0.93	0.94	0.95	0.96	0.96	0.97	0.97	0.61	0.28	0.20	0.15	0.11	0.09	0.07	0.06	0.05	0.05	0.04
	14	0.40	0.73	0.81	0.86	0.90	0.92	0.93	0.94	0.95	0.96	0.96	0.97	0.97	0.97	0.62	0.29	0.20	0.15	0.12	0.09	0.08	0.06	0.05	0.05
	15	0.41	0.74	0.82	0.87	0.90	0.92	0.94	0.95	0.96	0.96	0.97	0.97	0.97	0.98	0.98	0.62	0.29	0.20	0.15	0.12	0.09	0.08	0.07	0.06
	16	0.42	0.74	0.82	0.87	0.90	0.93	0.94	0.95	0.96	0.96	0.97	0.97	0.98	0.98	0.98	0.98	0.62	0.29	0.21	0.15	0.12	0.10	0.08	0.07
	17	0.43	0.75	0.83	0.88	0.91	0.93	0.94	0.95	0.96	0.97	0.97	0.97	0.98	0.98	0.98	0.98	0.98	0.63	0.30	0.21	0.16	0.12	0.10	0.08
	18	0.44	0.76	0.84	0.89	0.91	0.93	0.95	0.96	0.96	0.97	0.97	0.98	0.98	0.98	0.98	0.99	0.99	0.99	0.63	0.30	0.21	0.16	0.12	0.10
	19	0.46	0.78	0.85	0.89	0.92	0.94	0.95	0.96	0.97	0.97	0.98	0.98	0.98	0.98	0.99	0.99	0.99	0.99	0.99	0.63	0.30	0.21	0.16	0.13
	20	0.49	0.80	0.87	0.91	0.93	0.95	0.96	0.97	0.97	0.98	0.98	0.98	0.98	0.99	0.99	0.99	0.99	0.99	0.99	0.99	0.63	0.30	0.21	0.16

	1	0.35	0.22	0.08	0.06	0.05	0.04	0.03	0.03	0.02	0.02	0.02	0.01	0.01	0.01	0.01	0.01	0.01	0.01						
	2	0.35	0.57	0.30	0.14	0.11	0.09	0.07	0.06	0.05	0.04	0.03	0.03	0.02	0.02	0.02	0.02	0.01	0.01	0.01	0.01	0.01	0.01	0.01	0.01
	3	0.35	0.57	0.65	0.36	0.19	0.15	0.12	0.10	0.08	0.07	0.06	0.05	0.04	0.03	0.03	0.02	0.02	0.02	0.02	0.01	0.01	0.01	0.01	0.01
	4	0.36	0.57	0.65	0.71	0.41	0.23	0.18	0.15	0.12	0.10	0.08	0.07	0.06	0.05	0.04	0.04	0.03	0.03	0.02	0.02	0.02	0.02	0.01	0.01
	5	0.36	0.58	0.66	0.72	0.76	0.45	0.27	0.21	0.17	0.14	0.12	0.10	0.08	0.07	0.06	0.05	0.04	0.04	0.03	0.03	0.02	0.02	0.02	0.02
	6	0.37	0.58	0.66	0.72	0.77	0.80	0.49	0.29	0.23	0.19	0.16	0.13	0.11	0.09	0.08	0.06	0.06	0.05	0.04	0.04	0.03	0.03	0.02	0.02
	7	0.37	0.58	0.66	0.72	0.77	0.81	0.84	0.51	0.32	0.25	0.21	0.17	0.14	0.12	0.10	0.08	0.07	0.06	0.05	0.04	0.04	0.03	0.03	0.03
	8	0.38	0.59	0.67	0.73	0.77	0.81	0.84	0.86	0.54	0.34	0.27	0.22	0.18	0.15	0.13	0.11	0.09	0.08	0.07	0.06	0.05	0.04	0.04	0.03
	9	0.38	0.59	0.67	0.73	0.77	0.81	0.84	0.86	0.88	0.55	0.35	0.28	0.23	0.19	0.16	0.13	0.11	0.09	0.08	0.07	0.06	0.05	0.04	0.04
中	10	0.39	0.60	0.68	0.73	0.78	0.81	0.84	0.87	0.89	0.90	0.57	0.36	0.29	0.24	0.20	0.17	0.14	0.12	0.10	0.08	0.07	0.06	0.05	0.05
	11	0.40	0.61	0.68	0.74	0.78	0.82	0.85	0.87	0.89	0.91	0.92	0.58	0.38	0.30	0.25	0.21	0.17	0.14	0.12	0.10	0.09	0.08	0.07	0.06
	12	0.41	0.62	0.69	0.75	0.79	0.82	0.85	0.87	0.89	0.91	0.92	0.93	0.59	0.38	0.31	0.25	0.21	0.18	0.15	0.13	0.11	0.09	0.08	0.07
	13	0.42	0.62	0.70	0.75	0.79	0.83	0.86	0.88	0.90	0.91	0.92	0.93	0.94	0.60	0.39	0.32	0.26	0.22	0.18	0.15	0.13	0.11	0.09	0.08
	14	0.43	0.64	0.71	0.76	0.80	0.83	0.86	0.88	0.90	0.92	0.93	0.94	0.95	0.95	0.61	0.40	0.32	0.27	0.22	0.19	0.16	0.13	0.11	0.10
	15	0.45	0.65	0.72	0.77	0.81	0.84	0.87	0.89	0.91	0.92	0.93	0.94	0.95	0.96	0.96	0.62	0.41	0.33	0.27	0.23	0.19	0.16	0.14	0.12
	16	0.46	0.66	0.73	0.78	0.82	0.85	0.87	0.89	0.91	0.92	0.93	0.94	0.95	0.96	0.96	0.97	0.62	0.41	0.33	0.28	0.23	0.19	0.16	0.14
	17	0.49	0.68	0.75	0.79	0.83	0.86	0.88	0.90	0.92	0.93	0.94	0.95	0.96	0.96	0.97	0.97	0.97	0.63	0.42	0.34	0.28	0.23	0.19	0.16
	18	0.51	0.71	0.77	0.81	0.84	0.87	0.89	0.91	0.92	0.94	0.94	0.95	0.96	0.96	0.97	0.97	0.98	0.98	0.63	0.42	0.34	0.28	0.23	0.20
	19	0.55	0.73	0.79	0.83	0.86	0.88	0.90	0.92	0.93	0.94	0.95	0.96	0.96	0.97	0.97	0.98	0.98	0.98	0.98	0.64	0.42	0.34	0.28	0.24
	20	0.59	0.77	0.82	0.85	0.88	0.90	0.92	0.93	0.94	0.95	0.96	0.96	0.97	0.97	0.98	0.98	0.98	0.98	0.99	0.99	0.64	0.43	0.35	0.29

（续）

房间类型	开灯总时数/h	从开灯时刻算起到计算时刻的持续时间 $(\tau-T)$/h																							
		1	2	3	4	5	6	7	8	9	10	11	12	13	14	15	16	17	18	19	20	21	22	23	24
重	1	0.35	0.20	0.07	0.06	0.05	0.04	0.04	0.03	0.03	0.02	0.02	0.02	0.01	0.01	0.01	0.01	0.01	0.01	0.01					
	2	0.35	0.55	0.27	0.13	0.11	0.09	0.08	0.07	0.06	0.05	0.04	0.04	0.03	0.03	0.02	0.02	0.02	0.01	0.01	0.01	0.01	0.01	0.01	0.01
	3	0.35	0.55	0.62	0.33	0.18	0.15	0.13	0.11	0.09	0.08	0.07	0.06	0.05	0.04	0.04	0.03	0.03	0.02	0.02	0.02	0.01	0.01	0.01	0.01
	4	0.36	0.55	0.62	0.68	0.38	0.22	0.18	0.16	0.13	0.12	0.10	0.08	0.07	0.06	0.05	0.05	0.04	0.03	0.03	0.02	0.02	0.02	0.02	0.01
	5	0.36	0.56	0.62	0.68	0.72	0.42	0.25	0.21	0.18	0.16	0.13	0.11	0.10	0.08	0.07	0.06	0.05	0.05	0.04	0.03	0.03	0.02	0.02	0.02
	6	0.37	0.56	0.63	0.68	0.73	0.77	0.45	0.28	0.24	0.21	0.18	0.15	0.13	0.11	0.09	0.08	0.07	0.06	0.05	0.04	0.04	0.03	0.03	0.02
	7	0.37	0.57	0.63	0.68	0.73	0.77	0.80	0.48	0.31	0.26	0.23	0.19	0.16	0.14	0.12	0.10	0.09	0.08	0.06	0.06	0.05	0.04	0.04	0.03
	8	0.38	0.57	0.64	0.69	0.73	0.77	0.80	0.83	0.51	0.33	0.28	0.24	0.21	0.18	0.15	0.13	0.11	0.09	0.08	0.07	0.06	0.05	0.04	0.04
	9	0.39	0.58	0.64	0.69	0.74	0.78	0.81	0.84	0.86	0.53	0.35	0.30	0.26	0.22	0.19	0.16	0.14	0.12	0.10	0.09	0.07	0.06	0.05	0.05
	10	0.40	0.59	0.65	0.70	0.74	0.78	0.81	0.84	0.86	0.88	0.55	0.37	0.31	0.27	0.23	0.20	0.17	0.14	0.12	0.11	0.09	0.08	0.07	0.06
	11	0.41	0.60	0.66	0.71	0.75	0.78	0.82	0.84	0.86	0.88	0.90	0.57	0.38	0.32	0.28	0.24	0.20	0.17	0.15	0.13	0.11	0.09	0.08	0.07
	12	0.42	0.61	0.67	0.71	0.75	0.79	0.82	0.85	0.87	0.89	0.90	0.92	0.58	0.39	0.33	0.29	0.25	0.21	0.18	0.15	0.13	0.11	0.10	0.08
	13	0.43	0.62	0.68	0.72	0.76	0.80	0.83	0.85	0.87	0.89	0.91	0.92	0.93	0.59	0.40	0.34	0.29	0.25	0.22	0.18	0.16	0.14	0.12	0.10
	14	0.45	0.63	0.69	0.73	0.77	0.80	0.83	0.86	0.88	0.89	0.91	0.92	0.93	0.94	0.60	0.41	0.35	0.30	0.26	0.22	0.19	0.16	0.14	0.12
	15	0.47	0.65	0.70	0.74	0.78	0.81	0.84	0.86	0.88	0.90	0.91	0.93	0.94	0.95	0.95	0.61	0.42	0.36	0.31	0.26	0.22	0.19	0.16	0.14
	16	0.49	0.67	0.72	0.76	0.79	0.82	0.85	0.87	0.89	0.90	0.92	0.93	0.94	0.95	0.96	0.96	0.62	0.43	0.36	0.31	0.27	0.23	0.20	0.17
	17	0.52	0.69	0.74	0.77	0.81	0.84	0.86	0.88	0.90	0.91	0.92	0.93	0.94	0.95	0.96	0.96	0.97	0.63	0.43	0.37	0.32	0.27	0.23	0.20
	18	0.55	0.72	0.76	0.79	0.82	0.85	0.87	0.89	0.91	0.92	0.93	0.94	0.95	0.96	0.96	0.97	0.97	0.98	0.63	0.44	0.37	0.32	0.27	0.23
	19	0.58	0.75	0.79	0.82	0.84	0.87	0.88	0.90	0.92	0.93	0.94	0.95	0.95	0.96	0.97	0.97	0.98	0.98	0.98	0.64	0.44	0.38	0.32	0.28
	20	0.62	0.78	0.82	0.84	0.87	0.88	0.90	0.92	0.93	0.94	0.95	0.95	0.96	0.97	0.97	0.98	0.98	0.98	0.98	0.99	0.64	0.45	0.38	0.32

附录K 设备、器具显热散热的冷负荷系数

房间类型	开机总时数/h	从开机时刻算起到计算时刻的持续时间 $(\tau-T)$/h																							
		1	2	3	4	5	6	7	8	9	10	11	12	13	14	15	16	17	18	19	20	21	22	23	24
轻	1	0.76	0.13	0.03	0.02	0.01	0.01	0.01																	
	2	0.76	0.89	0.16	0.05	0.03	0.02	0.01	0.01	0.01	0.01	0.01													
	3	0.76	0.89	0.93	0.18	0.06	0.04	0.03	0.02	0.01	0.01	0.01	0.01	0.01	0.01	0.01									
	4	0.76	0.89	0.93	0.94	0.19	0.07	0.04	0.03	0.02	0.02	0.01	0.01	0.01	0.01	0.01	0.01	0.01	0.01						
	5	0.76	0.90	0.93	0.94	0.96	0.20	0.08	0.05	0.03	0.03	0.02	0.02	0.01	0.01	0.01	0.01	0.01	0.01	0.01	0.01	0.01			
	6	0.77	0.90	0.93	0.94	0.96	0.96	0.21	0.08	0.05	0.04	0.03	0.02	0.02	0.02	0.01	0.01	0.01	0.01	0.01	0.01	0.01	0.01	0.01	0.01
	7	0.77	0.90	0.93	0.95	0.96	0.96	0.97	0.21	0.09	0.06	0.04	0.03	0.02	0.02	0.02	0.01	0.01	0.01	0.01	0.01	0.01	0.01	0.01	0.01
	8	0.77	0.90	0.93	0.95	0.96	0.96	0.97	0.97	0.22	0.09	0.06	0.04	0.03	0.03	0.02	0.02	0.02	0.01	0.01	0.01	0.01	0.01	0.01	0.01
	9	0.77	0.90	0.93	0.95	0.96	0.97	0.97	0.98	0.98	0.22	0.09	0.06	0.04	0.03	0.03	0.02	0.02	0.02	0.01	0.01	0.01	0.01	0.01	0.01
	10	0.77	0.90	0.93	0.95	0.96	0.97	0.97	0.98	0.98	0.98	0.22	0.09	0.06	0.05	0.04	0.03	0.02	0.02	0.02	0.02	0.01	0.01	0.01	0.01
	11	0.77	0.90	0.93	0.95	0.96	0.97	0.97	0.98	0.98	0.98	0.98	0.22	0.09	0.06	0.05	0.04	0.03	0.03	0.02	0.02	0.02	0.01	0.01	0.01
	12	0.77	0.90	0.93	0.95	0.96	0.97	0.97	0.98	0.98	0.98	0.98	0.99	0.23	0.10	0.07	0.05	0.04	0.03	0.03	0.02	0.02	0.02	0.02	0.01
	13	0.78	0.91	0.94	0.95	0.96	0.97	0.97	0.98	0.98	0.98	0.99	0.99	0.99	0.23	0.10	0.07	0.05	0.04	0.03	0.03	0.02	0.02	0.02	0.02
	14	0.78	0.91	0.94	0.95	0.96	0.97	0.98	0.98	0.98	0.98	0.99	0.99	0.99	0.99	0.23	0.10	0.07	0.05	0.04	0.03	0.03	0.02	0.02	0.02
	15	0.78	0.91	0.94	0.96	0.97	0.97	0.98	0.98	0.98	0.99	0.99	0.99	0.99	0.99	0.99	0.23	0.10	0.07	0.05	0.04	0.03	0.03	0.02	0.02
	16	0.78	0.91	0.94	0.96	0.97	0.97	0.98	0.98	0.98	0.99	0.99	0.99	0.99	0.99	0.99	0.99	0.23	0.10	0.07	0.05	0.04	0.04	0.03	0.03
	17	0.79	0.91	0.94	0.96	0.97	0.98	0.98	0.98	0.99	0.99	0.99	0.99	0.99	0.99	0.99	0.99	0.99	0.23	0.10	0.07	0.05	0.04	0.04	0.03
	18	0.79	0.92	0.95	0.96	0.97	0.98	0.98	0.98	0.99	0.99	0.99	0.99	0.99	0.99	0.99	0.99	0.99	0.99	0.23	0.10	0.07	0.06	0.04	0.04
	19	0.80	0.92	0.95	0.97	0.97	0.98	0.98	0.99	0.99	0.99	0.99	0.99	0.99	0.99	0.99	0.99	1.0	1.0	1.0	0.24	0.10	0.07	0.06	0.04
	20	0.81	0.93	0.96	0.97	0.98	0.98	0.99	0.99	0.99	0.99	0.99	0.99	0.99	0.99	1.0	1.0	1.0	1.0	1.0	1.0	0.24	0.11	0.07	0.06

（续）

房间类型	开机总时数/h	从开机时刻算起到计算时刻的持续时间（$\tau-T$）/h																							
		1	2	3	4	5	6	7	8	9	10	11	12	13	14	15	16	17	18	19	20	21	22	23	24
中	1	0.76	0.10	0.02	0.02	0.02	0.01	0.01	0.01	0.01	0.01	0.01													
	2	0.76	0.86	0.13	0.04	0.03	0.03	0.02	0.02	0.02	0.01	0.01	0.01	0.01	0.01	0.01	0.01								
	3	0.76	0.86	0.89	0.15	0.06	0.05	0.04	0.03	0.03	0.02	0.02	0.02	0.01	0.01	0.01	0.01	0.01	0.01	0.01					
	4	0.76	0.87	0.89	0.91	0.16	0.07	0.06	0.05	0.04	0.03	0.03	0.02	0.02	0.02	0.01	0.01	0.01	0.01	0.01	0.01	0.01	0.01		
	5	0.76	0.87	0.89	0.91	0.92	0.17	0.08	0.07	0.05	0.04	0.04	0.03	0.03	0.02	0.02	0.02	0.01	0.01	0.01	0.01	0.01	0.01	0.01	0.01
	6	0.77	0.87	0.89	0.91	0.92	0.93	0.18	0.09	0.07	0.06	0.05	0.04	0.04	0.03	0.03	0.02	0.02	0.02	0.01	0.01	0.01	0.01	0.01	0.01
	7	0.77	0.87	0.89	0.91	0.92	0.94	0.94	0.19	0.10	0.08	0.06	0.05	0.05	0.04	0.03	0.03	0.02	0.02	0.02	0.02	0.01	0.01	0.01	0.01
	8	0.77	0.87	0.89	0.91	0.93	0.94	0.95	0.95	0.20	0.10	0.08	0.07	0.06	0.05	0.04	0.04	0.03	0.03	0.02	0.02	0.02	0.01	0.01	0.01
	9	0.77	0.87	0.90	0.91	0.93	0.94	0.95	0.95	0.96	0.21	0.11	0.09	0.07	0.06	0.05	0.04	0.04	0.03	0.03	0.02	0.02	0.02	0.02	0.01
	10	0.77	0.88	0.90	0.91	0.93	0.94	0.95	0.96	0.96	0.97	0.21	0.11	0.09	0.08	0.06	0.05	0.05	0.04	0.03	0.03	0.02	0.02	0.02	0.02
	11	0.78	0.88	0.90	0.92	0.93	0.94	0.95	0.96	0.96	0.97	0.97	0.22	0.12	0.10	0.08	0.07	0.06	0.05	0.04	0.03	0.03	0.03	0.02	0.02
	12	0.78	0.88	0.90	0.92	0.93	0.94	0.95	0.96	0.96	0.97	0.97	0.98	0.22	0.12	0.10	0.08	0.07	0.06	0.05	0.04	0.04	0.03	0.03	0.02
	13	0.78	0.88	0.90	0.92	0.93	0.94	0.95	0.96	0.97	0.97	0.97	0.98	0.98	0.22	0.12	0.10	0.08	0.07	0.06	0.05	0.04	0.04	0.03	0.03
	14	0.79	0.89	0.91	0.92	0.94	0.95	0.95	0.96	0.97	0.97	0.97	0.98	0.98	0.98	0.23	0.12	0.10	0.09	0.07	0.06	0.05	0.04	0.04	0.03
	15	0.79	0.89	0.91	0.93	0.94	0.95	0.96	0.96	0.97	0.97	0.98	0.98	0.98	0.98	0.99	0.23	0.13	0.10	0.09	0.07	0.06	0.05	0.05	0.04
	16	0.80	0.90	0.92	0.93	0.94	0.95	0.96	0.96	0.97	0.97	0.98	0.98	0.98	0.99	0.99	0.99	0.23	0.13	0.11	0.09	0.07	0.06	0.05	0.05
	17	0.81	0.90	0.92	0.94	0.95	0.95	0.96	0.97	0.97	0.98	0.98	0.98	0.98	0.99	0.99	0.99	0.99	0.23	0.13	0.11	0.09	0.08	0.06	0.06
	18	0.82	0.91	0.93	0.94	0.95	0.96	0.96	0.97	0.97	0.98	0.98	0.98	0.99	0.99	0.99	0.99	0.99	0.99	0.23	0.13	0.11	0.09	0.08	0.07
	19	0.83	0.92	0.93	0.95	0.96	0.96	0.97	0.97	0.98	0.98	0.98	0.99	0.99	0.99	0.99	0.99	0.99	0.99	0.99	0.24	0.13	0.11	0.09	0.08
	20	0.84	0.93	0.94	0.95	0.96	0.97	0.97	0.98	0.98	0.98	0.99	0.99	0.99	0.99	0.99	0.99	0.99	0.99	1.0	1.0	0.24	0.13	0.11	0.09

	1	0.76	0.09	0.03	0.02	0.02	0.01	0.01	0.01	0.01	0.01	0.01													
	2	0.76	0.85	0.12	0.05	0.04	0.03	0.03	0.02	0.02	0.01	0.01	0.01	0.01	0.01	0.01	0.01								
	3	0.76	0.85	0.88	0.14	0.07	0.05	0.04	0.03	0.03	0.02	0.02	0.02	0.01	0.01	0.01	0.01	0.01	0.01	0.01	0.01				
	4	0.76	0.85	0.88	0.90	0.16	0.08	0.06	0.05	0.04	0.04	0.03	0.03	0.02	0.02	0.02	0.01	0.01	0.01	0.01	0.01	0.01	0.01		
	5	0.76	0.85	0.88	0.90	0.92	0.17	0.09	0.07	0.06	0.05	0.04	0.03	0.03	0.03	0.02	0.02	0.02	0.01	0.01	0.01	0.01	0.01	0.01	0.01
	6	0.76	0.85	0.88	0.90	0.92	0.93	0.18	0.10	0.08	0.07	0.06	0.05	0.04	0.03	0.03	0.02	0.02	0.02	0.02	0.01	0.01	0.01	0.01	0.01
	7	0.77	0.85	0.88	0.90	0.92	0.93	0.94	0.19	0.11	0.09	0.07	0.06	0.05	0.04	0.04	0.03	0.03	0.02	0.02	0.02	0.01	0.01	0.01	0.01
	8	0.77	0.86	0.88	0.90	0.92	0.93	0.94	0.95	0.20	0.12	0.09	0.08	0.06	0.05	0.05	0.04	0.03	0.03	0.02	0.02	0.02	0.02	0.01	0.01
	9	0.77	0.86	0.88	0.90	0.92	0.93	0.94	0.95	0.96	0.21	0.12	0.10	0.08	0.07	0.06	0.05	0.04	0.04	0.03	0.03	0.02	0.02	0.02	0.01
重	10	0.77	0.86	0.89	0.91	0.92	0.93	0.94	0.95	0.96	0.96	0.21	0.13	0.10	0.08	0.07	0.06	0.05	0.04	0.04	0.03	0.03	0.02	0.02	0.02
	11	0.78	0.86	0.89	0.91	0.92	0.93	0.94	0.95	0.96	0.97	0.97	0.22	0.13	0.11	0.09	0.07	0.06	0.05	0.04	0.04	0.03	0.03	0.02	0.02
	12	0.78	0.87	0.89	0.91	0.92	0.94	0.95	0.95	0.96	0.97	0.97	0.98	0.22	0.13	0.11	0.09	0.08	0.06	0.05	0.05	0.04	0.03	0.03	0.02
	13	0.78	0.87	0.89	0.91	0.93	0.94	0.95	0.96	0.96	0.97	0.97	0.98	0.98	0.22	0.14	0.11	0.09	0.08	0.07	0.06	0.05	0.04	0.03	0.03
	14	0.79	0.87	0.90	0.92	0.93	0.94	0.95	0.96	0.96	0.97	0.97	0.98	0.98	0.98	0.23	0.14	0.11	0.09	0.08	0.07	0.06	0.05	0.04	0.04
	15	0.79	0.88	0.90	0.92	0.93	0.94	0.95	0.96	0.96	0.97	0.97	0.98	0.98	0.98	0.99	0.23	0.14	0.12	0.10	0.08	0.07	0.06	0.05	0.04
	16	0.80	0.88	0.91	0.92	0.94	0.95	0.95	0.96	0.97	0.97	0.98	0.98	0.98	0.98	0.99	0.99	0.23	0.14	0.12	0.10	0.08	0.07	0.06	0.05
	17	0.81	0.89	0.91	0.93	0.94	0.95	0.96	0.96	0.97	0.97	0.98	0.98	0.98	0.99	0.99	0.99	0.99	0.23	0.15	0.12	0.10	0.08	0.07	0.06
	18	0.82	0.90	0.92	0.93	0.94	0.95	0.96	0.97	0.97	0.98	0.98	0.98	0.98	0.99	0.99	0.99	0.99	0.99	0.24	0.15	0.12	0.10	0.08	0.07
	19	0.83	0.91	0.93	0.94	0.95	0.96	0.96	0.97	0.97	0.98	0.98	0.98	0.99	0.99	0.99	0.99	0.99	0.99	0.99	0.24	0.15	0.12	0.10	0.08
	20	0.84	0.92	0.94	0.95	0.96	0.96	0.97	0.97	0.98	0.98	0.98	0.99	0.99	0.99	0.99	0.99	0.99	0.99	1.0	1.0	0.24	0.15	0.12	0.10

附录L 参考书

1）《民用建筑供暖通风与空气调节设计规范》（GB 50736—2012）。
2）《公共建筑节能设计标准》（GB 50189—2015）。
3）《民用建筑热工设计规范》（GB 50176—2016）。
4）《建筑设计防火规范》（GB 50016—2014）（2018 年版）。
5）《公共建筑节能设计标准》（GB 50189—2015）。
6）《电影院建筑设计规范》（JGJ 58—2008）。
7）《剧场建筑设计规范》（JGJ 57—2016）。
8）《锅炉房设计规范》（GB 50041—2008）。
9）《暖通空调制图标准》（GB/T 50114—2010）。
10）《供暖通风与空气调节术语标准》（GB/T 50155—2015）。
11）湖北省《低能耗居住建筑节能设计标准》（DB42/T 559—2013）。
12）《实用供热空调设计手册》第 2 版，2008。
13）《空气调节设计手册》第 2 版，2008。